校企合作双元开发新形态信息化教材
高等职业教育土建工程“十四五”优质教材

工程测量（含实训手册）

主　编　　杜文举　孙晶晶　朱　栋

西南交通大学出版社
·成　都·

图书在版编目（CIP）数据

工程测量：含实训手册. 1，工程测量 / 杜文举，孙晶晶，朱栋主编. —成都：西南交通大学出版社，2021.7

校企合作双元开发新形态信息化教材　高等职业教育土建工程“十四五”优质教材

ISBN 978-7-5643-8123-3

Ⅰ. ①工… Ⅱ. ①杜… ②孙… ③朱… Ⅲ. ①工程测量－高等职业教育－教材 Ⅳ. ①TB22

中国版本图书馆 CIP 数据核字（2021）第 136577 号

校企合作双元开发新形态信息化教材
高等职业教育土建工程“十四五”优质教材

Gongcheng Celiang (Han Shixun Shouce)

工程测量（含实训手册）

主编　杜文举　孙晶晶　朱　栋

责任编辑	姜锡伟
封面设计	何东琳设计工作室
出版发行	西南交通大学出版社 （四川省成都市金牛区二环路北一段 111 号 西南交通大学创新大厦 21 楼）
发行部电话	028-87600564　028-87600533
邮政编码	610031
网　　址	http://www.xnjdcbs.com
印　　刷	成都中永印务有限责任公司
成品尺寸	185 mm × 260 mm
总 印 张	19.75
总 字 数	497 千
版　　次	2021 年 7 月第 1 版
印　　次	2021 年 7 月第 1 次
书　　号	ISBN 978-7-5643-8123-3
套　　价	59.00 元

课件咨询电话：028-81435775
图书如有印装质量问题　本社负责退换

前　言

面对职业教育改革的新发展、新形式、新要求，为了使工程测量技术更紧密地联系实际，我们特地编写了本书，以满足本科及高职高专层次教学使用要求。

工程测量学是测绘科学与技术的二级学科，也是一门技术性、应用性很强的学科。本书紧密结合工程测量的实际需要，涵盖了从传统理论到目前的最新技术应用，包含高速公路、高速铁路、市政工程、隧道工程等测量工作以及高层建筑物的施工放样、变形监测以及工业测量等的内容。

本教材具有较强的实用性、可行性和通用性，突出表现“以实际能力为基础”的指导思想，编写时力求做到：概念准确，文字简练，言简意赅，通俗易懂，前后连贯，减少重复，紧扣生产实际需要。在编写过程中，本教材避免对工程测量理论作长篇大论，避免贪多求全，对于 GPS 和 GIS 以及 RS 等 3S 知识体系，论述极少。这一方面是因为 3S 知识体系在其他教材课程体系里有详细的论述；一方面是为了体现工程测量的特色，有利于学生学习、实践和提高解决工程中实际问题的能力。为了提高学生的学习能力和认知能力，教材中配了大量插图、例题和习题，以利于培养学生解决工程实际问题的能力。教材内容由易到难，由简单到复杂，由基本技能到高级技能，由基础知识到实践技能，由注重理论到注重实践，突出了理论和实践的有机联系。

本书在知识体系上深入浅出，理论知识以“适用为准、够用为度”，淡化理论推导，注重工程测量技术的实用性、实践性，力求体现高职测量教育的特点，满足高职教育培养技术应用型人才的需要。在教材编写中，我们打破了传统教材的体系框架，紧密结合各种工程建设的实际需要，以工程项目测量实际需要为导向进行编写。在编写过程中，编者紧密结合最新标准和最新规范，结合多年工程实践和教学实践经验，收集了大量的资料，并借鉴了同类教材的相关内容，按照工程测量技术专业高级人才培养模式而编写，主要作为高等院校测绘工程以及工程测量技术等相关专业教学使用，也适合市政、公路、铁路等工程一线工程技术人员参考使用。

本书由四川建筑职业技术学院杜文举、重庆能源职业学院孙晶晶、重庆城市职业学院朱栋担任主编，张恒、杨元意、景淑媛、姜毅和侯金刚参编。四川建筑职业技术学院李海峰博士任主审，全书由杜文举统稿。

具体分工为：杜文举编写第 4 章、第 5 章、第 6 章、第 7 章、第 9 章 9.3 和 9.4、实验十三至实验二十；孙晶晶编写第 8 章 8.1 和 8.2、第 9 章 9.1 和 9.2、实验一至实验六；朱栋编写第 9 章 9.5 和 9.6、实验七至实验十二；四川建筑职业技术学院张恒编写第 3 章；四川建筑职业技术学院景淑媛编写第 1 章；河南财政金融学院姜毅编写第 2 章；中国铁建第十六工程局集团公司三公司侯金刚编写第 8 章 8.3 和 8.4。

本书由杜光美和陈志同志绘制了大量插图，在此一并表示感谢。

鉴于编者水平、经验和时间所限，书中难免存在缺点和不妥之处，敬请专家和广大读者批评指正。

编　者

2021 年 6 月

目　录

第1章 绪 论

1.1 工程测量技术的发展

工程测量学是研究地球空间中具体几何实体测量和抽象几何实体测设的理论、方法和技术的一门应用学科，它是直接为国民经济建设和国防建设服务、紧密与生产实践相结合的学科，是测绘学中最活跃的一个分支学科。

工程测量通常是指在工程建设的勘测设计、施工和管理阶段中运用的各种测量理论、方法和工程测量技术的总称。传统工程测量技术的服务领域包括建筑、水利、交通、矿山等行业，其基本内容有测图和放样两部分。现代工程测量已经远远突破了仅仅为工程建设服务的概念，它不仅涉及工程的静态、动态几何与物理量测定，而且包括对测量结果的分析，甚至包括对物体发展变化的趋势进行预报。

工程测量具有悠久的历史。近二三十年来，随着测绘仪器的飞速发展，工程测量技术已经发生了质的变化，并取得了巨大的成就。随着传统测绘技术向数字化测绘技术转化，我国工程测量的发展可以概括为“四化”和“十六字”。所谓“四化”是工程测量内外业作业的一体化，数据获取及其处理的自动化，测量过程控制和系统行为的智能化，测量成果和产品的数字化；所谓“十六字”则是连续、动态、遥测、实时、精确、可靠、快速、简便。

1.1.1 测距工具和仪器的发展

《史记·夏本纪》中有夏朝大禹使用“准、绳、规、矩”测定距离远近和高低的记载；中国古代发明了记里鼓车，可进行距离测量；1903 年，因瓦基线尺被研制出来，应用于精密距离测量，精度可达 1/1 000 000；20 世纪 60 年代中期，以砷化钾管作为光源的红外测距仪出现；20 世纪 60 年代末，以氦氖激光器作为光源、采用晶体管线路的激光测距仪出现，其主机质量约 20 kg，测程可达 60 km，并且在白天和夜间均可观测，测距精度约达到$\pm(5\ \text{mm}+1\times10^{-6}\cdot D)$；1956 年第一台微波测距仪问世，在理想的条件下，其测程可为 66 ~ 80 km。

1.1.2 测角仪器（经纬仪）的发展

经纬仪是用来测量水平或竖直角度的仪器，根据角度测量原理制成，是一种重要的大地测量仪器。公元前 3 世纪左右，中国已经利用磁石指极性制成了指南仪器——司南，用来测定方向；724 年，中国唐朝僧一行开始用“覆矩”测定天体的高度角，用“立杆测影”的方法测定纬度；1680 年，意大利人制成附有视距丝的望远镜，用在测角仪器上，奠定了早期经纬仪的基础；1714 年，我国清朝康熙皇帝亲自监制了一台铜质游标经纬仪；英国机械师西森（Sisson）

约于 1730 年首先研制成功游标经纬仪，后经改进成型，正式用于英国大地测量中。1783 年，英国制成了度盘直径为 90 cm、质量 91 kg 的游标经纬仪，完成游标经纬仪的雏形；1920 年，德国蔡司光学仪器厂威特等人研制成世界上第一台光学经纬仪，定名为 T1 型；1960 年电子经纬仪开始出现，随着电子测微技术的发展，电子经纬仪的测角精度越来越高。

经纬仪根据度盘刻度和读数方式的不同，分为游标经纬仪、光学经纬仪和电子经纬仪，目前我国主要使用光学经纬仪和电子经纬仪，游标经纬仪早已被淘汰。

1.1.3　水准测量工具和仪器的发展

11 世纪，中国宋朝科学家沈括创立了分层筑堰法进行水准测量，利用水平尺在地形测量中测定地面高低；17 世纪中叶，在水准器和望远镜的基础上，最老的水准仪被研制出来；20 世纪初，人们在内对光望远镜和符合水准器的技术基础上，制造出了微倾水准仪；1950 年，德国蔡司光学仪器厂生产出了世界上第一台自动安平水准仪；20 世纪 60 年代，激光水准仪被研制出来；20 世纪 90 年代，在研制出条形码水准尺的基础上，徕卡公司研制出了世界上第一台数字水准仪 WILD NA2000。

水准仪（level）是建立水平视线测定地面两点间高差的仪器，按精度分为精密水准仪和普通水准仪，按结构分为微倾水准仪、自动安平水准仪、激光水准仪和数字水准仪（又称电子水准仪）。

1. 微倾水准仪

微倾水准仪借助微倾螺旋获得水平视线，其管水准器分划值小、灵敏度高，望远镜与管水准器联结成一体，凭借微倾螺旋使管水准器在竖直面内微作俯仰，符合水准器居中时视线水平。

2. 自动安平水准仪

自动安平水准仪借助自动安平补偿器获得水平视线，当望远镜视线有微量倾斜时，补偿器在重力作用下对望远镜作相对移动，从而迅速获得视线水平时的标尺读数，较微倾水准仪工效高、精度稳定。

3. 激光水准仪

激光水准仪利用激光束代替人工读数，将激光器发出的激光束导入望远镜筒内使其沿视准轴方向射出水平激光束，在水准标尺上配备能自动跟踪的光电接收靶，即可进行水准测量。

4. 数字（电子）水准仪

这是 20 世纪 90 年代发展起来的水准仪，集光、机、电、计算机和图像处理等高新技术为一体，是现代测绘科技最新发展的结晶。电子水准仪是以自动安平水准仪为基础，在望远镜光路中增加了分光镜和探测器（CCD），并采用条码标尺和图像处理电子系统而构成的光、机、电测一体化的高科技产品。采用普通标尺时，它又可像一般自动安平水准仪一样使用。它与传统水准仪相比有以下特点：

（1）读数客观：不存在误差、误记问题，没有人为读数误差。

（2）精度高：视线高和视距读数都是采用大量条码分划图像经处理后取平均得出来的，因此削弱了标尺分划误差的影响。多数仪器都有进行多次读数取平均的功能，可以削弱外界条件影响，不熟练的作业人员也能进行高精度测量。

（3）速度快：由于省去了报数、听记、现场计算的时间以及人为出错的重测数量，其测量时间与传统仪器相比可以节省 1/3 左右。

（4）效率高：只需调焦和按键就可以自动读数，减轻了劳动强度，视距还能自动记录、检核、处理并能输入电子计算机进行后处理，可实线内外业一体化。

1.1.4 全站仪的发展

全站仪，即全站型电子速测仪（Electronic Total Station），是一种集光、机、电为一体的高技术测量仪器，是集水平角、垂直角、距离（斜距、平距）、高差测量功能于一体的测绘仪器系统。其类型主要有编码盘测角系统、光栅盘测角系统及动态（光栅盘）测角系统等三种。根据测角精度，全站仪可分为 0.5″、1″、2″、3″、5″、10″等几个等级。1977 年，徕卡公司生产了全球首款具有机载数据处理功能的全站仪（Wild）TC1。

20 世纪 80 年代末，人们根据电子测角系统和电子测距系统的发展不平衡情况，将全站仪分成两大类，即积木式和整体式。早期的全站仪，大都是积木式结构，即电子速测仪、电子经纬仪、电子记录器各是一个整体，可以分离使用，也可以通过电缆或接口把它们组合起来，形成完整的全站仪。随着电子测距仪进一步的轻巧化，现代的全站仪大都把测距、测角和记录单元在光学、机械等方面设计成一个不可分割的整体，其中测距仪的发射轴、接收轴和望远镜的视准轴为同轴结构，这对保证较大垂直角条件下的距离测量精度非常有利。

全站仪按测量功能可分成四类：

（1）经典型全站仪（Classical Total Station）。

经典型全站仪也称为常规全站仪，它具备全站仪电子测角、电子测距和数据自动记录等基本功能，有的还可以运行厂家或用户自主开发的机载测量程序，其经典代表为徕卡公司的 TC 系列全站仪。

（2）机动型全站仪（Motorized Total Station）。

在经典全站仪的基础上安装轴系步进电机，可自动驱动全站仪照准部和望远镜的旋转。在计算机的在线控制下，机动型系列全站仪可按计算机给定的方向值自动照准目标，并可实现自动正、倒镜测量，徕卡 TCM 系列全站仪就是典型的机动型全站仪。

（3）无合作目标性全站仪（Reflectorless Total Station）。

无合作目标型全站仪是指在无反射棱镜的条件下，可对一般的目标直接测距的全站仪。因此，对不便安置反射棱镜的目标进行测量，无合作目标型全站仪具有明显优势。如徕卡 TCR 系列全站仪，无合作目标距离测程可达 1 000 m，可广泛用于地籍测量、房产测量和矿山施工测量等。

（4）智能型全站仪（Robotic Total Station）。

在机动化全站仪的基础上，仪器可安装自动目标识别与照准的新功能，因此在自动化的进程中，全站仪进一步克服了需要人工照准目标的重大缺陷，实现了智能化。在相关软件的控制下，智能型全站仪在无人干预的条件下可自动完成多个目标的识别、照准与测量，因此，智能型全站仪又称为“测量机器人”，其典型的代表有徕卡的 TCA 型全站仪等。

全站仪按测距还可以分为以下三类：

（1）短距离测距全站仪。

这类全站仪测程小于 3 km，一般精度为±（5 mm+5×10^{-6} · D），主要用于普通测量和城市测量。

（2）中测程全站仪。

这类全站仪测程为 3 ~ 15 km，一般精度为±（5 mm+2×10^{-6} · D）、±（2 mm+2×10^{-6} · D），通常用于一般等级的控制测量。

（3）长测程全站仪。

这类全站仪测程大于 15 km，一般精度为±（5 mm+1×10^{-6} · D），通常用于国家三角网及特级导线的测量。

目前，世界上最高精度的全站仪：测角精度（一测回方向标准偏差）为 0.50″，测距精度为 1 mm+1×10^{-6} · D，利用 ATR（Auto Targets Recognition，自动目标识别）功能，白天和黑夜（无须照明）都可以工作。如图 1-1 为徕卡 TS30 全站仪，测角精度 0.50″，最小显示 0.1″，测距精度 1 mm+1×10^{-6} · D，既可人工操作也可自动操作，既可远距离遥控运行也可在机载应用程序控制下使用，可使用在精密工程测量、变形监测、无容许限差的机械引导控制等应用领域。

全站仪的发展趋势有：长测程无棱镜技术、高度集成化技术、WinCE 可视化技术、与图像有机结合技术、全面自动化技术、与 GPS 结合化技术。

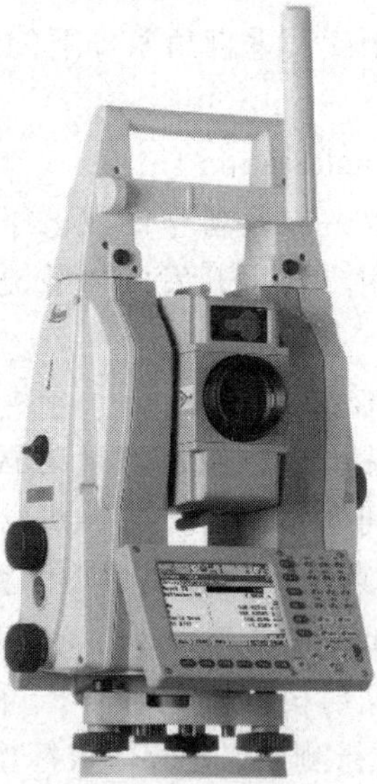

图 1-1　徕卡 TS30

全站仪的生产厂家很多，其中：进口品牌有徕卡、索佳、尼康、拓普康、宾得和天宝，进口品牌国产化的有科维（拓普康）和中纬（徕卡），国产品牌有南方、三鼎、瑞得、科力达、苏州一光、常州大地、天津欧波、北京博飞和常州迈拓等。

1.1.5 陀螺经纬仪的发展

陀螺经纬仪（Gyrotheodolite）是带有陀螺仪装置、用于测定直线真方位角的经纬仪，其关键装置之一是陀螺仪，简称陀螺，又称回转仪。陀螺仪主要由一个高速旋转的转子支承在一个或两个框架上而构成，具有一个框架的称二自由度陀螺仪，具有内外两个框架的称三自由度陀螺仪。在经纬仪上安置悬挂式陀螺仪，是利用其指北性确定真子午线北方向，再用经纬仪测定出真子午线北方向至待定方向所夹的水平角，即真方位角。指北性，是指悬挂式陀螺仪在受重力作用和地球自转角速度的影响下，陀螺轴将产生进动，逐渐向真子面靠拢，最终达到以真子面为对称中心做角简谐运动。确定真子午线北方向的常用方法有中天法和逆转点法。陀螺经纬仪主要应用于隧道施工测量以及盾构掘进中的水平及真北方向测量，可大大弥补导线过长所造成的精度损失。

陀螺经纬仪的陀螺装置由陀螺部分和电源部分组成，陀螺本体在装置内用丝线吊起使旋转轴处于水平。当陀螺旋转时，由于地球的自转，旋转轴在水平面内以真北为中心产生缓慢的岁差运动，旋转轴的方向由装置外的目镜可以进行观测，陀螺指针的振动中心方向指向真北。利用陀螺经纬仪的真北测定方法有“追尾测定”和“时间测定”等，应用陀螺经纬仪进行定向的操作过程可概括为以下几个步骤：

（1）在已知方位的边上测定仪器常数。

（2）在待定边上测定陀螺方位角。

① 观测测前测线方向值。

② 观测测前零位。

③ 粗略定向，即使望远镜视准轴位于近似北方向上。

④ 精密定向，即测定陀螺摆动的平衡位置（即陀螺北方向）。

⑤ 观测测后零位。

⑥ 观测测后测线方向值。

（3）在已知边上重新测定仪器常数。

（4）计算测线的坐标方位角。

陀螺特性的发现与应用始于我国西汉末年，近代由于航海与采矿业发展，将陀螺技术用于测北定向。法国人 L. Foucault 于 1852 年创造了第一台实验陀螺罗经；德国人 H. Anschütz 制成第一台实用陀螺罗经样机；德国人 M. Schuler 于 1908 年首次制成单转子液浮陀螺罗经，用于军事和航海；1949 年，德国 Clausthal 矿业学院的 O. Rellensmann 研制出 MW1 型子午线指示仪，并于 1958 年研制出金属带悬挂陀螺灵敏部的 KT-1 陀螺经纬仪。近代世界各国先后开展了陀螺经纬仪的研制工作，相继生产出多种型号的产品。根据仪器结构和发展阶段，可将陀螺经纬仪划分为液体漂浮式、下架悬挂式和上架悬挂式三种类型。

1.1.6 陀螺全站仪的发展

陀螺全站仪是利用高速回转体的内置陀螺进行真北方向准确定位的高精度全站仪，是由长安大学杨志强教授领队研发出来的，能够用于超长隧道的定向等高精度测量，其优势在于其真北方向的准确确定。

天津中船重工 TJ9000 陀螺全站仪（图 1-2）是我国研制的高精度、性能可靠稳定的陀螺全站仪，通过感应地球微弱磁场来精确寻北，目前最高精度已达到 15″，实现了全自动精确寻北。我国陀螺仪技术在国际上较为领先，我国早在 20 世纪 50 年代末就开始研发并生产陀螺仪，具有 60 多年陀螺研发生产历史。2008 年北京麦格天宝科技发展集团与军方强强合作，将 TJ9000 陀螺仪成功推进我国民用市场。

BTJ-5、BTJ-8（图 1-3）、BTJ-15 系列陀螺全站仪（经纬仪）是由北京格林瑞达科技发展有限公司和中国航天合作开放应用于民用产品的全自动陀螺仪，产品性通通过军工标准验证，稳定性好，精度高，能够在短时间内全自动测定目标方位角，并且其操作步骤非常简单，与传统陀螺仪相比，操作者只需简单的几次按键即可，其他工作全部由仪器自动完成。

图 1-2　TJ9000 型陀螺全站仪

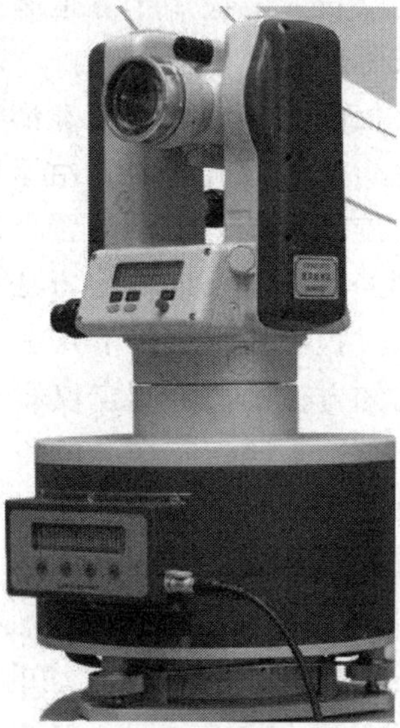

图 1-3　陀螺全站仪 BTJ-8

HGG05 型全自动积分式陀螺仪，定向精度≤5″，定向时间≤12 min，是在 Y/JTQ-1 积分式陀螺仪的基础上，充分借鉴和吸收国内外产品的成熟经验，研制出的一种全自动、高精度、具有市场推广应用价值的新型陀螺仪。它采用积分法测量原理，在测量中除架设和瞄准外，整个过程无须任何人工操作。测量结束后，在全站仪上直接显示真北方位角，实现了测量全过程的自动限幅、自动锁放、自主寻北，可快速地提供精确的方位基准，在大地测量、工程测量和矿山贯通测量等领域有广泛的应用前景。

1.1.7　全球定位系统（GPS）的发展

利用 GPS 定位卫星，在全球范围内实时进行定位、导航的系统，称为全球卫星定位系统，简称 GPS。1957 年，人造地球卫星上天，人们从此开始了卫星大地测量和卫星定位测量。GPS 起始于 1958 年美国军方的一个项目；1973 年，美国国防部批准建立全球定位系统（GPS）；1974 年，美国开始研制 GPS；1978 年 2 月 22 日，第一颗 GPS 卫星上天，主要目的是为陆海空三大领域提供实时、全天候和全球性的导航服务，并用于情报收集、核爆监测和应急通信等一些军事目的；1991 年，全球第一台采用快速静态测量技术的 GPS 产品-System 200 诞生；

1993 年 12 月 8 日，美国国防部正式宣布 GPS 已达到“初始运作能力”，GPS 的单点定位精度为±25 m（P 码）或±100 m，相对定位精度±（5 mm+1×10^{-6}·D）；到 1994 年，全球覆盖率高达 98%的 24 颗 GPS 卫星星座已布设完成，按《全球定位系统（GPS）测量规范》（GB/T 18314—2009），GPS 测量精度共划分为 AA、A、B、C、D、E 级。

GPS 由空间部分、地面控制系统和用户设备部分三部分组成。

GPS 的空间部分由 24 颗卫星（21 颗工作卫星、3 颗备用卫星）组成，位于距地表 20 200 km 的上空，运行周期为 12 h。卫星均匀分布在 6 个轨道面上（每个轨道面 4 颗），轨道倾角为 55°。卫星的分布使得在全球任何地方、任何时间都可观测到 4 颗以上的卫星，并能在卫星中预存导航信息。GPS 的卫星因为大气摩擦等问题，随着时间的推移，导航精度会逐渐降低。

地面控制系统由监测站（Monitor Station）、主控制站（Master Monitor Station）、地面天线（Ground Antenna）所组成，主控制站位于美国科罗拉多州春田市（Colorado. Springfield）。地面控制站负责收集由卫星传回的讯息，并计算卫星星历、相对距离、大气校正等数据。

用户设备部分即 GPS 信号接收机。其主要功能是能够捕获到按一定卫星截止角所选择的待测卫星，并跟踪这些卫星的运行。当接收机捕获到跟踪的卫星信号后，就可测量出接收天线至卫星的伪距离和距离的变化率，解调出卫星轨道参数等数据。根据这些数据，接收机中的微处理计算机就可按定位解算方法进行定位计算，计算出用户所在地理位置的经纬度、高度、速度、时间等信息。接收机硬件和机内软件以及 GPS 数据的后处理软件包构成完整的 GPS 用户设备。GPS 接收机的结构分为天线单元和接收单元两部分。接收机一般采用机内和机外两种直流电源，设置机内电源的目的在于更换外电源时不中断连续观测。在用机外电源时机内电池自动充电，关机后机内电池为 RAM 存储器供电，以防止数据丢失。各种类型的接收机体积越来越小，质量越来越轻，便于野外观测使用。GPS 卫星接收机种类很多，根据型号分为测地型、全站型、定时型、手持型、集成型；根据用途分为车载式、船载式、机载式、星载式、弹载式；根据接收机按载波频率分类有单频与双频两种，但由于价格因素，一般使用者所购买的多为单频接收器。

单频接收机只能接收 L1 载波信号，测定载波相位观测值进行定位，由于不能有效消除电离层延迟影响，单频接收机只适用于短基线（<15 km）的精密定位。

双频接收机可以同时接收 L1、L2 载波信号，利用双频对电离层延迟的不一样，可以消除电离层对电磁波信号延迟的影响，因此双频接收机可用于长达几千千米的精密定位。

GPS 的优势有：

1. 全球全天候定位

GPS 卫星的数目较多，且分布均匀，保证了地球上任何地方任何时间至少可以同时观测到 4 颗 GPS 卫星，确保实现全球全天候连续的导航定位服务（除打雷闪电不宜观测外）。

2. 定位精度高

应用实践已经证明，GPS 相对定位精度在 50 km 以内可达 10^{-6}，100 ~ 500 km 可达 10^{-7}，1 000 km 可达 10^{-9}。在 300 ~ 1 500 m 工程精密定位中，1 h 以上观测时解其平面位置误差小于 1 mm，与 ME-5000 电磁波测距仪测定的边长比较，其边长较差最大为 0.5 mm，较差中误差为 0.3 mm。

实时单点定位（用于导航）：P 码 1 ~ 2 m；C/A 码 5 ~ 10 m。

静态相对定位：50 km 之内误差为几毫米+（1 ~ 2）$\times 10^{-6} \cdot D$；50 km 以上可达（0.1 ~ 0.01）$\times 10^{-6} \cdot D$。

实时伪距差分（RTD）：精度达分米级。

实时相位差分（RTK）：精度达 1 ~ 2 cm。

3. 观测时间短

随着 GPS 系统的不断完善、软件的不断更新，20 km 以内相对静态定位，利用 GPS 仅需 15 ~ 20 min；快速静态相对定位测量时，当每个流动站与基准站相距在 15 km 以内时，流动站观测时间只需 1 ~ 2 min；采取实时动态定位模式时，每站观测仅需几秒钟，因而使用 GPS 技术建立控制网，可以大大提高作业效率。

4. 测站间无须通视

GPS 测量只要求测站上空开阔，不要求测站之间互相通视，因而不再需要建造觇标。这一优点既可大大减少测量工作的经费和时间（一般造标费用约占总经费的 30% ~ 50%），同时也使选点工作变得非常灵活，可省去经典测量中的传算点、过渡点的测量工作。

5. 仪器操作简便

随着 GPS 接收机的不断改进，GPS 测量的自动化程度越来越高，有的已趋于“傻瓜化”。在观测中测量员只需安置仪器，连接电缆线，量取天线高，监视仪器的工作状态，而其他观测工作，如卫星的捕获、跟踪观测和记录等均由仪器自动完成，结束测量时，仅需关闭电源，收好接收机，便完成了野外数据采集任务。

如果在一个测站上需作长时间的连续观测，还可以通过数据通信方式，将所采集的数据传送到数据处理中心，实现全自动化的数据采集与处理。另外，接收机体积也越来越小，相应的质量也越来越轻，极大地减轻了测量工作者的劳动强度。

6. 可提供全球统一的三维地心坐标

GPS 测量可同时精确测定测站平面位置和大地高程。GPS 水准可满足四等水准测量的精度，另外，GPS 定位是在全球统一的 WGS-84 坐标系统中计算的，因此全球不同地点的测量成果是相互关联的。

瑞士阿尔卑斯山的哥特哈德特长双线铁路隧道长达 57 km，为该工程的修建，瑞士特别重新作了国家大地测量（LV95），采用 GPS 技术施测的控制网，以厘米级的精度确定出了整个地区的大地水准面。该隧道于 2006 年全线贯通，整个工程的测量工作集中反映了工程测量的最新技术。

1.1.8 中国北斗卫星导航系统（BDS）的发展

北斗卫星导航系统是中国自行研制的全球卫星定位与通信系统，是继美国全球定位系统（GPS）、俄罗斯 GLONASS 和欧洲伽利略（Galileo Positioning System）之后全球第四大卫星导航系统。北斗卫星导航系统（以下简称北斗系统）是中国着眼于国家安全和经济社会发展需要，自主建设运行的全球卫星导航系统，是为全球用户提供全天候、全天时、高精度的定位、导航和授时服务的国家重要时空基础设施。

北斗系统提供服务以来，已在交通运输、农林渔业、水文监测、气象测报、通信授时、电力调度、救灾减灾、公共安全等领域得到广泛应用，服务国家重要基础设施，产生了显著的社会效益和经济效益。基于北斗系统的导航服务已被电子商务、移动智能终端制造、位置服务等厂商采用，广泛进入中国大众消费、共享经济和民生领域，应用的新模式、新业态、新经济不断涌现，深刻改变着人们的生产生活方式。中国将持续推进北斗应用与产业化发展，服务国家现代化建设和百姓日常生活，为全球科技、经济和社会发展做出贡献。

北斗系统秉承“中国的北斗、世界的北斗、一流的北斗”发展理念，愿与世界各国共享北斗系统建设发展成果，促进全球卫星导航事业蓬勃发展，为服务全球、造福人类贡献中国智慧和力量。北斗系统为经济社会发展提供重要时空信息保障，是中国实施改革开放40余年来取得的重要成就之一，是新中国成立70年来重大科技成就之一，是中国贡献给世界的全球公共服务产品。中国将一如既往地积极推动国际交流与合作，实现与世界其他卫星导航系统的兼容与互操作，为全球用户提供更高性能、更加可靠和更加丰富的服务。

1. 发展历程

20世纪后期，中国开始探索适合国情的卫星导航系统发展道路，逐步形成了三步走发展战略：2000年底，建成北斗一号系统，向中国提供服务；2012年底，建成北斗二号系统，向亚太地区提供服务；2020年，建成北斗三号系统，向全球提供服务。

2. 发展目标

北斗系统的发展目标为：建设世界一流的卫星导航系统，满足国家安全与经济社会发展需求，为全球用户提供连续、稳定、可靠的服务；发展北斗产业，服务经济社会发展和民生改善；深化国际合作，共享卫星导航发展成果，提高全球卫星导航系统的综合应用效益。

3. 建设原则

中国坚持“自主、开放、兼容、渐进”的原则建设和发展北斗系统。

——自主。坚持自主建设、发展和运行北斗系统，具备向全球用户独立提供卫星导航服务的能力。

——开放。免费提供公开的卫星导航服务，鼓励开展全方位、多层次、高水平的国际合作与交流。

——兼容。提倡与其他卫星导航系统开展兼容与互操作，鼓励国际合作与交流，致力于为用户提供更好的服务。

——渐进。分步骤推进北斗系统建设发展，持续提升北斗系统服务性能，不断推动卫星导航产业全面、协调和可持续发展。

4. 远景目标

北斗系统的远景目标是在2035年前将建设完善更加泛在、更加融合、更加智能的综合时空体系。

5. 基本组成

北斗系统由空间段、地面段和用户段三部分组成，导航系统结构坐标系为2000国家大地坐标系（CGCS2000）。

——空间段。北斗系统空间段由若干地球静止轨道卫星、倾斜地球同步轨道卫星和中圆地球轨道卫星等组成。

——地面段。北斗系统地面段包括主控站、时间同步/注入站和监测站等若干地面站，以及星间链路运行管理设施。

——用户段。北斗系统用户段包括北斗兼容其他卫星导航系统的芯片、模块、天线等基础产品，以及终端产品、应用系统与应用服务等。

6. 发展特色

北斗系统的建设实践，走出了在区域快速形成服务能力、逐步扩展为全球服务的中国特色发展路径，丰富了世界卫星导航事业的发展模式。

北斗系统具有以下特点：一是北斗系统空间段采用三种轨道卫星组成的混合星座，与其他卫星导航系统相比高轨卫星更多，抗遮挡能力强，尤其低纬度地区性能优势更为明显。二是北斗系统提供多个频点的导航信号，能够通过多频信号组合使用等方式提高服务精度。三是北斗系统创新地融合了导航与通信能力，具备定位导航授时、星基增强、地基增强、精密单点定位、短报文通信和国际搜救等多种服务能力。

2018年12月26日，北斗三号基本系统开始提供全球服务。2019年9月，北斗系统正式向全球提供服务，在轨39颗卫星中包括21颗北斗三号卫星：有18颗运行于中圆轨道，1颗运行于地球静止轨道，2颗运行于倾斜地球同步轨道。2019年9月23日5时10分，在西昌卫星发射中心用长征三号乙运载火箭，成功发射第47、48颗北斗导航卫星。2019年11月5日凌晨1点43分，成功发射第49颗北斗导航卫星，北斗三号系统最后一颗倾斜地球同步轨道（IGSO）卫星全部发射完毕；12月16日15时22分，在西昌卫星发射中心以“一箭双星”方式成功发射第52、53颗北斗导航卫星。至此，所有中圆地球轨道卫星全部发射完毕。2020年3月9日19时55分，中国在西昌卫星发射中心用长征三号乙运载火箭，成功发射北斗系统第54颗导航卫星。2020年6月23日9时43分，我国在西昌卫星发射中心用长征三号乙运载火箭，成功发射北斗系统第55颗导航卫星，暨北斗三号最后一颗全球组网卫星。至此北斗三号全球卫星导航系统星座部署比原计划提前半年全面完成，完美收官，星耀全球！

2020年7月31日，习近平总书记向世界宣布北斗三号全球卫星导航系统正式开通，标志着北斗“三步走”发展战略圆满完成，北斗迈进全球服务新时代。

北斗卫星导航系统可在全球范围内全天候、全天时为各类用户提供高精度、高可靠定位、导航、授时服务，并具短报文通信能力，已经初步具备区域导航、定位和授时能力，定位精度10 m，测速精度0.2 m/s，授时精度10 ns。

北斗卫星导航系统标识（图1-4）由正圆形、写意的太极阴阳鱼、北斗星、网格化地球和中英文文字等要素组成。圆形构型象征中国传统文化中的“圆满”，深蓝色的太空和浅蓝色的地球代表航天事业。

图 1-4　北斗卫星导航系统标识

1.1.9　无人机的发展

无人驾驶飞机简称无人机，即 UAV（Unmanned Aerial Vehicle）或 UAS（Unmanned Aircraft System），是利用无线电遥控设备和自主程序控制装置操纵的不载人飞机。无人机可以基于不同程度的自主控制，从无线遥控飞行的半自主控制，到半自动控制，再到完全自主控制。

无人机技术起源于 20 世纪初期，在第一次世界大战爆发前的 20 世纪初，已经有部分气球炸弹、靶机等研制出来。20 世纪第二个十年，第一次世界大战的开始使得无人机技术获得了发展机会，英美等国家都陆续开始了无人机技术的研发。如 1916 年，英国军事航空学会指定 A. M. Low 教授研发遥控无人机投弹。1917 年，美国第一架无人机在纽约长滩试飞成功，但由于此类飞机仅作为炸弹使用，因而无法实现回收，也无法完成遥控操作、自主飞行等复杂任务。

在第二次世界大战的 20 世纪 40 年代，更多种类的无人机获得应用。英国的蜂后无人机是无线电遥控全尺寸靶机，1934—1943 年间共批量生产了 420 架，在英国海军和陆军服役。至 20 世纪 50 年代，美国的 Ryan Aeronautical Company 为空军研制生产了高亚声速、喷气推进的靶机，代号 Q-2“火蜂”（Firebee），是现今无人飞行器的鼻祖。1960 年后，该公司按照五角大楼的要求，将一批“火蜂一号”改装成 147A 型（Model147A），名为“萤火虫”（Firefly）的“特殊用途飞机”，用来执行侦察拍照任务。至 20 世纪 70 年代，美国已将无人机应用于越南战争，用以减少人员伤亡。

无人机到 20 世纪 80、90 年代开始得到广泛应用，各国制造的无人机有近百种，其起飞质量从数千克到 100 kg 以上，航程从数千米到上千千米，飞行速度从大于 100 km/h 到超声速。90 年代的海湾战争和科索沃战争中，无人机执行的多种军事任务包括照相侦察、充当诱饵、地理位置标识、布散传单等。可以说 20 世纪 80 年代后，无人机真正具备了智能化、功能多样、外形灵活的特点。

自 80 年代开始，军用无人机技术的成熟化使其开始进入民用领域。目前，各国政府、企业均大力发展无人机技术。无人机技术的应用可以在科研、监测、农业植保、环保、送货等众多领域带来经济效益，提升工作质量。

无人机技术进入民用阶段后，已经应用于政府主导的公共服务、科研，以及商业化服务如农业、航拍等领域。近两年由于技术成熟、成本下降、政策驱动等原因，民用领域尤其是消费级无人机发展迅猛。其代表企业是中国大疆科技，占据全球小型无人机市场 70%份额，其产品 80%销往国外。根据 Forbes 网站报道，大疆在 2013—2015 的三年间，收入爆发式增长，成为第一家进入“十亿美元俱乐部”的无人机公司，作为消费级无人机的代表企业，大疆的成功也侧面印证了行业的发展趋势，无人机技术在民用领域的应用将不断扩大范围。

除大疆外，我国民用无人机还有众多企业，产品功能多样，可以看到除飞行、拍摄功能以外，部分无人机还具备基于不同原理的自动避障、VR 遥控、便携自拍等多样化的功能。

2016 年，国内民用无人机产业持续进化，除大疆、零度、亿航等无人机专业技术领军企业外，BAT、小米等互联网巨头也看准了这一市场，纷纷引入相关技术，推出自己的消费级无人机产品。

腾讯携手深圳零度（零度智控与雷柏科技合资）先后发布便携式自拍无人机空影 YING 和 Dobby，依托腾讯的社交关系链，构建了一个连接无人机、用户和内容的社区。

百度外卖推出国内第一个无人机送餐案例，实现工作日高峰时段 30 min 内急速送达。互联网巨头从 2015 年开始便不断试水民用无人机，除了起到良好的宣传作用外，巨头的涉足通常标志着行业技术和产业链已经趋于成熟。

1.1.9.1　基于无人机倾斜摄影技术测绘大比例尺地形图

无人机操作

无人机倾斜摄影技术是通过在无人机飞行平台上搭载多台数码相机，同时从垂直和倾斜多个不同的角度采集高分辨率影像，一般常用的是五镜头倾斜摄影系统，结合无人飞行平台搭载的 GPS/IMU（惯性测量单元）系统获取的 POS（定位测姿系统）数据和像控点数据，经过相关软件处理获取数字表面模型、数字正摄影像和三维模型的摄影测量技术。

无人机倾斜摄影采集到的影像包含垂直摄影影像和倾斜摄影影像。针对倾斜摄影测量，目前倾斜影像区域网平差主要分为：无约束区域网平差、附加约束的区域网平差和倾斜影像的直接定向。将倾斜摄影获取的影像经过预处理后，便可以进行三维模型的生产，基于倾斜摄影所得影像数据的利用方式可以将所得到的三维模型分为两种方式：单独利用倾斜像片作为纹理生产的三维模型和完全基于倾斜摄影所得数据并利用相关软件获得的三维模型。

测绘无人机主要为多旋翼无人机（图 1-5），其系统主要由机架机身、动力系统、飞行控制系统、遥控系统、辅助设备系统五部分组成。

图 1-5　多旋翼无人机

（1）机架机身。

无人机的机架机身指无人机的承载平台，一般选择高强度轻质材料制造，例如玻纤、ABS（丙烯腈-丁二烯-苯乙烯共聚物）、PP（聚丙烯）、尼龙、改性塑料、改性 PC（聚碳酸酯）、树脂、铝合金等。无人机所有的设备都安装在机架机身上面，支架数量也决定了该无人机为几旋翼无人机。优秀的无人机机架设计可以让其他各个元器件安装合理，坚固稳定，拆装方便。

（2）动力系统。

无人机动力系统，就是为无人机提供飞行动力的部件，一般分为油动和电动两种。电动多旋翼无人机是最主流的机型，动力系统由电机、电调、电池三部分组成。无人机的电池一般都是高能量密度的锂聚合电池，由于一些客观原因，传统每 300 g 锂电池，可以为无人机 500 g（含电池）自重提供 17 min 飞行时间。氢燃料电池、太阳能电池等受制于现有的技术水平和成本，暂时还无法普及。无人机主要在露天作业，对电机、电调系统的稳定性要求较高，需要定期进行检查、保养、防水、防潮。

（3）飞控系统。

飞控系统就是无人机的飞行控制系统，不管是无人机自动保持飞行状态（如悬停）还是对无人机的人为操作，都需要通过飞控系统对无人机动力系统进行实时调节。一些高阶的飞控系统除了保证飞机正常飞行导航功能以外，还有安全冗余、飞行数据记录、飞行参数调整和自动飞行优化等功能。飞控系统是整个无人机的控制核心，主要包括飞行控制、加速计、气压计、传感器、陀螺仪、地磁仪、定位芯片、主控芯片等多部件组成。

（4）遥控系统。

无人机遥控系统，主要由遥控器、接收器、解码器、伺服系统组成。遥控器是操作平台，接收器接到遥控器信号进行解码，分离出动作信号传输给伺服系统，伺服系统则根据信号做出相应的动作。

（5）辅助设备系统。

辅助设备系统主要包括无人机外挂平台（简称云台）、外挂轻型相机，无线图像传输系统。云台是安装在无人机上用来挂载相机的机械构件，能满足三个活动自由度——绕 X、Y、Z 轴旋转，每个轴心内都安装有电机，当无人机倾斜时，会配合陀螺仪给相应的云台电机加强反方向的动力，防止相机跟着无人机“倾斜”，从而避免相机抖动。云台对于稳定航拍来说起着非常大的作用。外挂轻型相机，主要为体积小、质量轻的高清晰度相机。无线图像传输系统，在无人机航拍时，将天空中处于飞行状态下无人机拍摄的画面，实时稳定地发送给地面无线图传遥控接收设备。优秀的无线图像传输系统具备传输距离远、传输稳定、图像清晰流畅、抗干扰、抗遮挡、低延时等特性。

1.1.9.2 基于无人机倾斜摄影技术的大比例尺地形图测图流程

测图技术流程主要包括资料收集与分析、像控点布设、无人机航空摄影、实景三维建模、基于实景三维建模成果的内业数据采集以及外业补绘与调绘工作，如图 1-6 所示。

（1）资料收集与分析。

测区相关数据资源包括数字线划图数据、影像图数据、数字高程模型数据、测区自然人文地理情况等。根据测区的地物分布情况，主要依据道路网的分布，大致确定无人机的起降场地范围和行车路线；根据成果要求精度水平和相机主距、像元大小等参数，计算航飞高度。

同时，重点关注测区范围内是否分布有高层建筑或较高信号塔等可能增加航飞难度的因素以及拟定航高是否符合安全作业要求。

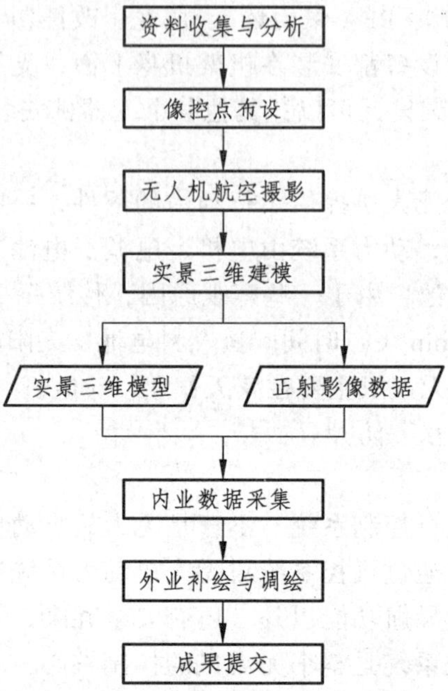

图 1-6　基于倾斜摄影三维模型测绘地形图流程

（2）像控点布设。

像控点的布设策略取决于建模精度需求、是否有 POS 数据辅助、像幅大小等因素。对于无人机倾斜摄影技术，目前多采用区域网布点的像控点布设法，即测区四周布设平高点，内部布设一定数量的平高点或高程点。根据经验估计，对于一般地形区域，如果用间隔 10 000 个像素布设一个平高点的方法进行加密。根据拟定的像控点布设方法，并结合已有资料，可在影像图上大致确定像控点的预设范围。关于像控点的位置选取，在预设范围内尽量选择平整地面明显标志点，如斑马线角点、检修井中心点等地面点点位；当在预设范围内不易找到标志明显的控制点时，可用油漆在地面绘制人工标记或使用像控纸作为像控点，如图 1-7 和图 1-8 所示。据最新有关研究成果，目前房地一体化确权，可以不做像控点。

图 1-7　油漆像控点

图 1-8　标志像控点

（3）无人机航空摄影。

根据外业现场的实际情况确定无人机航空摄影分区，分区时保证像控点分布均匀，一般优先选择路网作为分界线。根据内业初步拟定的无人机起降场地，结合现场实际情况，选择视野开阔、周围遮挡小、无明显信号干抗、远离人群和建筑物的地方作为无人机起降场地，着重避开高层建筑及信号塔。对于实景三维建模，一般采集 5 个视角的影像，分别包含 1 个正射角度和 4 个倾斜角度。

无人机航空摄影时，按照设定的航飞高度进行数据采集，其中航向重度一般设定为 70%～80%，旁向重度设定为 60%～70%。

（4）实景三维建模。

实景三维建模过程包括数据准备、空三加密、建模输出三个环节。数据准备主要是整理航飞影像数据、相机文件、POS 数据以及像控点数据，使其满足软件平台的要求，并将整理后的数据载入实景三维建模软件。常用的三维建模软件有 Context Capture Master、Photomesh、Photoscan、Altizure、Pix4dmapper 等。

空三加密是实景三维建模的核心环节之一，为提高成果的位置精度水平，需要将外业采集像控点数据刺点至对应的像片，要求各个视角均选刺一定数量的像片。刺点完成后，运行空三加密软件自动进行多视角影像密集匹配、区域网平差，确定像片之间的位置对应关系。空三加密完成后，可在软件平台查看空三点的密度图。

基于原始影像数据和空三成果，经三维 TIN（不规则三角网）构建、自动纹理映射等流程，生产制作实景三维模型及其派生数据，包括正射影像、数字表面模型、点云等数据。其中实景三维模型和其对应的正射影像将作为大比例尺地形测绘的数据源。

（5）内业数据采集。

内业数据采用二三维联动一体化测图模式进行采集，即利用分屏方式分别加载正射影像数据和实景三维模型数据，并使其同步，可实现二维或三维状态下的地形图测量。在三维或者二维环境下采集各种地物类型的特征点或特征线，并借助地物本身和地物之间的几何关系，绘制完成地物。对于地貌信息的采集，由于实景三维模型具有高程信息，可通过直接在模型表面拾取高程点完成。常用的二三维——体化测图软件有 EPS 地理信息工作站、航天远景三维智能测图系统、Dp-Modeler 等。

（6）外业补绘与调绘。

内业数据采集完成后，需通过外业补绘与调绘工作检校内业数据成果，对于内业无法测量、识别的地物通过外业现场进行实地确认，尤其要注意以下方面：

① 对内业预判的地形图要素进行核查、纠错、定性。

② 对内业漏测和难以准确判绘的图形信息，特别是由于地物遮挡造成的实景二维模型的局部变形、模糊，导致少量地物要素难以准确采集的情况；部分线状悬空的地物，如电力线等。实景三维建模难度大，难以从模型中准确辨别其走向和连接关系的情况。

③ 对内业难以获取的属性信息（如地理名称等）进行调绘，如检修井的属性信息，路名、企事业单位等的注记信息。

1.2 工程测量技术的性质和研究对象、任务

1.2.1 工程测量技术的性质

本课程是工程测量技术专业的核心专业课程，也是一门实践性强、理论和实践相结合紧密的课程。通过本课程的学习，可以培养学生在公路工程（含高速公路）、铁路工程（含客运专线）、工业与民用建筑工程、市政工程等土木工程建设中必须具有的测量基本理论、基本方法和基本技能，培养学生动手、实践和创新能力，为学生学习后继专业课程和毕业后走向工作奠定基础。

1.2.2 工程测量技术的研究对象、任务

工程测量技术是研究各项工程建设在规划设计、施工放样和运营管理各阶段中进行测量工作的理论、技术和方法的一门科学，是测绘科学与技术在国民经济和国防建设中的直接应用，是综合性的应用测绘科学与技术。工程测量技术的研究对象主要有：

（1）工业与民用建筑施工测量。

（2）铁路工程施工测量。

（3）公路工程施工测量。

（4）桥梁施工测量。

（5）隧道、地铁及地下工程施工测量。

（6）水利工程施工测量。

（7）输电线路与输油管道施工测量。

（8）市政工程施工测量。

工程测量技术的主要任务就是完成工程建设在规划设计、施工和运营管理这三个阶段所进行的各种测量工作。

（1）规划设计阶段测量的任务主要是提供地形资料即地形图。取得地形资料的方法是：在所建立的控制测量的基础上进行地面测图或航空摄影测量。

工程建设的规划设计通常可分选址、初步设计和施工图设计几个阶段。各阶段设计的目的及任务不同，内容也有所不同，就其与测绘工作的关系来说，各设计阶段涉及地域的大小不同，对地形信息详细程度的要求不同，因而各设计阶段所需地形图比例尺的大小不同。

选址和初步设计阶段——1∶5 000 至 1∶100 000 或利用已有的地形图；施工图设计阶段——1∶500 至 1∶2 000，通常按照设计需要的范围实地测绘。大面积的测图（如大型水利枢纽、铁路）一般采用摄影测量方法，而中小范围的测图通常采用地面数字化测图方法。

（2）施工建设阶段测量的主要任务是按照设计图纸要求在实地准确地标定建筑物（构筑物或结构物）各部分的平面位置和高程，作为施工与安装的依据。建设施工阶段的测量工作包括施工控制网的建立和定线放样两大部分。

（3）竣工后的营运管理阶段的测量，包括竣工测量以及为监视工程安全状况的变形观测与维修养护等测量工作。

1.3 工程测量技术的特点和学习方法

1.3.1 工程测量技术的特点

本课程具有实践性强、独立性强、综合性强、涉及面广等特点。

1.3.2 工程测量技术的学习方法

本课程因实践性强，不同于其他理论课程，在学习中既要重视理论学习，更要重视实践环节的教学工作。通过实践环节的学习可以提高对理论知识体系的理解和提高计算能力。在学习中还要注意培养个人的以下综合素质。

1. 兴 趣

兴趣是最好的老师，学生应培养良好的学习兴趣，只有对课程内容感兴趣，才能有利于学习。

2. 学习习惯

养成良好的学习习惯，对于不清楚的知识点，可以上网或到图书馆查阅相关资料，也可和同学或者老师进行交流和沟通，还可以通过有关视频进行学习。

3. 自信心

树立自信心，培养自己克服困难、战胜困难的能力，勇于创新，善于发现问题、提出问题和解决问题。

4. 善于自我总结

结合学习中遇到的问题以及解决方法，进行自我总结，提高对相关知识点的理解。

1.4 工程测量技术的发展方向

展望 21 世纪，工程测量技术将在以下方面得到显著发展：

（1）测量机器人将作为多传感器集成系统在人工智能方面得到进一步发展，其应用范围将进一步扩大，影像、图形和数据处理方面的能力进一步增强。

（2）在变形观测数据处理和大型工程建设中，将发展基于知识的信息系统，并进一步与大地测量、地球物理、工程与水文地质以及土木建筑等学科相结合，解决工程建设中以及运行期间的安全监测、灾害防治和环境保护的各种问题。

（3）工程测量将从土木工程测量、三维工业测量扩展到人体科学测量，如人体各器官或部位的显微测量和显微图像处理。

（4）多传感器的混合测量系统将得到迅速发展和广泛应用，如 GPS 接收机与电子全站仪或测量机器人集成，可在大区域乃至国家范围内进行无控制网的各种测量工作。

（5）GPS、GIS（地理信息系统）、RS（遥感）技术将紧密结合工程项目，在勘测、设计、施工管理一体化方面发挥重大作用。

（6）大型和复杂结构建筑、设备的三维测量、几何重构以及质量控制将是工程测量技术发展的一个特点。

（7）数据处理中数学物理模型的建立、分析和辨识将成为工程测量专业教育的重要内容。

综上所述，工程测量技术的发展，主要表现在从一维、二维到三维、四维，从点信息到线信息、面信息和空间信息获取，从静态到动态，从后处理到实时处理，从人眼观测操作到机器人自动寻标观测，从大型特种工程到人体测量工程，从高空到地面、地下以及水下，从人工量测到无接触遥测，从周期观测到持续测量。测量精度从毫米级到微米乃至纳米级，工程测量技术的发展将可能改善人们的生活环境，提高人们的生活质量。

习题

1. 工程测量分为哪三个阶段的工作？
2. 全站仪按测距分为哪三类？
3. 叙述陀螺经纬仪定向的操作步骤。
4. GPS 由哪三部分组成？
5. GPS 测量精度划分为哪五级？
6. 工程测量技术的性质是什么？
7. 工程测量技术的研究对象有哪些？
8. 工程测量技术学科的发展方向有哪些？
9. 试述中国北斗卫星导航系统（BDS）的发展历程和优势。

第 2 章　地形图的基本知识及其应用

2.1　地形图的基本知识

地形图是控制测量和碎部测量的综合结果，图根控制网建立好之后，就可以根据控制点进行碎部测量，把地面上的地物（人工和自然形成的物体）和地貌（地面高低起伏的形态）测绘到图纸上。碎部测量就是测定地物轮廓转折点和地貌的特征点位置，然后按规定的符号进行描绘，最后形成地形图。

2.1.1　地形图比例尺

地形图上任意一线段的长度与地面上相应线段的实际水平长度之比，称为地形图的比例尺。常见的比例尺分为数字比例尺和图示比例尺两种。

数字比例尺一般用分子为1的分数形式表示。设图上某一直线的长度为 d，地面上相应线段的水平长度为 D，则图的比例尺为

$$\frac{d}{D}=\frac{1}{D/d}=\frac{1}{M}$$

式中：M 为比例尺分母。当图上 1 cm 代表地面上水平长度 10 m（即 1 000 cm）时，比例尺就是 1/1 000。由此可见，分母 1 000 就是将实地水平长度缩绘在图上的分数。

【例 2-1】在比例尺为 1∶1 000 的图上，量得两点间的长度为 2.6 cm，求其相应的水平距离。

【解】$D=M\times d=1\,000\times 0.026=26$ m

【例 2-2】 实地水平距离为 26 m，试求其在比例尺为 1∶1 000 的图上的相应长度。

【解】$d=\dfrac{D}{M}=\dfrac{26}{1\,000}=0.026$ m

比例尺的大小是以比例尺的比值来衡量的，分数值越大（分母 M 越小），比例尺越大。在实际工作中通常将比例尺书写成比例式的形式，如 1/500、1/1 000、1/2 000，一般书写为 1∶500、1∶1 000、1∶2 000。

通常称 1∶1 000 000、1∶500 000、1∶200 000 为小比例尺地形图，1∶100 000、1∶50 000 和 1∶25 000 为中比例尺地形图，1∶10 000、1∶5 000、1∶2 000、1∶1 000 和 1∶500 为大比例尺地形图。建筑类各专业通常使用大比例尺地形图。按照地形图图式规定，比例尺书写在图幅下方正中处。

为了用图方便，以及减弱由于图纸伸缩而引起的误差，在绘制地形图时，常在图上绘制图示比例尺。最常见的图示比例尺是直线比例尺。如图 2-1 所示为 1∶500 的图示比例尺，绘

制时先在图上绘两条平行线，再把它分成若干相等的线段，这些线段称为比例尺的基本单位，一般为 2 cm；将左端的一段基本单位又分成十等份，每等份的长度相当于实地 2 m。而每一基本单位所代表的实地长度为 2 cm×500=10 m。

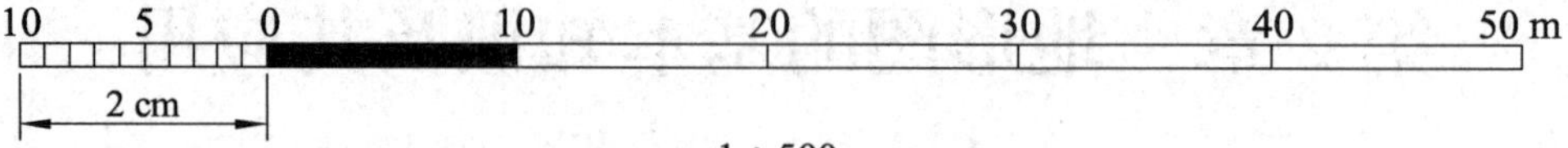

1：500

图 2-1　直线比例尺

2.1.2　比例尺精度

一般认为，人用肉眼在图上能分辨的最小距离为 0.1 mm，因此地形图上 0.1 mm 所代表的实地水平距离称为比例尺精度，即：

$$比例尺精度 = 0.1\ \text{mm} \times M$$

式中：M——比例尺分母。

比例尺大小不同，比例尺精度不同，常用大比例尺地形图的比例尺精度如表 2-1 所示。

表 2-1　比例尺精度

比例尺	1：500	1：1 000	1：2 000	1：5 000	1：10 000
比例尺精度/m	0.05	0.1	0.2	0.5	1.0

比例尺精度的概念有两个作用：一是根据比例尺精度，确定实测距离应准确到什么程度。例如选用 1：2 000 比例尺测地形图时，比例尺精度为 0.1×2 000=0.2 m，测量实地距离最小为 0.2 m，小于 0.2 m 的长度，图上就无法表示出来。二是按照测图需要表示的最小长度来确定采用多大的比例尺地形图。例如要在图上表示出 0.2 m 的实际长度，则选用的比例尺应不小于 0.1/（0.2×1 000）=1/2 000。

比例尺越大，表示地物和地貌的情况越详细，精度越高。但是必须指出，同一测区，采用较大比例尺测图往往比采用较小比例尺测图的工作量和投资增加数倍，因此采用哪一种比例尺测图，应从工程规划、施工实际需要的精度出发，不应盲目追求更大比例尺的地形图。在城市和工程的规划、设计和施工阶段中，可参照表 2-2 选择不同比例的地形图。

表 2-2　不同比例尺图的用途

<table>
<tr><th>比例尺</th><th>用　途</th></tr>
<tr><td>1：10 000</td><td rowspan="2">城市管辖区范围的基本图，一般用于城市总体规划、厂址选择、区域布局、方案比较等</td></tr>
<tr><td>1：5 000</td></tr>
<tr><td>1：2 000</td><td>城市郊区基本图，一般用于城市详细规划及工程项目的初步设计等</td></tr>
<tr><td>1：1 000</td><td>小城市、城镇街区基本图，一般用于城市详细规划、管理和工程项目的施工图设计等</td></tr>
<tr><td>1：500</td><td>大、中城市城区基本图，一般用于城市详细规划、管理，地下工程竣工图和工程项目的施工图设计等</td></tr>
</table>

2.1.3 地形图的图名、图号、图廓及接图表

某大比例尺地形图图名、接图表和图廓见图 2-2，某城市居民区 1∶500 地形图见图 2-3。

2.1.3.1 图名和图号

图名即本幅图的名称，是以所在图幅内最著名的地名、厂矿企业和村庄的名称来命名的。为了区别各幅地形图所在的位置关系，每幅地形图上都编有图号。图号是根据地形图分幅和编号方法编定的，并把它标注在图廓上方的中央（图 2-2）。

为了测绘、管理、使用方便，各种比例尺地形图要有统一的分幅和编号。地形图的分幅方法分为两大类：一类是按经纬线分幅的梯形分幅法（又称为国际分幅法），即每一个图幅是一个梯形，上下底边以纬线为界，两侧边线以经线为界。梯形分幅法主要用于中、小比例尺的地形图。另一类是按坐标格网分幅的矩形分幅法，主要用于大比例尺的地形图。

本章主要介绍适用于大比例尺地形图的矩形分幅法。它是按统一的直角坐标格网划分的，图幅大小如表 2-3 所示：

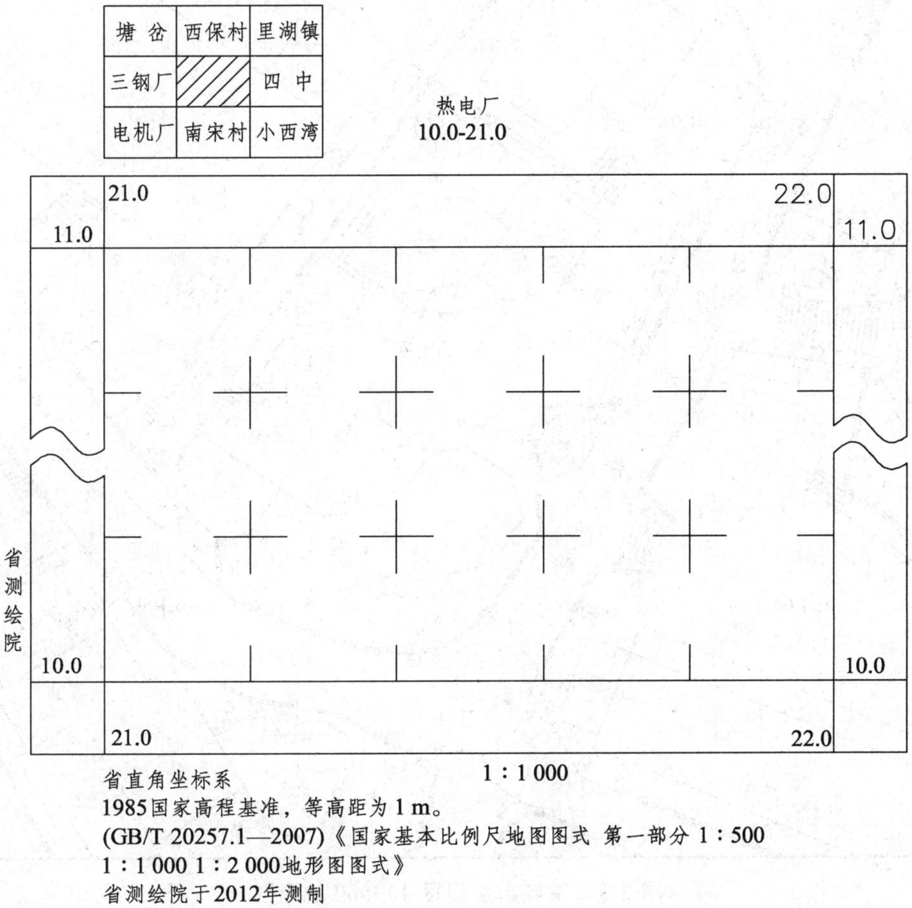

图 2-2 某大比例尺地形图图名、接图表和图廓

图 2-3　某城市居民区 1：500 地形图

表 2-3　大比例尺的图幅大小

比例尺	图幅尺寸/（cm×cm）	实地面积/km^2	1∶5 000 图幅内分幅数
1∶5 000	40×40	4	1
1∶2 000	50×50	1	4
1∶1 000	50×50	0.25	16
1∶500	50×50	0.062 5	64

大比例尺地形图矩形分幅的编号方法主要有：

（1）图幅西南角坐标（以千米表示）编号法：

如图 2-4 所示 1∶5 000 图幅西南角的坐标 X=32.0 km，Y=56.0 km，因此，该图幅编号为“32-56”。编号时，对于 1∶5 000 比例尺取至 1 km，对于 1∶1 000、1∶2 000 取至 0.1 km，对于 1∶500 取至 0.01 km。

（2）以 1∶5 000 编号为基础并加罗马数字的编号法：

如图 2-4 所示，以 1∶5 000 地形图西南坐标为基础图号，后面再加罗马数字Ⅰ、Ⅱ、Ⅲ、Ⅳ组成。一幅 1∶5 000 地形图可分成 4 幅 1∶2 000 地形图，其编号分别为 32-56-Ⅰ、32-56-Ⅱ、32-56-Ⅲ及 32-56-Ⅳ。一幅 1∶2 000 地形图又分成 4 幅 1∶1 000 地形图，其编号为 1∶2 000 图幅编号后再加罗马数字Ⅰ、Ⅱ、Ⅲ、Ⅳ。1∶500 地形图编号按同样方法进行。注意：罗马数字Ⅰ、Ⅱ、Ⅲ、Ⅳ排列均是先左后右，自上而下，不是顺时针排列。

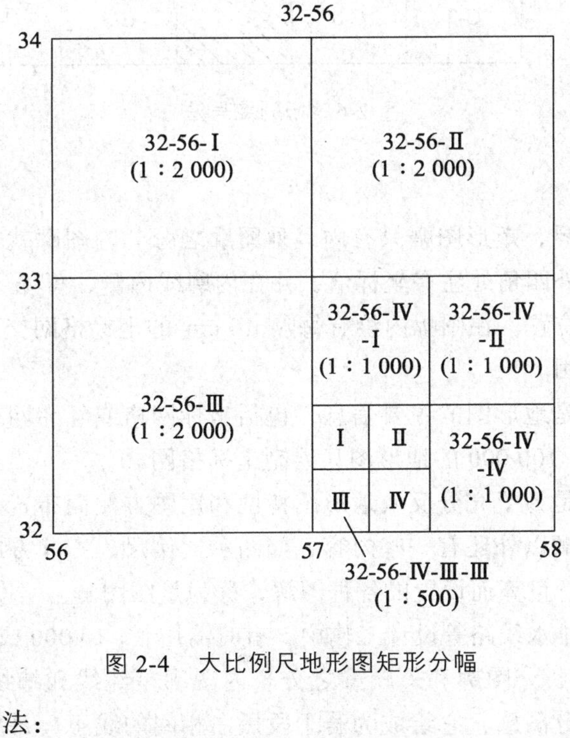

图 2-4　大比例尺地形图矩形分幅

（3）数字顺序编号法：

带状测区或小面积测区，可按测区统一用数字进行编号，一般从左到右，而后从上到下用数字 1、2、3、4…编排，如图 2-5 所示，其中“新镇-8”为测区新镇的第 8 幅图编号。

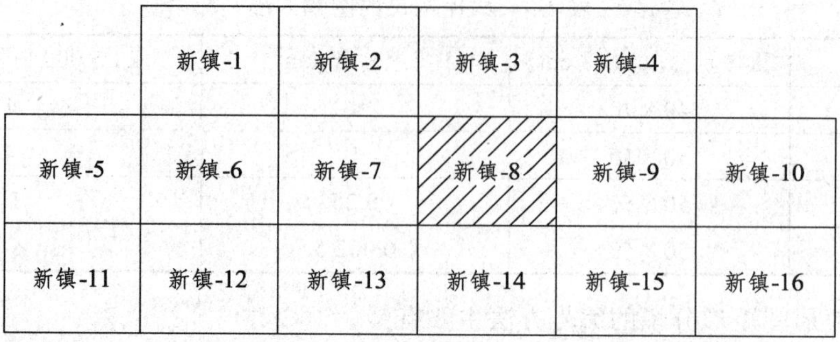

图 2-5　数字顺序编号法

（4）行列编号法：

行列编号法的横行是指以 A、B、C、D…由上到下排列；纵列以数字 1、2、3…从左到右排列来编排。编号是“行号-列号”，如图 2-6 所示，“C-4”为其中 3 行 4 列的一图幅编号。

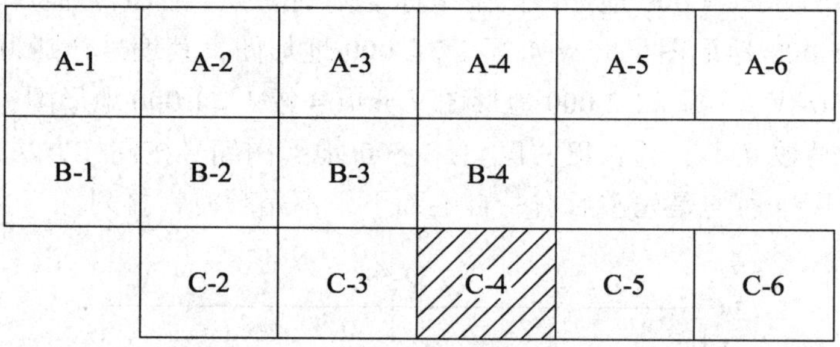

图 2-6　行列编号法

2.1.3.2　图　廓

图廓是地形图的边界，矩形图幅只有内、外图廓之分。内图廓就是坐标格网线，也是图幅的边界线。在内图廓外四角处注有坐标值，并在内廓线内侧，每隔 10 cm 绘有 5 mm 的短线，表示坐标格网线的位置。在图幅内绘有每隔 10 cm 的坐标格网交叉点。外图廓是最外边的粗线，仅起装饰的作用。

内图廓以内的内容是地形图的主要信息，包括坐标网格或经纬网、地物符号、地貌符号和注记。比例尺大于 1∶100 000 的地形图只绘制坐标格网。

外图框以外的内容是为了充分反映地形图特性和用图方便而布置的各种说明、注记，统称为说明资料。在外图廓以外还有一些内容，如图示比例尺、三北方向、坡度尺等，它们是为了便于在地形图上进行量算而设置的各种图解，称为量图图解。

在城市规划以及给排水线路等设计工作中，有时需用 1∶10 000 或 1∶25 000 的地形图。这种图的图廓有内图廓、分图廓和外图廓之分。内图廓是经线和纬线，也是该图幅的边界线。内、外图廓之间为分图廓，它绘成为若干段黑白相间的线条，每段黑线或白线的长度，表示实地经差或纬差 1′。分图廓与内图廓之间，注记了以千米为单位的平面直角坐标值（图 2-7）。

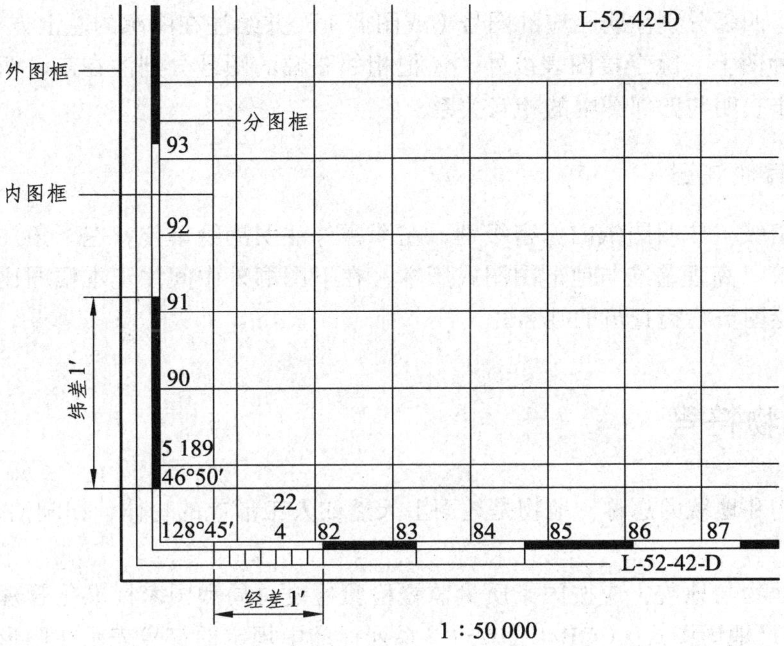

图 2-7　矩形图图廓

2.1.3.3　三北方向关系图

在中、小比例尺图的南图廓线的右下方，还绘有真子午线、磁子午线和坐标纵轴（中央子午线）方向这三者之间的角度关系，称为三北方向图，如图 2-8 所示。在该图中，磁偏角为 -9°50′（西偏），坐标纵轴对真子午线的子午线收敛角为 -0°05′（西偏）。利用该关系图，可对图上任一方向的真方位角、磁方位角和坐标方位角三者间作相互换算。此外，在南、北内图廓线上，还绘有标志点 *P* 和 *P*′，该两点的连线即为该图幅的磁子午线方向，有了它利用罗盘可对地形图进行实地定向。

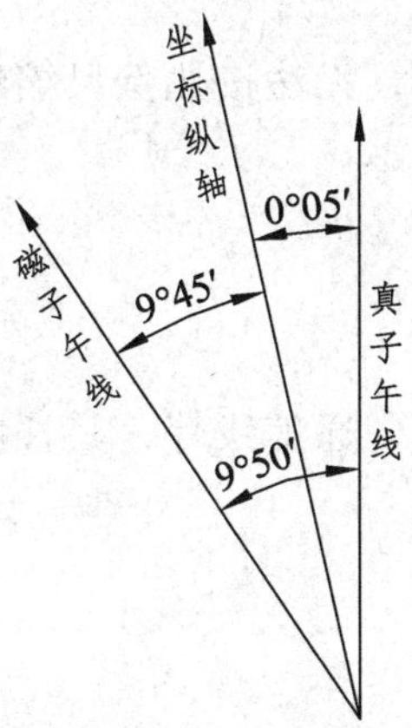

图 2-8　三北方向图

2.1.3.4　接图表

按图表说明本图幅与相邻图幅的关系，供索取相邻图幅时用。通常是中间一格画有斜线的代表本图幅，四邻分别注明相应的图号（或图名），并绘注在图廓的左上方（图 2-2）。在中比例尺的各种图上，除了接图表以外，还把相邻图幅的图号分别注在东、西、南、北图廓线中间，进一步表明与四邻图幅的相互关系。

2.1.3.5 其他注记

右上角的密级，注明图纸的保密级别；左图廓外注明测绘单位；左下角注记测绘日期、采用的坐标系统、高程基准与地形图图式版本；在下图廓外中间注记本幅图比例尺；右下角注明测量员、绘图员、检查员的姓名。

2.2 地物符号

地形是地物和地貌的总称。地物是地面上天然或人工形成的物体，如湖泊、河流、房屋、道路、桥梁等。

地面上的地物与地貌，应按国家质量监督检验检疫总局和国家标准化管理委员会发布的《国家基本比例尺地图图式》（GB/T 20257）系列标准中规定的符号表示在图形中。常用的地形图图式见表 2-4，图式中的符号分为地物符号、地貌符号和注记符号三种。其中地物符号分为比例符号、非比例符号、半比例符号和地物注记四种。

2.2.1 比例符号

地面上的建筑物、旱田等地物，如能按测图比例尺并用规定的符号缩绘在图纸上，称为比例符号。

2.2.2 非比例符号

有些地物，如导线点、消火栓等，无法按比例尺缩绘，只能用特定的符号表示其中心位置，称为非比例符号。

2.2.3 半比例符号

一些线状延伸的地物，如电力线、通信线等，其长度能按比例尺缩绘，而宽度不能按比例表示的符号，称为半比例符号。

2.2.4 地物注记

对地物用文字或数字加以注记和说明称为地物注记，如建筑物的结构和层数、桥梁的长宽与载重量、地名、路名等。

测定地物特征点后，应随即勾绘地物符号，如：建筑物的轮廓用线段连接；道路、河流的弯曲部分须逐点连成光滑的曲线；消火栓、水井等地物可在图上标定其中心位置，待整饰时再绘规定的非比例符号。

表 2-4　地形图图式（摘录）

编号	符号名称	1∶500	1∶1 000	1∶2 000	编号	符号名称	1∶500	1∶1 000	1∶2 000
1	单幢房屋 a. 一般房屋 b. 有地下室的房屋	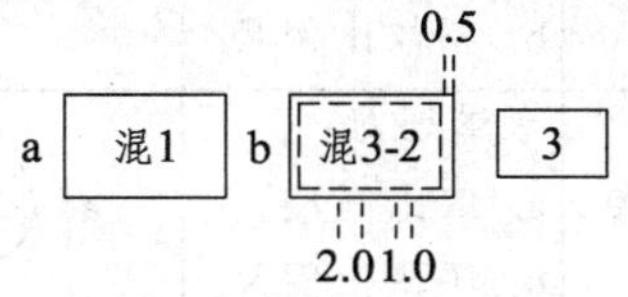			10	高压输电线架空的 a. 电杆	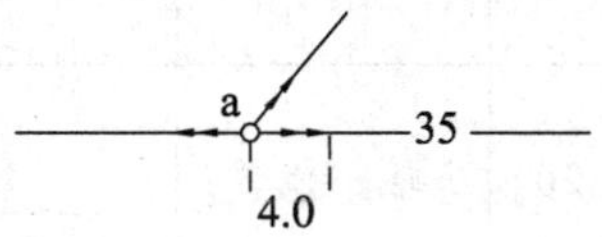		
2	台阶	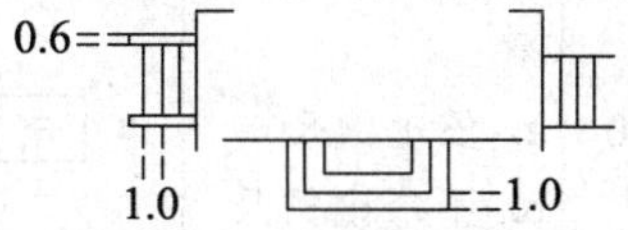			11	配电线架空的 a. 电杆	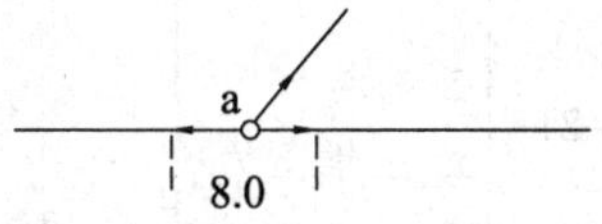		
3	稻田 a. 田埂	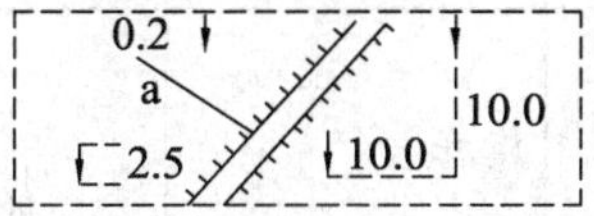			12	电杆	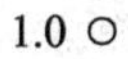		
4	旱地	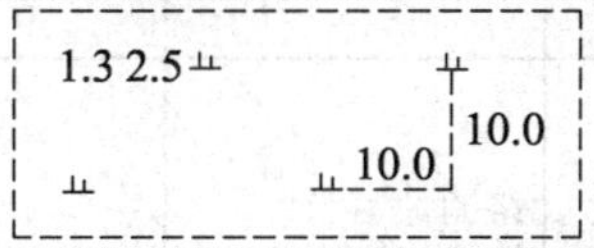			13	围墙 a. 依比例尺 b. 不依比例	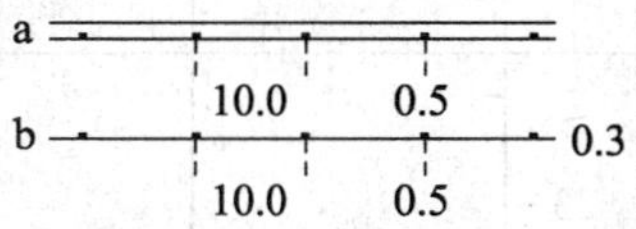		
5	菜地	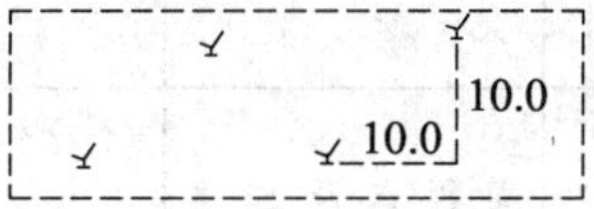			14	栅栏、栏杆	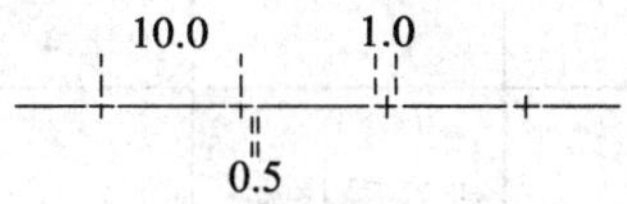		
6	果园	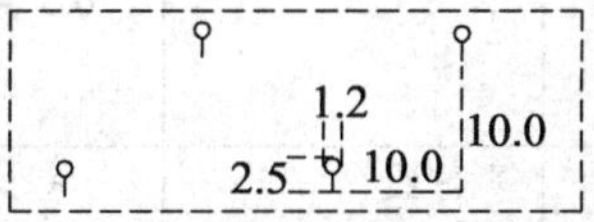			15	篱笆	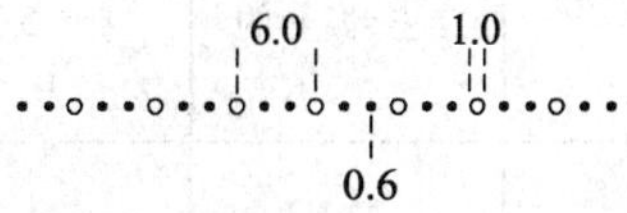		
7	草地 a. 天然草地 d. 人工草地	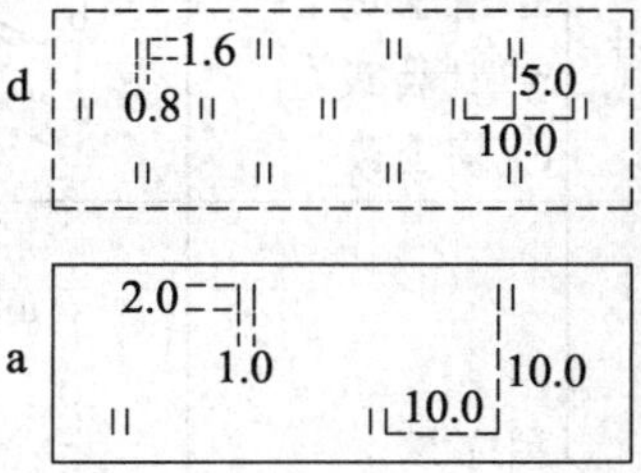			16	活树篱笆	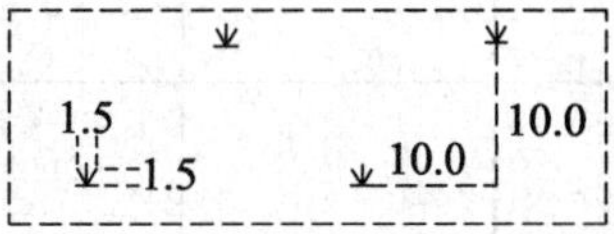		
8	花圃、花坛	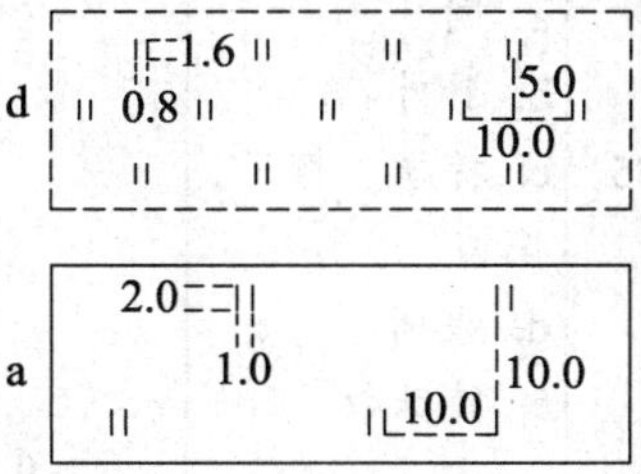			17	行树 a. 乔木行树 b. 灌木行树	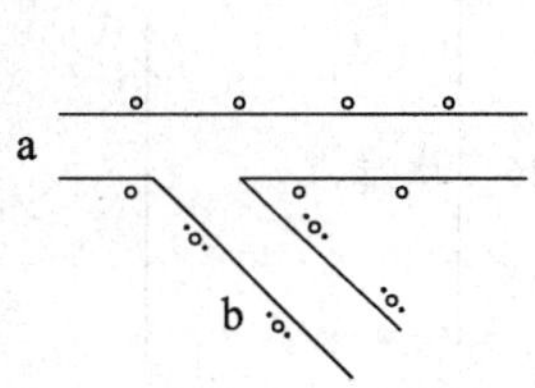		
9	灌木林	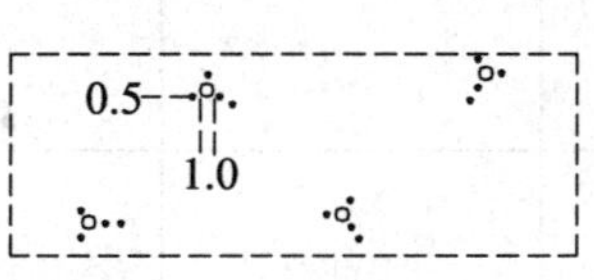			18	街道 a. 主干道 b. 次干道 c. 支路	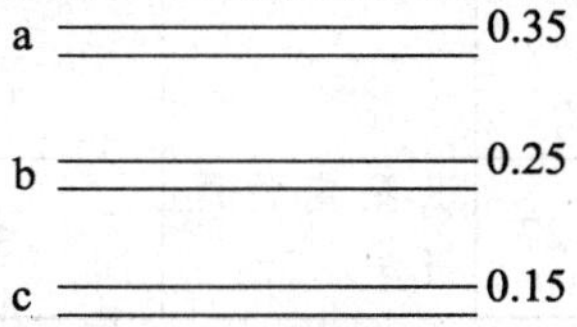		

续表

编号	符号名称	1∶500	1∶1 000	1∶2 000	编号	符号名称	1∶500	1∶1 000	1∶2 000
19	内部道路	1.0 1.0			28	水塔 a. 依比例尺 b. 不依比例尺	a b 3.6 2.0		
20	小路、栈道	4.0 1.0 0.3			29	水塔烟囱 a. 依比例尺 b. 不依比例尺	a b 3.6 2.0		
21	三角点 a. 土堆上的	3.0 △ 张湾岭/156.718 a 5.0 黄土岗/203.623			30	亭 a. 依比例尺 b. 不依比例尺	a 2.0 1.0 b 2.4		
22	小三角点 a. 土堆上的	3.0 ▽ 摩天岭/294.91 a 4.0 张庄/156.71			31	旗杆	1.6 1.0 4.0 1.0		
23	导线点 a. 土堆上的	2.0 ⊙ 116/84.46 a 2.4 123/94.40			32	路灯			
24	埋石图根点 a. 土堆上的	2.0 12/275.46 a 2.0 16/175.64			33	高程点及其注记	0.5 • 1 520.3 • −15.3		
25	不埋石图根点	2.0 ⊡ 19/84.47			34	等高线 a. 首曲线 b. 计曲线 c. 间曲线	a 0.15 b 25 0.15 c 0.15 1.0 6.0		
26	水准点	2.0 ⊗ Ⅱ京石5/32.805			35	独立树 a. 阔叶 b. 针叶 c. 棕榈、椰子、槟榔 d. 果树 e. 特殊数	a 1.6 2.0 3.0 1.0 b 1.6 2.0 3.0 45° 1.0 c 1.0 2.0 3.0 1.0 d e		
27	卫星定位等级点	3.0 △ B14/495.263							

2.3 等高线的基本知识

地貌是指地表的高低起伏状态。它包括山地、丘陵和平原等。在图上表示地貌的方法很多，而测量工作中通常用等高线表示地貌，本节讨论等高线表示地貌的方法。

2.3.1 等高线相关概念及等高线分类

地面上高程相同的各相邻点所连成的闭合曲线，称为等高线。

实际上，水面静止时湖泊的水边缘线就是一条等高线，如图 2-9 所示，设想静止的湖水中有一小岛，起初水面的高程为 320 m，因此高程为 320 m 的水准面与地表面的交线就是 320 m 的等高线；若水面上涨 10 m，则高程为 330 m 的水准面与地表面的交线即为 330 m 的等高线；依此类推。把这些等高线沿铅垂线方向投影到水平面上，再按比例尺缩绘于图上，便得到该岛屿地貌的等高线图。由此可见，地貌的形态、高程、坡度决定了等高线的形状、高程、疏密程度。因此，等高线图可以充分地表示地貌。

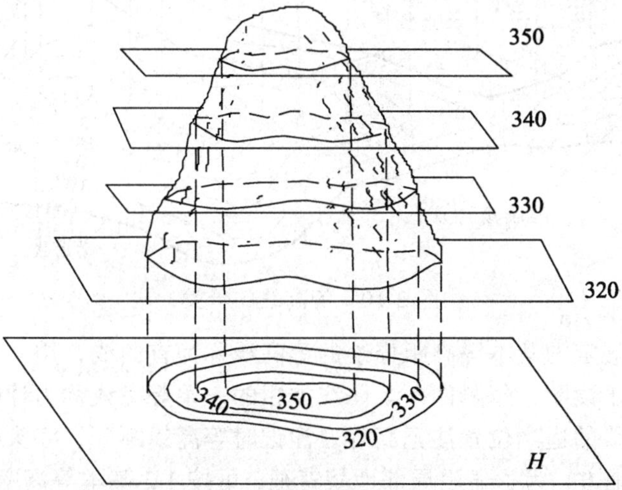

图 2-9 等高线概念（单位：m）*

相邻等高线之间的高差称为等高距，一般用 h 表示，在图 2-9 中，h=10 m。一般按测图比例尺和测区的地面坡度选择基本等高距。在同一幅地形图上，等高距是相同的。

相邻等高线之间的水平距离称为等高线平距，一般以 D 表示。等高线平距随地面坡度而异，陡坡平距小，缓坡平距大，均坡平距相等，倾斜平面的等高线是一组间距相等的平行线。

令 i 为地面坡度，则

$$i=\frac{h}{D}=\frac{h}{d\times M}$$

$$i=\tan\alpha=\frac{h}{d\times M}$$

式中：h——等高距；

---

* 注：本书标高单位均为米。

d——图上距离；

D——实地距离；

M——图比例尺。

坡度用角度表示，即 α；坡度还常用百分率或千分率表示，即 i，上坡为正，下坡为负。

等高线的分类如图 2-10 所示。

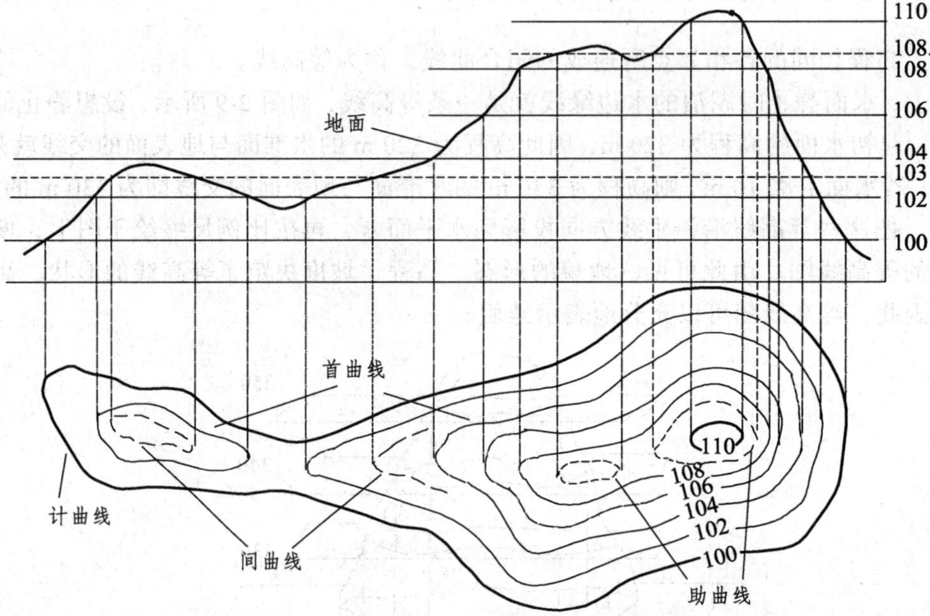

图 2-10　等高线的分类

首曲线：按规范规定的基本等高距描绘的等高线称为首曲线，用 0.15 mm 实线绘制。

计曲线：为了便于读图，每隔四条首曲线加粗的一条等高线称为计曲线，用线粗 0.3 mm 的实线绘制。在计曲线的适当位置注记高程，注记时等高线断开，字头朝向高处。

间曲线：在个别地方，为了显示局部地貌特征，可按 1/2 基本等高距用虚线加绘半距等高线，称为间曲线，用线粗 0.15 mm 的长虚线绘制。

助曲线：按 1/4 基本等高距用虚线加绘的等高线，称为助曲线，用线粗 0.15 mm 的短虚线绘制。

2.3.2　几种典型地貌的等高线图

地貌尽管千姿百态、变化多端，但归纳起来不外乎由山丘、洼地、山脊、山谷、鞍部等典型地貌组成，如图 2-11 所示。

2.3.2.1　山头和洼地

从图 2-12 可知，山头和洼地（凹地）的等高线都是一组闭合的曲线，内圈等高线高程较外围高者为山头，反之为洼地；也可加绘示坡线（图中垂直于等高线的短线），示坡线的方向指向低处，一般绘于山头最高、洼地最低的等高线上。

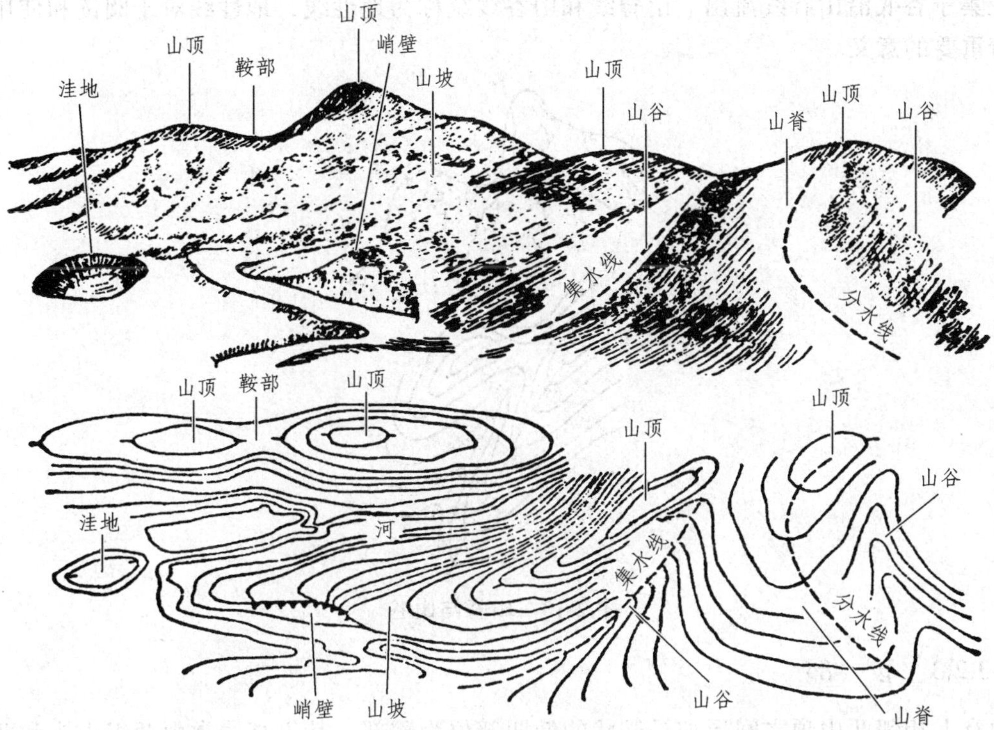

图 2-11　各种典型地貌

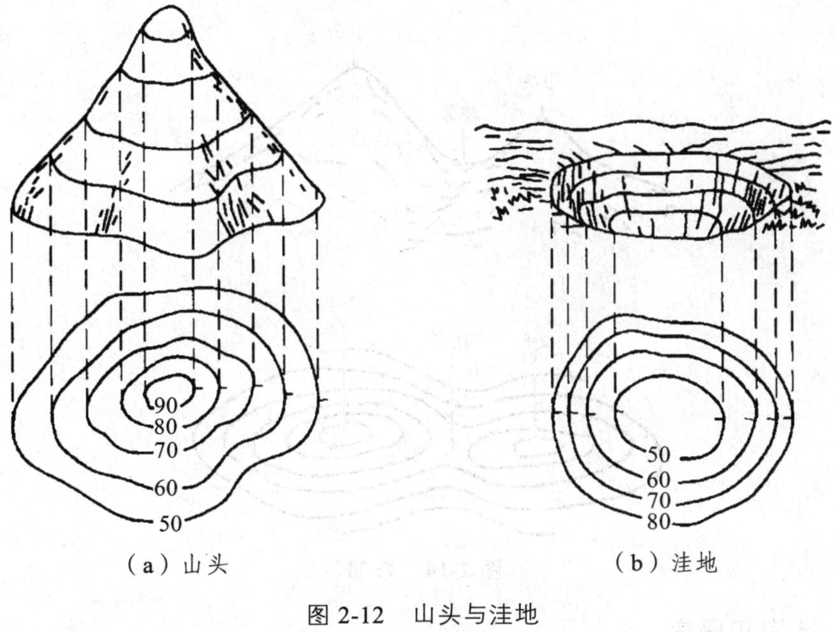

（a）山头　　　　（b）洼地

图 2-12　山头与洼地

2.3.2.2　山脊和山谷

如图 2-13 所示，沿着一个方向延伸的高地称为山脊，山脊的最高棱线称为山脊线或分水线。山脊的等高线是一组凸向低处的曲线。两山脊之间的凹地为山谷，山谷最低点的连线称为山谷线或集水线。山谷的等高线是一组凸向高处的曲线。地表水由山脊线向两坡分流，由两坡汇集于谷底沿山谷线流出。山脊线和山谷线统称为地性线，地性线对于阅读和使用地形图有着重要的意义。

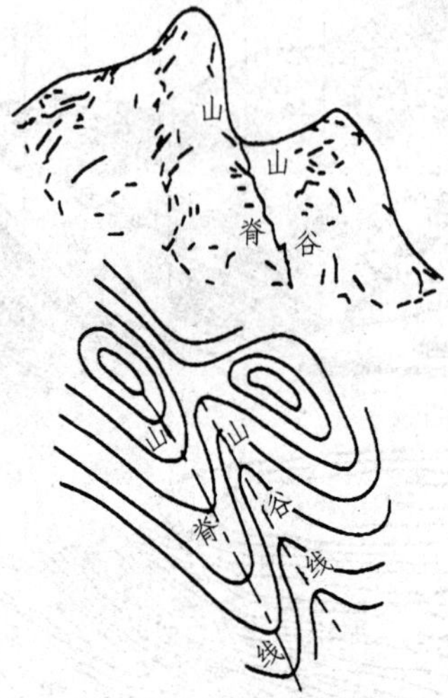

图 2-13　山脊与山谷

2.3.2.3　鞍　部

山脊上相邻两山顶之间形如马鞍状的低凹部位为鞍部，其等高线常由两组山头和两组山谷的等高线组成，如图 2-14 所示。

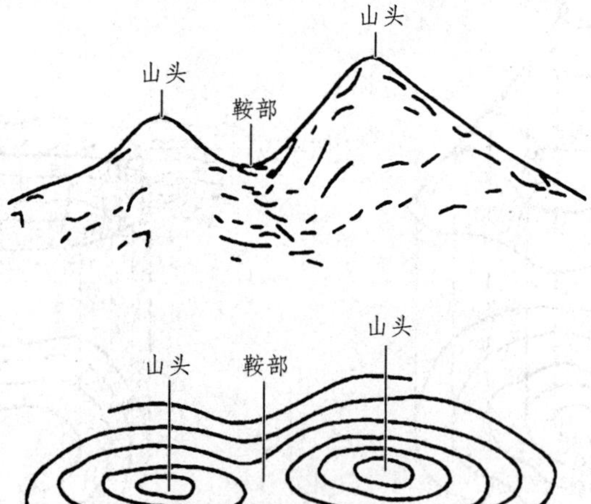

图 2-14　鞍部

2.3.2.4　陡崖和悬崖

近似于垂直的山坡称陡崖（峭壁、绝壁），上部突出、下部凹进的陡崖称悬崖。陡崖等高线密集，用符号代替，如图 2-15（a）表示土质陡崖，图 2-15（b）表示石质陡崖。悬崖上部等高线投影到水平面时，与下部等高线相交，用虚线表示，如图 2-15（c）。

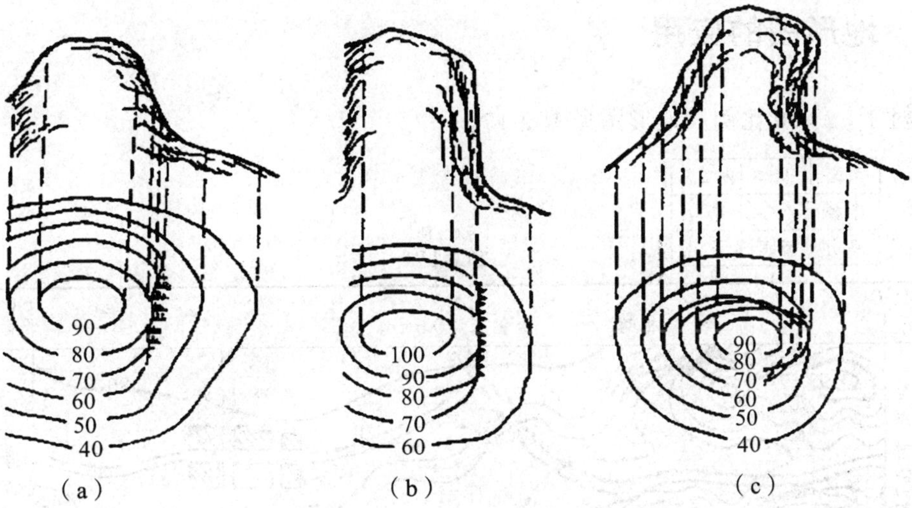

图 2-15　陡崖与悬崖

2.3.2.5　冲　沟

冲沟是指地面长期被雨水急流冲蚀，逐渐深化而形成的大小沟堑。如果沟底较宽，沟内应绘等高线，如图 2-16 所示。

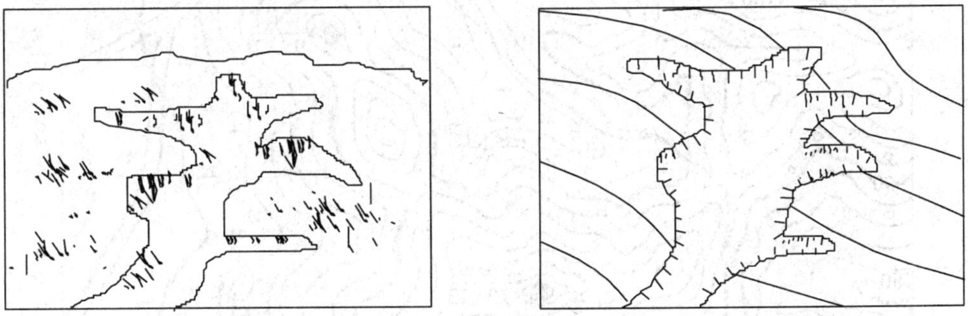

图 2-16　冲沟

2.3.3　等高线的特性

掌握等高线的特性，才能合理地显示地貌、正确地使用地形图。其特性有：

（1）等高性：同一条等高线上各点的高程都相等。

（2）闭合性：每条等高线（除间曲线、助曲线外）必须闭合，如不能在同一图幅内闭合，则在相邻其他图幅内闭合。

（3）非叠交性：等高线只在陡崖、悬崖处重叠或相交。

（4）密陡疏缓性：在同一张地形图上，等高线密处（平距小）为陡坡，疏处（平距大）为缓坡。

（5）正交性：等高线应垂直于山脊线或山谷线。

2.4 地形图的应用

沙湾村 1∶2 000 比例尺地形图见图 2-17。

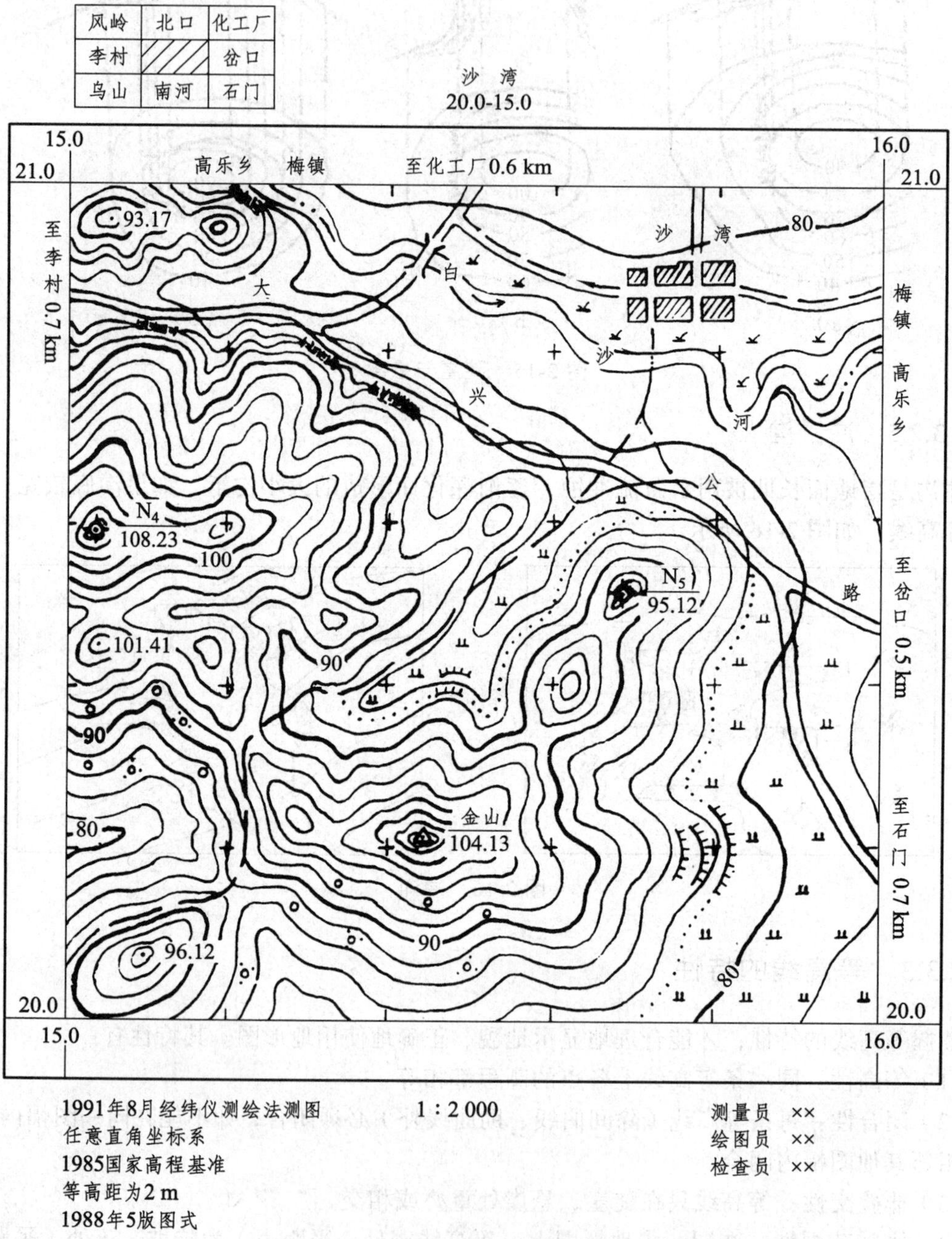

图 2-17　沙湾村 1∶2 000 比例尺地形图

2.4.1 地形图的识读

地形图上包含大量的自然、环境、社会、人文、地理等要素和信息，能够比较全面、客观地反映地面的情况。因此，地形图是国土整治、资源勘察、城乡规划、土地利用、环境保护、工程设计、矿藏采掘、河道整理等工作的重要资料。特别是在工程规划设计阶段，不仅要以地形图为底图进行总平面的布设，而且还要根据需要，在地形图上进行一定的量算工作，以便因地制宜地进行合理的规划和设计。

地形图用各种规定的图式符号和注记表示地物、地貌及其他有关资料。要想正确地使用地形图，首先要能熟读地形图。通过对地形图上符号和注记的阅读，可以判断地貌的自然形态和地物间的相互关系，这也是地形图阅读的主要目的。在阅读地形图时，应注意以下几方面的问题。

2.4.1.1　图廓外信息识读

图廓外信息主要有图的比例尺、坐标系统、高程系统、基本等高距、测图时间、测绘单位以及接图表。图 2-17 为一幅 1∶2 000 的沙湾村地形图，图名下标注 20.0-15.0 表示该图的编号（采用图幅西南角坐标编号法）。图幅左下角注明测绘日期是 1991 年 8 月，从而可以判定地形图的新旧程度。测图采用经纬仪测绘法，坐标系采用任意直角坐标系，即假定的平面直角坐标系，高程采用“1985 国家高程基准”。内图廓四个角标注的数字是它的直角坐标值。图内的十字交叉线是坐标格网的交点。图幅左上角是接图表，通过它可了解相邻图幅的图名。

2.4.1.2　熟悉图式符号

在阅读地形图前，首先要熟悉一些常用的地物符号的表示方法，区分比例符号、半比例和非比例符号，把握这些地物符号和注记的含义。对于地貌符号要能根据等高线判断出各类地貌特征（例如山头、洼地、山脊、山谷、鞍部、峭壁、冲沟等），了解地形坡度变化。

2.4.1.3　地物的识读

认识地物首先要查找居民地、道路与河流。图 2-17 中图幅最大的居民地就是沙湾村。道路是大兴公路，该公路的西边通向李村，离李村道 0.7 km。大兴公路从西北边的山垭口出来，沿山脚向东南延伸。大兴公路在图中地段有两个分岔口，北边分岔口的分岔公路经过白沙河上的一座桥梁去化工厂，南边分岔公路去石门。沙湾村没有公路直通，但村西有大车路与公路相连。沙湾村南面有一条乡村小路通向南边的丘陵地。白沙河为本幅图内唯一的一条河流，河流两岸为平坦地，河北岸至沙湾村有大面积的菜地。河流南岸可能为耕地，图上未注明，或有尚待开发的荒地，此处与大兴公路最接近，开发潜力巨大。白沙河中间有境界符号，因此白沙河也是梅镇与高乐乡的分界线。

2.4.1.4　地貌的识读

从图中等高线形状、密集程度与高度可以看出，地貌属于丘陵地。一般是先看计曲线再看首曲线的分布情况，了解等高线所表示的地性线及典型地貌。东部山脚至图边为缓坡地。丘陵地内有许多小山头，最高的山头为图根点 N_4，其高程为 108.23 m，最低的等高线为 78 m。金山上有一个三角点高程为 104.13 m，从金山向东北方向延伸至图根点 N_5 的山头，再下坡到大兴公路，是本图幅内的最长山梁。山梁的东边是缓坡地，已开垦为旱地。山梁的西北面为较长的山沟，从西南走向东北，谷底较宽，也已开垦为旱地。沙湾村南有一条乡村小路，向南延伸跨过公路到南面的山沟，沿沟边上山通过一个垭口抵达南面 96.12 m 的山头，继续向西延伸。

2.4.2　地形图的基本应用

2.4.2.1　求图上一点坐标

利用地形图进行规划设计，经常需要知道设计点的平面位置，它可根据图廓坐标格网的坐标值求出。如图 2-18 所示，欲确定图上 P 点坐标，首先绘出坐标方格 $abcd$，过 P 点分别作 x、y 轴的平行线与方格 $abcd$ 分别交于 m、n、f、g，根据图廓内方格网坐标可知

$$x_d = 21\,200\ \text{m}$$
$$y_d = 40\,200\ \text{m}$$

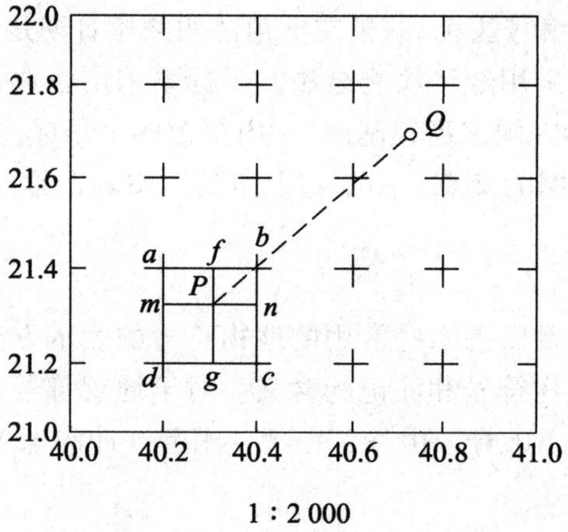

图 2-18　1∶2 000 图坐标网格

再按测图比例尺（1∶2 000）量得 dm、dg 的实际平长度

$$D_{dm} = 120.2\ \text{m}$$
$$D_{dg} = 100.3\ \text{m}$$

则
$$x_P = x_d + D_{dm} = 21\,200 + 120.2 = 21\,320.2\ \text{m}$$
$$y_P = y_d + D_{dg} = 40\,200 + 100.3 = 40\,300.3\ \text{m}$$

如果为了检核量测的结果，并考虑图纸伸缩的影响，则还需量出 ma 和 gc 的长度。若（$dm+ma$）和（$dg+gc$）不等于坐标格网的理论长度 l（一般为 10 cm），即说明图纸发生变形。此时，为了精确求得 P 点的坐标值，应按下式计算

$$x_P = x_d + \frac{l}{da} \cdot dm \cdot M$$
$$y_P = y_d + \frac{l}{dc} \cdot dg \cdot M$$

式中：M——地形图比例尺的分母。

2.4.2.2　求图上一点的高程

对于地形图上一点的高程，可以根据等高线及高程注记确定。如该点正好在等高线上，可以直接从图上读出其高程，例如图 2-19 中 q 点高程为 64 m。如果所求点不在等高线上，可根据相邻等高线间的等高线平距与其高差成正比例原则，按等高线勾绘的内插方法求得该点的高程。如图 2-19 所示，过 p 点作一条大致垂直于两相邻等高线的线段 mn，量取 mn 的图上长度 d_{mn}，然后再量取 mp 中的图上长度 d_{mp}，则 p 点高程

$$H_p = H_m + h_{mp}$$

$$h_{mp} = (\frac{d_{mp}}{d_{mn}})h_{mn}$$

式中：h_{mn}=1 m，为本图幅的等高距；d_{mp}=3.5 mm；d_{mn}=7.0 mm。则

$$h_{mp} = \frac{d_{mp}}{d_{mn}} h_{mn} = \frac{3.5}{7.0} \times 1 = 0.5\text{m}$$

$$H_p = 65 + 0.5 = 65.5\text{m}$$

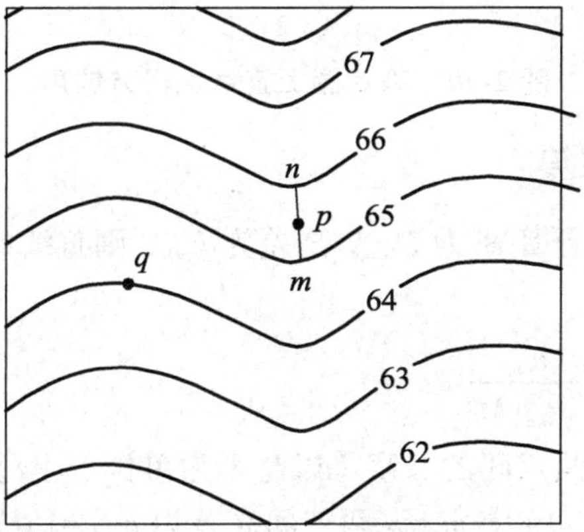

图 2-19　地形图上求点的高程

2.4.2.3　求图上两点间的水平距离

若精度要求不高，可用毫米尺量取图上 P、Q 两点间距离，然后再按比例尺换算为水平距离，这样做受图纸伸缩的影响较大。

为了消除图纸变形的影响，首先，求出图上 P、Q 两点的坐标（x_P，y_P）、（x_Q，y_Q），如图 2-18 所示。然后，应根据两点的坐标计算水平距离，即按下式计算水平距离 D_{PQ}：

$$D_{PQ} = \sqrt{(x_Q - x_P)^2 + (y_Q - y_P)^2}$$

2.4.2.4　确定图上直线的坐标方位角

如图 2-20 所示，欲求直线 AB 的坐标方位角。首先求出图上 A、B 两点的坐标（x_A，y_A）、（x_B，y_B），然后，按照反正切函数，计算出直线 AB 坐标方位角，即

$$\alpha_{AB} = \arctan \frac{y_B - y_A}{x_B - x_A}$$

当直线 AB 距离较长时，按上式可取得较好的结果。

如果精度要求不高，也可以用图解的方法确定直线坐标方位角。首先过 A、B 两点精确地作坐标格网 X 方向的平行线，然后用量角器量测直线 AB 的坐标方位角。同一直线的正、反坐标方位角之差应为 180°。

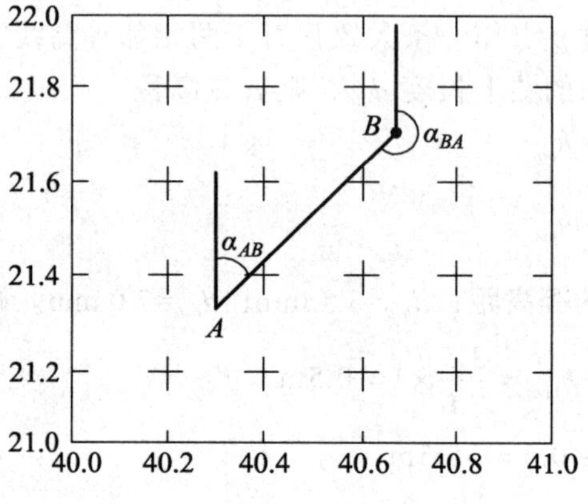

图 2-20　确定图上直线坐标方位角

2.4.2.5　确定直线的坡度

设地面两点 m、n 间的水平距离为 D_{mn}，高差为 h_{mn}，则直线的坡度 i 为其高差与相应水平距离之比：

$$i_{mn}=\frac{h_{mn}}{D_{mn}}=\frac{h_{mn}}{d_{mn}\cdot M}$$

式中：D_{mn} 为地形图上 m、n 两点间的长度（以毫米为单位）；M 为地形图比例尺分母。坡度 i 常以百分率表示。例如，图 2-19 中 m、n 两点间高差为 h_{mn}=1.0 m，量得直线 mn 的图上距离为 7 mm，并设地形图比例尺为 1∶2 000，则直线 mn 的地面坡度为 i=7.14%。

2.4.2.6　根据地形图绘制指定方向的断面图

在工程设计中，经常要了解在某一方向上的地形起伏情况，例如公路、隧道、管道等的选线，可根据断面图设计坡度，估算工程量，确定施工方案。如图 2-21 所示，绘制 AB 方向的断面图方法如下：

（1）在 AB 线与等高线交点上标明序号，如图 2-21（a）中的 1、2…10 各点。

（2）如图 2-21（b）所示，绘一条水平线作为距离的轴线，绘一条垂线作为高程的轴线。为了突出地形起伏，选用高程比例尺为距离比例尺的 5 倍或 10 倍。

（3）将图 2-21（a）中 1、2…10 各点距 A 点的距离量出，并转绘于（b）图的距离轴线上。转绘时，一般情况下，断面图采用的距离比例尺与（a）图上用的比例尺一致，必要时也可按其他适宜比例尺展绘。

（4）在图 2-21（b）的高程轴线上，按选定的高程比例尺及 AB 线上等高线的高程范围，标出 66 ~ 72 m 高程点。

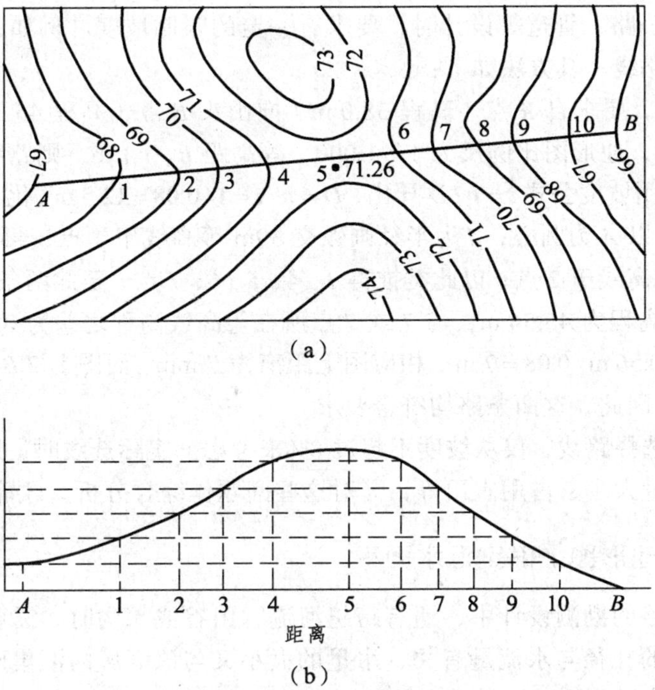

图 2-21　绘制 *AB* 方向的断面图

（5）在图 2-21（b）上，对应横坐标上 *A*、1、2…10、*B* 各点，在纵坐标上按高程比例尺取点，即得断面上的点，其中第 5 点为落在鞍部处实测碎部点，高程为 71.6 m。

（6）将所得断面上相邻各点以圆滑曲线相连，即得 *AB* 方向的断面图。

2.4.2.7　按规定坡度在地形图上选定最短路线（图 2-22）

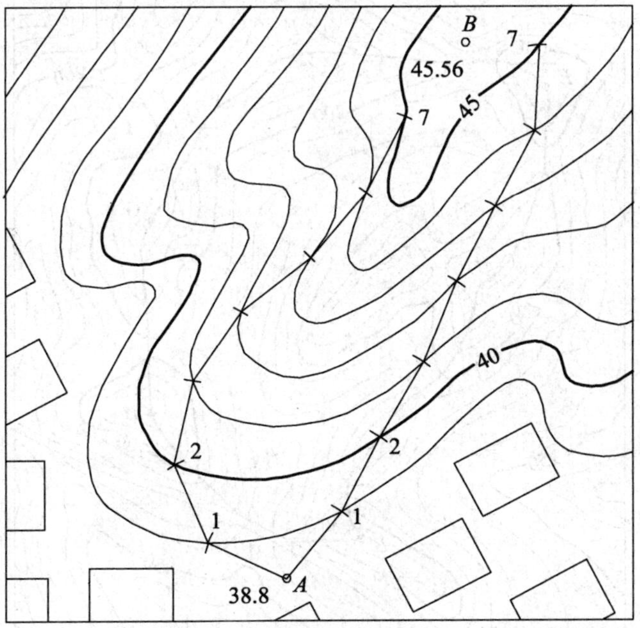

图 2-22　在地形图上选线

在做铁路、公路、管道等设计时，要求有一定的限制坡度。例如，要求在地形图上按规定坡度选择最短路线。其方法如下：

在图 2-22 中，要求自 A 点（高程 38.0 m）向山头 B 点（高程 45.36 m）修一条路，允许最大坡度 i 为 8%，地形图比例尺为 1∶1 000，等高距 h 为 1 m，则路线跨过两条等高线所需的最短距离 D 可用坡度公式 $i = h / D$ 导出，$D = h / i = 1 / 0.08 = 12.5\ \text{m}$，化为图上长为 $d = 12.5\ \text{m} / 1000 = 12.5\ \text{mm}$。以 A 为圆心，d 为半径画弧交 39m 等高线于 1 点；再以 1 点为圆心，d 为半径画弧交 40 m 等高线于 2 点；以此类推得 3、4、5、6、7 点。至此两条路线均尚未到达 B 点。但是，由于 B 点高程为 45.56 m，与 7 或 7′点所在等高线高程之差为 0.56 m，按 8%坡度所需的最短实地距离 $0.56\ \text{m} / 0.08 = 7\ \text{m}$，相应图上距离为 7 mm，而图上 $7'B$ 与 $7B$ 量得距离都大于最短距离 7 mm，因此，这两条路均符合要求。

按上述方法选择路线，仅从坡度不超过 8%来考虑。实际选线时，还须考虑其他因素，如地质条件、工程量大小、占用农田等，需对这些问题作综合分析，才能最后确定路线。

2.4.2.8　在地形图上确定汇水面积

在公路、铁路的勘测设计中，遇有跨越河流、山谷或深沟时，需要修建桥梁和涵洞。桥梁的跨度、涵洞的孔径与水流量有关，水量的大小又与该区域内汇集雨水和雪水地面面积的大小有关。某处能汇集到雨（雪）水的范围面积称为汇水面积，其大小与该地区的降雨（雪）量有关，这就为工程设计提供了有关水量的依据。为了确定汇水面积的范围，须在地形图上画出汇水面积的边界，这个边界实际上是一系列分水线即山脊线的连线。汇水面积边界线的特点是：边界线是通过一系列山脊线连着各山头及鞍部的曲线，并与河道的指定断面形成闭合环线。如图 2-23 所示，A 处为公路跨越山谷的一座桥，桥的设计应考虑通过 A 处的流量，

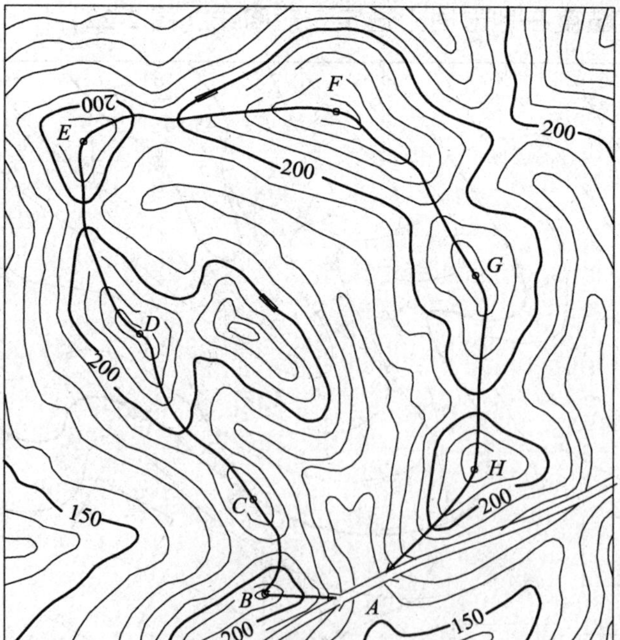

图 2-23　在地形图上确定汇水面积

该处的汇水面积界线为从桥的西端起，经 *B*、*C*、*D*、*E*、*F*、*G*、*H* 回到桥的东端，形成汇水面积界线。

2.5　场地平整中的土石方计算——方格网法

根据建筑设计要求，将拟建的建筑物场地范围内高低不平的地形整为平地，称为土地平整或称场地平整。场地平整的基本原则：总挖方与总填方大致相等，使场地内挖填基本平衡。此外，场地平整还要考虑满足总体规则、生产施工工艺、交通运输和场地排水等要求。

如图 2-24 所示，拟在地形图上将原地貌按填、挖土（石）方量平衡的原则，改造成某一设计高程的水平场地，然后估算填、挖土（石）方量。其具体步骤如下：

1. 在地形图上绘制方格网

首先找一张大比例尺地形图，在拟建场地范围内打方格，如图 2-24 所示。方格网的网格大小取决于地形图的比例尺大小、地形的复杂程度以及土（石）方量估算的精度。方格的边长一般取为 10 m 或 20 m。本例方格的边长为 10 m。对方格进行编号，纵向（南北方向）用 A、B、C、D…进行编号，横向（东西方向）用 1、2、3、4…进行编号，因此，各边线方格点的编号为 C1、C2、C3 等等，如图 2-24 所示。

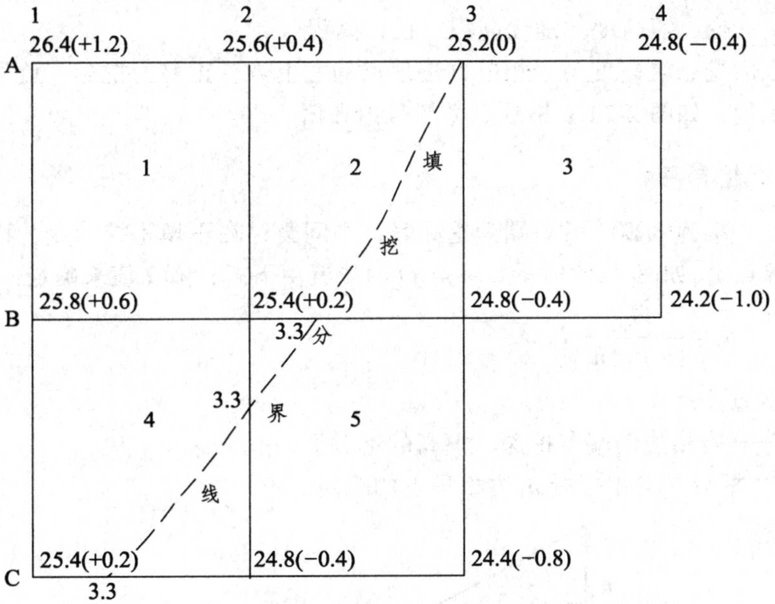

图 2-24　方格网法平整土地

2. 求各方格顶点的高程并计算设计高程

为保证填、挖土（石）方量平衡，设计平面的高程应等于拟建场地内原地形的平均高程。根据地形图上的等高线内插求出各方格顶点的高程，并注记在相应方格顶点的左上方，如图 2-24 所示。然后，将每一方格顶点的高程相加除以 4，从而得到每一方格的平均高程，再把每个方格的平均高程相加除以方格总数，就得到拟建场地的设计平面高程 *H*。

第 1 方格平均高程=（$H_{A1}+H_{A2}+H_{B1}+H_{B2}$）/4

第 2 方格平均高程=（$H_{A2}+H_{A3}+H_{B2}+H_{B3}$）/4

……

第 5 方格平均高程=（$H_{B2}+H_{B3}+H_{C2}+H_{C3}$）/4

所以平整土地总的平均高程 H_0 为 5 个方格平均高程再取平均，即

$$H_0 = \frac{1}{4n}[(H_{A1}+H_{A4}+H_{B4}+H_{C3}+H_{C1})+2(H_{A2}+H_{A3}+H_{C2}+H_{B1})+3H_{B3}+4H_{B2}]$$

分析设计高程 H_0 的公式可以看出：方格网的 A1、A4、C1、C3、B4 的高程只用了一次，称为角点；A2、A3、B1、C2 的高程用了 2 次，称为边点；B3 的高程用了 3 次，称为拐点；而中间点 *B2* 的高程用了 4 次，称为中点。因此，计算设计高程的一般公式为：

$$H_0 = \frac{1}{4n}(\sum H_{角} + 2\sum H_{边} + 3\sum H_{拐} + 4\sum H_{中})$$

式中：$H_{角}$、$H_{边}$、$H_{拐}$、$H_{中}$——角点、边点、拐点、中点的高程；

n——方格总数。

将图 2-24 中方格网顶点的高程代入上式，计算出设计高程为 25.2 m。

3. 计算填、挖高度（施工量）

根据设计高程和方格顶点的高程，可以计算出每一方格顶点的挖、填高度：

挖、填高度 = 地面高程 − 设计高程

各方格顶点的挖、填高度写于相应方格顶点的右上方，正号为挖深，负号为填高。挖、填高度又称施工量，如图 2-24 方格顶点旁括号内数值。

4. 确定填、挖界限

当方格边上一端为填高，另一端为挖深时，中间必存在不填不挖的点，称为零点（零工作点、填挖分界点），如图 2-25 所示。零点 *O* 的位置由下式计算 *x* 值来确定：

$$x_1 = \frac{|h_1|}{|h_1|+|h_2|}l$$

式中：l——方格边长；

$|h_1|$、$|h_2|$——方格边两端点挖深、填高的绝对值；

x_1——填、挖分界点距标有 h_1 方格顶点的距离。

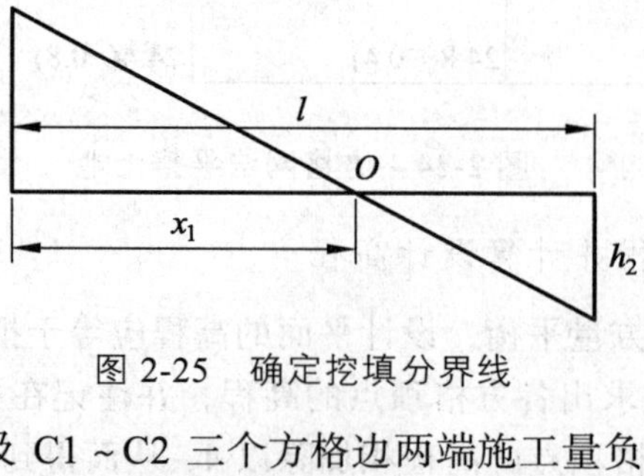

图 2-25　确定挖填分界线

本例 B2～B3、B2～C2 及 C1～C2 三个方格边两端施工量负号不同，必须有零点。按上式算得结果均为 3.3 m。根据求得的 x_1 值，在图上标出，参照地形顺滑连接各零点便得填、挖

分界线，如图 2-24 中的虚线所示。施工前，在实地上撒上白灰以便施工。

5. 计算填、挖方量

首先列表格（表 2-5），填入所有方格顶点编号、挖深及填高，然后，各点按其性质，即角点、边点、拐点、中点分别进行计算，它们的公式是：

角点：$V_{角} = h_{角} \times \frac{1}{4} S_{格}$

边点：$V_{边} = h_{边} \times \frac{2}{4} S_{格}$

拐点：$V_{拐} = h_{拐} \times \frac{3}{4} S_{格}$

中点：$V_{中} = h_{中} \times \frac{4}{4} S_{格}$

最后，按挖方与填方分别求和，可求得总挖方量。计算过程列于表 2-5。

表 2-5　挖方与填方土方计量

点号	挖深/m	填高/m	点的性质	所代表面积/m^2	挖方量/m^3	填方量/m^3
A1	+1.2		角	25	30	
A2	+0.4		边	50	20	
A3	0.0		边	50	0	
A4		−0.4	角	25		
B1	+0.6		边	50	30	
B2	+0.2		中	100	20	
B3		−0.4	拐	75		
B4		−1.0	角	25		
C1	+0.2		角	25	5	
C2		−0.4	边	50		20
C3		−0.8	角	25		20
				$\sum$	105	105

这种方法计算挖填方量简单，但精度较低。下面介绍另一种方法，精度较高，但计算量大。

该法的特点是逐格计算挖方与填方量，遇到某方格内存在填、挖分界线时，则说明该方格既有挖方，又有填方，此时要求分别计算，最后再计算总挖方量与总填方量。本例第 1 方格全为挖方，其数值可用下式计算：

$$V_{1W} = \frac{1}{4}(1.2 + 0.4 + 0.6 + 0.2) \times 100 = 60\ m^3$$

第 2 方格既有挖方，又有填方，因此

$$V_{2W}=\frac{1}{4}(0.4+0+0+0.2)\times\frac{3.3+10}{2}\times10=0.15\times66.5=9.98\ \text{m}^3$$

$$V_{2T}=\frac{1}{3}(0.4+0+0)\times\frac{6.7\times10}{2}=0.13\times33.5=4.36\ \text{m}^3$$

第 3 方格只有填方，可求得：$V_{3T}=45\ \text{m}^3$

第 4 方格既有挖方，又有填方，可求得：$V_{4W}=15.51\ \text{m}^3$，$V_{4T}=2.92\ \text{m}^3$

第 5 方格既有挖方，又有填方，可求得：$V_{5W}=0.38\ \text{m}^3$，$V_{5T}=30.26\ \text{m}^3$

因此，$\sum V_W=85.87\ \text{m}^3, \sum V_T=82.54\ \text{m}^3$

方格法计算简单，精度高，是建筑工程中最广泛使用的方法。

习题

1. 地形图的基本应用内容有哪些？

2. 什么是地形图比例尺？比例尺表示方法有哪些？

3. 阅读地形图从哪几个方面进行？

4. 如何确定地形图上点的坐标及高程？

5. 等高线有哪些特性？

6. 在比例尺为 1∶2 000 的地形图上，量得两点间的长度为 3.2 cm，求其相应的水平距离。如果实地水平距离为 48 m，试求其图上相应长度。

7. 图 2-26 为 1∶1 000 比例尺地形图，试确定：

（1）A、B 两点的高程。

（2）在图上绘出从 A 点出发到 B 点的坡度不大于 8%的路线。

图 2-26　1∶1 000 某地形图

8. 图 2-27 表示某一缓坡地，按照挖、填平衡的基本原则平整为水平场地。首先在图上用铅笔打方格网，方格边长为 10 m。然后，采用等高线内插方法求出个方格顶点的高程，以上两项工作已在图上完成。现要求完成以下工作：

（1）求出平整场地的设计高程（计算至 0.1 m）。

（2）计算各方格顶点的填高和挖深量（计算至 0.1 m）。

（3）计算挖、填分界线的位置，在图上画出挖、填分界线并注明零点距方格顶点的距离。

（4）分别计算各方格的挖、填方以及总挖方和总填方量（计算至 0.1 m）。

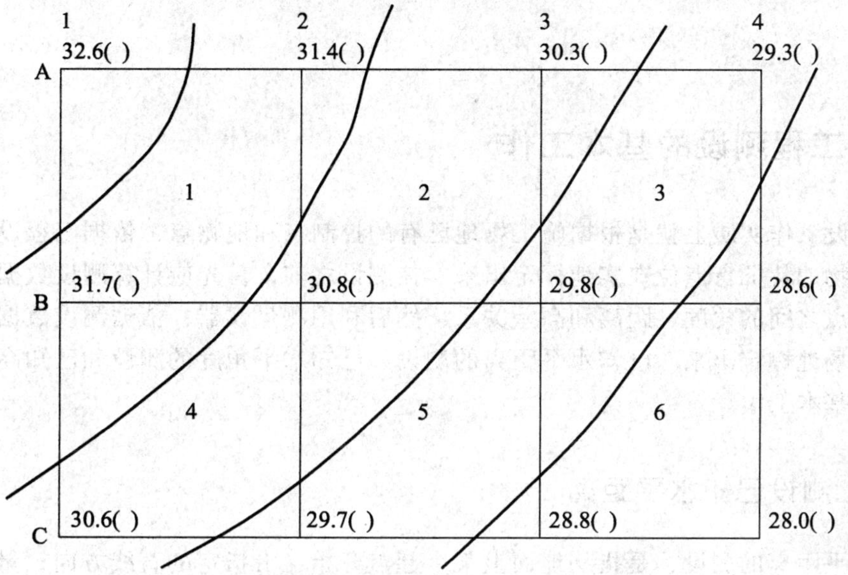

图 2-27　土方平整方格网图

第 3 章　施工测量的基本工作

3.1　工程测设的基本工作

施工测设工作实质上就是根据施工场地已有的控制点和地物点，依据工程设计图纸，将建（构）筑物的特征点点位在实地标定出来。在测设之前，首先应计算测设数据，即确定特征点与控制点之间的角度、距离和高差关系；然后利用测量仪器，依据测设数据，将特征点点位在施工场地标定出来。已知水平距离的测设、已知水平角度的测设和已知高程的测设是测设的三项基本工作。

3.1.1　测设已知水平距离

已知水平距离的测设，是指从地面上某个起点开始，沿指定的直线方向，量测一段已知的水平距离，定出直线终点的工作。其按使用仪器的不同，可分为钢尺测设法和全站仪测设法。

1. 钢尺测设法

如图 3-1 所示，A 点为地面上的已知点，$D_{设}$为已知的水平距离，需要从 A 点出发，沿 AB 方向测设水平距离 $D_{设}$，定出直线的端点 B 点。当测设精度要求不高时，可采用一般方法测设。其具体做法是：后尺手将钢尺零点对准 A 点，前尺手沿 AB 方向边定线边丈量，在尺面读数为 $D_{设}$处插下测钎，在地面定出 B'点；为了保证精度，应进行重复丈量，即后尺手将钢尺移动 10 ~ 20 cm 后对准 A 点，重复前述操作，在地面定出 B''点。若两次丈量定出的 B'点和 B''点之差在允许范围之内时，则取 B'点和 B''点连线的中点作为 B 点的位置。

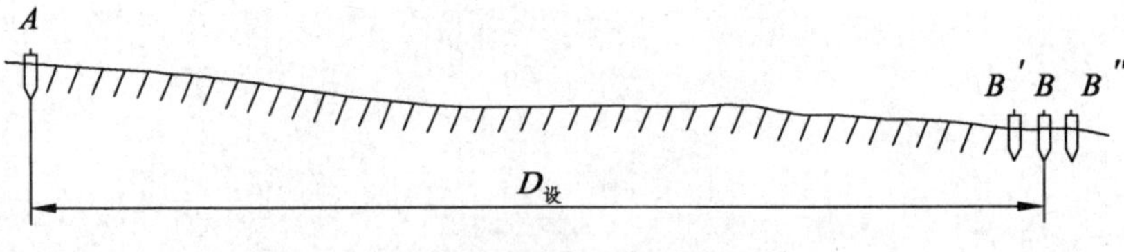

图 3-1　钢尺测设已知水平距离

2. 全站仪测设法

当测设距离较长或不便于使用钢尺测设时，可采用全站仪测设已知的水平距离。如图 3-2 所示，在 A 点安置全站仪，对中、整平后，精确瞄准已知方向点 B 点并旋紧照准部制动螺旋，此时，望远镜视线所在方向即为指定的 AB 方向。立镜员可在预测设点的概略位置处立棱镜，观测员指挥立镜员左右移动，使棱镜位于视线方向上，测量 A 点至棱镜 B'点的水平距离 D'，然后与测设的水平距离 $D_{设}$进行比较，并将差值和移动方向告知立镜员，待立镜员调整棱镜位置后重新观测，再进行比较和调整棱镜位置，直到观测所得的水平距离与测设的水平距离 $D_{设}$ 之差在限差范围之内时，即可定出最终测设点的位置。

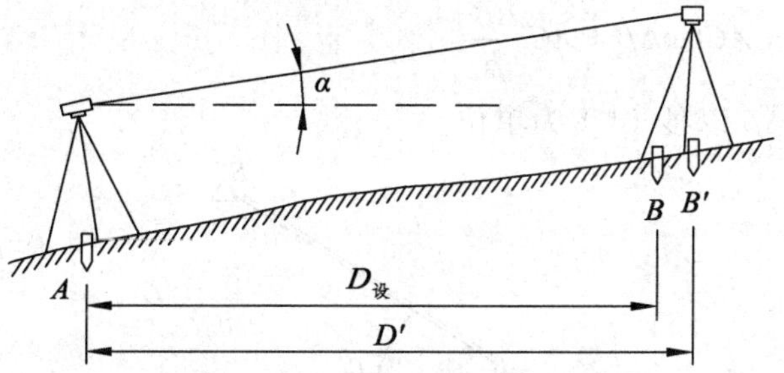

图 3-2　全站仪测设已知水平距离

3.1.2　测设已知水平角

已知水平角的测设，是根据地面上一条已知的方向线和设计的水平角度值，利用经纬仪或全站仪，在地面上标定出另一条方向线的工作。其按照测设的精度要求，可分为一般测设法和精密测设法。

1. 一般测设法

一般测设法也称正倒镜分中法，常用于对测设精度要求不高的场合。如图 3-3 所示，设 AB 为已知方向，欲测设已知水平角 β，使 $\angle BAC=\beta$，并在地面上标定出 AC 方向线。测设时，首先在 A 点安置全站仪，对中、整平后，用盘左位置瞄准 B 点，将水平度盘读数调为 0°00′00″，顺时针转动照准部至水平度盘读数为 β，沿视线方向在地面上定出 C'点；然后换成盘右位置瞄准 B 点，重复上述步骤，在地面上测设出 C''点；最后取 C'点和 C''点连线的中点 C 点，则 $\angle BAC$ 就是要测设的 β 角。测设完成后应进行检核，用测回法实测 AB 方向和 AC 方向之间的水平角，并与测设的水平角 β 进行比较，若满足限差要求，则认为测设的 C 点合格；若超限，则应重新测设。

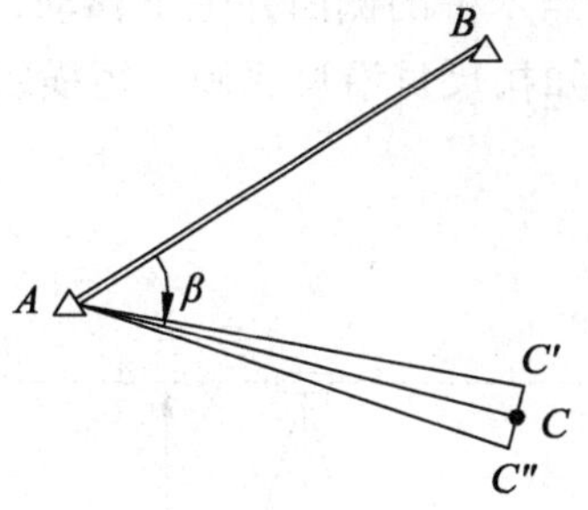

图 3-3　正倒镜分中法测设水平角

2. 精密测设法

当角度测设的精度要求较高时采用精密测设法，也称垂线改正法。如图 3-4 所示，设 AB 为已知方向，首先在 A 点安置全站仪，用一般测设法测设已知水平角 β，在地面上定出 C 点；然后用测回法观测 $\angle BAC$ 若干个测回（测回数由精度要求决定），求出各测回平均值为 β'，计算出需要测设的角值 β 与实测精确角值 β' 之差，即 $\Delta\beta=\beta-\beta'$，即可根据 AC 的距离和 $\Delta\beta$ 计算 C 点的垂线改正数，即

$$CC_0 = AC\tan\Delta\beta \approx AC\frac{\Delta\beta}{\rho}$$

式中：$\rho = 206\ 265''$；$\Delta\beta$ 以秒（″）为单位。

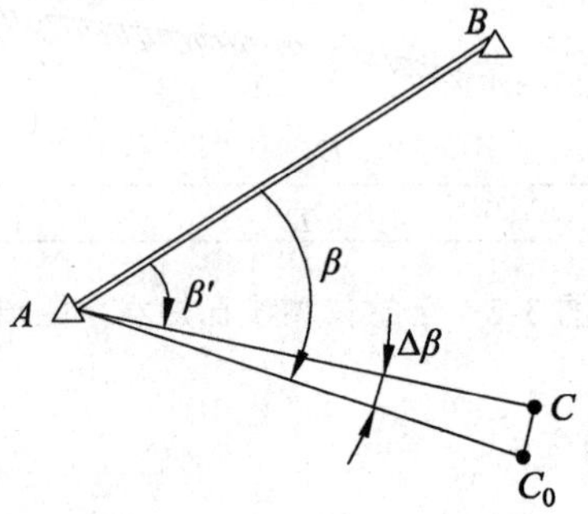

图 3-4　精密测设水平角

改正时，先过 C 点作 AC 的垂线，再用钢尺从 C 点开始沿 AC 的垂线方向量取 CC_0，定出 C_0 点。AB 方向线与 AC_0 方向线之间的水平角更接近欲测设的水平角 β。当 $\Delta\beta>0$ 时，说明 $\angle BAC$ 偏小，CC_0 向角度的外侧方向进行改正；当 $\Delta\beta<0$ 时，CC_0 向角度的内侧方向进行改正。

3.1.3　测设已知高程

已知高程的测设，是根据地面上已知水准点的高程和设计点的高程，将设计点的高程标志线测设到地面的工作，通常采用视线高法测设已知高程。如图 3-5 所示，A 点为已知水准点，其高程为 H_A，欲测设 B 点高程，使其为设计高程 H_B。测设方法如下：

（1）在已知点 A 和待测设点 B 的中间安置并整平水准仪。

（2）在后视点 A 上立尺，读出后视读数 a，则仪器的视线高为 $H_i=H_A+a$；由于前视点 B 的设计高程为 H_B，则 B 点的前视读数应为 $b_{应}=H_i-H_B$。

（3）扶尺员将水准尺紧贴 B 点木桩的侧面并上下移动，观测员发现望远镜中十字丝横丝正好对准应读前视读数 $b_{应}$ 时，通知扶尺员沿尺底画一短横线，该短横线的高程即为 B 点的设计高程 H_B。

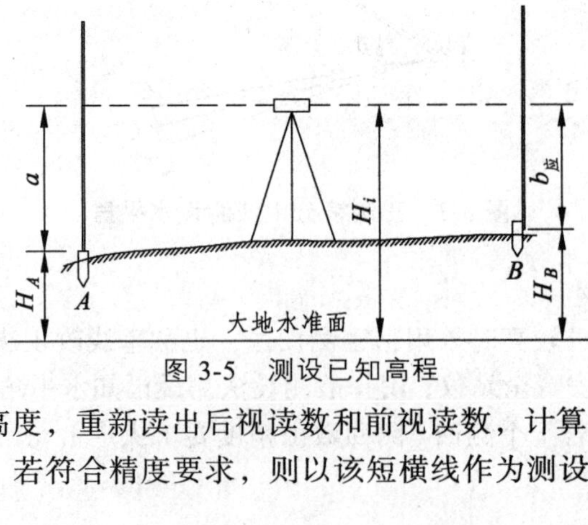

图 3-5　测设已知高程

（4）改变水准仪的高度，重新读出后视读数和前视读数，计算出该短横线的高程，与 B 点的设计高程进行比较。若符合精度要求，则以该短横线作为测设的高程标志线，并注记相

应的高程符号和数值；若超限，则按上述方法重新测设。

3.2 工程点位测设的方法

测设点的平面位置，就是根据施工现场已知的控制点，将构筑物的轴线交叉点、拐角点等特征点在实地标定出来，使其坐标为给定的设计坐标。根据施工现场控制网形式、建筑物大小、测设精度等的不同，测设点的平面位置有极坐标法、GPS RTK 法、后方交会法、全站仪坐标法等。

3.2.1 极坐标法（全站仪极坐标测设法）

极坐标法是指在控制点上，根据已知边测设一个已知水平角定出某一方向线，并在该方向线上测设一段已知水平距离，从而确定点平面位置的方法。若使用经纬仪和钢尺测设，极坐标法适用于已有控制点和待测设点距离较近且便于量距的情况；若使用全站仪测设则不受上述条件的限制，可见，利用全站仪的极坐标测设法更为简便和灵活，广泛应用于各种工程施工中。如图 3-6 所示，A、B 点是已知测量控制点，其坐标分别为 (x_A, y_A)、(x_B, y_B)，P 点是待放样点，其坐标为 (x_P, y_P)，可通过设计图纸计算而得。现欲将 P 点测设于实地，测设步骤如下：

（1）按下列公式计算测设数据 β 和 D_{AP}，即：

$$\alpha_{AB} = \arctan\frac{y_B - y_A}{x_B - x_A}$$

$$\alpha_{AP} = \arctan\frac{y_P - y_A}{x_P - x_A}$$

$$\beta = \alpha_{AB} - \alpha_{AP}$$

$$D_{AP} = \sqrt{(x_P - x_A)^2 + (y_P - y_A)^2}$$

（2）测设操作方法：在 A 点安置全站仪，瞄准 B 点，逆时针测设水平角 β，定出 AP 方向线，沿此方向线自 A 点出发，测设水平距离 D_{AP}，定出 P 点。

（3）利用 P 点与周围其他控制点的关系，检核 P 点的位置是否准确。

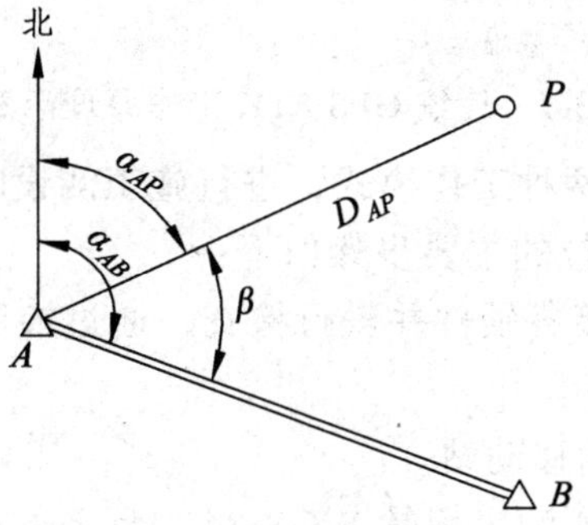

图 3-6 极坐标法

3.2.2　GPS RTK（或北斗）法

实时动态（Real Time Kinematic，RTK）测量系统，简称 RTK 技术，是 GPS 发展中的一个新突破，是将 GPS 测量技术与数据传输技术相结合而构成的组合系统。GPS RTK 技术具有精确性、高效性和较强的环境适应性等优点，已成为外业勘测中较为理想的测设手段。

GPS RTK 技术是以载波相位观测量为依据的实时差分 GPS 测量技术，RTK 系统由 GPS 接收机（包括基准站及移动站）、数据传输系统（数据链）、软件系统三部分组成。RTK 测量可分为 CORS（连续运行基准站）工作模式和传统 RTK 工作模式，前者仅单移动站即可作业，后者则包括基准站及若干移动站。基准站通常由基准站主机、数据电台、发射天线和电平组成；移动站设备包括移动站主机和手簿，移动站的电台模块内置在主机内，通过主机顶部的天线接发数据，手簿与接收机之间通过内置的蓝牙进行数据通信。

传统 GPS RTK 的基本原理如图 3-7 所示，在基准站（固定不动）上安置一台 GPS 接收机，连续观测所有可见的 GPS 卫星，并将差分改正信息通过无线电数据传输设备，实时发送给移动站用户；在移动站用户（各移动站独立作业）上，GPS 接收机既能接收 GPS 卫星信号，又能接收基准站传输的差分改正数据，并根据相对定位原理进行实时解算处理，得出移动站的高精度三维坐标。RTK 技术不要求移动站与基准站之间或移动站与移动站之间通视，但要求移动站能接收基准站的电台信号和一定数量的卫星信号。GPS RTK 技术的基本功能为：实时采集地面点的点位坐标；实时测设并对其结果进行质量分析和评价。

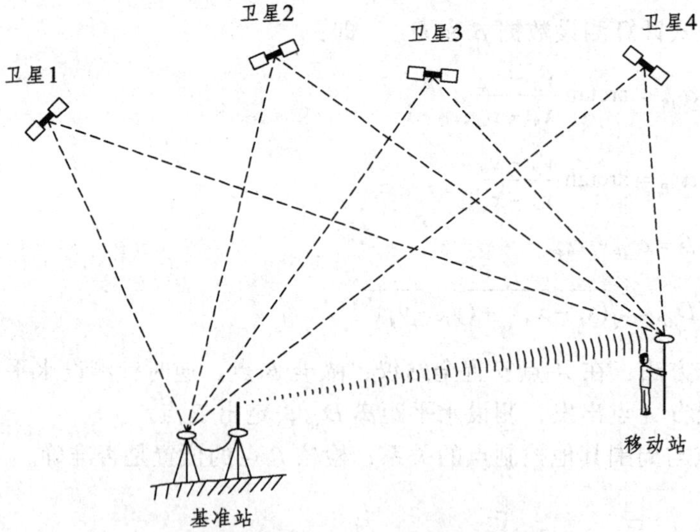

图 3-7　传统 GPS RTK 工作原理示意图

GPS 接收机有静态与动态两种工作模式，进行施工测设时，应将仪器切换为动态模式。利用传统 RTK 工作模式测设点位的主要步骤如下：

（1）架设基准站，正确连接各硬件并进行检查，通过控制软件设置基准站信息并启动基准站，设置电台的功率、频率等。

（2）设置移动站参数并启动移动站。

（3）坐标校正。由于 GPS 所测坐标是 WGS-84 坐标系的坐标，若要变换为用户坐标系的坐标，则在坐标测量前应通过坐标校正求出坐标变换参数。

（4）将待测设点坐标数据上传到移动站手簿，利用手簿内置的控制软件进行测设操作。测设时，首先输入测设点点号，显示其坐标信息，然后进行放样测量，通过 RTK 方式测量出 RTK 天线在用户坐标系中的坐标，并显示出当前 RTK 天线与待测设点的偏移量、RTK 天线应移动的方向和距离；用户移动 RTK 天线，当天线位置与待测设点的实际位置重合时，即得到待测设点的位置。

3.2.3 全站仪后方交会法

全站仪后方交会法是在待定点上向至少 3 个已知点进行水平角观测，并根据 3 个已知点的坐标及两个水平角值计算待定点坐标的方法。

1. 后方交会法原理

已知，A 点（1 243.571，1 573.886）、B 点（1 350.806，1 388.967），待定点 P，如图 3-8，P 点处夹角 P，对边边长为 p，即 $p=D_{AB}$；A 点处夹角 A，对边边长为 a；B 点处夹角 B，对边边长为 b。

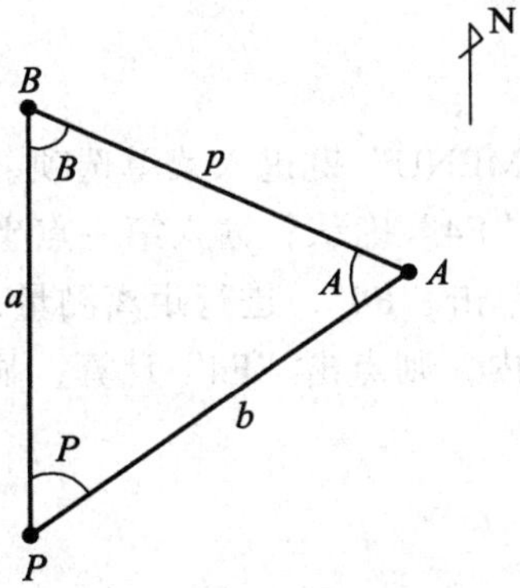

图 3-8 后方交会示意图

（1）计算已知点 AB 的坐标方位角和距离：

$$\alpha_{AB}=\arctan\frac{Y_B-Y_A}{X_B-X_A}=\arctan\frac{1\,388.967-1\,573.886}{1\,350.806-1\,243.571}=300°06'34.4''$$

$$\begin{aligned}D_{AB}&=\sqrt{(X_A-X_B)^2+(Y_A-Y_B)^2}\\&=\sqrt{(1\,243.571-1\,350.806)^2+(1\,573.886-1\,388.967)^2}\\&=213.762\ \text{m}\end{aligned}$$

（2）计算各个内角：

由余弦定理公式得，$P=\arccos\dfrac{a^2+b^2-p^2}{2ab}$，由正弦定理公式得，$A=\arcsin\dfrac{a\times\sin P}{p}$，$B=\arcsin\dfrac{b\times\sin P}{p}$。

（3）计算各边坐标方位角：

$$\alpha_{AP}=\alpha_{AB}-A，\quad \alpha_{BP}=\alpha_{AB}+180°+B$$

（4）计算 P 点坐标：

由点 A 处推算 P 点处坐标：

$$X_P = X_A + b \times \cos\alpha_{AP}$$
$$Y_P = Y_A + b \times \sin\alpha_{AP}$$

由点 B 处推算 P 点处坐标：

$$X_P = X_B + a \times \cos\alpha_{BP}$$
$$Y_P = Y_B + a \times \sin\alpha_{BP}$$

选择后方交会点 P 时，若 P 点刚好选在 AB 的圆周上，则无论 P 点位于圆周上任何位置，测得角值都是相等的，P 点无解，测量上把该圆称为危险圆，根据经验交会角度不能小于 15°和大于 165°。

后方交会法广泛应用于建筑工程中。由于建筑工程场地相对集中，并且场地狭窄，不易设点和保护，有时候会在附近建筑物或墙上设置多个反光（贴），并进行编号，根据已知控制点测设处各个反光点坐标，作为后方交会已知点。这样 P 点的选择优点有，任意设站、不受空间和场地限制，不设标志、无须对中，可以实现快速架设、快速放样，提高测量放样的效率和质量。

2. 后方交会法操作

以南方全站仪为例，点击“MENU”键进入菜单选项，选择放样，在放样菜单下选择后方交会，输入测站点编号，点击“F4”确认；输入第一点坐标，目标高可以不输入，然后单击“F4”设定；然后瞄准 A 点，单击“F4”，进行距离测量；然后瞄准 B 点，单击“F4”，进行距离测量。若残差在 10 mm 以内，则点击“F4”计算，显示测站点坐标。为了准确测定测站点坐标，至少测设 3 个已知点。

3.2.4　全站仪坐标法

坐标法测设点位

根据全站仪内置程序，进行放样：首先在放样菜单中选择建站，输入测站点坐标；再选择后视点，输入坐标；再次选择放样点，输入坐标；根据仪器提示，打开制动螺旋，旋转望远镜，至 d_{HR} 为零这个方向，即为放样方向。经测距使 d_{HD} 等于 0，即完成半个测回放样；利用相同方法，进行另半个测回放样。

3.3　直线的放样方法

直线的放样，是指将直线上特定的点标定在实地的工作。直线放样分为两种情况：一种是在直线的延长线上定点，称为外延定线；一种是在直线两端点之间定点，称为内插定线。通常，外延定线有正倒镜分中延线法、旋转 180°延线法等方法，内插定线采用正倒镜投点法。

3.3.1　正倒镜分中延线法

如图 3-9 所示，地面上有直线 AB，需要延长直线 AB 至 C 点，假设 B 点和 C 点之间无障碍物。采用正倒镜分中延线法，测设步骤如下：

（1）在 B 点安置全站仪并对中、整平仪器。

（2）用盘左位置瞄准 A 点，旋紧照准部制动螺旋，将望远镜绕横轴旋转 180°，在 AB 的延长线上定出 C'点。

（3）用盘右位置瞄准 A 点，旋紧照准部制动螺旋，将望远镜绕横轴旋转 180°，在 AB 的延长线上定出 C''点。

（4）取 C'点和 C''点连线的中点 C 点作为最终测设的点位。

正倒镜分中延线法分别采用盘左、盘右测设，主要是为了避免全站仪视准轴不垂直于横轴而引起的视准轴误差的影响。

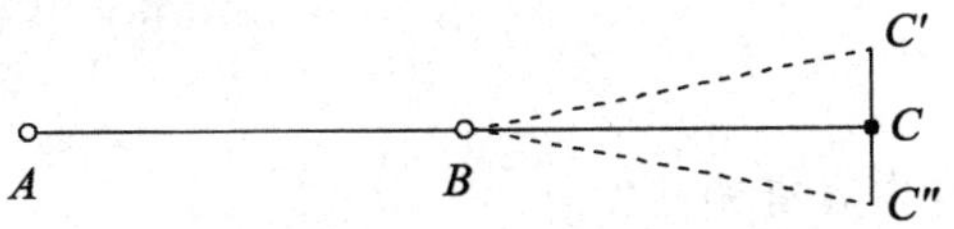

图 3-9　正倒镜分中延线法

3.3.2　旋转 180°延线法

如图 3-10 所示，地面上有直线 AB，需要延长直线 AB 至 C 点、D 点，假设 B 点和 C 点、D 点之间无障碍物。采用旋转 180°延线法，测设步骤如下：

（1）在 B 点安置全站仪并对中、整平仪器。

（2）用盘左位置瞄准 A 点，将水平度盘读数配置为 0°00′00″，顺时针转动照准部至水平度盘读数为 180°00′00″，旋紧照准部制动螺旋，此时望远镜视准轴方向即为直线 AB 的延长线方向，在此视线方向上依次定出 C'点和 D'点。

（3）用盘右位置瞄准 A 点，重复上述步骤，可在视线方向上依次定出 C''点和 D''点。

（4）取 C'点、C''点，D'点、D''点连线的中点 C 点、D 点作为最终测设的点位。

旋转 180°延线法，主要用于仪器误差较小且直线不需要延伸太长，或测设精度要求不高时。

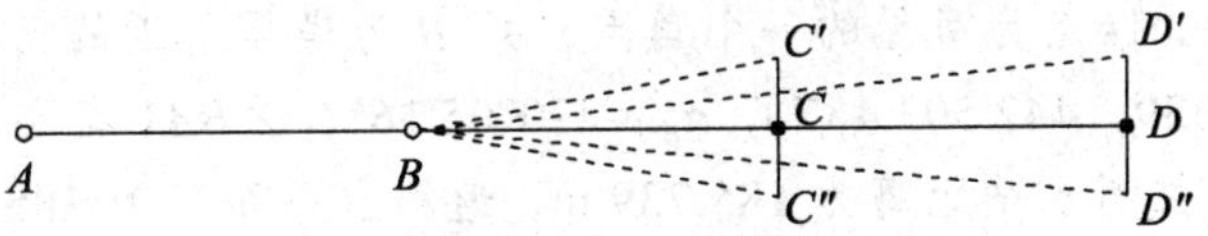

图 3-10　旋转 180°延线法

3.3.3　正倒镜投点法

在直线两端点之间定点时，如果直线两端点之间有障碍物影响通视，或两端点之间只设有固定标志而无法安置仪器时，可采用正倒镜投点法。该方法的原理是利用相似三角形的比例关系计算出仪器偏离已知直线的距离，然后将仪器移至已知直线上。如图 3-11 所示，A、B 点是已知直线的两端点，A 点和 B 点互不通视，需要在直线 AB 之间定出一点 C。在实际操作中，首先概略目测 A、B 点的位置，将全站仪大致安置在直线 AB 连线方向上，如图 3-11 中，将仪器初步安置在 C'点上，后视 A 点，用正倒镜分中延线法将直线 AC'延长至 B'点，量取 BB'长度后，即可根据 AC 和 AB 的长度，求出仪器偏离已知直线的距离，即

$$CC' = \frac{AC}{AB}BB'$$

将全站仪沿垂直于 AB 方向移动距离 CC'，然后用上述方法再观测一次，看仪器是否在直线 AB 上。若还有偏差，则重复上述步骤，以逐渐趋近的方法直至仪器移至 C 点为止。

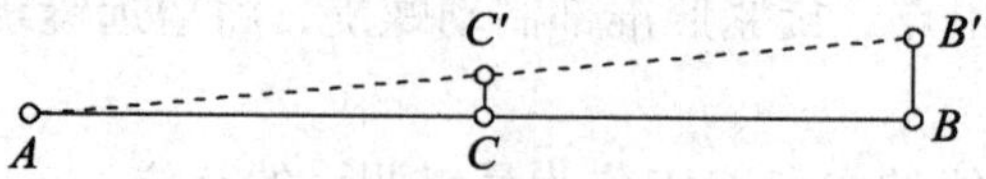

图 3-11　正倒镜投点法

习题

1. 工程测设的基本工作内容有哪些？

2. 工程点位测设的方法有哪些？

3. 比较各种点位测设方法的优缺点。

4. 如图 3-12 所示，已知导线点 A 坐标为（3 441 099.664 9，441 025.375 7），B 点坐标为（3 441 101.235 7，441 135.883 9），欲测设 P 点坐标为（3 441 100.896，441 088.257），若全站仪架在 A 点，后视 B 点，计算极坐标法所需数据。

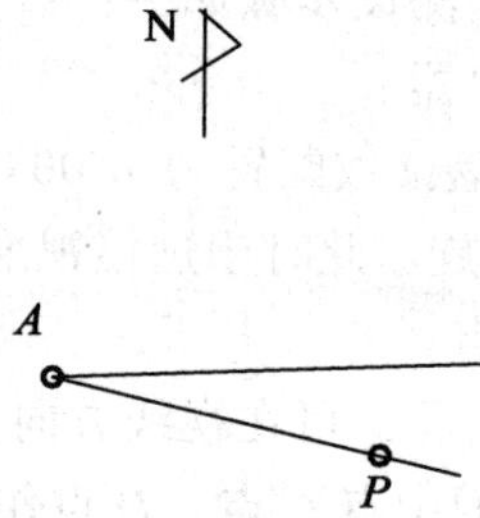

图 3-12　放样图

5. 如图 3-13 所示，1#点为房屋的一个角点，A、B 为房屋附近的已知导线点，已知其中 A 点坐标为（3 441 564.339，442 503.437），$\alpha_{AB}=270°05'16''$，$\angle BA1$ 盘左为 105°23′54″、盘右为 105°23′58″，A 到 1#点往测水平距离为 185.739 m，返测水平距离为 185.745 m，试根据所学知识计算 1#点的坐标。

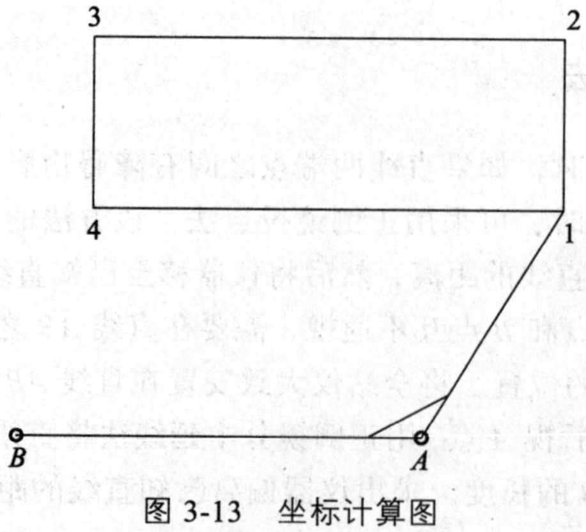

图 3-13　坐标计算图

第 4 章　曲线测设

4.1　曲线测设概述

公路工程或者铁路工程等线形工程一般由路基、桥涵、隧道等及各种附属设施等构成。修建公路（铁路）之前，为了选择一条既经济又合理的路线，首先进行工程可行性研究，然后进行初步设计，最后进行施工图设计。在初步设计阶段需要对预定线路进行勘测。

一般地讲，路线以平、直最为理想，但实际上，由于受到地物、地貌、水文、地质及其他等因素的限制，路线的平面线形必然有转折，即路线前进的方向发生改变。为了保证行车舒适、安全，并使路线具有合理的线形，在直线转向处必须用曲线连接起来，这种曲线称为平曲线。平曲线包括圆曲线和缓和曲线两种，如图 4-1 所示。圆曲线是具有一定曲率半径的圆的一部分，即一段圆弧。缓和曲线是在直线与圆曲线之间加设的一段特殊的曲线，其曲率半径由无穷大逐渐变化为圆曲线半径。

由上可知，线路中线一般由直线和平曲线两部分组成。

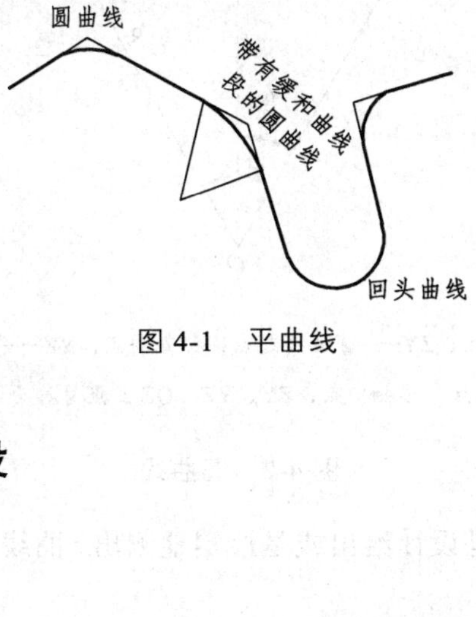

图 4-1　平曲线

4.2　圆曲线的测设

4.2.1　圆曲线概述

汽车在公路上行驶，由一个方向转到另一个方向时，为了行车安全，必须用平曲线进行连接。平曲线的形式很多，圆曲线是最常用的一种。圆曲线又称单圆曲线，由一定半径的圆弧线构成。圆曲线的测设一般分两步进行：首先测设曲线的主点，即曲线起点（ZY）、曲线终点（YZ）和曲线中点（QZ）；然后根据施工需要按整桩号或 10 m 整倍数测设曲线的其他各点，称为曲线的详细测设。

4.2.1.1　圆曲线测设元素的计算

如图 4-2，转角 α 和半径 R 为已知，转角即为线路（曲线）前进方向的转折角，也是两切线的夹角，在路线前进方向右侧为右角，反之为左角。则由图 4-2 可知圆曲线各要素为：

切线长　　$T=R\cdot\tan\dfrac{\alpha}{2}$

曲线长　　$L=R\cdot\alpha\cdot\dfrac{\pi}{180^\circ}$

外矢距　　$E=R(\sec\dfrac{\alpha}{2}-1)$

切曲差　　$q=2T-L$　　　　（4-1）

式中：α——路线的转角；

R——圆曲线半径。

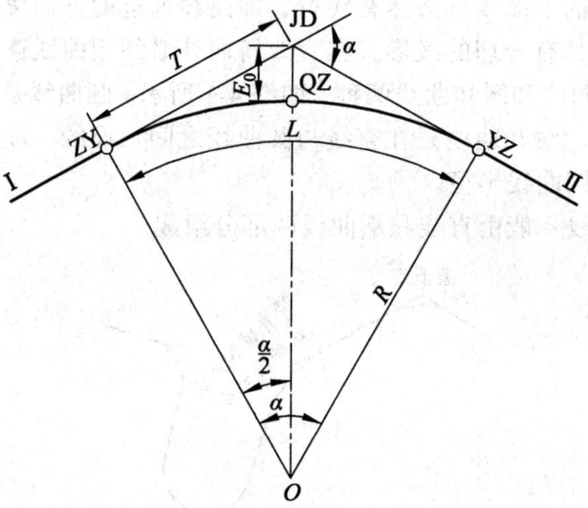

JD——路线转角点，称交点；ZY——圆曲线起点，称直圆点；YZ——圆曲线终点，称圆直点；QZ——圆曲线中点，称曲中点；ZY、YZ、QZ 三点总称为圆曲线的主点。

图 4-2　圆曲线

上式中 R 由设计给出，α 是设计给出或是经实地测出，曲线要素可用计算器按上述公式直接计算。

【例 4-1】如图 4-2，若 $\alpha=34°27'09''$，$R=850$ m，求曲线各要素。

【解】按（4-1）式计算得：

切线长　　T=263.546 m

曲线长　　L=511.113 m

外矢距　　E=39.919 m

切曲差　　q=15.979 m

4.2.1.2 圆曲线主点桩号的计算

圆曲线放样时，一般先定出主点，然后再详细放样曲线上其他各点。路线中线由曲线及曲线间的直线组成，里程是沿路线中线由起点累计的。交点 JD 一般不在中线上，严格地说没有里程桩号，交点的所谓里程桩号是由上一个曲线终点桩号加上该曲线终点到交点的长度而得，其长度由实地测量而得。

根据圆曲线要素即可计算圆曲线上各主点的里程桩号。

ZY 桩号 = JD 桩号−切线长 T

YZ 桩号 = ZY 桩号+曲线长 L

QZ 桩号 = YZ 桩号−$L/2$

校核：JD 桩号=QZ 桩号+$\dfrac{q}{2}$

【例 4-2】设例 4-1 中交点为 JD_3，里程桩号为 K4+056.913，求各主点桩号。

【解】

JD_3 桩号	K4+056.913	
$-T$ ）	263.546	
ZY 桩号	K3+793.367	
$+L$ ）	511.113	
YZ 桩号	K4+304.480	
$-L/2$ ）	255.557	
QZ 桩号	K4 +48.923	
$+q/2$	7.990	
JD_8 桩号	K4+056.913	校核无误

4.2.2 圆曲线主点的测设

若施工现场交点 JD 和转点由设计单位提供，则在交点 JD 处安置全站仪，瞄准后视相邻交点或转点定向，从交点 JD 沿后视方向量取切线长 T，得曲线起点 ZY，打下木桩并用小钉暂时标记，再由 ZY 点丈量到直线上最后一个中桩的距离，它应等于两桩桩号之差，校核无误后重新标记。

用仪器照准部瞄准前视相邻交点或转点方向，沿前视方向从交点 JD 量取切线长 T，得曲线终点 YZ，打下木桩，钉设小钉。之后沿后视、前视方向所形成角度的中线（即角平分线方向）从交点 JD 向曲线侧量取外矢距 E，得到 QZ 点，打下木桩并钉设小钉标记。

曲线主点作为曲线控制点，应长期保存，在其附近设标志桩，将桩号写在标志桩上。

目前对于高等级公路，公路设计单位一般不提供交点和转点，所以不能按上述方法测设，但公路设计单位提供勘测控制网，可以根据勘测控制网测设主点。

4.2.3 圆曲线的详细测设

圆曲线的主点 ZY、QZ、YZ 定出后，为在地面上标定出圆曲线的形状，还必须进行曲线的详细测设工作。曲线点的间距，一般规定：$R \geqslant 150$ m 时曲线点的间距为 20 m，50 m$\leqslant R<150$ m 时曲线点的间距为 10 m，$R<50$ m 时曲线上每隔 5 m 测设一个细部点，在地面点上要钉设木桩，在地形变化处还要钉加桩。

圆曲线的详细测设方法有偏角法、切线支距法、弦线支距法、弦线偏角法、极坐标法和 GPS-RTK 法等，下面主要讲解偏角法、切线支距法、极坐标法和 GPS-RTK 法。

4.2.3.1 偏角法（长弦偏角法）

偏角法实质就是极坐标法，如图 4-3，它是以曲线起点或终点至曲线上任一点 P 的弦线与切线 T 之间的弦切角（偏角）和弦长 C 来确定 P 点位置的方法。

偏角法测设圆曲线

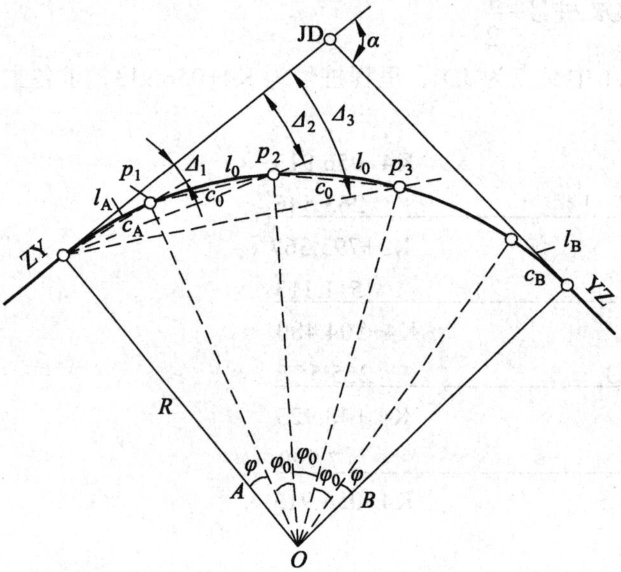

图 4-3　偏角法测设圆曲线

（1）偏角的计算。

偏角法测设曲线，通常采用整桩号设桩，由几何原理可知，偏角 δ 等于相应弧（弦）所对圆心角的一半，即

$$\delta=\frac{\varphi}{2}=\frac{l}{2R}\cdot\frac{180^\circ}{\pi}=\frac{l}{\pi R}\cdot 90^\circ \tag{4-2}$$

曲线上其他各整桩号上的偏角为：

$$\begin{aligned}\delta_1&=\frac{l}{2R}\cdot\frac{180^\circ}{\pi}=\delta\\ \delta_2&=2\delta\\ &\cdots\cdots\\ \delta_n&=n\delta\end{aligned} \tag{4-3}$$

弦长　$C=2R\cdot\sin\delta$

弧弦差　$\Delta C=l-C$　（4-4）

式中：l 为弧长，一般为 20 m，当半径 R 较小时，l 取 10 m。由此可知，只要曲线半径 R 和曲线桩号至曲线起点（或终点）的弧长已知，就可以算出弦切角 δ 和弦长 C，从而可以定出曲线上的桩号。

【例 4-3】已知 $\alpha_Y = 30°25'46''$，$R = 400$ m，JD_5 里程桩号为 K9+346.015，计算曲线要素和主点里程，曲线上加桩间隔为 20 m，试计算详细测设数据。

【解】根据已知条件，计算曲线要素得：T=108.788 m，L=212.438 m，E=14.530 m，其他计算数据见表 4-1。

表 4-1　偏角法测设圆曲线计算

桩号	相邻点曲线长（弧长）/m	弦长（至 ZY 点距离）/m	偏角 δ
ZY：K9+237.227			0°00′00″
	2.773	2.773	
+240			0°11′55″
	20	22.772	
+260			1°37′52″
	20	42.752	
+280			3°03′48″
	20	62.709	
+300			4°29′45″
	20	82.624	
+320			5°55′41″
	23.446	105.909	
QZ：+343.446			7°36′27″
	16.554	122.289	
+360			8°47′34″
	20	142.015	
+380			10°13′31″
	20	161.653	
+400			11°39′28″
	20	181.189	
+420			13°05′25″
	29.665	209.950	
YZ：+449.665			15°12′53″

（2）偏角的测设方法。

对于同一条曲线在不同的主点安置经纬仪测设辅点时，因照准部转动方向不同，有正拨和反拨之分。当顺时针方向转动，即依次测设曲线各加密点（辅点）度盘数逐个增加时，称为正拨；反之称为反拨。

由上例可知，路线右转时，在 ZY 点安置仪器，角度为正拨，其测设步骤为：

① 在 ZY 点安置仪器，瞄准交点 JD_5，水平度盘配盘为 0°00′00″，此方向即切线方向；

② 转动照准部，使水平度盘读数为 0°11′55″，在此方向自 ZY 点量距 2.773 m，得桩号为 K9+240；

③ 继续转动照准部，使水平度盘读数为 1°37′52″，自 ZY 点量距 22.772 m（弦长），得桩

号 K9+260；

④ 依次类推测出曲线其余各桩号。

当测至曲中点 QZ 点和 YZ 点时，应与曲线主点测得的 QZ 点重合，若不重合，闭合差一般不超如下规定：

纵向（切线方向）：$\pm\dfrac{l}{1000}$ m（l 为曲线长）

横向（法线方向）：±10 cm

否则，应查明原因，进行纠正或重测。实际测设中，为了提高测设精度，一般从曲线起点 ZY 点和终点 YZ 点上分别测设曲线的一半，在曲线中点 QZ 处检核。

4.2.3.2 切线支距法

切线支距法又称直角坐标法，它是以曲线起点（ZY）或终点（YZ）为原点，以切线方向作为坐标纵轴 x，过原点的半径方向作为横轴 y，建立直角坐标系。利用曲线上各点的坐标 x、y 值放样出曲线上的各点。在实际施工测量中，一般采用整桩进行设桩，如图 4-4，l_i 为待测点至原点 ZY 的弧长，φ_i 为 l_i 所对的圆心角，R 为曲线半径，则 p_i 点的坐标为：

$$x_i = R\cdot\sin\varphi_i$$

$$y_i = R\cdot(1-\cos\varphi_i) \tag{4-5}$$

式中：

$$\varphi_i=\frac{l_i}{R}\times\frac{180^\circ}{\pi}\quad(i=1,\ 2,\ 3\cdots) \tag{4-6}$$

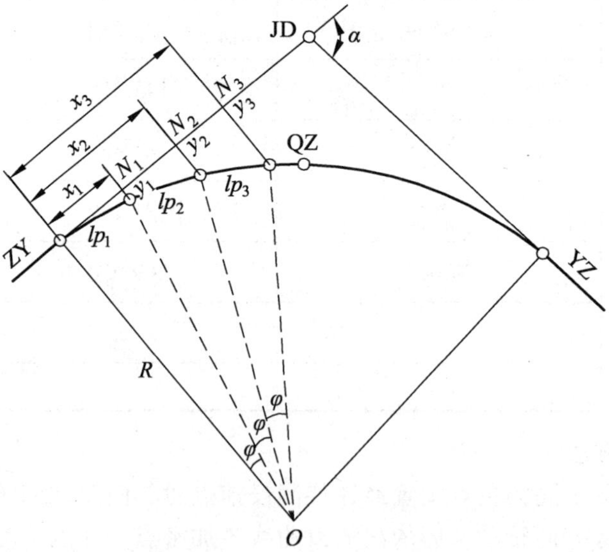

图 4-4 切线支距法测设圆曲线

在实际施工测量过程中，为了避免支距过长，一般采用由 ZY、YZ 点向 QZ 点进行施测，具体施测步骤为：

（1）在 ZY（或 YZ）点安置仪器，瞄准切线（即 JD）方向，用钢尺量距 x_i，得垂足 N_i。

（2）在 N_i 点架设仪器，后视 ZY（或 YZ）点，拨 90°，转向圆心方向，再用钢尺量距 y_i，即可定出曲线点 p_i。

（3）曲线上各点施测完成后，要量取曲线中点至最近的一个曲线桩点间的距离，比较桩号之差与实测距离，若二者之差在限差之内，则测设合格；否则查明原因，予以纠正。

切线支距法适用于平坦开阔地区，有桩号误差不累积的优点，但效率低，对自然环境要求高，在全站仪没有普及时，有时采用该方法进行检核，目前外业工作中基本不用该种测量方法，只是利用该公式进行编程计算。

4.2.3.3 极坐标法

用极坐标法测设圆曲线细部点时，要先计算各细部点在测量平面直角坐标系中的坐标值，测设时，全站仪安置在平面控制点或已知坐标的线路交点上，输入测站坐标和后视点坐标（或后视方位角），再输入要测设的细部点坐标，仪器即自动计算出测设角度和距离，据此进行细部点现场定位。下面介绍细部点坐标的计算方法。

（1）计算圆曲线主点坐标。

如图 4-5（a），可以由 JD_1（x_1，y_1）和 JD_2（x_2，y_2）的坐标，利用坐标反算公式计算第一条切线的方位角 $\alpha_{J1—J2}$：

$$\alpha_{J1—J2} = \arctan\frac{y_2 - y_1}{x_2 - x_1} \tag{4-7}$$

第二条切线的方位角 $\alpha_{J2—J3}$ 可由 JD_2、JD_3 的坐标反算得到，也可由第一条切线的方位角和线路转角推算得到，即 $\alpha_{J2—J3}$ 有：

$$\alpha_{J2—J3}=\alpha_{J1—J2} + \alpha_{右} \tag{4-8}$$

根据方位角 $\alpha_{J1—J2}$、$\alpha_{J2—J3}$ 和切线长度 T，用坐标正算公式计算曲线起点（ZY 点）坐标（x_{ZY}，y_{ZY}）和终点（YZ 点）坐标（x_{YZ}，y_{YZ}），则起点（ZY 点）和终点（YZ 点）坐标分别为：

$$\begin{aligned}
x_{ZY} &= x_2 + T\cos\alpha_{2—1} \\
y_{ZY} &= y_2 + T\sin\alpha_{2—1} \\
x_{YZ} &= x_2 + T\cos\alpha_{2—3} \\
y_{YZ} &= y_2 + T\sin\alpha_{2—3}
\end{aligned} \tag{4-9}$$

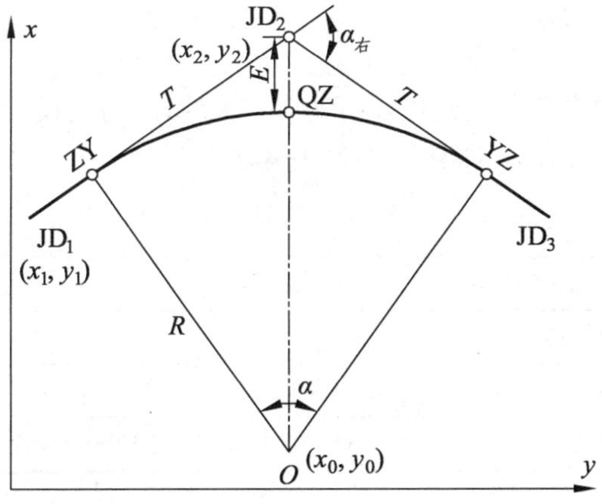

（a）圆曲线主点坐标计算

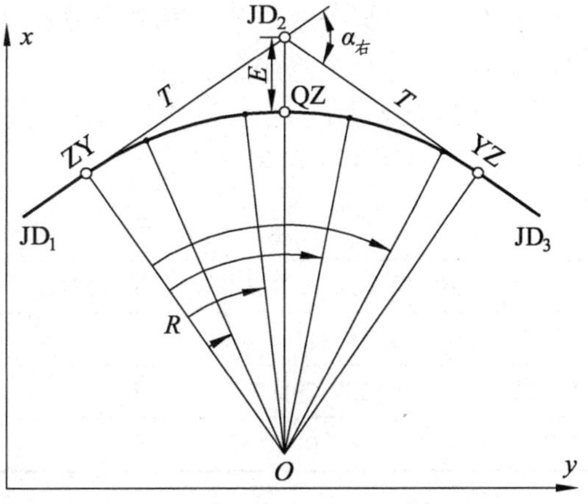

（b）圆曲线细部点坐标计算

图 4-5　圆曲线坐标计算

曲线中点坐标（x_{QZ}，y_{QZ}）则由分角线方位角 $\alpha_{J2—QZ}$ 和矢距 E 计算得到，其中分角线方位角 $\alpha_{J2—QZ}$ 由第一条切线的方位角和线路转角求得：

$$\alpha_{(J2—QZ)} = \alpha_{J1\text{-}J2} + 180° - \left(\frac{180° - \alpha_{右}}{2}\right) \tag{4-10}$$

（2）计算圆心坐标。

如图 4-5（a）所示，因 ZY 点至圆心方向与切线方向垂直，其方位角为

$$\alpha_{ZY—O} = \alpha_{J1—J2} + 90° \tag{4-11}$$

则圆心 O 坐标（x_O，y_O）为：

$$\begin{aligned} x_O &= x_{ZY} + R\cos\alpha_{ZY—O} \\ y_O &= y_{ZY} + R\sin\alpha_{ZY—O} \end{aligned} \tag{4-12}$$

（3）计算圆心至各细部点的方位角。

如图 4-5（b）所示，设 ZY 点至曲线上某细部里程桩点的弧长为 l_i（l_i= 细部点桩号里程−ZY 点里程），其所对应的圆心角：

$$\varphi_i = \frac{l_i}{R} \cdot \frac{180°}{\pi} \tag{4-13}$$

则圆心 O 至各细部点的方位角 $\alpha_{O—i}$ 为：

$$\alpha_{O—i} = (\alpha_{ZY—O} + 180°) + \varphi_i \tag{4-14}$$

（4）计算各细部点的坐标。

根据圆心坐标、圆心至细部点的方位角和半径，可以计算各细部点坐标：

$$\begin{aligned} x_i &= x_O + R\cos\alpha_{O—i} \\ y_i &= y_O + R\sin\alpha_{O—i} \end{aligned} \tag{4-15}$$

【例 4–4】如图 4-5（a），该圆曲线半径 R =500 m，转角（右）$\alpha_{右}$=12°52′48″，交点 JD_2 的桩号为 K2+560.976，JD_1 坐标为（261 936.955，341 250.715）、JD_2 坐标为（262 836.025，342 610.158），计算各主点坐标和各里程桩点的坐标。

【解】（1）计算主点坐标。

计算 JD_2 至各主点（ZY、QZ、YZ）的坐标方位角，再根据坐标方位角和算出的测设元素切线长度 T、外矢距 E，用坐标正算公式计算主点坐标，计算结果见表 4-2。

表 4-2　圆曲线主点坐标计算

主点	JD_2 至各主点的方位角	JD_2 至各主点的距离/m	x/m	y/m
ZY	236°31′17″	T = 56.437	262 804.893	342 563.084
QZ	152°57′41″	E = 3.175	262 833.197	342 611.601
YZ	69°24′05″	T = 56.437	262 888.854	342 662.987

（2）计算圆心坐标。

计算 ZY 点至圆心的方位角为 146°31′17″，计算圆心坐标为（262 387.847，342 838.897）。

（3）计算各细部点坐标。

起点 ZY 点桩号 = K2+560.976−56.437 = K2+504.539，首先根据各细部点的里程，算出弧长，然后按上述公式计算圆心至各细部点的方位角 α_{O-i}，再计算各点坐标，计算结果见表 4-3。

表 4-3　圆曲线细部桩点坐标

细部桩号	α	x/m	y/m
K2+520	328°17'35"	262 813.221	342 576.110
K2+540	330°35'06"	262 642.255	342 593.331
K2+560	332°52'36"	262 832.861	342 610.943
K2+580	335°10'07"	262 841.621	342 628.922
K2+600	337°27'37"	262 784.735	342 647.235

在公路或铁路施工测量时，通常利用编程计算器（如卡西欧 5 800）或计算机自编程序计算，具有速度快、精度高、准确性高等特点，可在野外快速计算出曲线上任意桩号的中桩坐标。利用全站仪按极坐标法施测，极大地提高了工作效率。

4.2.3.4　GPS-RTK 法

用 GPS-RTK 放样曲线的工作与 RTK 放样点的方法相同，如果圆曲线各点的坐标是已知数据，则可按放样点的方法进行曲线放样。如果不知道曲线坐标，可以将曲线已知条件输入手簿，由手簿解算主点和细部点的坐标进行放样。南方 RTK 所提供的解算软件是按一定的里程进行坐标解算的，待坐标解算完毕后就可按点的放样方法进行放样。

4.3　综合曲线的测设

4.3.1　概念及基本公式

在公路上当车辆从直线驶入曲线时，由于离心力的作用，车辆有向曲线外侧倾斜的趋势，为了行车的安全性和舒适性，减小离心力的影响，曲线段路面要做到外侧高、内侧低的单向横坡形式，称为弯道超高。由于离心力的大小在车速一定时与曲线半径成反比，所以曲线半径越小离心力越大，超高也越大。超高不能在直线段进入曲线段或曲线段进入直线段突然出现或消失，以免出现台阶，引起车辆震动，影响行驶安全。因此，超高应在一段距离内逐渐增加或减小，在直线段与圆曲线之间插入一段半径由无穷大逐渐减小至圆曲线半径 R 的曲线，这种曲线称为缓和曲线。缓和曲线也可在圆曲线与圆曲线之间设置。由缓和曲线和圆曲线组成的平面曲线称为综合曲线。

带有缓和曲线的综合曲线如图 4-6 所示，主点有直缓点（ZH）、缓圆点（HY）、曲中点（QZ）、圆缓点（YH）和缓直点（HZ）。

我国交通部颁发的《公路工程技术标准》（JTG B01—2014）中规定：缓和曲线采用回旋曲线，亦称辐射螺旋线。

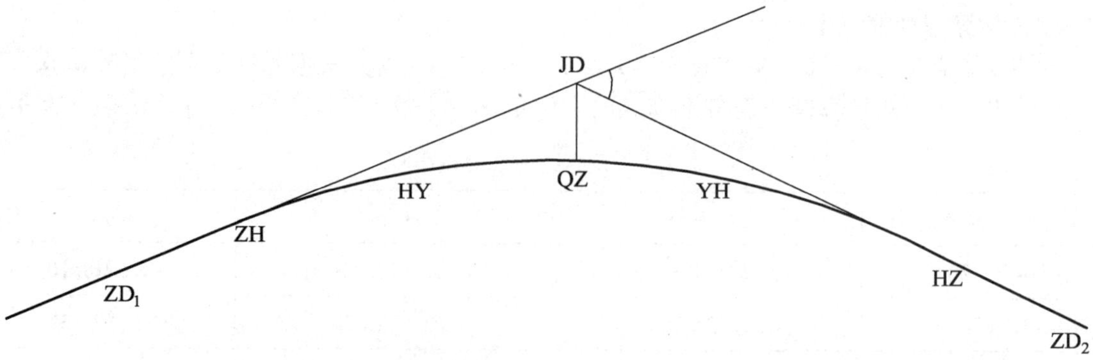

图 4-6 带有缓和曲线的平曲线

4.3.1.1 缓和曲线基本公式

（1）基本公式。

缓和曲线是曲线半径 ρ 随曲线长度 l 的增大而均匀减小的曲线，即对于缓和曲线上任一点的曲率半径 ρ 有：

$$\rho=\frac{c}{l} \quad 或 \quad \rho\cdot l=c \tag{4-16}$$

式中：c 是缓和曲线参数，为一常数，表示缓和曲线半径 ρ 的变化率，与车速有关。我国公路目前采用：$c=0.035\,V^3$，V 为计算行车速度（km/h）。

在缓和曲线和圆曲线连接处，即 ZY 点处，缓和曲线与圆曲线半径相等，即 $\rho=R$。缓和曲线的终点（HY）至起点（ZH）的曲线长为缓和曲线全长 l_0，按公式（4-16）得

$$c=\rho\cdot l=R\cdot l_0 \tag{4-17}$$

我国交通部颁布实施的《公路工程技术标准》（JTG B01—2014）中规定：当公路平曲线半径小于不设超高的最小半径时，应设缓和曲线，缓和曲线采用回旋曲线，缓和曲线的长度应根据其计算行车速度 V 求得，并尽量采用大于表 4-4 所列值。

表 4-4 各级公路缓和曲线最小长度

公路等级	高速公路				一		二		三		四	
计算行车速度/（km/h）	120	100	80	60	100	60	80	40	60	30	40	20
缓和曲线最小长度/m	100	85	70	50	85	50	70	35	50	25	35	20

（2）倾角（切线角）公式。

如图 4-7，缓和曲线上任一点 P 处的切线与过起点切线的交角 β 称为切线角（或倾角），β 值与缓和曲线上该点至曲线起点的曲线长（弧长）所对的圆心角相等。在曲率半径为 ρ 的 P 处取一微分弧段 $\mathrm{d}l$，其所对应的圆心角为 $\mathrm{d}\beta$，则：

$$\mathrm{d}\beta=\frac{\mathrm{d}l}{\rho}=\frac{l\mathrm{d}l}{c}$$

积分得：

$$\beta=\frac{l^2}{2c}=\frac{l^2}{2Rl_s} \quad （弧度）$$

或 $$\beta=\frac{l^2}{2Rl_s}\cdot\frac{180°}{\pi}=28.647\,9\cdot\frac{l^2}{2Rl_s}\ (°)\tag{4-18}$$

当 $l=l_0$ 时，缓和曲线全长 l_0 所对应的圆心角即切线角（也称倾角）β_0 为：

$$\beta_0=\frac{l^2}{2Rl_0}=\frac{l_0}{2R}\ （弧度）$$

或 $$\beta_0=\frac{l_0}{2R}\cdot\frac{180°}{\pi}\ (°)\tag{4-19}$$

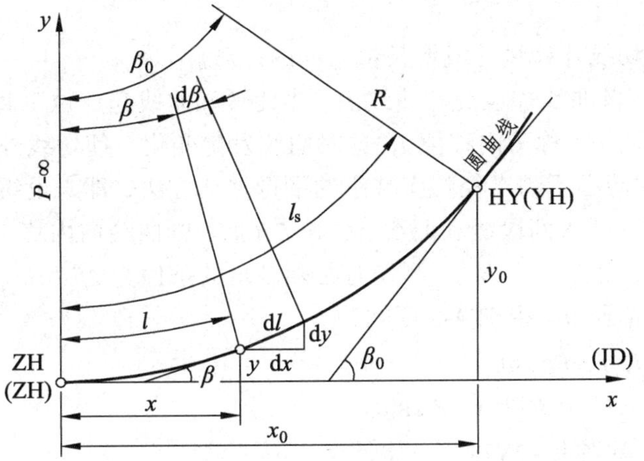

图 4-7 缓和曲线

（3）参数方程。

如图 4-7，设 ZH 点为坐标原点，过 ZH 点的切线为 x 轴，半径为 y 轴，缓和曲线上任意一点 P 的坐标为（x，y），在 P 点处取一微分弧段，则微分弧段在坐标轴上的投影为：

$$dx=dl\times\cos\beta$$
$$dy=dl\times\sin\beta$$

将 $\cos\beta$ 和 $\sin\beta$ 按级数展开为：

$$\cos\beta=1-\frac{\beta^2}{2!}+\frac{\beta^4}{4!}-\cdots$$

$$\sin\beta=\beta-\frac{\beta^3}{3!}+\frac{\beta^5}{5!}-\cdots$$

则 dx、dy 可写成：

$$dx=[1-\frac{1}{2}(\frac{l^2}{2Rl_s})^2+\frac{1}{24}(\frac{l^2}{2Rl_s})^4-\cdots]dl$$

$$dy=[\frac{l^2}{2Rl_s}-\frac{1}{6}(\frac{l^2}{2Rl_s})^3+\frac{1}{1\,200}(\frac{l^2}{2Rl_s})^5-\cdots]dl$$

积分后略去高次项得：

$$\begin{cases}x=l-\dfrac{l^5}{40R^2l_0^2}\\ y=\dfrac{l^3}{6Rl_0}\end{cases}\tag{4-20}$$

上式即缓和曲线上各点的直角坐标公式，也称作缓和曲线的参数方程。

当 $l=l_0$ 时，缓和曲线终点 HY 的直角坐标为：

$$\begin{cases} x_{HY}=l_0-\dfrac{l_0^3}{40R^2} \\ y_{HY}=\dfrac{l_0^2}{6R} \end{cases} \tag{4-21}$$

4.3.1.2 带有缓和曲线的综合曲线要素计算及主点测设

（1）内移值 p 和切线外移量（或增长值）m 的计算。

如图 4-8 所示，当圆曲线加设缓和曲线后，为使缓和曲线起点位于直线方向上，必须将圆曲线向内移动一段距离 p（称为内移值），这时曲线发生变化，使切线外移 m（称为切线增长值），公路上一般采用圆心不动半径相应减小的平行移动方法，即未设缓和曲线时的圆曲线为 FG，其半径为（$R+p$），插入两段缓和曲线 AC 和 DB 后，圆曲线向内移，其保留部分为 CMD，半径为 R，所对的圆心角为（$\alpha-2\beta_0$）。测设时必须满足的条件为 $2\beta_0\leqslant\alpha$；否则，应缩短缓和曲线长度或加大圆曲线半径 R，由图 4-8 可知：

$$p+R=y_0+R\cos\beta_0$$

$$m=AF=BG=x_0-R\sin\beta_0$$

即

$$p=y_0-R(1-\cos\beta_0)$$

$$m=x_0-R\cdot\sin\beta_0 \tag{4-22}$$

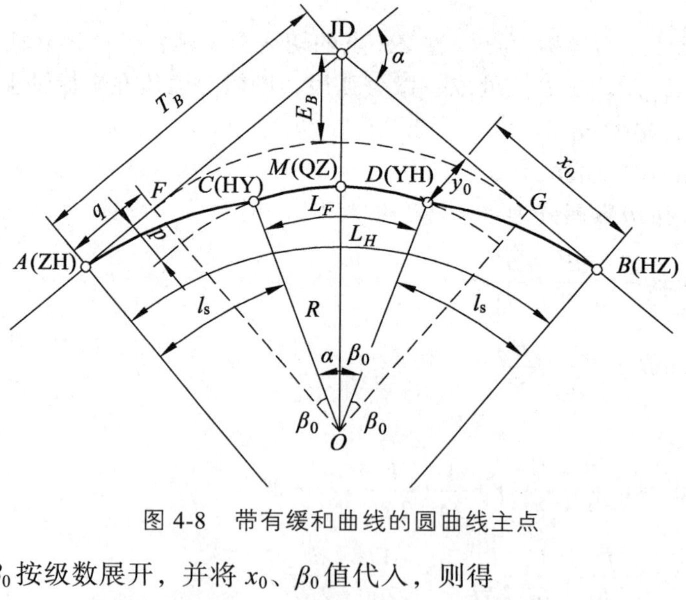

图 4-8 带有缓和曲线的圆曲线主点

将 $\cos\beta_0$、$\sin\beta_0$ 按级数展开，并将 x_0、β_0 值代入，则得

$$p=\frac{l_0^2}{6R}-\frac{l_0^2}{8R}\approx\frac{l_0^2}{24R}$$

$$m=l_0-\frac{l_0^3}{40R^2}-\frac{l_0}{2}+\frac{l_0^2}{48R^2}=\frac{l_0}{2}-\frac{l_0^2}{240R^2}\approx\frac{l_0}{2} \tag{4-23}$$

倾角 β_0、内移值 p 和切线外移量 m，统称缓和曲线的常数。

（2）综合曲线要素的计算。

在圆曲线上设置缓和曲线后，将圆曲线和缓和曲线作为一个整体来考虑，综合曲线要素的计算公式为：

切线长 $T=(R+p)\cdot\tan\dfrac{\alpha}{2}+m$

曲线长 $L=R(\alpha-2\beta_0)\dfrac{\pi}{180^\circ}+2l_0$

其中圆曲线长 $L_y=R(\alpha-2\beta_0)\dfrac{\pi}{180^\circ}$

外矢距 $E=(R+p)\sec\dfrac{\alpha}{2}-R$

切曲差 $D=2T-L$ （4-24）

（3）综合曲线上圆曲线细部点的直角坐标。

计算出缓和曲线常数后，由图 4-8 可知，圆曲线部分细部点的直角坐标计算公式为：

$$\begin{cases}x_i=R\sin\varphi_i+m\\ y_i=R(1-\cos\varphi_i)+p\end{cases}$$

式中：$\varphi_i=\dfrac{180^\circ}{\pi R}(l_i-l_0)+\beta_0$；

l_i——细部点到 ZH 或 HZ 的曲线长；

l_0——缓和曲线全长；

β_0、p、m——缓和曲线常数。

（4）主点里程的计算和测设。

根据交点的里程桩号和曲线的要素值，按下列算式计算各主点里程桩号：

直缓点　　ZH 桩号=JD 桩号$-T$

缓圆点　　HY 桩号=ZH 桩号$+l_0$

曲中点　　QZ 桩号=HY 桩号+（$\dfrac{L}{2}-l_0$）

圆缓点　　YH 桩号= QZ 桩号+（$\dfrac{L}{2}-l_0$）

缓直点　　HZ 桩号=YH 桩号$+l_0$

检核条件　　HZ 桩号= JD 桩号$+T-D$

主点 ZH、HZ、QZ 的测设方法与圆曲线主点测设方法相同。HY、YH 点是根据缓和曲线起点 ZH 和终点 HZ 为原点建立直角坐标系，利用公式（4-5）计算出 HY、YH 点的坐标，用切线支距法来测设的。

【例 4-5】已知一综合曲线，桩号 JD_6 为 K8+530，$\alpha_{右}=30°28'00''$，R=700 m，缓和曲线长 60 m，求缓和曲线要素、曲线主点里程桩号。

【解】（1）缓和曲线常数计算：

$$\beta_0=\frac{l_0}{2R}\cdot\frac{180^\circ}{\pi}=2°27'20'' \qquad p=\frac{l_0^{\ 2}}{24R}=0.214\text{ m}$$

$$m=\frac{l_0}{2}=30\ \text{m}$$

（2）综合曲线常数计算：

切线长　$T=(R+p)\cdot\tan\frac{\alpha}{2}+m=220.681\ \text{m}$

曲线长　$L=R(\alpha-2\beta_0)\frac{\pi}{180°}+2l_0=432.220\ \text{m}$

外矢距　$E=(R+p)\sec\frac{\alpha}{2}-R=25.713\ \text{m}$

切曲差　$D=2T-L=9.142\ \text{m}$

（3）计算曲线主点里程桩号：

JD_6 桩号		K8+530.000
	$-T$	220.681
ZH 桩号		K8+309.319
	$+l_0$	60.000
HY 桩号		K8+369.319
	$+(L-2l_0)/2$	156.110
QZ 桩号		K8 +525.429
	$+(L-2l_0)/2$	156.110
YH 桩号		K8+681.539
	$+l_0$	60.000
HZ 桩号		K8+741.539

检核计算：	JD_6 桩号	K8+530.000
	$+T$	220.681
		K8+750.681
	$-D$	9.142
HZ 桩号		K8+741.539

4.3.2　综合曲线详细测设

4.3.2.1　偏角法

曲线上偏转的角值，按缓和曲线上的偏角和圆曲线上的偏角两部分分别进行计算。

（1）缓和曲线上各点偏角值的计算。

如图 4-9，若缓和曲线自 ZH（或 HZ）点开始测设，按 10 m 等分缓和曲线，则曲线上任一点 P 与 ZH 的连线相对于切线的偏角为 δ，图中 ZH 至 JD 方向为 x 轴方向，过 ZH 点垂直于 x 轴的为 y 轴，则 δ 为：

$\tan=\frac{y_P}{x_P}$，因为 δ 很小，所以 $\delta=\tan\delta=\frac{y_P}{x_P}$

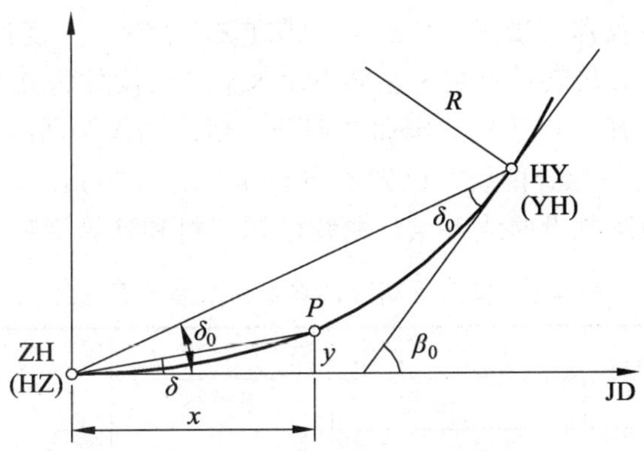

图 4-9　偏角法测设缓和曲线

根据曲线参数方程（4-20）将 x、y 的值代入上式得（只取第一项）：

$$\delta = \frac{l^2}{6Rl_0} \times \frac{180°}{\pi} \tag{4-25}$$

当 $l = l_0$ 时，缓和曲线的总偏角为：

$$\delta_0 = \frac{l_0}{6R} \times \frac{180°}{\pi} \tag{4-26}$$

由于 $\beta_0 = \frac{l_0}{2R} \times \frac{180°}{\pi}$，故上式可写成

$$\delta_0 = \frac{1}{3} \times \beta_0 \tag{4-27}$$

若采用整桩距进行测设，设 δ_1 为缓和曲线上第一个等分点的偏角，弧长 l_1=10 m，第二个点弧长 l_2=20 m，第三个点弧长 l_3=30 m，第 n 个等分点的弧长 l_n=10n m，则按式（4-25）各点相应偏角值为：

第 2 点偏角：$\delta_2 = 2^2\delta_1$

第 3 点偏角：$\delta_3 = 3^2\delta_1$

第 4 点偏角：$\delta_4 = 4^2\delta_1$

……

第 n 点偏角：$\delta_n = n^2\delta_1$

采用偏角法测设时的弦长，比较严密的计算方法是用坐标反算而得，计算相对复杂。由于缓和曲线半径较大，因此常常以弧长代替弦长进行测设。

（2）圆曲线上各点偏角的计算。

如图 4-9 所示，圆曲线上各点的测设，是将经纬仪或全站仪安置于 HY 或 YH 点上，首先定出 HY 或 YH 点的切线方向，再按圆曲线的偏角法进行测设。若要定出 HY 点的切线方向，必须计算角度 b_0。从图 4-9 可知：

$$b_0 = \beta_0 - \delta_0 = \beta_0 - \frac{\beta_0}{3} = \frac{2\beta_0}{3}$$

具体操作方法为：将仪器安置于 HY 点上，瞄准 ZH 点，水平度盘读数配置为 b_0（当曲线右转时，配置在 360°−b_0），旋转照准部（左转）使水平度盘读数为 0°00′00″并倒镜，则该视线方向为 HY 的切线方向，然后再按独立圆曲线偏角法依次测设圆曲线上各点。

【例 4-6】如图 4-9 为一综合曲线，已知 R=500 m，L_0 = 50 m，$\alpha_{右}$ = 20°06′18″，JD_3 里程桩位 K3+802.36，按偏角法测设曲线各点，曲线已知资料和计算资料详见表 4-5 所示。

表 4-5　偏角法测设带有缓和曲线的圆曲线

桩号	曲线点间距 /m	曲线偏角		备注	曲线计算资料
		缓和曲线	圆曲线		
ZH：K3+688.927		（反拨角度）	° ′ ″	测站	R=500 m L_0 = 50 m $\alpha_{右}$=20°06′18″ p=0.208 m q=25 m β_0=2°51′53″ T=113.673 m L=225.450 m E=8.009 m JD_3：K3+802.360 ZH：K3+688.927 HY：K3+738.927 QZ：K3+801.652 YH：K3+864.377 HZ：K3+914.377
JD_3：		0°00′00″			
1　+700.000	11.073	0°02′49″			
2　+708.927	20	0°09′10″		后视点	
3　+728.927	20	0°36′40″	测站	百米桩	
HY K3+738.927	10	0°57′18″			
HY：					
ZH：			0 00 00	后视点（倒镜）	
	20				
1　+758.927	20		1 08 45		
2　+778.927	20	360°−1°54′36″=358°05′24″	2 17 31		
3　+798.927	1.073		3 26 15		
4　+800.000			3 29 57	百米桩	
QZ：K3+801.652	62.725		3 35 38		

【解】HY 点切线方向，$b_0=\dfrac{2}{3}\beta_0=\dfrac{2}{3}\cdot(3\delta_0)=2\delta_0=2\times0°57'18''=1°54'36''$。

详细测设步骤为：

① 在 ZH 点安置仪器，照准 JD_3 方向，调整水平度盘读数为零。

② 逆时针拨偏角 δ_1=0°02′49″，在该方向自 ZH 点起量 11.073 m 得缓和曲线第一点 K3+700。

③ 拨偏角 δ_2=0°09′10″，自 ZH 点起量距 20 m，得曲线第二点，里程为：K3+708.927。

④ 继续拨角 δ_3、δ_4，同法可定出缓和曲线点 3、4，检查 4 点和控制桩 HY 点的偏离值。

⑤ 仪器移至 HY 点，后视 ZH，水平度盘归零，逆时针反转 b_0，即为该点切线方向，倒转望远镜，水平度盘归零，视线方向即为 HY 点的切线方向。在生产实践中，为了放样和计算方便，在后视 ZH 点时，水平度盘往往配置为（$b_0+\delta_1$），倒镜望远镜后 HY 点的切线方向读数为 δ_1。

⑥ 反向拨取偏角 δ_2=1°08′45″，在该方向上自 HY 点起，量距 20 m，定出 K3+758.927；同法测设出圆曲线上其余各点，直至 QZ 点。

半条曲线测设完成后，仪器搬至 HZ 点，用上述方法测设曲线的另一半。但需注意，偏角的拨动方向与切线的测设方向与前半部分曲线相反。

同时，自 ZH（HZ）点测设曲线至 HY（YH）点及由 HY（YH）点测设到 QZ 点时，必须检查闭合差，若闭合差在允许范围内，则按圆曲线测设方法进行分配。

4.3.2.2 切线支距法

建立以 ZH（或 HZ）点为坐标原点，过 ZH 的切线及半径分别为 x 轴和 y 轴的坐标系统，利用缓和曲线段和圆曲线段上各点在坐标系统中的 x、y 来测设曲线，如图 4-10，在缓和曲线段上各点坐标（x，y）可按缓和曲线的参数求得，即：

$$x=l-\frac{l^5}{40R^2l_0^{\,2}}$$

$$y=\frac{l^3}{6Rl_0} \tag{4-28}$$

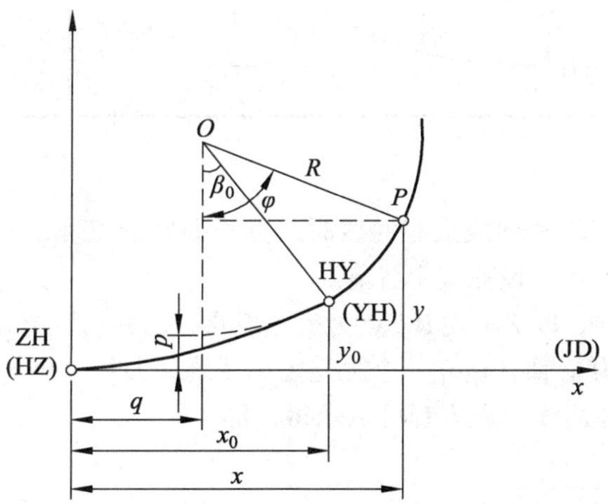

图 4-10 切线支距法测设缓和曲线

在圆曲线上各点坐标（x、y）可按圆曲线参数方程和图 4-10 计算：

$$\begin{cases} x=x'+q=R\sin\varphi+q \\ y=y'+p=R(1-\cos\varphi)+p \end{cases} \tag{4-29}$$

$$\varphi=\frac{(l-l_0)}{\pi R}\times180°+\beta_0$$

计算出缓和曲线和圆曲线上各点坐标后，按圆曲线切线支距法的测设方法进行测设。

【例 4-7】设圆曲线半径 R=600 m，偏角 $\alpha_{左}$=15°55′，缓和曲线长度 l_0=60 m，交点 JD_{75} 的里程为 K136+446.92，曲线点间隔 C=20 m，试以切线支距法放样曲线细部。

【解】根据 R、l_0、α 及 JD_{75} 的里程，计算曲线元素及主要点里程，根据主要点里程及曲线点间隔 C=20 m，得放样数据（表 4-6）。

表 4-6　放样数据

点号	里程桩号	L_i	x_i	y_i	曲线计算资料
ZH	K136+333.01	00	0.00	0.00	R=600 m
1	+353.01	20	20	0.037	α 左=15°55′
2	+373.01	40	39.998	0.296	L_0 = 60 m
HY（3）	+393.01	60	59.985	1.00	T = 113.915 m
4	+400.00	66.99	66.964	1.391	L = 226.68 m
5	+413.01	80	79.937	2.370	E = 6.08 m
6	+433.01	100	99.807	4.630	q = 1.14 m
QZ	+446.35	113.34	112.979	6.740	m = 30 m
附图	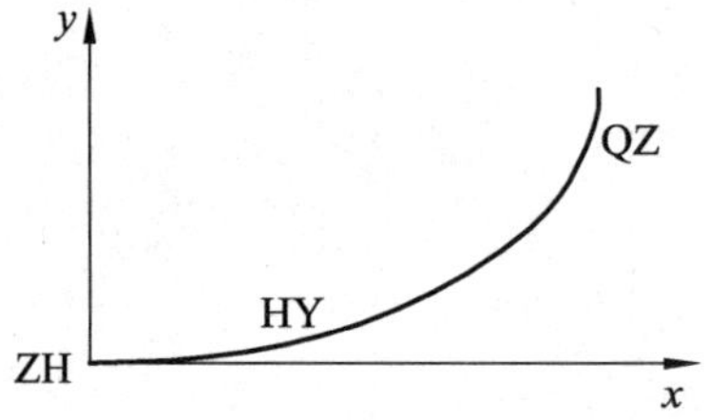				JD_{75}　K136+446.92 ZH　K136+333.01 HY　K136+393.01 QZ　K136+446.35 YH　K136+499.69 HZ　K136+559.69

4.3.2.3　极坐标法

用极坐标法测设带有缓和曲线的圆曲线时，可根据导线点和已知坐标的路线交点、曲线主点，利用坐标反算，逐点测设曲线上各点。

如前所述，如图 4-11，以 ZH 或 HZ 点为坐标原点，以其切线方向（即 JD 方向）为 x 轴，以通过原点的半径方向为 y 轴，建立一个独立坐标系统，曲线上任一点 P 在该独立坐标系统的坐标（x，y）可按缓和曲线参数方程可以求得，即

$$x=l-\frac{l^5}{40R^2l_s^2}$$

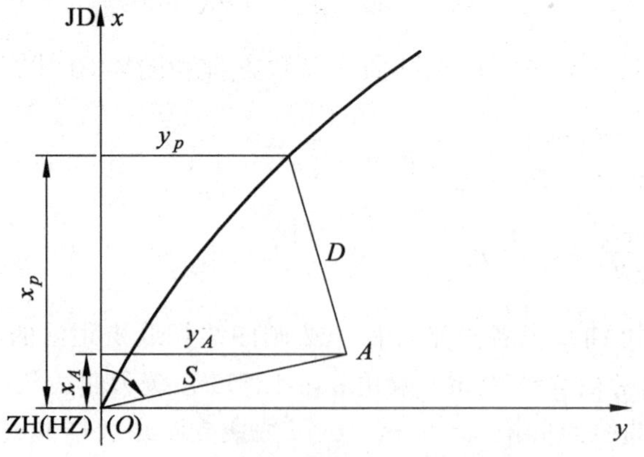

图 4-11　极坐标法测设缓和曲线

$$y=\frac{l^3}{6Rl_s} \tag{4-30}$$

其测量坐标（x，y）则可通过将坐标转换平移计算得到，其转换参数是独立坐标系统原点（ZH 或 HZ）在测量坐标系统中的坐标值（x_0，y_0），以及独立坐标系统的 x 轴在测量坐标系统中的方位角 α，转换公式为：

$$
\begin{aligned}
x &= x_0 + x\cos\alpha - y\sin\alpha \\
y &= y_0 + x\sin\alpha + y\cos\alpha
\end{aligned}
\tag{4-31}
$$

（1）第一段缓和曲线的测量坐标计算。

第一段缓和曲线指 ZH 点到 HY 点段曲线，其转换参数（x_0，y_0）为 ZH 点坐标（x_{ZH}，y_{ZH}），α 为 ZH 点到 JD 的方位角，可以根据上一个交点和本曲线交点的测量坐标计算，参见圆曲线坐标计算中的式（4-5）。确定换算参数后，即可按式（4-30）将由式（4-31）计算得到的独立坐标换算成测量坐标。

（2）圆曲线段测量坐标计算。

圆曲线段指 HY 点到 YH 点段曲线，其转换参数（x_0，y_0）仍为 ZH 点坐标（x_{ZH}，y_{ZH}），α 仍为 ZH 点到 JD 的方位角，圆曲线上某点在独立坐标系中的坐标（x，y）可按下式计算

$$
\begin{aligned}
\varphi &= \beta_0 + 180^\circ(l - l_s)/(\pi R) \\
x &= R\sin\varphi + q \\
y &= R(1-\cos\varphi) + p
\end{aligned}
\tag{4-32}
$$

再代入式（4-31）计算得到测量坐标。

（3）第二缓和曲线的测量坐标计算。

第二段缓和曲线指 YH 点到 HZ 点段曲线，其转换参数（x_0，y_0）为 HZ 点坐标（x_{HZ}，y_{HZ}），α 为 HZ 点到 JD 的方位角，可以根据上一个交点和本曲线交点的测量坐标计算（参见圆曲线坐标计算）。确定换算参数后，可按上述公式计算得到的独立坐标换算成测量坐标，注意此时弧长 l 等于 HZ 点里程减去曲线点的里程。

4.3.2.4 GPS RTK 法

其原理与 4.2.2.4 相同。

4.4 卵形曲线的测设

卵形曲线是指用一条回旋线连接两个同向曲线的组合曲线。卵形曲线的大圆必须把小圆完全包含在内，它是由两个同向圆曲线用一段缓和曲线连接起来构成的复曲线。该缓和曲线仍然采用回旋线，但它的曲率不是从无穷大开始，而是截取曲率的一段作为缓和曲线。也就是说：卵形曲线本身是缓和曲线的一段，只是在插入时去掉了靠近半径无穷大方向的一段，而非是一条完整的缓和曲线。在高速公路互通立交和市政立交桥匝道中，卵形曲线这一线形采用得越来越多。

根据已知的设计参数，求出包括卵形曲线在内的完整缓和曲线的相关参数和曲线要素，再按缓和曲线坐标计算的方法来计算卵形曲线上任意点上的坐标。

缓和曲线参数：$A=\sqrt{L\times R}$，其中，L 为缓和曲线长度，R 为圆曲线半径；

卵形曲线参数：$A=\sqrt{(K_{H_2Y_2}-K_{Y_1H_1})\times R_1\times R_2\div(R_2-R_1)}$，其中，$K_{H_1Y_1}$、$K_{H_2Y_2}$为第二段缓和曲线起点、终点里程，$R_2$和$R_1$为两侧大小圆曲线半径。

卵形曲线计算逐桩坐标非常复杂，目前很难查询卵形曲线的相关资料，而市政立交桥匝道基本上都是卵形曲线，部分高速公路匝道也采用卵形曲线进行设计，现在主流是以编程软件进行计算。

4.5 回头曲线的测设

当路线起、终点位于同一很陡的山坡面上时，为了克服过大高差，一方面要顺山坡逐步展线；另一方面又需一次或多次地将路线折回到原来的方向，形成“之字形”路线，这种顺地势反复盘旋而上的展线，往往会遇到路线平面转折角大于 90°或是接近 180°的情况。若设置平曲线，曲线长度会过短，纵坡会过大，给行车带来安全风险。为了行车安全，采取在转角顶点的外侧设置回头曲线的方法来布置路线。一般来说，转角大于 150°以上可视为回头曲线，主要在三级、四级公路中设置较多。回头曲线各部分的技术指标如表 4-7。

表 4-7　回头曲线技术指标

主线设计速度/（km/h）	40		30	20
回头曲线设计速度/（km/h）	35	30	25	20
圆曲线最小半径/m	40	30	20	15
回旋线最小长度/m	35	30	25	20
超高横坡度/%	6	6	6	6
双车道路面加宽值/m	2.5	2.5	2.5	3.0
最大纵坡/%	3.5	2.5	4.0	4.0

相邻回头曲线之间，应有较长的距离。由一个回头曲线的终点至下一个回头曲线起点的距离，设计速度为 40 km/h、30 km/h、20 km/h 时，分别不小于 200 m、150 m、100 m。回头曲线前后的线形应连续、均匀、通视良好，两端以布设过渡性曲线为宜，且设置限速标志、交通安全设施等。

实际上回头曲线一般由主曲线和两个副曲线组成，如图 4-12。主曲线为圆曲线，其转角可以小于、等于、大于 180°；副曲线分布在主曲线两侧各一个，一般为缓和曲线；在主、副曲线之间可以用直线连接。

回头曲线的传统测设方法有切基线法、弦基线法、推磨法与辐射法等，详见相关参考资料，目前随着全站仪和 GPS 的普及和增多，传统方法已经很少使用，基本上就是按圆曲线和缓和曲线方法进行测设。目前主要测设方法为：首先计算出各个里程桩点的坐标，再根据控制点采用极坐标法进行测设，或者采用 GPS-RTK 直接放样。

（a）

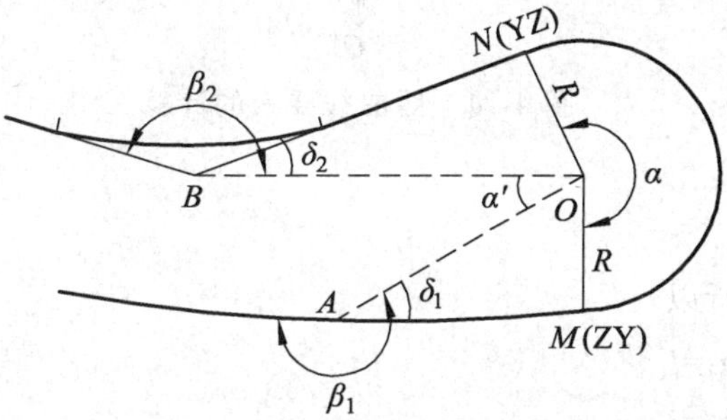

（b）

图 4-12　回头曲线

4.6　竖曲线的测设

在路线纵断面上两条不同坡度线相交的交点为变坡点。考虑行车的视距要求和行车的平稳，在变坡处一般采用圆曲线或二次抛物线连接，这种连接相邻坡度的曲线称为竖曲线。如图 4-13 所示，在纵坡 i_1 和 i_2 之间为凸形竖曲线，在纵坡 i_2 和 i_3 之间为凹形竖曲线。

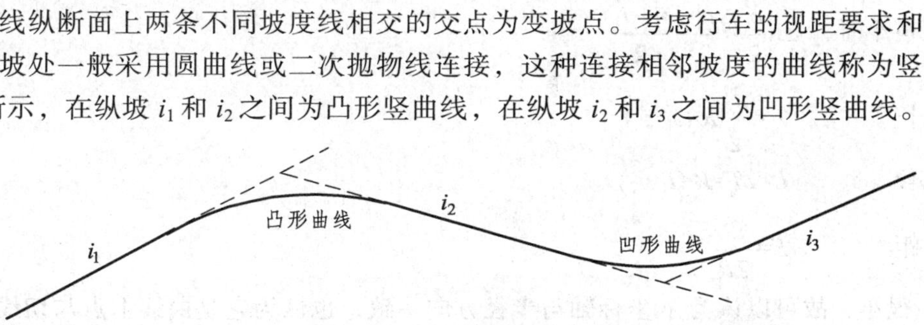

图 4-13　竖曲线

竖曲线可以采用圆曲线或二次抛物线，我国相应部门规范中，公路和铁路建设中一般采用圆曲线型的竖曲线，圆曲线的计算和测设也比较简单快速。

4.6.1 竖曲线要素计算

如图 4-14，根据竖曲线设计时提供的曲线半径 R 和相邻坡度 i_1、i_2，可以计算坡度转角及竖曲线要素。

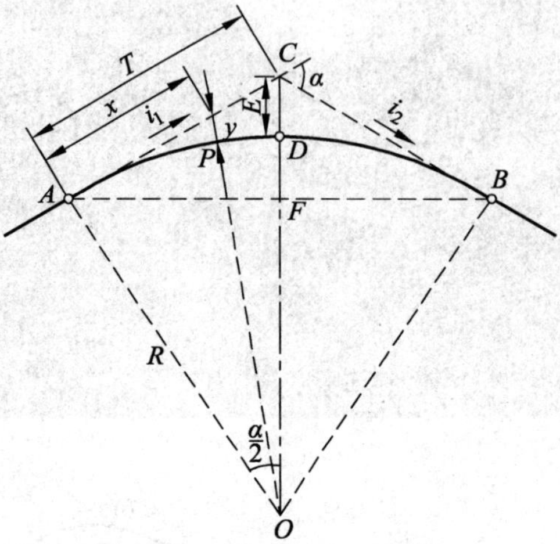

图 4-14 竖曲线要素的计算

（1）坡度转角的计算。

$$\alpha=\alpha_1-\alpha_2$$

由于 α_1 和 α_2 很小，所以

$$\alpha_1\approx\tan\alpha_1=i_1$$

$$\alpha_2\approx\tan\alpha_2=i_2$$

得 $$\alpha=i_1-i_2 \tag{4-33}$$

其中 i 在上坡时取正，下坡时取负；α 为正时为凸曲线，α 为负时为凹曲线。

（2）竖曲线要素的计算。

$$切线长\ T=R\cdot\tan\frac{\alpha}{2} \tag{4-34}$$

当 α 很小时，$\tan\frac{\alpha}{2}\approx\frac{\alpha}{2}=\frac{i_1-i_2}{2}$ 得

切线长 $$T=\frac{1}{2}R\cdot(i_1-i_2)$$

曲线长 $$L\approx 2T=R\cdot(i_1-i_2)$$

外矢距 $$E=\frac{T^2}{2R} \tag{4-35}$$

因 α 很小，故可以认为 y 坐标轴与半径方向一致，也认为它是曲线上点与切线上对应点的高程差，由图 4-14 得：

$$(R+y)^2=R^2+x^2$$

即 $$2Ry=x^2-y^2$$

因 y^2 与 x^2 相比，其值甚微，可略去不计 ，故有

$$2Ry=x^2$$

即 $$y=\frac{x^2}{2R} \tag{4-36}$$

当 $x=T$ 时，y 值最大，约等于外矢距 E，所以

$$E=\frac{T^2}{2R} \tag{4-37}$$

4.6.2 竖曲线的计算和测设

竖曲线计算是确定设计纵坡上指定桩号的路基设计标高；竖曲线的测设是根据计算数据，在施工现场测设计算桩号的高程，并设置竖曲线桩，指导工程的施工。其计算和测设步骤如下：

（1）计算竖曲线的基本要素：竖曲线长 L、切线长 T、外矢距 E。

（2）计算竖曲线起终点的桩号：竖曲线起点的桩号 = 变坡点的桩号−T；

竖曲线终点的桩号 = 曲线起点的桩号+L。

（3）计算竖曲线上任意点距曲线起点（或终点）的弧长，计算相应的 y 值，然后按公式（4-38）求各细部点高程。

$$H_i = H_{坡} \pm y \tag{4-38}$$

其中：

H_i——竖曲线细部点 i 的高程；

$H_{坡}$——变坡点的高程；

$$Y=\frac{X^2}{2R}$$

当竖曲线为凹形时，式中取“+”号；当竖曲线为凸形时，式中取“-”号。

（4）从变坡点沿线路方向向前或向后测量切线长 T，分别得到竖曲线的起点和终点。

（5）由竖曲线起点（或）终点起，沿切线方向每隔一定距离，如 5 m 或 10 m 在地面上标定一木桩。

（6）测设各个细部点的高程，在细部点的木桩上标明地面高程与竖曲线高程之差（挖或填的高度）。

【例 4-8】设某竖曲线半径 R=4 500 m，相邻坡段的坡度 i_1=−1.036%，i_2=+0.286%，为凹形竖曲线，变坡点的桩号为 K5+770，高程为 448.800 m，如果曲线上每隔 10 m 设置一桩，试计算竖曲线上各桩点的高程.

【解】计算竖曲线元素，按以上公式求得

L=59.490 m，T=29.745 m，E=0.098 0 m

起点桩号=K5+（770−29.745）=K5+740.255

终点桩号=K5+（740.255+59.490）=K5+799.745

起点高程=448.800+29.745×1.036 4%=449.108 m

终点高程=448.800+29.745×0.286%=448.885 m

按 R=4 500 m 和相应的桩距，即可求得竖曲线上各桩的高程改正数 y_i，计算结果如表 4-8 所示。

表 4-8　竖曲线上桩点高程计算

桩号	桩点至竖曲线起点或终点的平距 x/m	高程改正值 y/m	坡道高程 H'/m	曲线高程 H/m	备注
K5+740.255	0.000	0.000	449.108	449.108	竖曲线起点
+750	9.745	0.011	449.007	449.018	i_1=−1.036%
+760	19.745	0.043	448.903	448.946	
K1+770	29.745	0.098	448.800	448.898	变坡点
+780	19.745	0.043	448.829	448.872	i_2=+0.286%
+790	9.745	0.011	448.857	448.868	
+799.745	0.000	0.000	448.885	448.885	竖曲线终点

习题

1. 何谓圆曲线的主点测设？主点桩号是如何计算的？其详细测设方法有哪几种？比较其优缺点。

2. 缓和曲线的基本公式是什么？其主点是如何测设的？其详细测设的方法有哪几种？各是如何测设的？

3. 在道路中线测量中，已知交点的里程桩号为 K8+420.96，测得转角 $\alpha_{左}$=20°36′43"，圆曲线半径 R=600 m，若采用偏角法，按整桩号设桩，试计算各桩的偏角及弦长（要求前半曲线由曲线起点测设，后半曲线由曲线终点测设）并说测设步骤。若采用切线支距法并按桩号设桩，试计算各桩坐标，并说明测设方法。

4. 已知 JD_6 的里程桩号为 K8+296.600，右转角 α=12°27′38"，R=1 000 m，求圆曲线各主点里程桩号并进行核对。

5. 在某高速公路 B1 标段，根据设计资料，知道交点 JD_{98} 的里程桩号为 DK302+429.900，转角 α=14°52′24″，圆曲线半径 R=2 500 m，缓和曲线长 l_0 为 300 m，试计算该曲线的测设元素、主点里程，并说明主点的测设方法。

6. 如图 4-9，一缓和曲线长 l_0=20 m，圆曲线半径 R=600 m，α=12°26′38″，JD 里程桩号为 K1+500，要求每 10 m 测设一点，求缓和曲线上各点的偏角。

7. 已知线路交点的里程桩为 K4+342.18，转角 $\alpha_{左}$= 25°38′，圆曲线半径为 R=250 m，曲线整桩距为 20 m，若交点的测量坐标为（2 088.273，1 535.011），交点至曲线起点（ZY）的坐标方位角为 201°45′30"，请计算曲线主点坐标和细部坐标。

8. 设某竖曲线半径 R=5 000 m，相邻坡段的坡度 i_1=−1.114%，i_2=+0，154%，为凹形竖曲线，变坡点的桩号为 K1+150，高程为 548.602 m，如果曲线上每隔 10 m 设置一桩，试计算竖曲线上各桩点的高程。

第5章　公路工程测量

5.1　公路工程测量概述

公路是指连接城市、乡村和工矿基地之间，主要供汽车行驶并具备一定技术标准和设施的道路。公路工程，指公路构造物的勘察、测量、设计、施工、养护、管理等工作。公路工程构造物包括：路基、路面、桥梁、涵洞、隧道、排水系统、安全防护设施、绿化和交通监控设施，以及施工、养护和监控使用的房屋、车间和其他服务性设施。

公路的新建或改建任务是根据公路网规划确定的，一个国家的公路建设，应该结合铁路、水路、航空等运输综合考虑它在联运中的作用和地位，按其政治、军事、经济、人民生活等需要，结合地理环境条件，制定全国按等级划分的公路网规划。我国公路从行政方面划分，一般分为国道、省道、县道、乡道等四个等级，此外，重大厂矿企业和林业部门内部，必要时也有各自的道路规划。每个国家公路等级的划分界限和方法及其相应标准，不尽相同，我国的国道规划由国家掌握，省以下的公路规划由各级地方政府掌握。

根据《公路工程技术标准》，我国将公路划分为高速公路、一级公路、二级公路、三级公路、四级公路五个等级，计算行车速度见表5-1，划分依据为：公路的功能、使用任务和适应的交通量。其中：高速公路专门为汽车分向、分车道行驶，并全部控制出入的多车道公路，主要用于连接经济、政治、文化上重要的城市和地区，是国家公路干线网中的骨架；一级公路为供汽车分向、分车道行驶，并部分控制出入、部分立体交叉的公路，主要连接重要经济、政治中心，通往重点工矿区，是国家的干线公路；二级公路是连接经济、政治中心或大工矿区等地的干线公路，或运输繁忙的城郊公路；三级公路沟通县及县以上城镇的一般干线公路；四级公路是沟通县、乡、村等的支线公路。

表5-1　各级公路的行车速度

公路等级	高速公路				一级		二级		三级		四级	
计算行车速度/（km/h）	120	100	80	60	100	60	80	40	60	30	40	20

各级公路远景设计年限：高速公路和一级公路为20年，二级公路为15年，三级公路为10年，四级公路一般为10年，也可根据实际情况适当调整。

另外，按照公路的位置以及其在国民经济中的地位和运输特点，公路行政管理体系分为国道、省道、县道、乡（镇）道及专用公路几种。

公路路线设计应根据公路的等级及其使用任务和功能，合理地利用地形，正确运用技术标准，保证线形的均衡性，在路线设计中对公路的平、纵、横三个面应进行综合设计，保证路线的整体协调，做到平面顺适、纵坡均衡、横面合理，应考虑车辆行驶的安全舒适性以及驾驶人员的视觉和心理反应，引导驾驶人员的视线，保持线形的连续性，避免采用长直线，并注意与当地环境和景观相协调。

一般来说，公路工程路线以平、直最为理想，实际上，由于受到地貌、地物、水文、地质、历史人文环境等因素的制约，路线一定有转折和纵向坡度的变化。考虑经济、实用、安全、合理等因素，必须进行公路的设计阶段测量工作，即野外勘测，一般分为初测和定测两个阶段；若要完成公路的建设运营，还要经过施工阶段，即施工阶段的测量工作。

新建公路的基本建设程序分为项目建议书、可行性研究、设计任务书、初步设计、技术设计、施工图设计、施工、竣工验收及使用等阶段。

公路工程施工测量的基本任务，是根据施工的需要将设计好的线路的平面位置，纵、横断面测设到地面上，为施工提供各种标志作为按图施工的依据。

公路工程施工测量是指公路（道路）工程设计、施工过程中所要进行的各项测量工作，主要包括勘测阶段的测量工作、复测和加密、中线测量、纵横断面测量、边桩放样等。

5.2 公路勘测阶段的测量工作

新建公路的勘测设计一般是分阶段进行，一般情况下分为设计任务书、初测和定测三个阶段。

公路勘测设计的内容，是根据设计任务书提出的公路路线，或按照公路规划所拟定的路线，进行查勘与测量，取得必要的勘测设计资料，以便按照规定编制设计文件。设计要体现国家有关的方针、政策，做到切合实际，技术先进，经济合理，安全、适用、美观并符合交通工程的要求，还应综合考虑山、水、田、林、路等统筹安排、布置协调。设计标准应根据工程的不同性质、不同要求，区别对待。

设计文件的编制，一般建设项目可按初步设计、施工图设计两个阶段设计。有些技术上比较简单的道路工程建设项目，设计方案确定后，就可做施工图设计；技术上相当复杂的道路工程项目，可按初步设计、技术设计和施工图设计三个阶段进行。

5.2.1 现场踏勘

现场踏勘（也称视察）虽然不作为勘测设计阶段，但它是公路勘测设计前必须进行的一个重要步骤。通过踏勘，熟悉路线的走向、方案、主要控制点和桥梁跨河位置；通过实地考察，了解和分析当地的施工条件，提出建设期限和对施工安排的原则性意见；调查下一步勘测阶段和设计的重大原则及测设中应注意的问题提出初步意见，并提供有关资料，为制定计划任务书提供必需的资料。踏勘的目的为：

（1）根据公路的性质，对与该公路有关的政治、经济、交通和自然条件进行室内研究和室外调查及勘察，全面分析、比较、论证该公路的建设意义和经济上、技术上的合理性、可行性及采用的技术标准。

（2）划定路线修建原则，即一次修建或分期修建。

（3）拟定路线的方案、主要控制点和大桥跨河位置。

（4）通过实地考察，了解和分析当地的施工条件，提出建设期限和对施工安排的原则性意见；概略估算工程量及三材用量、征地数量和投资费用。

（5）调查还须对下一步勘测阶段和设计的重大原则及测设中应注意的问题提出初步意见，并提供有关资料，为制定计划任务书提供必需的资料。

5.2.1.1 踏勘前的准备工作

（1）搜集资料。

踏勘不需要搜集的资料包括：国民经济统计资料，以及农田、水利、水库、交通、城镇、工矿企业、电力、电信、铁路等资料；区域地质及工程地质、水文、气象、地震（基本烈度）等资料；原有公路路况及其他有关工程的勘测、设计、科研成果资料；沿线的各类地形图、航摄照片等资料；批复的可行性研究报告。

（2）室内路线研究。

根据任务要求及已有资料，研究拟定路线踏勘设想路线方案。根据批复的工程可行性研究报告指定的路线起讫点和部分中间控制点，以及搜集的有关资料，在地形图上研究各种可能的路线方案，标明正线与比较线，算出大致路线里程和衔接关系，研究并提出现场踏勘重点。踏勘的重点应放在地形复杂以及干扰多、牵涉面大的地段。

（3）踏勘的组织。

根据已搜集的资料和路线方案的研究成果，提出踏勘组的组织分工和野外调查计划。根据需要邀请地方政府及相关单位派员参加踏勘组，以便共同磋商、及时解决出现的问题。

5.2.1.2 经济调查

（1）社会经济调查。

调查人口（包括工农业人口及自然增长率）、耕地面积、工农业产值、人均收入，了解地区性经济的历史、现状和发展趋势，掌握公路建设的经济背景；调查工矿企业的分布，铁路、公路、水路等交通设施，各种资源开发的历史、现状及远、近期规划。

（2）交通运输调查。

搜集各经济点历年的客货运量、交流地点、运输类别及其比重和今后的发展趋势；调查过境客货运量及流量；调查铁路、水路的运输情况，包括主要客货的运量、流向、运行、短途运输情况及运输的繁忙程度等资料；调查车辆保有量、专业车辆与社会车辆各占的比重及运输效率等资料；新建公路应调查与本线接近平行的原有公路和与其交叉的公路，改建公路应调查本路和与其交叉的公路，以及可能被吸引的原有其他公路的交通量情况。

5.2.1.3 踏勘工作内容

（1）路线方面。

公路踏勘应根据室内所拟定的公路路线方案进行，踏勘时必须多跑、多看、多问、多比较，应经过认真比选，提出一个合理的推荐方案。当存在经过勘测需要进一步比较的方案，应提出比选的范围和深度。

路线经过沿线城镇时，应根据公路的使用性质、技术标准，结合城镇的客货运输发展和规划，拟定路线是穿越、绕行还是支线连接。路线两侧宽度各为 150 m 至 200 m，特殊路段应扩大勘察范围，以示出影响路线方案的地质现象的周界为原则。

（2）桥涵方面。

桥梁应按公路桥涵勘测设计规范的有关规定进行，根据河沟的形态、洪水位等因素，在现场估测孔径、桥长，选定桥型。涵洞应根据沿线地形、气候、植被、河沟水系及农田排灌情况，分段估计涵洞道数和平均长度等。

（3）工程地质与筑路材料的调查，应按有关规定进行。

（4）估算全线的工程数量、主要材料数量、征地数量、拆迁建筑物数量及工程造价等。通过经济调查，然后进行工程可行性分析，编写踏勘报告，作为下达计划任务书的依据。

5.2.2 公路线路的初测

公路线路的初测

初步测量简称初测，它是两阶段设计中的第一阶段。初测的任务是：根据公路主管部门批准的公路设计任务书和已经批复的工程可行性报告初步拟定的路线走向以及现场踏勘，通过现场对各比选方案的勘测，从中确定采用方案，进一步勘测落实初步选定路线，进行导线、高程、地形、桥涵及构造物、路线交叉、概算等测量和勘察工作。初测阶段的测量工作主要有控制测量、地形图测绘和路线定线，其中控制测量包括平面控制测量和高程控制测量。

5.2.2.1 平面控制测量

平面控制测量的目的：一是测绘大比例尺地形图，二是用作定测时和施工阶段放线的依据。平面控制测量的等级，应满足《公路勘测规范》（JTG C10—2007）的有关要求，详见表5-2。

表 5-2 平面控制测量等级

高架桥、路线控制测量	多跨桥梁总长 L/m	单跨桥梁 L_k/m	隧道贯通长度 L_c/m	测量等级
—	$L \geqslant 3\ 000$	$L_k \geqslant 500$	$L_c \geqslant 6\ 000$	二等
—	$2\ 000 \leqslant L < 3\ 000$	$300 \leqslant L_k < 500$	$3\ 000 \leqslant L_c < 6\ 000$	三等
高架桥	$1\ 000 \leqslant L < 2\ 000$	$150 \leqslant L_k < 300$	$1\ 000 \leqslant L_c < 3\ 000$	四等
高速、一级公路	$L < 1\ 000$	$L_k < 150$	$L_c < 1\ 000$	一级
二、三、四级公路	—	—	—	二级

平面控制网的设计，首先在小比例尺地形图上进行控制网点位的选择，然后在其基础上进行现场踏勘并确定点位。可以先布设首级控制网，然后再加密控制网。

平面控制测量，可以采用 GPS 测量、导线测量、三角测量或三边测量方法进行，目前主要以导线测量为主，所以平面控制测量习惯上也称导线测量，主要利用静态 GPS 和全站仪施测，是测绘道路带状地形图和定线、放线的基础。导线应全线贯通，导线的布设一般是沿着线路前进的方向采用附合导线的形式。导线点位尽可能接近道路中线位置，距离中线的距离应大于 50 m，小于 300 m，每一点至少应有一相邻点通视，在桥隧等工点还应增设加点。相邻点间平均边长见表 5-3，四等及以上控制网中相邻点之间的距离不得小于 500 m，一、二级平面控制网中相邻点之间的距离在平原、微丘区不得小于200 m，重丘、山岭区不得小于100 m，最大距离不应大于平均边长的 2 倍。点的位置要便于加密、扩展，易于保存、寻找，同时便于测角、测距及地形图测量和中桩放样。

表 5-3　不同等级相邻点平均边长参考值

测量等级	平均边长/km	测量等级	平均边长/km
二等	3.0	一级	0.5
三等	2.0	二级	0.3
四等	1.0		

初测导线的水平角观测，习惯上均观测导线右角，应使用不低于 DJ_2 型经纬仪或与其精度相同的全站仪观测一个测回，两半测回间角值较差的限差：DJ_2 型仪器为 15″，在限差以内时取平均值作为导线转折角。

由于初测导线延伸很长，为了检核导线的精度并取得统一坐标，必须设法与国家平面控制点或 GPS 点进行联测。一般要求在导线的起、终点及每延伸不远于 30 km 处联测一次；当联测有困难时，应进行真北观测，以限制角度测量误差的累积。

当前，随着测量仪器设备的发展，在铁路和公路平面控制测量中，初测导线越来越多地使用 GPS 和全站仪配合施测。从起点开始沿道路方向直至终点，每隔 5 km 左右布设 GPS 对点（每对 GPS 点间距三四百米），在 GPS 对点之间按规范要求加密导线点，用全站仪测量相邻导线点间的边长和角度，之后使用专用测量软件，进行导线精度校核及成果计算，最终获得各初测导线点的坐标。

若利用路线经过地区已有的国家或其他有关部门的平面控制资料，需对原有控制点进行检测，原有控制测量点的坐标系统与新建道路的坐标系统不一致时，应进行换算。

一级以上导线平差计算应采用严密平差法，二级以下可以采用近似平差法。

5.2.2.2　高程控制测量

公路高程系统一般采用 1985 国家高程基准，同一个公路项目采用同一个高程系统，并应与相邻项目高程系统衔接，三级以下公路联测有困难时，可以采用假定高程。

高程系统可以采用水准测量或三角高程测量的方法进行，沿线路布置水准点，既可与平面控制网点重合，也可单独布设。在高程异常变化平缓的地区可以使用 GPS 测量的方法进行，但需要对作业成果进行充分的检核。高程控制网全线贯通，统一平差。各级公路及构造物的高程控制测量等级不得低于表 5-4 的规定，水准测量的主要技术要求应符合表 5-5 的有关规定。

表 5-4　高程控制测量等级

高架桥、路线控制测量	多跨桥梁总长 L/m	单跨桥梁 L_k/m	隧道贯通长度 L_c/m	测量等级
—	$L \geqslant 3\,000$	$L_k \geqslant 500$	$L_c \geqslant 6\,000$	二等
—	$1\,000 \leqslant L < 3\,000$	$150 \leqslant L_k < 500$	$3\,000 \leqslant L_c < 6\,000$	三等
高架桥、高速、一级公路	$L < 1\,000$	$L_k < 150$	$L_c < 3\,000$	四等
二、三、四级公路	—	—	—	五等

表 5-5　水准测量的主要技术要求

测量等级	往返较差、附合或环线闭合差/mm		检测已测测段高差之差/mm
	平原、微丘	重丘、山岭	
二等	$\leqslant 4\sqrt{l}$	$\leqslant 4\sqrt{l}$	$\leqslant 6\sqrt{L_i}$
三等	$\leqslant 12\sqrt{l}$	$\leqslant 3.5\sqrt{n}$或$\leqslant 15\sqrt{l}$	$\leqslant 20\sqrt{L_i}$
四等	$\leqslant 20\sqrt{l}$	$\leqslant 6.0\sqrt{n}$或$\leqslant 25\sqrt{l}$	$\leqslant 30\sqrt{L_i}$
五等	$\leqslant 30\sqrt{l}$	$\leqslant 45\sqrt{l}$	$\leqslant 40\sqrt{L_i}$

注：计算往返高差时，l 为水准点间的路线长度（km）；计算附合或环线闭合差时，l 为附合或环形的路线长度（km）；n 为测站数；L_i 为检测段长度（km），小于 1 km 时按 1 km 计算。

高程控制点最好沿着公路路线布设，距路线中心线的距离要大于 50 m、小于 300 m，相邻控制点之间的间距以 1 ~ 1.5 km 为宜，重丘、山岭区根据需要适当加密，大桥、隧道口及其他大型构筑物两端应增设水准点。

5.2.2.3　地形图测绘

各等级公路进行地形图测绘，地形图成果首选数字地形图，一般根据线路所在地区的地形、地物和植被覆盖情况、公路等级及所具备的经济、技术条件等，确定地形图的测绘方式，地形图比例尺、等高距的选择，精度要求应符合《公路勘测规范》的相关规定。地形图分为路线地形图和工点地形图。路线地形图是以导线（或路线）为依据的带状地形图，主要供纸上定线或路线设计用，测图比例尺一般采用 1∶2 000 或 1∶1 000；工点地形图是利用导线（或路线）或与其取得联系进行测量的，为特殊小桥涵和复杂的排水、防护、改河、交叉道等工程布设的专用地形图。工点地形图可以采用 1∶500 ~ 1∶2 000。

地形图的测绘范围根据公路等级、地形条件及设计需要等合理确定，以能满足线形优化及构造物布置的需要为原则，二级及二级以上公路中线每侧不小于 300 m，采用现场定线法时，地形图的测绘范围中线每侧不小于 150 m。高速公路和一级公路采用分离式路基时，地形图需要覆盖中间带，当两条线路相距很远或中间带为大河与高山时，中间地带的地形图不需测绘。

当公路等级低且无须利用地形图进行纸上定线时，可以利用纵、横断面资料，配合仪器测量现场勾绘地形图。

5.2.2.4　路线定线

大比例尺地形图测绘完成后，设计人员可以在地形图上进行路线定线，定线时要充分了解并掌握沿线规划以及地形、地貌、地质、水文、气候、地下埋藏、地面建筑设施等概况。根据工程规模等级不同，路线定线分为纸上定线和现场定线。

纸上定线时，首先将具有特殊要求和控制的地点、必须绕避的建筑物或地质不良地带、地下建筑和管线等标注于地形图上；其次，越岭路线需要进行纵坡控制的地段，应在地形图上进行放坡，并将放坡点标示于图上。路线上一般地形变坡点的高程可从图上判读，对高程要求较严格的路段和地点如河堤、铁路、立体交叉、水坝、干渠、重要管线交叉等应实测其高程，点绘纵断面图。而对于高填深挖地段、大型桥梁、隧道、立体交叉以及需要特殊控制的地段进行实地放桩，进行纵、断面测量，同时需在地形图上点绘或实测控制性横断面。

现场定线一般只适用于三、四级公路的线路选取，现场踏勘前，应在地形图上确定控制点、绕避点，选择路线通过的最佳位置。越岭路线或受纵坡控制的路段，选择坡面及展线方式进行放坡试线。

5.2.2.5 初测后应提交的资料

（1）各种调查、勘测原始记录及检验资料。

（2）纸上定线或移线成果及方案比较资料。

（3）各种主要构造物设计方案及计算资料。

（4）路基、路面、桥梁、交叉、隧道等工程设计方案图及比较方案图。

（5）沿线设施、环境保护、筑路材料等设计方案。

（6）平纵面缩图，主要技术指标表，勘测报告及有关协议、纪要文件。

（7）根据设计需要编制的各种图表、说明资料。

5.2.3 公路线路的定测

公路线路的定测

公路线路的定测即定线测量，也称公路详细测量，是指施工图设计阶段的外业勘测和调查工作。其任务是根据上级批准的初步设计，具体核实路线方案，现场确定路线或放线，并进行详细测量和调查工作；其目的是为施工图设计和编制工程预算提供资料。

定测的具体工作内容有：

定线测量，根据批准的初步设计，将公路中线测设于现场的工作。

中线测量，丈量路线的里程，将路线的起点作为零点，逐链累加计算，包括放样曲线。

中桩高程测量，测量中线上逐桩的高程，绘制纵断面图。

横断面测量，在实地测量每个中桩在路线横向（法线方向）的地面起伏变化情况，并画出横断面的地面线，为路基横断面设计、计算土石方数量及今后的施工放样提供资料。

地形图测绘；对初测地形图进行补测或修测。

5.2.3.1 准备工作

（1）搜集工程可行性研究、初测阶段勘测、设计的有关资料以及审查、批复意见。

（2）根据任务的内容、规模和仪器设备情况，拟定勘测方案。

（3）对初步设计所搜集的资料进行现场核查。

（4）对沿线地形、地貌及地物的变化情况进行核查。

（5）对初测阶段施测的路线平面、高程控制测量进行全面检查，包括对初测阶段设置的平面、高程控制点的点位分布情况进行全面检查。当控制点的点位分布满足设计要求时，对其进行全面检测，检测成果与初测成果的较差在限差以内时，可以采用原成果作为作业的依据。当个别段落控制点分布由于损坏或因方案变更造成不能满足设计要求时应进行补设，高程控制测量可采用同级控制加密，平面控制测量连续补点不大于 3 个时可进行同级加密，技术要求与精度须符合《公路勘测规范》的相关要求。当检测成果与初测成果的较差超出限差或控制点分布不能满足设计要求时，需要对整个控制网进行复测或重测，重新进行平差计算。

5.2.3.2 定线测量

常用的定线测量方法有放点穿线法、拨角放线法和导线法或 GPS RTK 法，下面分述如下。

1. 放点穿线法

放点穿线法是以初测时测绘的带状地形图上的导线点为依据，按照地形图上设计的道路中线与导线之间的距离和角度的关系，在实地将道路中线的直线段测定出来，然后将相邻两直线段延长相交得到路线交点。其具体测设步骤如下：

（1）放点。

放点方法有支距法和极坐标法两种。

如图 5-1 所示，欲将图纸上定出的两段直线 JD_2—JD_3 和 JD_3—JD_4 测设于实地，只需定出直线上 1、2、3、4、5、6 等临时点即可，这些临时点可以选择支距法，也可选择极坐标法测设。本图中采用支距法测设 1、2、6 三点，即在图上以导线点 D_6、D_7、D_{11} 为垂足，作导线边的垂线，交路线中线于点 1、2、6（临时点），根据比例尺量出相应的距离 L_1、L_2、L_6，在实地用经纬仪或方向架定出垂线方向，再用皮尺量出支距，测设出各点。

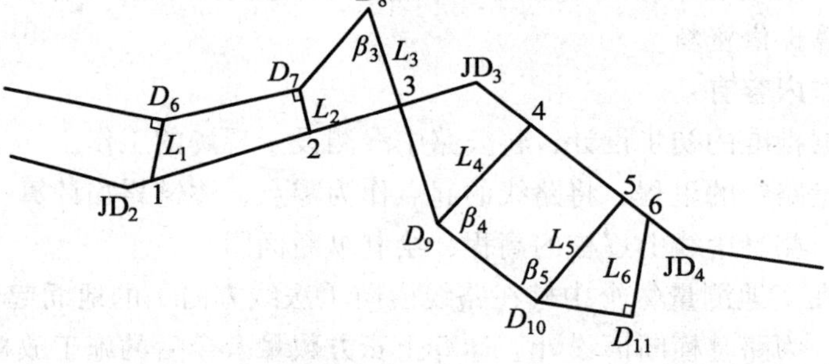

图 5-1 放点穿线法

上图中 3、4、5 点为采用极坐标法测设的，在图纸上用量角器和比例尺分别量出或根据坐标反算方位角计算出 β_3、β_4、β_5 及距离 L_3、L_4、L_5 的数值，在实地放点时，如在导线点 D_9 安置经纬仪，后视 D_8，水平度盘归零，拨角 β_4 定出方向，再用皮尺量距 L_4 定出 4 点，迁站到 D_8、D_{10} 可测出 3 点和 5 点。

上述方法放出的点为临时点，这些点尽可能选在地势较高，通视条件较好的位置，便于测设和后视工作。采用哪种方法进行测设临时点，既要根据现场地形、地貌等客观情况而定，还要考虑施测方便及为后续工作提供便利。

（2）穿线。

由于图解数据和测量误差及地形的影响，在图上同一直线上的各点放到地面后，一般不在一条直线上，这些点的连线只能近似一条直线，如图 5-2 所示 1、2、3、4 在图纸上为一条直线上的点，放到实地上没有共线。这时可根据实际情况，采用目估法或经纬仪法穿线，通过比较和选择，定出一条尽可能多地穿过或靠近临时点的直线 AB。在 A、B 或其方向上打下两个或两个以上的方向桩，随即取消临时点，这种确定直线位置的工作称为穿线。

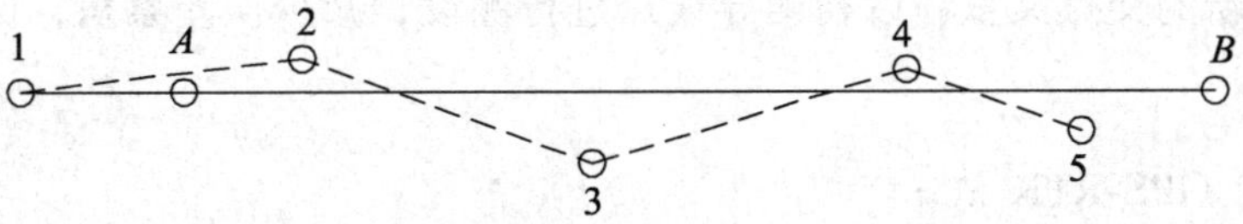

图 5-2　穿线

（3）定交点。

如图 5-3 所示，当相邻两条直线 AB、CD 在地面上确定后，即可延长直线进行交会定出交点。首先将经纬仪安置于 B 点，盘左位置瞄准 A 点，倒镜后在交点 JD 的前后位置打下两个木桩，该桩称为骑马桩。在两个木桩桩顶用红蓝铅笔沿 A、B 视线方向上标出两点 a_1 和 b_1。转动水平度盘，在盘右位置瞄准 A 点，倒转望远镜在两木桩上标出 a_2 和 b_2 点。分别取 a_1、a_2 和 b_1、b_2 的中点并钉设小钉得到 a 和 b，并挂上细线，上述方法叫正倒镜分中法。将仪器迁至 C 点，瞄准 D 点，同法测出 c 和 d，挂上细线，在两条细线相交处打下木桩，并钉设小钉得到交点 JD。

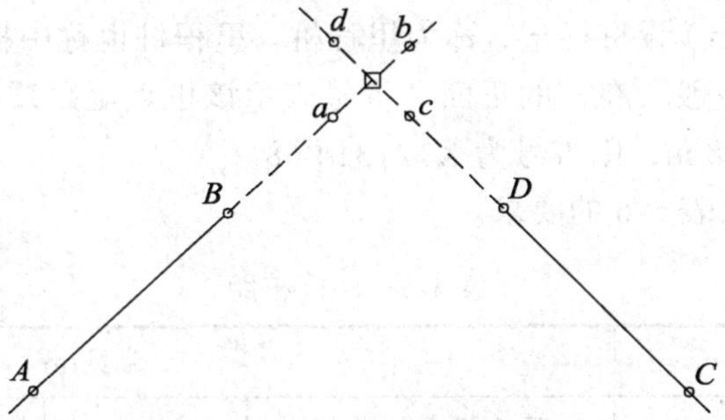

图 5-3　定交点

2. 拨角放线法

首先根据地形图量出纸上定线的交点坐标，再根据坐标反算计算相邻交点间的距离和坐标方位角，之后由坐标方位角算出转角。在实地将经纬仪安置于路线中线起点或交点上，拨转角，量距，测设各交点位置。如图 5-4，D_1、D_2…为初测导线点，在 D_1 安置经纬仪（D_1 为路线中线起点）后视并瞄准 D_2，拨角 β_1，量距 S_1，定出 JD_1。在 JD_1 安置经纬仪，拨角 β_2，量距 S_2，定出 JD_2，同法依次定出其余交点。

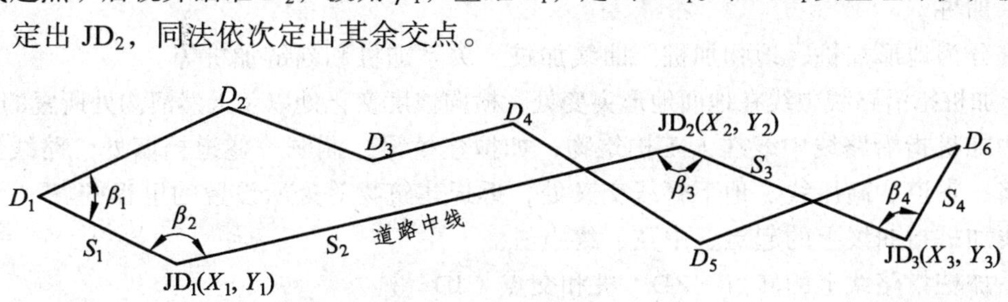

图 5-4　拨角放线法

这种方法操作简单，工作效率高，一般适用于交点较少的线路。测设的交点越多，累积误差越大。需每隔一定距离将测设的中线与初测导线或测图导线连测，检查导线的角度闭合差和导线长度相对闭合差，校核其是否满足限差要求并进行调整，若超限，应查明原因进行纠正或重测。而新的交点又重新以初测导线点进行测设，减少误差累积，保证交点位置符合纸上定线的要求。

3. 导线法或 GPS-RTK 法

当交点位于深沟、河流及建筑物内时，不能将交点标定于实地，这时可以采用全站仪导线法测设或者利用 GPS-RTK 进行测设。

定线测量工作主要在 20 世纪 90 年代以前有广泛应用，随着全站仪、GPS 等测量仪器的高速发展及普及，目前公路和铁路设计单位基本上不进行定线测量。

5.2.3.3 中线测量

中线测量的任务是沿着线路中线丈量距离，设置中桩，也包括放样曲线的主点和细部点。

1. 里程桩和桩号

为了确定路线中线的位置和长度，满足纵横断面测量的需要，必须由路线的起点开始每隔一定距离（一般为 50 m）设桩标记，称为里程桩。里程桩也称中桩，分为整桩和加桩两种，每个桩均有一个桩号，一般写在桩的正面，桩号表示该桩点至路线起点的里程数，如桩距路线起点的距离为 12 314.68 m，则桩号为 K12+314.68。

中桩的间距，应符合表 5-6 的要求。

表 5-6　中间桩距

直线/m		曲线/m			
平原、微丘	重丘、山岭	不设超高的曲线	$R>60$	$30<R<60$	$R<30$
50	25	25	20	10	5

注：R 为平曲线半径（m）。

（1）整桩。

整桩是按规定每隔一定距离（20 m 或 50 m）设置的，桩号为整数（为要求桩距的整数倍），如百米桩、公里桩和路线起点等均为整桩。

（2）加桩。

加桩分为地形加桩、地物加桩、曲线加桩、关系加桩和断链加桩等。

地形加桩指沿路线中线在地面地形突变处，横向坡度变化处以及天然河沟处所置的里程桩。

地物加桩指沿路线中线在人工构筑物，如拟建桥梁、涵洞、隧道挡墙处，路线与其他公路、铁路、渠道、高压线、地下管线交叉处，拆迁建筑物等处所设置的里程桩。

曲线加桩指曲线上的起点、中点、终点桩。

关系加桩指路线上的转点（ZD）桩和交点（JD）桩。

断链加桩：由于局部改线或事后发现距离错误等致使路线的里程不连续，桩号与路线的实际里程不一致，为说明情况而设置的桩。

在钉设中线里程桩时，需要书写里程桩桩号及其含义，应先写其缩写名称，再写其桩号。

目前我国公路上采用汉语拼音的缩写名称，如表 5-7 所示。

表 5-7 路线主要标志桩名称表

标志桩名称	简称	汉语拼音缩写	英文缩写	标志桩名称	简称	汉语拼音缩写	英文缩写
转角点	交点	JD	IP	公切点	—	GQ	CP
转 点	—	ZD	TP	第一缓和曲线起点	直缓点	ZH	TS
圆曲线起点	直圆点	ZY	BC	第一缓和曲线终点	缓圆点	HY	SC
圆曲线中点	曲中点	QZ	MC	第二缓和曲线起点	圆缓点	YH	CS
圆曲线终点	圆直点	YZ	EC	第二缓和曲线终点	缓直点	HZ	ST

在钉设中线里程桩时，对起控制作用的交点桩、转点桩、公里桩、重要地物桩及曲线主点桩，应钉设 6 cm×6 cm 的方桩，桩顶露出地面约 2 cm，桩顶钉一小钉表示点位，并在距方桩 20 cm 左右设置标志桩，标志桩上写有方桩的名称、桩号及编号。直线地段的标志桩打在路线前进方向的一侧；曲线地段的标志桩打在曲线外侧，字面朝向圆心。标志桩常采用尺寸（0.5～1）cm×5 cm×30 cm 的竹片桩或板桩，钉桩时一半露出地面。其余的里程桩一般使用板桩，尺寸为（2～3）cm×5 cm×30 cm 即可，一半露出地面，钉桩时字面一律背向路线前进方向。

中线测设可以采用极坐标法、GPS-RTK 法、链距法、偏角法、支距法等方法进行。高速、一级、二级公路一般采用极坐标、GPS-RTK 法，直线段可以采用链距法，但链距长度不应超过 200m。中桩桩位精度要满足表 5-8 的规定。

当采用极坐标、GPS-RTK 方法敷设中线时，应符合以下要求。

表 5-8 中桩平面桩位精度

公路等级	中桩位置中误差/cm		桩位检测之差/cm	
	平原、微丘	重丘、山岭	平原、微丘	重丘、山岭
高速公路、一二级公路	≤±5	≤±10	≤±10	≤±20
三级及三级以下公路	≤±10	≤±15	≤±20	≤±30

① 中桩钉好后测量并记录中桩的平面坐标，测量值与设计坐标的差值应小于中桩测量的桩位限差。

② 可以不设置交点桩而一次放出整桩与加桩，亦可只放直、曲线上的控制桩，其余桩可以用链距法测定。

③ 采用极坐标时，测站转移前，应观测检查前、后相邻点控制点间的角度和边长，角度观测左角一测回，测得的角度与计算角度互差应满足相应等级的测角精度要求。距离测量一

测回，其值与计算距离之差应满足相应等级的距离测量要求。测站转移后，应对前一测站所放桩位重放 1 ~ 2 个桩点，桩位精度应满足表 5-8 的要求；采用支导线测设中桩时，支导线的边数不得超过 3 条，其等级应与路线控制测量等级相同，观测要求应符合规范的要求，并应与控制点闭合，其坐标闭合差应小于 7 cm。

④ 采用 GPS RTK 方法时，求取转换参数采用的控制点应涵盖整个放线段，控制点应多于 4 个，流动站至基准站的距离最好小于 5 km，流动站至最近的高等级控制点的距离应小于 2 km，且需要利用里外一个控制点进行检查，检查点的观测坐标与理论值之差应小于桩位检测值之差的 0.7 倍。

2. 断 链

中线桩号测量，一般情况下，整条路线上的里程桩号应该是连续的，但是由于某种原因，形成里程桩号不连续的现象，在线路上称为“断链”。

断链产生的原因主要有，一是因局部改线，二是分段测量，三是测量错误。

局部改线，大多会发生在勘测设计文件评审后的修改上。专家在评审设计文件时，会提出很多意见，有些意见为：某某路段半径要改大（或改小）一点，以便占用更少的农田；某某路段要向这个方向偏移一些，以减少填方数量；这段路线走这里不行，从村外绕过去。于是重新计算路线，打桩，测量，数据出来了，当调整的路段重新回到原设计的路线上时，桩号不连续，形成断链。

分段测量，分两或三支小组同时测量，每个小组勘测起点按老道路的桩号或自行假定了一个起点桩号，按这个假定的桩号测设完成的道路终点桩号一般不会与前面那段道路测量的起点桩号重合，这样就产生了断链。

断链点就是新老桩号不连续的那个点，断链点最好设在改线与老线正好相接的位置上或者直线上，不宜设在桥梁、隧道、立交等构造物范围内。

断链的表现，一种是前面桩号大于后面桩号，另一种是前面桩号小于后面桩号。

前面桩号大于后面桩号，比如 K106+926.463 = K106+903.114，桩号有重复，即桩号推算到了 K106+926.463，突然又从 K106+903.114 开始计算桩号，那么断链点之后从 K106+903.114 到 K106+926.463 这一段桩号就和与断链点之前有重复的桩号。这种情况，就称为长链，长的距离就是两桩号之差，标记长链 43.304 m。

前面桩号小于后面桩号，比如 K82+223.108 = K82+278.568，桩号有空白，桩号已经推算到了 K82+223.108，突然从 K82+278.568 开始推算，那么 K82+223.108—K82+278.568 这一段桩号就不会出现，这种情况，就称为短链。短的距离，是两桩号之差，因此标记短链 55.460 m。为了便于记忆，可以总结为，若桩号重叠则为长链，若桩号间断则为短链。

实际应用中要特别注意长链，因为有里程桩号重叠，例如 K106+926.463 = K106+903.114 会出现两个 K106+910、两个 K106+920 重复的桩号，需要分清楚哪个是断链点之前的，哪个是断链点之后的，避免出错，如表 5-9 为某公路的曲线要素表，出现断链。

5.2.3.4 中桩高程测量（也称纵断面测设）

中桩高程测量可以采用水准测量、三角高程测量或 GPS RTK 方法施测，并需要起闭于路线高程控制点。高程需要测设中桩处的原地面，读数取位至厘米，测量精度满足表 5-10 的要求。

表 5-9　某公路曲线要素

线路主点桩号			直线长度及方向			备注
曲线中点	第二缓和曲线起点或圆曲线终点/m	第二缓和曲线终点/m	直线段长/m	交点间距/m	计算方位角	
15	16	17	18	19	20	
K42+176.361	K42+198.749	K42+258.749	0	141.826 7	177°58′52.6″	
			72.891 6	229.228 5	213°58′36.5″	
K42+408.175	K42+434.709	K42+484.709				长链：1.595 m K42+623.866= K42+622.018
			0	143.478 2	180°00′27.3″	
K42+549.397	K42+574.085	K42+614.085				
			274.004 2	419.186 9	200°29′27.5″	
K42+963.239	K42+989.985	K42+039.985				

表 5-10　中桩高程测量精度

公路等级	闭合差/mm	两次测量之差/cm
高速公路、一、二级公路	$\leqslant 30\sqrt{L}$	≤5
三级及三级以下公路	$\leqslant 50\sqrt{L}$	≤10

表中 L 为高程测量的路线长度（km）。

当采用三角高程测定中桩高程时，每一次距离应观测一测回 2 个读数，垂直角观测一测回；当采用 GPS RTK 方法时，求解转换参数用的高程控制点不应小于 4 个，且应涵盖整个中桩高程测量区域，流动站至最近高程控制点的距离不应大于 2 km，并应利用其他控制点进行检查复核，检查点的观测高程与理论值之差应小于表 5-10 两次测量之差的 0.7 倍。若中线沿线需要特殊控制的建筑物、管线、铁路轨顶等，必须测出其高程，两次测量之差应小于 2 cm。

5.2.3.5　横断面测设

横断面测量是在每个中桩点测出垂直于路线中线的地面线，测量高程变化点至中桩的距离和高差，并需要绘制横断面图。横断面图反映垂直于路线中线方向上的原地面起伏情况，它是进行路基设计、土石方计算及施工中确定路基填挖边界的依据。

高速、一级、二级公路横断面测量可以采用水准仪—皮尺法、GPS-RTK 方法、全站仪法、经纬仪视距法、架置式无棱镜激光测距仪法，无构造物及防护工程路段可以采用数字地面模型方法、手持无棱镜激光测距仪法，特殊困难地区和三级及三级以下公路可以采用手水准仪法、数字地面模型方法、手持无棱镜激光测距仪法、抬杆法。横断面中的距离、高差的读数取位至 0.1 m，检测互差需要符合表 5-11 的规定。

表 5-11 横断面检测互差限差

公路等级	距离/m	高差/m
高速公路、一、二级公路	$L/100+0.1$	$h/100+L/200+0.1$
三级及三级以下公路	$L/50+0.1$	$h/50+L/100+0.1$

表中：L——测点至中桩的水平距离（m）；h——测点至中桩的高差（m）。

横断面测量的宽度要满足路基及排水设计、附属物设置等需要。当采用无棱镜激光测距仪法测量时，距离和高差应观测 2 次，2 次读数之差不超过表 5-11 的要求，取平均值作为最终观测值；当采用数字地面模型获取横断面数据时，其航空摄影图及 DTM（数字地面模型）建立要满足相应规范要求。

横断面测量要反映地形、地物情况，可在现场点绘成图并及时核对，采用测记法室内点绘时，必须进行现场核对。

5.2.3.6 地形图测绘

定测时要对初测地形图进行现场核对，地形、地物发生变化的路段，要进行修测；地形图范围内不能满足设计要求时，要进行补测；若变化较大，还需要重测。

局部地区地物变化不大时，地形图修测可以使用交会法；地形、地物变化较大时或采用交会法施测有困难时，则需利用导线点或图根点进行补测。原有导线点不能满足修测或补测要求时，要进行导线点补测；修测或补测的地形图的技术要求和精度，应符合《公路勘测规范》的要求。

5.2.3.7 资料提交

定测完成后提交的基本资料如下：

（1）各种调查、勘测原始记录、图纸及资料。

（2）线路平、纵面设计及各种底图、底表。

（3）各专业勘测调查的质量检查及分析评定资料。

（4）各专业主要计算、分析、论证资料。

（5）各专业主要设计布置图和设计底表。

（6）外业勘测说明书及有关协议和文件。

5.3 公路施工阶段的测量工作

施工单位经投标、中标后进入施工现场，首先由建设单位或设计单位提供平面控制点（也称导线点）和高程控制点（也称水准点）等资料，其中内业资料有控制测量成果表、控制点点之记、测量依据、测量成果计算说明等详细资料，外业有交接控制桩点位（现场）及形成交接记录，交接记录中应注明控制桩的完好性，如原控制桩不能满足施工需要，需要设计单位重新交桩。

5.3.1 勘测单位提供控制网的复测

复测和加密测量

公路路线勘测经初测、定测后，往往要经过一段时间才能施工。在这段时间内，控制桩不能确定是否移位（包括人为破坏）、是否沉降，所以在内外业交接桩完成后，必须进行控制网的复测工作。复测成果经监理单位和建设单位验收合格后才能进行后续测量工作。所谓复测即采用与原测量同精度的测量方法，对原有平面、高程控制网进行测量，并重新平差计算提供新的测量成果。若改变设计测量成果，必须经监理单位、建设单位和设计单位同意认可。对于距离线路中线较远的控制点，也需要进行复测，但在施工中可以不用这部分控制点进行测设。

5.3.1.1 勘测单位提供平面控制网的复测

首先认真理解设计文件中有关平面控制点的等级要求，检核平面坐标系统是否是高斯正形投影 3°带平面直角坐标系，还是任意带平面直角坐标系高斯坐标。无论何种坐标系，均应满足测区内投影长度变形值不大于 2.5 cm/km。为了保证与相邻标段的贯通测量，复测的控制点必须有相邻标段一个控制点，即本标段两侧相邻标段各有一个控制点分别位于相邻标段内，例如：本标段平面控制点号为 GPS_{41} ~ GPS_{66}，则必须联测 GPS_{40} 和 GPS_{67}。

对于设计提供的平面控制网的复测，目前采用的测量仪器主要以静态 GPS 和全站仪（测角精度≤±2″）为主，很多单位是利用静态 GPS 和全站仪分别测设，也有的以全站仪测设为主。复测采用何种仪器主要取决于各个施工单位的测量能力和自有仪器设备情况。

利用全站仪进行复测，主要采用附合导线形式，以标段两侧起始控制点作为高级控制点进行联测，必须对起始控制点进行检核。若标段内有高级控制点，则需联测到高级控制点上。复测的控制点等级不低于原有控制点等级。

平面控制测量复测的方法与初测时方法相同，最终提交平面控制点复测报告。施工期间应定期（一般为半年）对平面控制点进行复测，在季节冻融地区，冻融以后也需要进行复测，若发现平面控制点丢失或破坏应及时补测修复，施工过程中加强对控制点的保护，严禁人为破坏。

5.3.1.2 勘测单位提供高程控制网的复测

在高程控制点（即水准点）使用之前，仔细检查校核，检查标段内是否有高等级高程控制点，检查高程控制点外观是否受到破坏、移动。高程控制的复测方法与初测阶段高程控制方法相同，精度一致。一般情况下，高速公路和一级公路的水准点闭合差不低于四等水准，二级以下公路按五等水准控制。若满足相应精度要求，则认为设计提供高程控制点无误，可以使用。

高程控制点的复测，需要与前后相邻标段的高程连接测量，即与相邻标段使用共同的高程控制点，例如：本标段高程控制点点号为 BM_{47} ~ BM_{59}，则需联测 BM_{46} 和 BM_{60}。一般情况下按附合路线对高程控制点高差进行复测，当仪器观测结果满足规范要求的前、后视距差、累积视距差时，取其平均值为观测结果。原则上以本标段两侧的两个水准点为平差基准点，对其他的水准点进行往返测量、平差计算，最终提交复测报告。

施工期间应定期（一般为半年）对高程控制点进行复测，在季节冻融地区，冻融以后也需要进行复测。若发现高程控制点丢失或破坏应及时补测修复，施工过程中加强对高程控制点的保护，严禁人为破坏。

5.3.2　施工控制网的加密测设

对设计提供的控制网复测完成后，及时进行控制网的加密测设，首先进行加密控制点的选点和埋设。选点要结合施工现场地形、地貌和设计提供的平面控制点分布情况，在构筑物附近必须设点，沿线路原则上不超过 200 m 设一点，导线相邻点之间要求通视，埋点符合《公路勘测规范》的埋点要求；然后进行外业测量，可以选择静态 GPS 测设，也可以选择精度高于 2″的全站仪进行测设；最后进行内业计算，根据平差结果求出加密点的大地坐标和高程，根据工程规模，平差根据精度要求可以采用严密平差、简易平差和手工平差。

5.3.2.1　平面控制网的加密测设

加密的平面控制点主要沿着线路走向布设，选点原则一是容易保护，二是施工中使用方便，三是精度要不低于设计提供的控制网精度等级。加密后形成一条新的附合导线，导线点之间要满足相邻点相互通视。对于特殊的构筑物或者技术复杂的特大桥工程，可以根据设计平面控制网布设一个独立的桥梁控制网，对于多数高速公路工程而言，一般是布设一条新的附合导线。加密点测设可以根据已知导线点采用前方交会测设出加密点的大地坐标，也可以采用静态 GPS 测设，经评差求出加密点的大地坐标，还要向监理单位提交平面控制网加密测量报告，经监理单位批准后方可使用。

5.3.2.2　高程控制网的加密测设

高程控制网的加密，可以选择平面控制点作为高程控制点，也可以单独布设。加密高程控制点，选点一般沿线路不超过 200 m 埋设一点，桥梁两侧、涵洞、隧道进出口附近必须埋设，完成后及时施测，利用附合水准路线形式测量，水准测量精度一般不低于设计提供高程控制网等级。

5.3.3　恢复公路的中线测设

中线测设

根据埋设在线路两侧的平面控制点将公路中线测设于现场，称为恢复公路的中线测设，也称中线测量。由于设计定测阶段至施工阶段间隔时间较长，定测阶段的中线测量所完成的中桩测设，由于种种原因，中桩丢失、破坏严重，施工时要恢复公路的中线。

目前随着高等级公路的高速发展和高精度全站仪的普及，中线测量最常用的方法是极坐标法。如图 5-5，将全站仪架设在已知平面控制点上，后视其他已知控制点，快速测设中线各桩位，并钉设木桩，完成中线测设，也可以利用 GPS-RTK 进行测设。

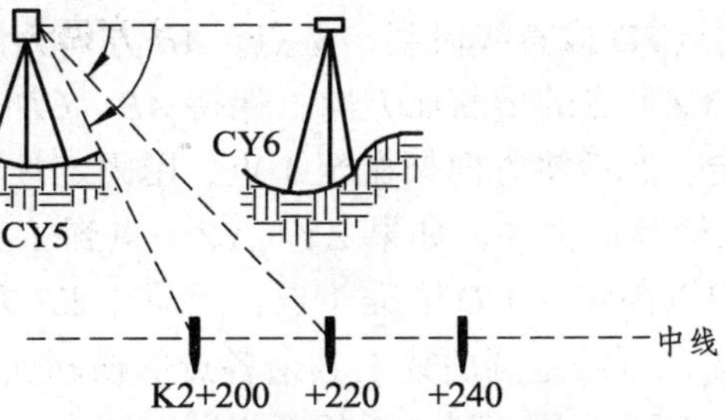

图 5-5　极坐标法测设中线

5.3.4　横断面的测设

横断面测设就是测定路线各中桩处于垂直于中线方向上的地面变化起伏情况，之后绘制成横断面图，供路基、边坡、特殊构造物的设计，土石方计算和施工放样之用。横断面测量的宽度根据路基宽度、横断地形情况、边坡大小及特殊需求而定，横断面测量包括确定横断面的方向以及此方向上测定中线两侧地面坡度变化点的距离和高差。

横断面测设

5.3.4.1　横断面方向的测定

1. 直线段横断面方向的测定

直线段横断面方向与路线中线垂直，一般采用方向架测定横断面方向。如图 5-6 所示，将方向架置于中桩点号上，因方向架上两个固定片相互垂直，所以将其中一个固定片瞄准直线段另一中桩，则另一个固定片所指即是横断面方向。由于工地测量人员有限，实际上，极少采用方向架，很多时候采用双臂目测法，其原理同方向架，测量人员站在其中一个中桩上，用一只手臂目测前进中线，另一只手臂目测与中线垂直，即根据路线各中桩目估测定与中桩垂直的方向。该方法精度较使用方向架低，但适合于填方路基，可以大量减少野外工作量，提高工作效率，可每隔 100 m 用经纬仪或全站仪校正横断面。若需准确测定横断面方向，可利用经纬仪或全站仪进行。

2. 圆曲线段横断面方向的测定

圆曲线段横断面方向为经过该桩点指向圆心的方向，一般采用安装一组活动片的方向架进行测定。如图 5-7 所示，欲测定圆曲线上桩点 1 的横断面方向。首先将方向架安置在 ZY（YZ）

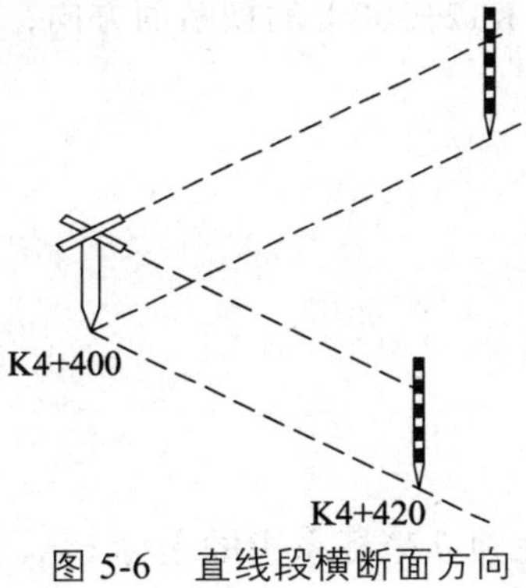

图 5-6　直线段横断面方向

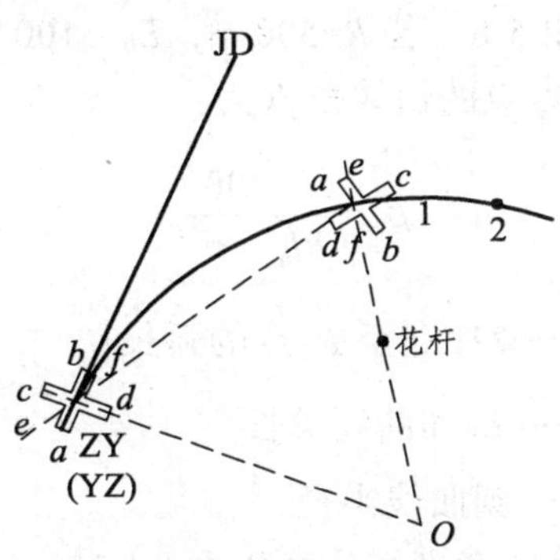

图 5-7　圆曲线段横断面方向

点上，用固定片 *AB* 瞄准交点 JD 或直线段某一桩点，*AB* 方向为该桩点切线方向，与 *AB* 垂直的固定片 *CD* 方向为 ZY（YZ）点的横断面方向，保持 *AB*、*CD* 方向不变，转动活动片 *EF*，使其瞄准 1 点，并将其固定。然后将方向架搬至 1 点，用固定片 *CD* 对准 ZY（YZ）点，则活动片 *EF* 所指方向为 1 点的横断面方向。如果 ZY（YZ）点到 1 点的弧长和 1 到 2 弧长相同，则将方向架搬至 2 点，仍旧以固定片 *CD* 瞄准 1 点，活动片 *EF* 方向为 2 点的横断面方向，若各段弧长都相等，则按此法，可测定圆曲线上其余各点的横断面方向。

如果 ZY（YZ）点到 1 点弧长和 1 到 2 弧长不相同，则在 1 点的横断面方向上立一标杆，用 *CD* 固定片瞄准，固定片 *AB* 方向为 1 点的切线方向，转动活动片 *EF* 对准 2 点后固定。然后将方向架搬至 2 点，用固定片 *CD* 对准 1 点，则活动片 *EF* 方向为 2 点的横断面方向。由此可知，只要各段弧长不变，则活动片 *EF* 位置不变。否则应改变活动片 *EF* 位置，其他操作相同。

如果需要精确测定圆曲线各桩点的横断面方向，则可将经纬仪或全站仪安置于各桩点上，后视 ZY（YZ）点后，根据各桩点到 ZY（YZ）点弧长 L 计算弦切角 $\delta=\frac{L}{R}\times\frac{90°}{\pi}$，可拨至各桩点切线方向，再拨 90°转至各桩点横断面方向上。

3. 缓和曲线段横断面方向的测定

一般方法：如图 5-8 所示，假设各桩点间桩距相等，在 K12+300 处安置方向架，用一个固定片照准 K12+280 处，则在另一个固定片 *CD* 所指方向立标杆 D_1，然后再以固定片 *AB* 照准 K12+320 处，在固定片 *CD* 方向上立标杆 D_2，取 D_1 和 D_2 的中点 D，则 K12+300 过 D 方向为该点的横断面方向。此法在不需要精确测定时可以采用，一般情况下可满足施工要求。

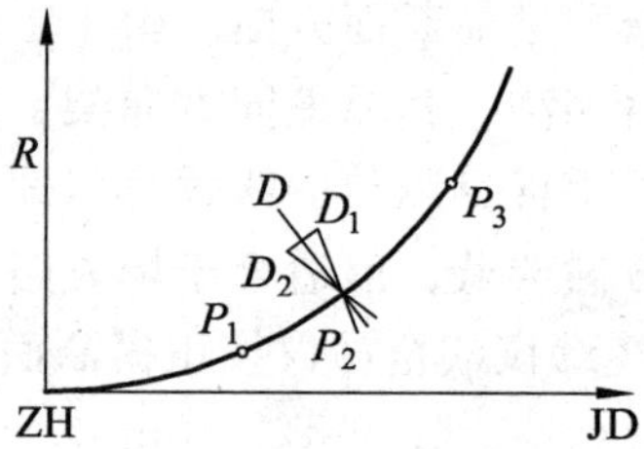

图 5-8　缓和曲线段横断面方向

精确方法：如果需要准确测定横断面方向，则利用缓和曲线的偏角计算。在缓和曲线段任一桩点安置经纬仪（全站仪），测设缓和曲线的偏角，再转至该桩点的法线方向，即横断面方向。如图 5-8，若 R=500 m，L_0 =100 m，欲测定 P_2：（K12+300）的横断面方向，先要计算回旋线在 P_2 点的切线角 β_1 为：

$$\beta_1=\frac{l_1}{Rl_0}\cdot\frac{90°}{\pi} \tag{5-1}$$

其中：l_1——ZH 点至 P_2 点的弧长；

l_0——缓和曲线总长；

R——圆曲线半径。

根据第 4 章坐标计算公式（4-20）计算出 P_2、P_3 点在独立坐标系中的坐标（x_2，y_2）、（x_3，

y_3），由此求出弦线 P_2P_3 与 P_2 点切线的水平夹角 δ_1 为：

$$\delta_1 = 90° - \beta_1 - \theta_{12} \tag{5-2}$$

其中：$\theta_{12} = \arctan\dfrac{x_3 - x_2}{y_3 - y_2}$

将经纬仪安置于 P_2 点（K12+300），后视 K12+320，水平度盘归零。顺时针转 δ_1，即为回旋线在 P_2 点的切线方向，$90° + \delta_1$ 方向为该桩点横断面方向。

5.3.4.2　横断面的测量方法

1. 标杆皮尺法

标杆皮尺法是利用标杆（也称花杆）和皮尺测定横断面方向上各变坡点的水平距离和高差的方法。其操作方法为：如图 5-9 所示，1#点、2#点和 3#点为路基 K1+100 横断面上的变坡点，将标杆立于 1#点上，标杆立直，皮尺零端紧靠 K1+100 中桩地面拉成水平，读出中桩至 1#点的水平距离，另一端皮尺截于标杆的红白格数（每格 20 cm）即为中桩地面和 1#点的高差，同法可测出 1#点至 2#点、2#点至 3#点之间的水平距离和高差，直至路基坡脚为止。施测时，边测边绘，并将量测距离和高差填入表 5-12 中，表中正号为升高，负号为降低，分子表示高差，分母表示距离，自中桩由近及远测量与记录。该法操作简洁、精度低、效率高，适合于平坦和丘陵地区。

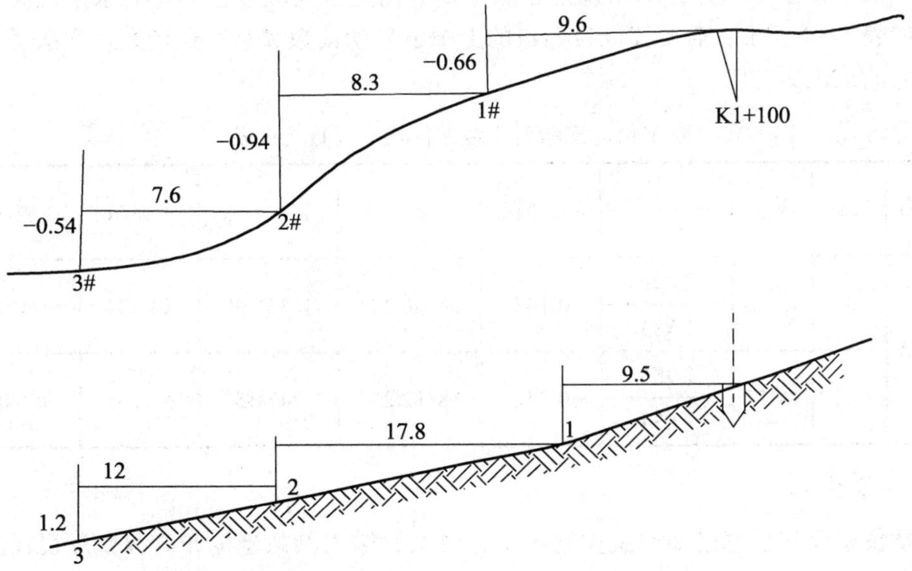

图 5-9　标杆皮尺法

表 5-12　横断面测量（标杆皮尺法）表格

左侧			里程桩号	右侧		
$-\dfrac{0.54}{7.6}$	$-\dfrac{0.94}{8.3}$	$-\dfrac{0.66}{9.6}$	K1+100	$\dfrac{0.6}{9.3}$	$\dfrac{0.8}{13.5}$	$\dfrac{0.45}{5.5}$

2. 水准仪法配合钢尺法

水准仪法就是利用水准仪测量各变坡点和中桩点间的高差和用钢尺量距进行测量。如图 5-9 所示，选择一适当位置安置水准仪，以中桩点立尺为后视读数，在横断面上坡度变化点上立尺作为前视中间点读数，可测出中桩点与各变坡点的高差，再用皮尺量出各变坡点至中桩的水平距离。将观测数据和量测距离填入表 5-13 中。施测时，水准尺读数至厘米，水平距离量至分米。该法精度较高，适合于地面平坦地区。

表 5-13 横断面（水准仪法）测量记录

桩号	各变坡点至中桩点水平距离/m		后视读数	前视读数（中间点）	高差/m	备注
K1+200	中桩		1.39			
	左侧	6.3		1.65	−0.26	
		9.7		2.62	−1.23	
		11.5		2.99	−1.60	
	右侧	12.5		1.35	0.04	
		11.9		1.28	0.11	

3. 经纬仪法

将经纬仪安置于中桩处，利用视距法测量横断面上各变坡点至中桩的水平距离和高差，记录格式如表 5-14 所示，需要读取目标点的上中下三丝读数和竖直角读数。本法适于地形复杂、横坡大的地区。

表 5-14 横断面（经纬仪法）测量记录表

测站	仪高	目标	中丝	上丝/下丝	尺间隔 L	竖盘读数	竖直角 α	平距/m	高差/m	备注
	1.55	1	1.953	2.026	0.143	88°06′21″	1°55′39″	14.284	−0.078	
				1.883						
		2	1.812	1.986	0.352	88°12′25″	1°47′35″	35.165	−0.840	
				1.634						

4. 全站仪法

将全站仪架设在任意已知测量控制点上，建站，输入测站坐标和高程，后视任意可以通视的已知点，首先测设中桩点，再测设该横断面上的各个边坡点。此法需对中桩和边桩点进行编码，测设数据包含坐标和高程，即各点的 X、Y、H 或 X、Y、Z，自动记录存储。外业完成后，将外业测设数据导入南方测图软件 CASS 系统中，完成横断面图的测设。该法测设速度快，精度高，但需要测站点和边坡点通视。

5. GPS-RTK 法

将基准站架设在测区的已知控制点上，将 WGS-84 坐标转换为测区设计提供的测量坐标系，流动站一次架设在任意中桩的横断面上边坡点处，测设该点三维数据并存储，内业时将外业数据导入计算机形成文本，再导入南方测图软件 CASS 系统中，完成横断面图的测设。该法适合于任何地形，只要没有遮盖物即可。该法测设速度最快、省时省力，具有成本低等优点。

5.3.4.3　横断面图的绘制

横断面图是根据横断面观测成果，绘在毫米方格纸上的，如图 5-10 所示。一般可以在现场边测边绘草图，这样可以减少外业工作量，便于核对以及减少差错。如施工现场绘图有困难时，做好野外记录工作，带回室内绘图，再到现场核对。

横断面图的比例尺一般采用 1∶100 或 1∶200。绘图时，用毫米方格纸，首先以一条纵向粗线为中线，一纵线、横线相交点为中桩位置，向左右两侧绘制，先标注中桩的桩号，再用铅笔根据水平距离和高差，按比例尺将各变坡点点在图纸上，然后用格尺将这些点连接起来，即得到横断面的地面线。在一幅图上可绘制多个断面图，各断面图在图中的位置一般要求：绘图顺序是从图纸左下方起自下而上，由左向右，依次按桩号绘制。

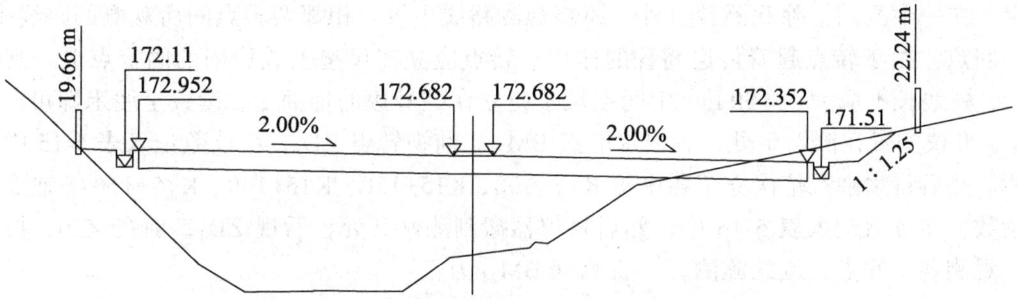

K47+986.257

A_t=113.40 m^2，A_w=9.24 m^2

图 5-10　横断面图

5.3.5　路基纵断面的测设

路基纵断面测设就是沿着地面上已标定的中桩，测设出所有中桩原地面处的高程。测设分两步进行：首先是沿路线方向每隔一定距离设置一水准点，建立线路的高程控制，称为基平测量；其次以各水准点为基础，分段进行中桩地面高程的水准测量，称为中平测量。

纵断面测设

5.3.5.1　基平测量

1. 水准点的设置

水准点的布置，应根据需要和用途设置永久性水准点和临时性水准点。路线起点、终点和需要长期观测的重点工程附近，宜设置永久性水准点。永久水准点需埋设标石，也可设置在永久性建筑物的基础上或用金属标志嵌在基岩上。水准点要统一编号，一般以“BM”表示，并绘点之记。水准点宜选在离中线不远，在路基坡脚之外，路基红线范围内，不受施工干扰的地方。水准点的密度应根据地形和工程需要而定，在重丘和山区每隔 0.5 ~ 1 km 设置一个，在平原和微丘区每隔 1 ~ 2 km 设置一个，大桥及大型构造物附近应增设水准点。

2. 水准点的高程测量

水准点高程测量，应与国家或城市高级水准点连测，以获得绝对高程。一般采用往返观测或两个单程观测。

水准测量的精度要求，往返观测或两个单程观测的高差不符值，应满足：

$$f_{h容} \leqslant \pm 30\sqrt{L}\ \text{mm}$$

或

$$f_{h容} \leqslant \pm 9\sqrt{N}\ \text{mm} \tag{5-3}$$

式中：L 为单程水准路线长度，以（km）计；N 为测站数。高差不符值在限差范围以内取其高差平均值，作为两水准点间的高差；超限时应查明原因重测。

5.3.5.2　中平测量

中平测量亦称中桩水准测量，其实质就是在基平测量中设置的相邻水准点间进行附合水准测量。在一个测站上除观测转点外，还要观测路线中桩。相邻两转点间所观测的路线中桩，称为中间点。由于转点起着传递高程的作用，转点应立在尺垫上或稳固的固定点上，其读数至毫米，视线长不应大于 150 m。中间点尺子应立在桩号边的地面上，读数至厘米即可。如图 5-11，水准仪安置在测站Ⅰ处，后视水准点 BM_{20}，前视转点 ZD_1，将读数记入表 5-15 中相应位置栏。然后将水准尺依次立于各中桩 K15+100、K15+120、K15+140、K15+160 等地面上并依次读数，将读数记入表 5-15 中；然后将仪器搬到测站Ⅱ处，后视 ZD_1，前视 ZD_2，按上述方法，观测各中间点，逐站施测，一直测到 BM_{21} 为止。

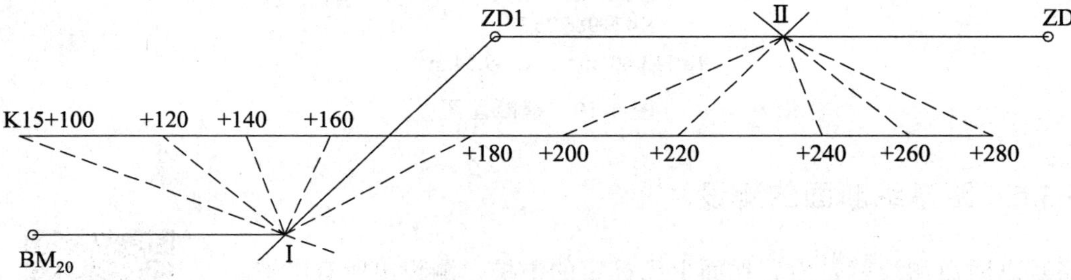

图 5-11　中平测量

表 5-15　中平测量记录表

天气：晴

地点：　　　　　　　　　　　　　　　　　　　　　　　　年　　月　　日

测点	后视	仪器高	前视		设计高程 /m	地面高程 /m	填挖高 /mm	附注
			TP	中间点				
BM_{20}	1.852	104.208			102.356			
K15+100				1.45		102.76		
+120				1.50		102.71		
+140				1.49		102.72		

续表

测点	后视	仪器高	前视		设计高程/m	地面高程/m	填挖高/mm	附注
			TP	中间点				
+160				1.65		102.56		
+180				1.74		102.47		
ZD_1	1.504	104.080	1.632			102.576		
+200				1.32		102.76		
+220				1.30		102.78		
+240				1.21		102.87		
+260				1.18		102.90		
+280				1.10		102.98		
ZD_2	1.955	104.414	1.621			102.459		
BM_{21}			2.475		101.952	101.939		
	5.311		5.728					
计算校核	$\sum$后视$-\sum$前视$=-0.417$ m　　$H_{BM21}-H_{BM20}=101.952-102.356=-0.404$ m							
精度计算	$f_h=H_{BM21测}-H_{BM21}=101.939-101.952=-13$ mm $f_{h容}\leqslant\pm50\sqrt{L}=\pm50\sqrt{1.05}=\pm51$ mm>13 mm　　符合要求							

观测：　　立尺：　　记录：　　计算：　　复核：

中桩水准测量的精度要求为：$f_{h容}=\pm50\sqrt{L}$ mm（L 以 km 计）。一测段高差 h 与两端水准点高差之差 $f_h=h'_{测}-h_{理}\leqslant f_{h容}$。否则，应查明原因纠正或重测，中桩地面高程误差不得超过±10 cm。

每一测站的各项高程按下列公式计算：

视线高程=后视点高程+后视读数

中桩高程=视线高程−中视读数

转点高程=视线高程−前视读数

5.3.5.3　纵断面图的绘制

如图 5-12 所示，纵断面图是以中桩的里程为横坐标，以中桩的地面高程为纵坐标绘制的。为了突出地面坡度变化，高程比例尺比里程比例尺大十倍。如里程比例尺为 1∶1 000，则高程比例尺为 1∶100。其绘制步骤如下：

（1）打格制表和填表：按选定的里程比例尺和高程比例尺制表，并填写里程号、地面高程、直线和曲线等相关资料。

（2）绘地面线，首先在图上选定纵坐标的起始高程，使绘出的地面线位于图上的适当位置。为了便于阅图和绘图，一般将以 10 m 整数倍的高程定在 5 cm 方格的粗线上，然后根据中桩的里程和高程在图上按纵横比例尺依次点出各中桩地面位置，再用直线将相邻点连接起来，就得到地面线的纵剖面形状。如果绘制高差变化较大的纵断面图时，如山区等，部分里程高程超出图幅，则可在适当里程变更图上的高程起算位置，这时，地面线的剖面将构成台阶形式。

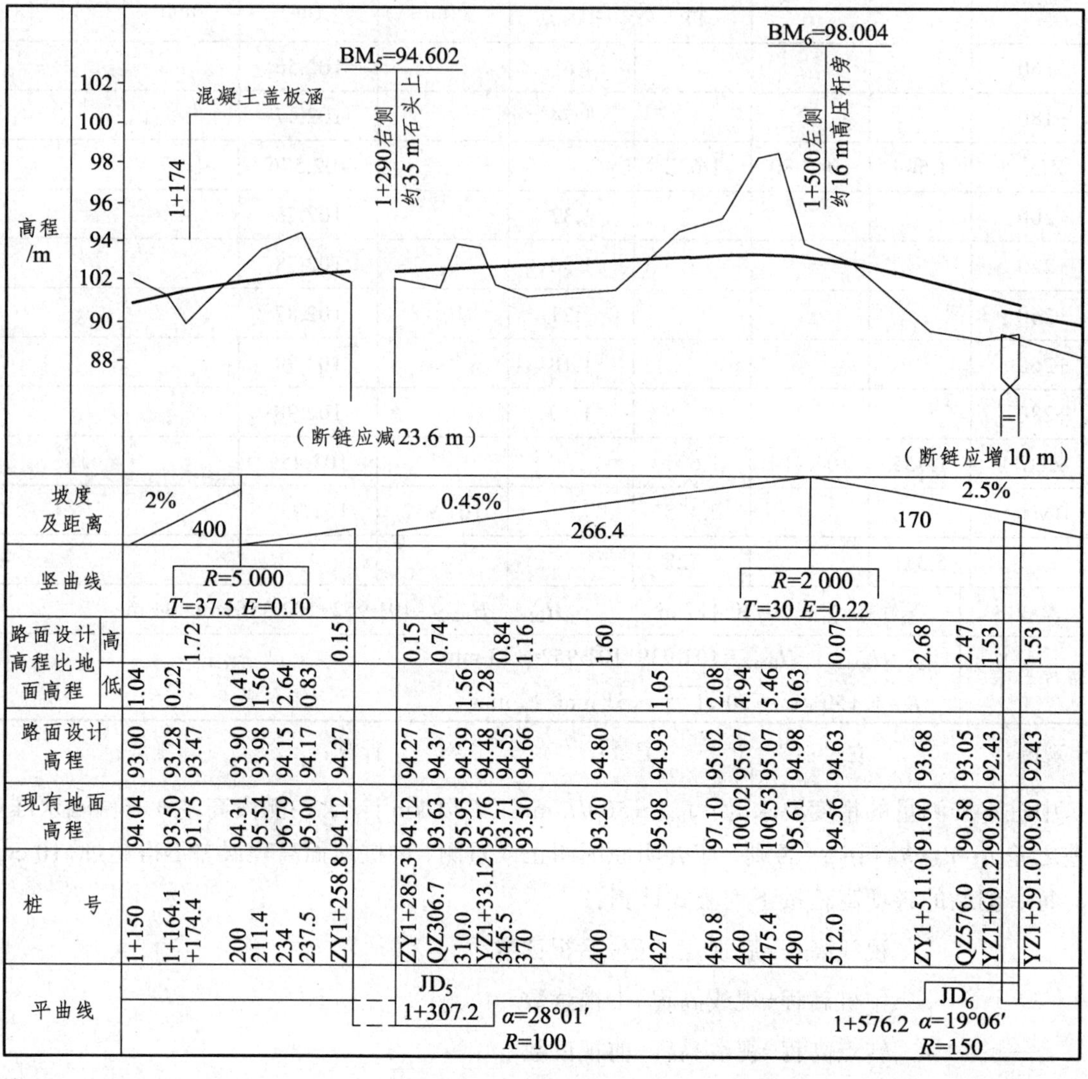

图 5-12　道路纵断面图

（3）计算设计高程。根据设计纵坡 i 和相应的水平距离 D，按下式计算：

$$H_B=H_A+iD_{AB}$$

式中：H_A 为一段坡度线的起点；H_B 为该段坡度线终点；升坡时 i 为正，降坡时 i 为负。

（4）计算各桩的填挖尺寸。同一桩号的设计高程与地面高程之差即为该桩号的填土高（正号）或挖土深度（负号）。在图上，填土高度写在相应点设计坡度线 i 上，挖土深度则相反，也有在图中专列一栏注明填挖尺寸的。

（5）在图上注记有关资料，如水准点、断链、竖曲线等。

5.3.6 路基边桩的测设

路基边桩的测设就是在地面上将每一个横断面的路基两侧的边坡线与地面的交点，用木桩测定在实地上，作为路基施工的依据，常用的方法有图解法和解析法：

路基边桩的测设

图解法即直接在路基设计的横断面图上，根据比例尺量出中桩至边桩的距离，然后在施工现场直接测量距离，此法常用在填挖不大的地区。

解析法是根据路基设计的填挖高（深）度、路基宽度、边坡率和横断面地形情况，计算路基中桩至边桩的距离，然后在施工现场沿横断面方向量距，测出边桩的位置，分平坦地区和倾斜地面两种。

1. 平坦地面的边桩测设

填方路基称为路堤，如图 5-13（a）；挖方路基称为路堑，如图 5-13（b）所示。则

路堤：$D=\dfrac{B}{2}+mh$

路堑：$D=\dfrac{B}{2}+S+mh$

式中：D 为路基中桩至边桩的距离；B 为路基设计宽度；1∶m 为路基边坡设计坡度（m 为边坡率）；H 为填土高度或挖土深度；S 为路堑边沟顶宽。

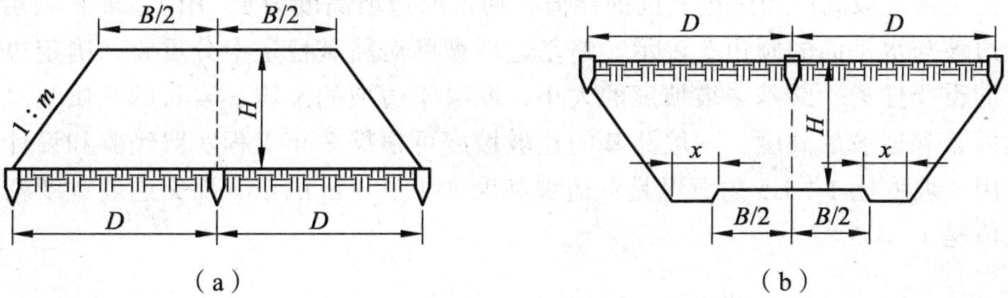

（a）　　　　　　（b）

图 5-13　平坦地面路基边桩测设

2. 倾斜地面的边桩测设

如图 5-14 所示：

路堤断面：$D_{上}=\dfrac{B}{2}+m\cdot(H-h_{上})$

$D_{下}=\dfrac{B}{2}+m(H+h_{下})$

路堑断面：$D_{上}=\dfrac{B}{2}+S+m(H+h_{上})$

$D_{下}=\dfrac{B}{2}+S+m(H-h_{下})$

式中：B、H、m 和 S 均为设计已知数据，故 $D_{上}$、$D_{下}$随 $h_{上}$、$h_{下}$而变化；$h_{上}$、$h_{下}$为斜坡上、

下侧边桩与中桩的高差，在边桩未定出之前为未知数。在实际工作中，根据横断面图和地面实际情况，估计两侧边桩位置，实地测量中桩与估计边桩的高差，检核 $h_上$、$h_下$。若与估计相等，则估计边桩为实际边桩位置；若不相等，则根据实测资料重新估计边桩位置。重复上述工作，直至相符为止。该种方法称为逐渐趋近法测设边桩。

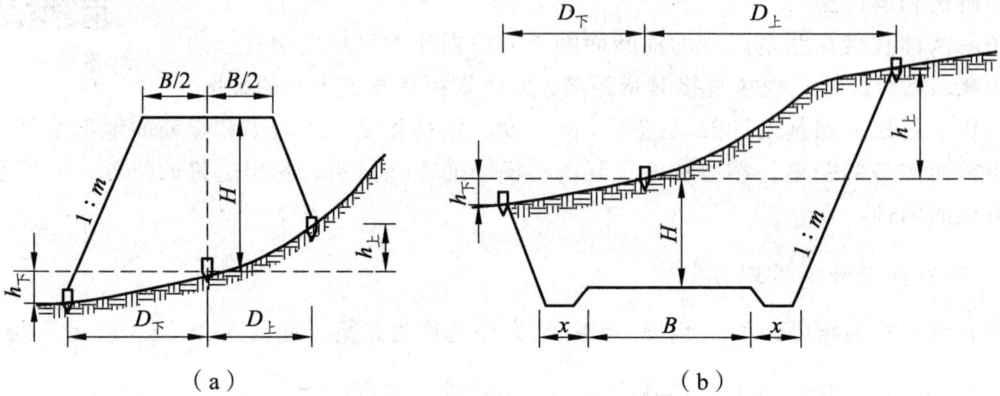

图 5-14　倾斜地面的边桩测设

5.3.7　路基边坡坡度比的测设

为保证路基稳定，在路基两侧做成的具有一定坡度的坡面叫边坡，如图 5-14 所示。路基边坡坡度比是指边坡高度与边坡宽度的比值，通常取边坡高度为 1，用 1∶*m* 来表示；也可用边坡角（边坡与水平面的倾角）表示。路基边坡坡度对路基稳定十分重要，确定边坡坡度是路基设计的重要任务。路基边坡坡度的大小，取决于边坡的土质、岩石的性质及水文地质条件等自然因素和边坡的高度。一般路基的边坡坡度可根据多年工程实践经验和设计规范推荐的数值采用。坡度比 1∶1.5 的意思是：边坡高度如果是 1 m 的话，那么边坡宽度就是 1.5 m，它们的比值是 1∶1.5。

1. 挂线法

如图 5-15（a）所示，*O* 为中桩，*A*、*B* 为边桩，*CD* 为路基宽度。测设时，在 *C*、*D* 两点竖立标杆，在其上等于中桩填土高度处作 *C*′、*D*′标记，用绳索连接 *A*、*C*′、*D*′、*B*，即得出设计边坡线。当挂线标杆高度不够时，可采用分层挂线法施工，见图 5-15（b），此法适用于放样路堤边坡。

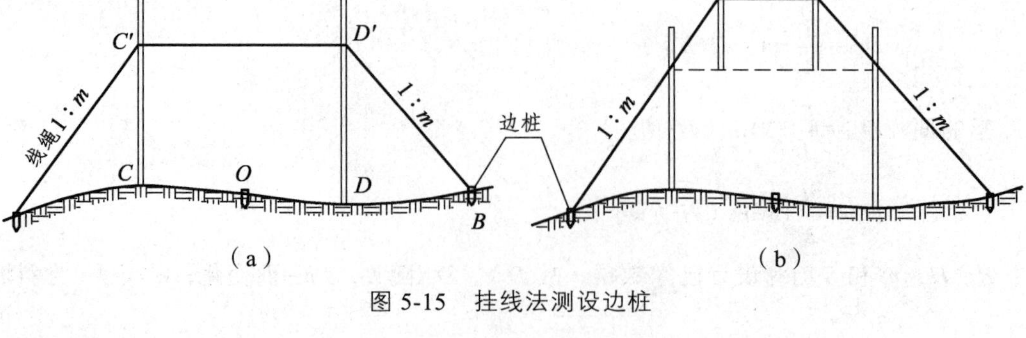

图 5-15　挂线法测设边桩

2. 边坡坡度板法

边坡坡度板按设计坡度制作，可分为活动式和固定式两种。固定式坡度板常用于路堑边坡的放样，设置在路基边桩外侧的地面上，如图 5-16（a）所示。活动式坡度板也称活动边坡尺，它既可用于路堤，又可用于路堑的边坡放样，图 5-16（b）表示利用活动边坡尺放样路堤的情形。机械化施工时，宜在边桩外插上标杆以表明坡脚位置，每填筑 2 ~ 3 m 后，用挖掘机或人工修整边坡，使其满足设计坡度要求。

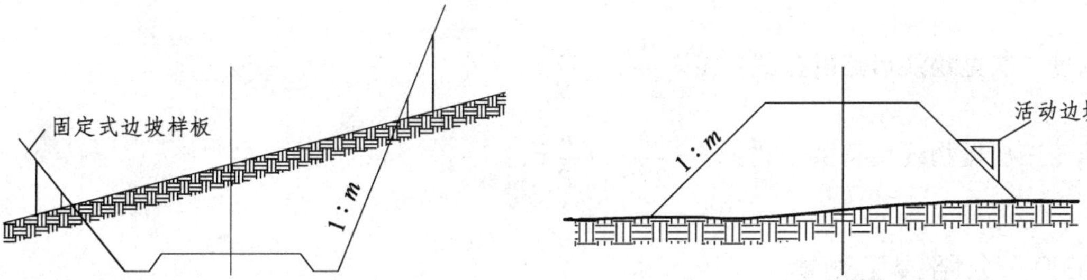

图 5-16　边坡样板法测设边坡

5.3.8　路拱放线

路拱即路面的横向断面做成中央高于两侧，即由中央向两侧倾斜的拱形，称为路拱，其作用是利用路面横向排水。

路拱（面层、顶面横坡）类型有直线形、抛物线型、圆曲线形等。直线形路拱，适用于等级高的公路，因为它的平整度和水稳定性较好，如图 5-17 所示；抛物线形路拱，适用于等级低的路面，因为它有利于迅速排除路表积水。

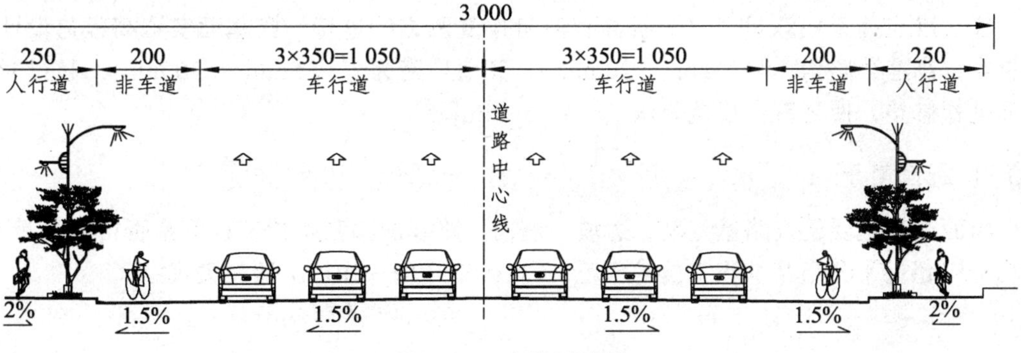

图 5-17　直线形路拱

直线形路拱如图 5-17 所示，路拱计算公式为：

$$y = \frac{h}{B}x$$

其中：

x——离车行道中心线的横向距离（m）；

y——相应于 x 各点的竖向距离（m）；

B——车行道总宽度（m）；

h——车行道路拱高度（m）。

抛物线形路拱计算公式有：

半立方抛物线形路拱公式：$y=h\left(\frac{x}{B/2}\right)^{3/2}$；

二次抛物线形路拱公式：$y=\frac{4h}{B^2}x^2$；

改进二次抛物线形路拱公式：$y=\frac{2h}{B^2}x^2+\frac{h}{B}x$；

修正三次抛物线型路拱公式：$y=\frac{4h}{B^3}x^3+\frac{h}{B}x$；

5.3.9 公路竣工测量

公路竣工测量的主要任务是最后确定道路中线的位置，同时检查公路施工是否符合设计要求。其主要内容有：中线竣工测量和纵横断面测量。

1. 中线竣工测量

首先根据控制网恢复中线控制桩并进行固桩，然后进行中线贯通测量，在有桥涵、隧道的地段，应从桥隧的中线向两端贯通。贯通测量后的中线位置，应符合路基宽度和建筑限界的要求。中线里程应全线贯通，直线段每 50 m、曲线段每 20 m 测设一桩，还要在平交道中心、变坡点、桥涵中心等处测设加桩。

2. 纵断面测量

全线水准点高程应该贯通，中桩高程测量按复测方法进行。路基面实测高程与设计值较差应符合，高速公路为（+10 mm，−20 mm），其他公路为（+10 mm，−30 mm），超过时应对路基面进行修整，使之符合规范要求。

3. 横断面测量

横断面测量主要检查路基宽度、边坡、侧沟、路基加固和防护工程等是否符合设计要求，误差均不应超过《公路路基施工技术规范》（JTG/T 3610—2019）的相关规定。

习题

1. 初测工作内容有哪些？定线测量的方法有哪些？
2. 某里程桩号为 K56+500，说明该桩号的意义。
3. 中线测量的任务是什么？
4. 中线加桩具体指什么？
5. 复测的目的和内容是什么？

6. 施工控制网为什么需要加密测量？

7. 什么是断链？断链发生的原因是什么？何谓长链？何谓短链？

8. 路基横断面测量的方法有哪些？圆曲线横断面如何确定？

9. 为什么进行路基边坡放样？

10. 公路竣工测量的内容有哪些？

11. 为什么需要恢复公路中线测设？

12. 路基横断面高程如何控制？

第 6 章　市政工程测量

6.1　市政工程概述

市政工程一般是属于国家的基础设施建设，是指城市建设中的各种公共交通设施、给水、排水、燃气、城市防洪、环境卫生及照明等基础设施建设，是城市生存和发展必不可少的物质基础。市政工程是指城市道路、桥梁、地铁、供水、热力、燃气、雨水污水等管道工程、城市防洪、园林、道路绿化、路灯、环境卫生等城市公用事业工程。本章主要论述城市立交桥、管道工程和地铁的施工测量方法。

6.2　城市立交桥工程测量

随着城市化进程的加快，城市交通变得越来越拥挤。为了改善交通出行，立交桥随着城市化的进程加快在快速发展。在城市的重要交通交汇点建立的上下分层、多方向行驶、互不相扰的现代化陆地桥，称为城市立交桥。城市立交桥是利用“立体交叉”或“平面交叉”与数个匝道组成，引导车辆转换不同道路的交通设施，从此，城市交通开始从平地走向立体。

桥梁按其轴线长度一般分为特大型桥（>500 m）、大型桥（100 ~ 500 m）、中型桥（30 ~ 100 m）和小型桥（<30 m）四类。桥梁施工测量的方法及精度要求随桥梁轴线长度、桥梁结构而定，主要内容包括平面控制测量、高程控制测量、墩台定位、轴线测设等。

6.2.1　平面控制测量

建立桥梁平面控制网的目的是测定桥轴线长度和进行桥墩、台基础、墩台身及桥面系位置的放样；同时，也可用于施工过程中的变形监测。对于跨越无水河道的直线小桥，桥轴线长度可以直接测定，墩、台位置也可直接利用桥轴线的两个控制点测设，无须建立平面控制网，但是对于城市立交桥等工程，墩、台等位置无法直接定位，必须建立平面控制网。

6.2.1.1　传统测量方法

根据桥梁跨越的河宽及地形条件，平面控制网可布设成如图 6-1 所示的几种形式。选择控制点时，应尽可能使桥的轴线作为三角网的一个边，以利于提高桥轴线的精度。如不可能，也应将桥轴线的两个端点纳入网内，以间接求算桥轴线长度，如图 6-1（d）。

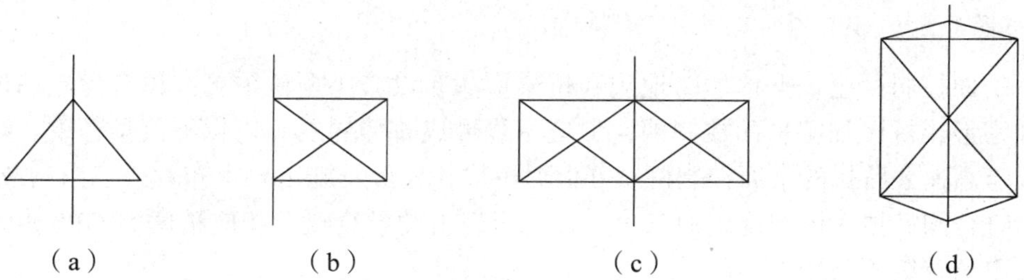

图 6-1 控制网形式

对于大型和特大型的桥梁施工平面控制网，自 20 世纪 80 年代以来已广泛采用边角网或测边网的形式，并按自由网严密平差。如图 6-2 所示为长江某公路大桥施工平面控制网，曾在两岸轴线上都设有控制点，这是传统设计控制网的通常做法。传统的桥梁施工放样主要是依靠光学经纬仪，在桥轴线上设有控制点，便于角度放样和检测，易于发现放样错误。

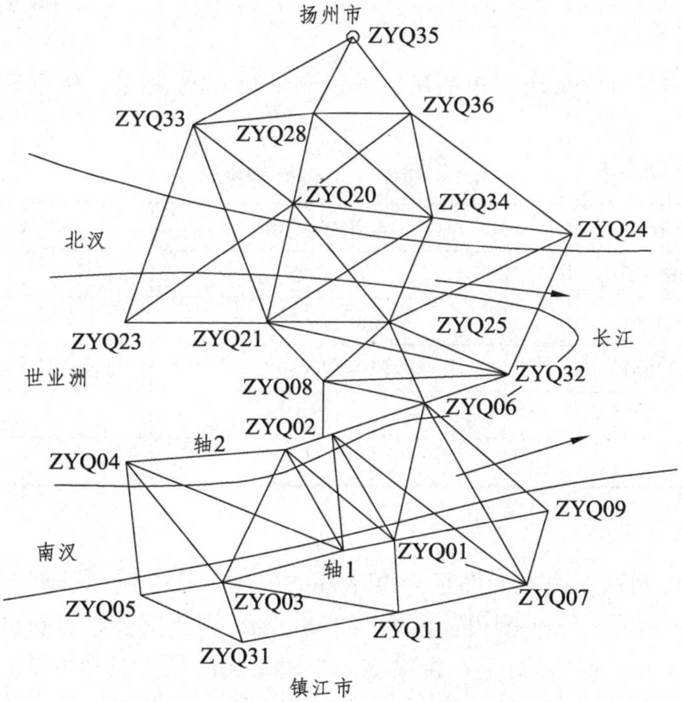

图 6-2 某公路大桥控制网

6.2.1.2 现代测量方法

随着测量仪器的高速发展、测量方法的改进，特别是高精度全站仪和 GPS 的普及，桥梁平面控制网的布设越来越灵活，网形趋于简单化。全站仪普及后，施工通常采用极坐标放样和坐标法检核，在桥轴线上设有控制点的优势已不明显，目前多采用三角测量、导线测量和 GPS 测量。因此，在首级控制网设计中，可以不在桥轴线上设置控制点。

无论施工平面控制网布设采用何种形式，首先控制网的精度必须满足施工放样的精度要求；其次考虑控制点应尽可能便于施工放样，且能长期稳定而不受施工的干扰。一般中小型桥梁控制点采用地面标石，大型或特大型桥梁控制点应采用配有强制对中装置的固定观测墩或金属支架。

1. 布网原则

（1）平面控制网应根据地形、地貌和桥梁形状布设，小型桥梁可在原有导线网的基础上做适当加密形成桥区加密平面控制网，但应尽量形成直伸导线，以保障测量精度。特大桥、跨河桥或跨高速公路桥的平面控制网，可根据桥形和地形及施工要求布设成三角网或导线网。

（2）符合国家技术标准规定的三角点、二级以上的导线点及相应精度的 GPS 点，均可作为桥梁工程的首级控制。

（3）平面控制网通常采用导线测量、GPS 测量和三角测量等方法测设。水平角测量采用方向观测法，距离测量宜采用电磁波测距，并应选用与控制网精度要求相应的等级。

（4）点位应设置稳定，控制点间通视良好，便于施测和长期保留。

（5）桥区平面控制网测设后应与道路平面控制网进行联测，并绘制点位布置图，标注必要的点位数据。

2. 平面控制网等级

桥梁平面控制测量可以采用三角测量、导线测量和 GPS 测量，桥梁平面控制测量等级应符合表 6-1 的规定。

表 6-1　桥梁平面控制测量等级

多跨桥梁总长/m	单跨桥长/m	控制测量等级
$L\geqslant 3\,000$	$L\geqslant 500$	二等
$2\,000\leqslant L<3\,000$	$300\leqslant L<500$	三等
$1\,000\leqslant L<2\,000$	$150\leqslant L<300$	四等
$500\leqslant L<1\,000$	$L<150$	一级
$L<500$		二级

3. 平面控制网的加密

桥梁施工首级控制网，由于受图形强度条件的限制，其岸侧边长都较长。例如，当桥轴线长度在 1 500 m 左右时，其岸侧边长大约在 1 000 m，则当交会半桥长度处的水中桥墩时，其交会边长将达到 1 200 m。这对于在桥梁施工中用交会法频繁放样桥墩是十分不利的，而且桥墩愈是靠近本岸，其交会角就愈大。从误差椭圆的分析中得知，过大或过小的交会角，对桥墩位置误差的影响都较大。此外，控制网点远离放样物，受大气折光、气象干扰等因素影响也增大，将会降低放样点位的精度。因此，必须在首级控制网下进行加密，这时通常是在堤岸边上合适的位置上布设几个附点作为加密点，加密点除考虑其与首级网点及放样桥墩通视外，更应注意其点位的稳定可靠及精度。结合施工情况和现场条件，可以分别采用如下 3 种加密方法：

（1）由 3 个首级网点以 3 个方向前方交会，或由 2 个首级网点以 2 个方向进行边角交会的形式加密。

（2）在有高精度全站仪的条件下，可采用导线法，以首级网两端点为已知点，构成附合导线的网形。

（3）在技术力量许可的情况下，也可将加密点纳入首级网中，构成新的施工控制网，这对于提高加密点的精度行之有效。

加密点是施工放样使用最频繁的控制点，且多设在施工场地范围内或附近，受施工干扰、临时建筑或施工机械影响极易造成不通视或被破坏而失去效用，在整个施工期间，常常要多次加密或补点，以满足施工的需要。

4. 平面控制网的复测

桥梁施工工期一般都较长，限于桥址地区的条件，随着时间的变化，点位有可能发生变化；此外，桥墩钻孔桩施工、降水等也会引起控制点下沉和位移。因此，在施工期间，无论是首级网点还是加密点，必须进行定期复测，以确定控制点的变化情况和稳定状态，这也是确保工程质量的重要工作。控制网的复测周期可以采取定期进行的办法，如每半年进行一次；也可根据工程施工进度、工期，并结合桥墩中心检测要求情况确定。一般在下部结构施工期间，要对首级控制网及加密点至少进行以下两次复测：第一次复测宜在桥墩基础施工期间进行，以便据以精密放样或测定其墩台的承台中心位置；第二次复测宜在墩、台身施工期间进行，并宜在主要墩、台顶帽竣工前完成，以便为墩、台顶帽位置的精密测定提供依据。复测应采用不低于原测精度的要求进行。由于加密点是施工控制的常用点，在复测时通常将加密点纳入首级控制网中观测，整体平差，以提高加密点的精度。

5. 放样的复核

目前主要采用极坐标法进行放样，应有检核措施，以免产生较大的误差。在施工放样中，除后视一个已知方向之外，应加测另一个已知方向（或称双后视法），以观察该测站上原有的已知角值与所测角值有无超出观测误差范围的变化。这样可以有效避免在后视点距离较长或较近时，发生观测错误的影响。

6.2.2 高程控制测量

水准测量等级应根据桥梁的规模确定，长 3 000 m 以上的桥梁宜为二等，长 1 000 ~ 3 000 m 的桥梁宜为三等，长 1 000 m 以下的桥梁宜为四等。水准测量的主要技术要求应符合表 6-2 的规定，其中 L 为往返测段、附合或环线的水准中线长度（km）。

表 6-2 水准测量的主要技术要求

<table>
<tr><th rowspan="2">等级</th><th colspan="2">每千米高差中数中误差/mm</th><th rowspan="2">水准仪的型号</th><th rowspan="2">水准尺</th><th colspan="2">观测次数</th><th rowspan="2">往返较差附合或环线闭合差/mm</th></tr>
<tr><th>偶然中误差 M_Δ</th><th>全中误差 M_w</th><th>与已知点的联测</th><th>附合式环线</th></tr>
<tr><td>二等</td><td>±1</td><td>±2</td><td>DS_1</td><td>因瓦</td><td>往返各一次</td><td>往返各一次</td><td>$\pm 4\sqrt{L}$</td></tr>
<tr><td rowspan="2">三等</td><td rowspan="2">±3</td><td rowspan="2">±6</td><td>DS_1</td><td>因瓦</td><td rowspan="2">往返各一次</td><td>往一次</td><td rowspan="2">$\pm 12\sqrt{L}$</td></tr>
<tr><td>DS_3</td><td>双面</td><td>往返各一次</td></tr>
<tr><td>四等</td><td>±5</td><td>±10</td><td>DS_3</td><td>双面</td><td>往返各一次</td><td>往一次</td><td>$\pm 20\sqrt{L}$</td></tr>
<tr><td>五等</td><td>±8</td><td>±16</td><td>DS_3</td><td>单面</td><td>往返各一次</td><td>往一次</td><td>$\pm 30\sqrt{L}$</td></tr>
</table>

水准测量精度计算符合下列规定：

高差偶然中误差 M_{Δ} 按以下公式计算：

$$M_{\Delta}=\sqrt{\left\{\frac{1}{4n}\right\}\left\{\frac{\Delta\Delta}{L}\right\}}$$

式中：M_{Δ}——高差偶然中误差（mm）；

Δ——水准路线测段往返高差不符值（mm）；

L——往返测的水准路线长度（km）；

n——往返测的水准路线测段数。

高差全中误差 M_w 按以下公式

$$M_w=\sqrt{\left\{\frac{1}{N}\right\}\left\{\frac{ww}{L}\right\}}$$

式中：M_w——高差全中误差（mm）；

L——计算各闭合差时相对应的路线长度（km）；

N——附合路线或闭合路线环的条数。

临时水准点高程偏差不得超过 $\Delta h=\pm 20\sqrt{L}$，L 为水准点间距离（km）。当二、三等水准测量与国家水准点附合时，应进行正常水准面不平行修正。

6.2.3 桥梁施工测量

桥梁施工测量

桥梁施工测量的主要内容包括桥梁中线、桩基础、墩、台身测量和盖梁、支座垫石测设以及桥梁上部的测设等。其测设数据是根据平面控制点坐标和设计的墩、台中心等位置坐标利用坐标反算计算相应距离和坐标方位角，再将全站仪架设在桥梁控制网点上测设各细部点位。

6.2.3.1 基础施工测量

目前桥梁的基础，最常用的是明挖基础和桩基础。

1. 明挖基础的施工放样

明挖基础的构造如图 6-3 所示，它是在墩、台位置处挖出一个基坑，将坑底平整后，再灌筑基础及墩身。根据已经测设出的墩中心位置，纵、横轴线及基坑的长度和宽度，测设出基坑的边界线。在开挖基坑时，如坑壁需要有一定的坡度，则应根据基坑深度及坑壁坡度测设出开挖边界线。边坡桩至墩、台轴线的距离 D（图 6-4）依下式计算：

$$D=\frac{b}{2}+h\cdot m$$

式中：b——坑底的长度或宽度；

h——坑底与地面的高差；

m——坑壁坡度系数的分母。

明挖基础的基础部分、桩基的承台以及墩身的施工放样，都是先根据护桩测设出墩、台的纵、横轴线，再根据轴线设立模板。即在模板上标出中线位置，使模板中线与桥墩的纵、横轴线对齐，即为其应有的位置。

2. 桩基础的施工放样

桩基础是目前桥梁工程中最常采用的基础形式。根据施工方法的不同，桩基础可以分为打（压）入桩和钻（挖）孔桩。打（压）入桩基础是预先将桩预制完成，按设计图纸的位置及深度打（压）入地下；钻（挖）孔桩是按设计图纸在施工现场的设计位置上钻（挖）好桩孔，然后在桩孔内放入钢筋笼，并浇筑混凝土成桩。

桩基础的构造如图 6-5 所示，它是在基础的下部打入基桩，在桩群的上部灌筑承台，使桩和承台连成一体，再在承台以上修筑墩身。

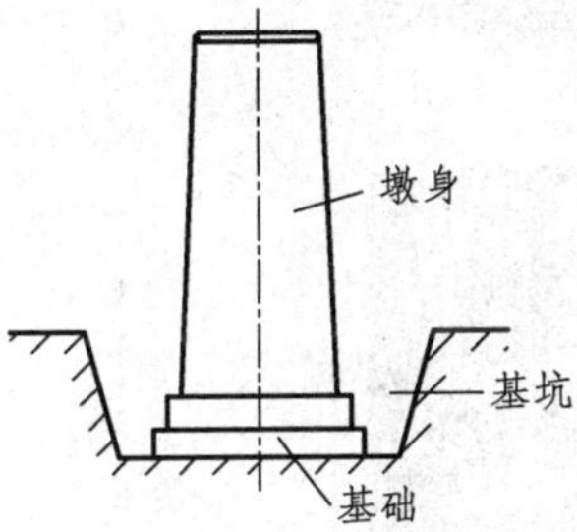

图 6-3　明挖基础

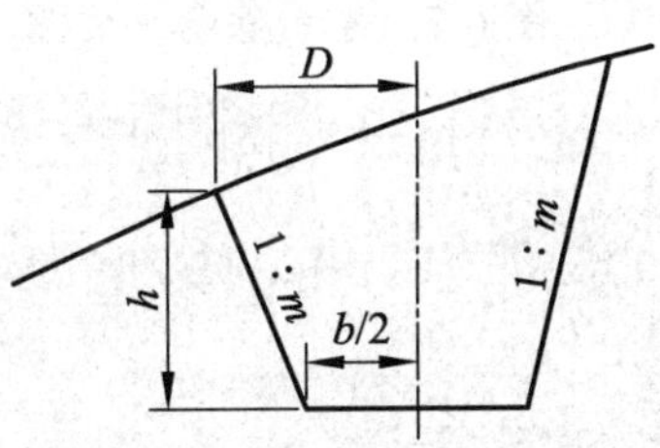

图 6-4　基础开挖

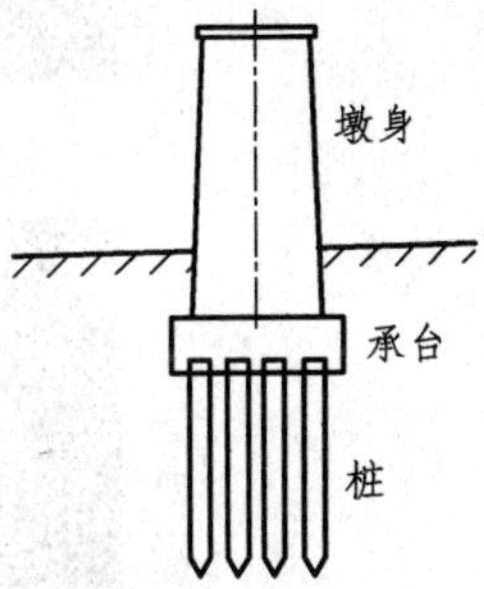

图 6-5　桩基础

桩基位置的放样如图 6-6 所示，它是根据设计图纸计算出各桩位坐标，再根据平面控制点采用极坐标测设各桩位。在基桩施工完成以后，承台修筑以前，应再次测定其位置，进行检查。

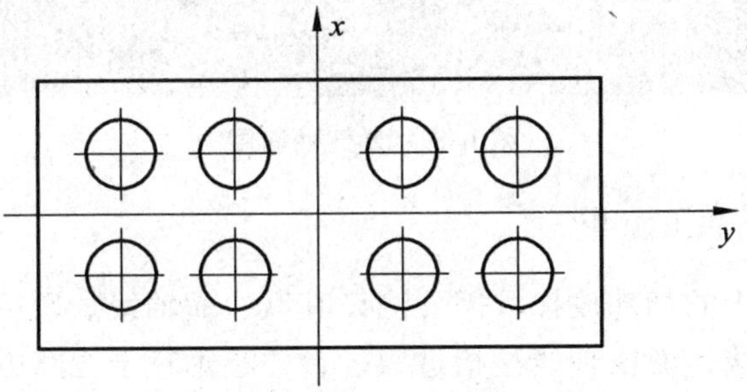

图 6-6　桩基平面图

6.2.3.2　承台施工测量

桩基砼达到设计强度后，进行基坑开挖。如图 6-7 所示，用全站仪极坐标法在桩头上放出桩位中心点，检核桩位偏差情况；而后根据桩位中心点放出承台轮廓线特征点，供承台模板使用，通过吊线法和水平靠尺进行模板安装；安装完成后，用全站仪测定模板四角顶口坐标，进行检查，直至符合规范和设计要求；再用水准仪进行承台顶面的高程放样，其精度应达到四等水准要求，并用红油漆标示出高程相应位置。绑扎承台钢筋时，必须将墩、台身纵向钢筋和承台钢筋进行预埋、连接，如图 6-8 所示。

图 6-7　承台底部平面图

图 6-8　墩身钢筋图

6.2.3.3　墩、台身施工测量

为了进行墩、台施工的细部放样，需要测设其纵、横轴线。所谓纵轴线是指过墩、台中心平行于线路方向的轴线，而横轴线是指过墩、台中心垂直于线路方向的轴线；桥台的横轴线是指桥台的胸墙线。

直线桥墩、台的纵轴线与线路中线的方向重合，在墩、台中心架设仪器，自线路中线方向测设 90°角，即为横轴线的方向（图 6-9）。

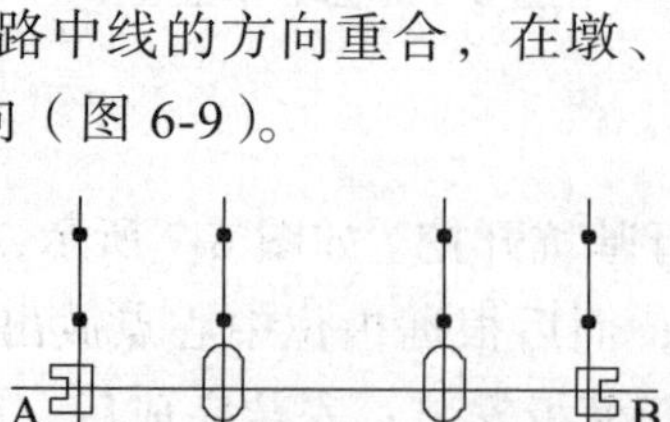

图 6-9　直线桥墩、台的纵轴线

曲线桥的墩、台轴线位于桥梁偏角的分角线上，在墩、台中心架设仪器，照准相邻的墩、台中心，测设$\alpha/2$角，即为纵轴线的方向。自纵轴线方向测设 90°角，即为横轴线方向（图 6-10）。

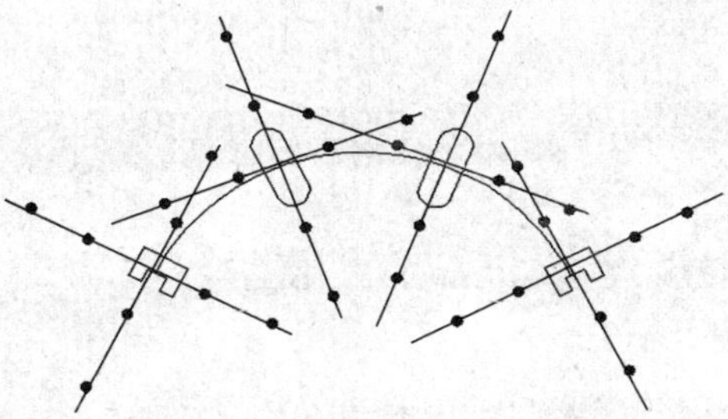

图 6-10　曲线桥的墩、台轴线

在承台施工完成以后，首先根据设计图纸计算出各桩位坐标，再将全站仪架设在平面控制点上，根据极坐标法计算出测设数据，将点位投测至承台砼上面，用油漆和钢钉标定点位，经过检查无误后交给作业队。作业队根据测设点位和图纸尺寸放承台、墩台身的边界位置，在墩台身浇筑混凝土之前，应检查墩台身平面位置、模板垂直度，在墩台身模板上标注高程位置，检查合格后方可浇筑混凝土。

6.2.3.4　盖梁施工测量（适用于预制梁）

墩身施工完成后，盖梁施工之前，需要在墩身上测设出墩身中心点。这项工作也是利用全站仪极坐标法进行测设，利用钢钉或红油漆做标记，再根据设计图纸放出盖梁平面位置，安装完成盖梁钢筋和模板后，用水准仪配合吊钢尺法或采用全站仪三角高程法进行盖梁高程测设和检核。如图 6-11 所示为盖梁钢筋绑扎完成。

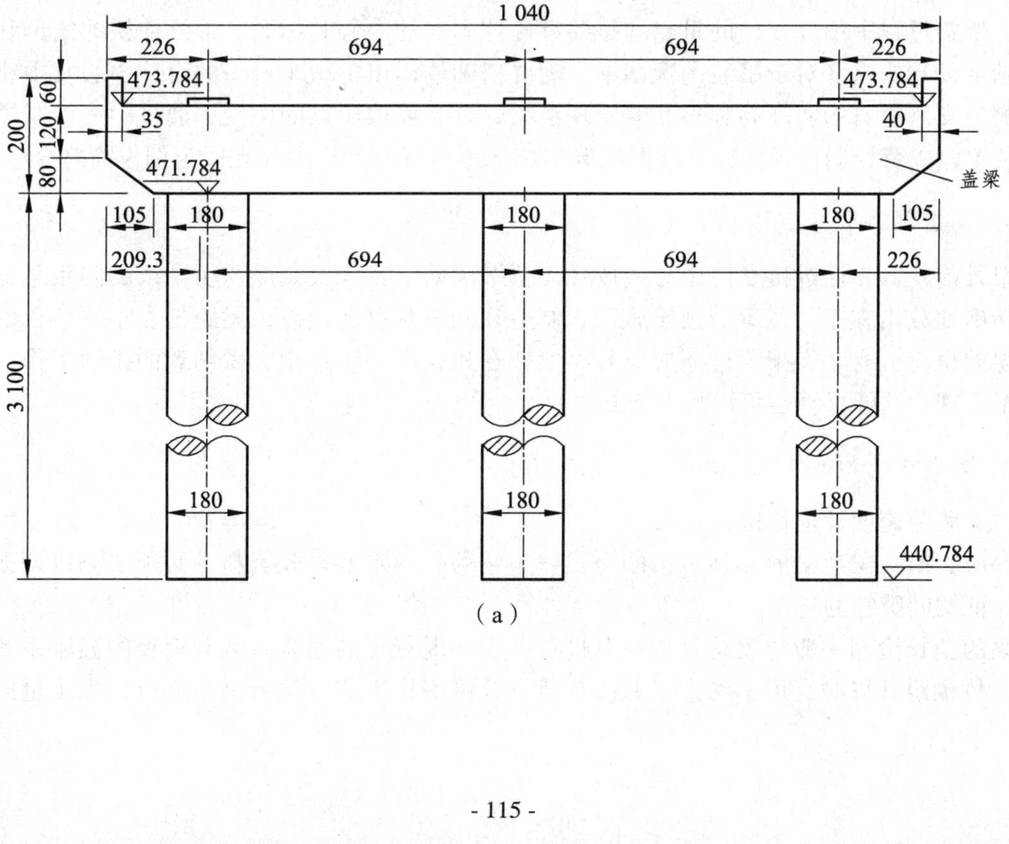

（a）

（b）

图 6-11　盖梁

6.2.3.5　支座垫石施工测量

用全站仪极坐标法放出支座垫石轮廓线的特征点，供模板安装。安装完成后，用全站仪进行模板四角口的坐标测量，直至符合设计和规范要求，用水准仪配合吊钢尺法或采用全站仪三角高程法进行支座垫石高程测设和检核，用红油漆标示出相应位置。待支座垫石施工完毕后，用全站仪极坐标法放出支座安装线供支座定位。

6.2.3.6　桥面施工测量

因桥梁上部构造和施工工艺的不同，其施工测量的内容及方法也有所差异；但不论何种方法，架梁过程中细部放样的重点均是要精确控制梁的中心和标高，最终使桥的线形和梁体受力满足设计要求。对于吊装的预制梁，需要精确放样出桥墩（台）的设计中心及中线，并精确测定支座垫石的实际高程；而对于现浇梁，首先要放出梁的中线，通过中线控制模板的水平位置，以及控制模板的标高使其精确定位。下面仅以预应力简支梁为例作简略介绍。

1. 架梁前的准备工作

架梁前，首先通过桥墩的中心线放样出桥墩顶面十字线及支座与桥中线的间距平行线，然后精确地放出支座的位置。由于施工、制造和测量都存在误差，梁跨的大小不一，墩跨间距的误差也有大有小，架梁前还应对号将梁架在相应墩的跨距中，做细致的排列工作，使误差分配合理，这样梁缝也可以均匀分布。

2. 架梁前的检查工作

（1）梁的跨度及全长检查。

预应力简支梁架梁前必须将梁的全长作为梁的一项重要验收资料，必须实测以期架到墩顶后保证梁间隙缝的宽度。

梁的全长检测一般与梁跨复测同时进行，由于混凝土的温胀系数与钢尺的温胀系数非常接近，故量距计算时，可不考虑温差改正值。检测工作最好在梁台坐上进行，先丈量梁底两侧支座板中心翼缘上的跨度冲孔点（在制梁时已冲好）间的跨度，然后用小钢尺，从该跨度点量至梁端边缘。同时量出梁的顶面全长，检查梁体顶、底部是否等长。方法是：从上述两侧的跨度冲孔点用弦线作出延长线，然后用线绳投影至梁顶，算出梁顶的跨度线点，从该点各向梁端边缘量出短距，即可得到梁顶的全长。

（2）梁体的顶宽及底宽检查。

顶宽及底宽检查，一般检查两个梁端、跨中及 1/4、3/4 跨距共 5 个断面，读数时以最小值为准，保证检测断面与梁中线垂直。

（3）梁体高度检查。

梁体高度检查断面同上，梁端可以用钢尺直接丈量，梁体中部采用水准仪正倒尺读数法求得。见图 6-12 所示，梁高 $h=h_1+h_2$。

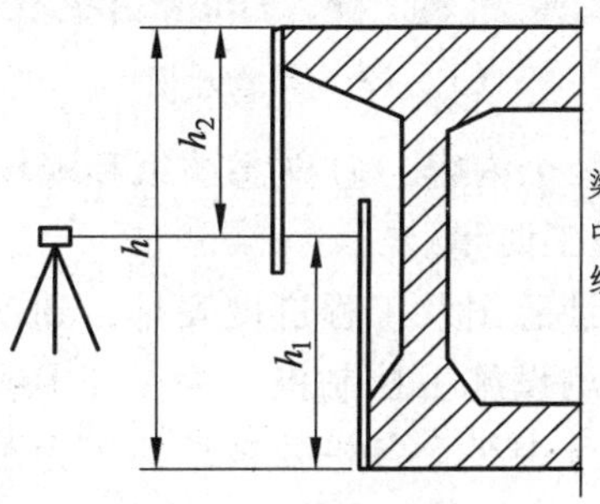

图 6-12　梁体高度测量

3. 梁架设到桥墩上后的支座调整

首先确定梁的允许误差，计算支座的调整值，并且考虑温差的影响；然后进行调整。

4. 桥面系的中线和水准测量

按梁面线路设计中线进行中线测设，直线段可以 20 m 测设一点，曲线 10 m 测设一点，采用全站仪极坐标法测设，并进行检核。梁体架设完成后，及时测设梁顶面的高程，计算梁面至设计桥面的高差。

当墩台发生沉降时，则在支座上设法抬高梁体，保证桥面的坡度，可以通过梁的实测结果来解决桥面系高程放样的问题。桥面水准可以采用 DS_3 或自动安平水准仪进行测量，精度达到四等即可。

6.3　管道工程测量

管道工程测量

管道工程包括给水排水管道、各种介质管道、长输管道等。管道工程测量是根据设计施工图纸，熟悉管线布置及工艺设计要求，按实际地形做好实测数据，绘制施工平面草图和断面草图，然后，按平、断面草图对管线进行测量、放线并对管线施工过程进行控制测量。在管线施工完毕后，绘制平、断面竣工图，如图 6-13 为一现场管道开挖图。

图 6-13　管道开挖

管道工程测量主要包括以下几个内容：① 熟悉图纸和现场情况；② 中线测量；③ 纵横断面测量；④ 管道施工测量；⑤ 竣工测量。

施工前的测量工作：了解设计意图及工程进度安排，到现场找到各交点桩、转点桩、里程桩及水准点位置，校核中线并测设施工控制桩。为保证中线位置准确可靠，应根据设计及测量数据进行复核，在施工时由于中线上各桩要被挖掉，为了便于恢复中线位置、引测方便和易于保存，应设置施工控制桩，施工控制桩分中线控制桩和位置控制桩。

为便于施工过程中引测高程，应根据原有水准点，在沿线附近每隔 150 m 增设一个临时水准点。

6.3.1　管道中线测量

管道中线测量就是根据设计图纸将管道中线位置测设于实地，并打下木桩，在木桩顶再订设小钢钉表示管线中线位置。其主要内容是管道主点测设、中桩测设、管道转向角测量以及里程桩手簿的绘制，所谓管道的主点指的是管道的起点、转向点、终点等，管道的主点位置及管道方向在设计时已经明确。

1. 主点测设数据的准备

（1）图解法。

当管道规划设计图的比例较大，管道主点附近有较为可靠的地物点时，可直接从设计图上量取数据。图解法受图解精度的影响，一般用在对管道中线精度要求不太高的情况下。

（2）解析法。

当管道规划设计图上已给出管道主点坐标，而且主点附近有测量控制点时，可以用解析法求出测设所需数据。在管道中线精度要求较高的情况下，均采用解析法确定测设数据。

图 6-14 中，*A*、*B*、*C*…为测量控制点，1、2、3…为管道规划的主点，根据控制点和主点的坐标，可以利用坐标反算公式计算出用极坐标法测设主点所需的距离和角度。

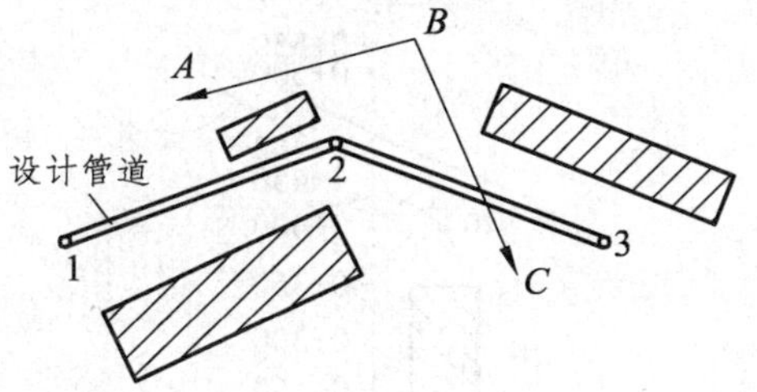

图 6-14　解析法

2. 主点的测设

管道主点测设一般是根据计算的数据，采用直角坐标法、极坐标法、角度交会法和距离交会法及 GPS-RTK 法等将管道主点在现场确定下来。具体测设时，各种方法可独立使用，也可相互配合。

主点测设完毕后，必须进行校核工作，检查主点放样是否正确。校核的方法是：通过主点的坐标，通过坐标反算，计算出相邻主点间的距离和角度，然后实地进行量测，看其是否满足工程的精度要求。

在管道建筑规模不大且无现成地形图可供参考时，也可由工程技术人员现场直接确定主点位置。

3. 管道中桩测设

从管道的起点开始，沿中线设置整桩和加桩，这项工作称为中桩测设。每隔某一整数设置一桩，这种桩叫整桩。整桩间距为 20 m、30 m 或 50 m。在整桩间如有地面坡度变化以及重要地物（铁路、公路、桥梁、旧有管道等）都应增设加桩。

整桩和加桩的桩号是该桩距离管道起点的里程，一般用红油漆写在木桩的侧面。例如某一加桩距管道起点的距离为 4 351.28 m，则其桩号为 4+351.28，即公里数+米数。不同管道起点为：给水管道以水源为起点，排水管道以下游出水口为起点，煤气、热力等管道以来气方向为起点，电力、电信管道以电源为起点，一般根据设计图纸进行计算确定。

4. 管道转向角测量

管道改变方向时，转变后的方向与原方向之间的夹角称为转向角（或称偏角），以 α 表示。转向角有左、右之分，偏转后的方向位于原来方向右侧时，称为右转向角；偏转后的方向位于原来方向左侧时，称为左转向角。

5. 绘制管线里程桩图

在中桩测设和转向角测量的同时，应将管线情况标绘在已有的地形图上，如无现成地形图，应将管道两侧带状地区的情况绘制成草图，这种图称为里程桩图（或里程桩手簿）。如图 6-15 为一排水（雨水）管道里程桩图，0+000 为管道起点，0+350 为管道转向点，转向后的管线仍按原直线方向绘出，要用箭头表示管道转折的方向，并注明转向角值，图中 α 为左转 40°，0+070 为地面加桩，0+130 为管道穿越公路的加桩。

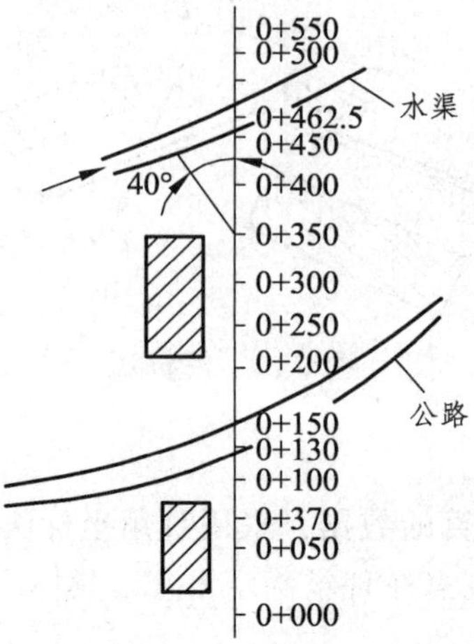

图 6-15　里程桩图

带状地形图的宽度一般以中线为准，左、右各 20 m，如遇建筑物，则需测绘到两侧建筑物，并用统一图示表示。测绘的方法主要用皮尺以距离交会法或以直角坐标法为主进行，也可用皮尺配合罗盘仪以极坐标法进行测绘。

当施工区有大比例尺地形图时，可以进行利用，某些地物和地貌直接从地形图上获取，以减小野外工作量，也可以直接在地形图上标注管道中线和中线各桩位置及编号。

6.3.2　纵横断面测量

6.3.2.1　水准点的布设

（1）一般在管道沿线每隔 1 ~ 2 km 设置一永久性水准点，作为全线高程的主要控制点；中间每隔 300 ~ 500 m 设置一临时性水准点，作为纵断面水准测量分别附合和施工时引测高程的依据。

（2）水准点应布设在便于引点，便于长期保存，且在施工范围以外的稳定建（构）筑物上。

（3）水准点的高程可用附合或闭合水准路线自高一级水准点、按四等水准测量的精度和要求进行引测。

6.3.2.2　纵断面水准测量

通常情况下，纵断面测量一般以相邻两已知水准点为一测段，从一个已知水准点出发，逐点测量各中桩的地面高程，再附合到另一个已知水准点上，进行检核。实际测量中，纵断面水准测量的视线长度可以适当放宽，采用中间点法测量较多，所谓中间点，即在两转点间的各桩。中间点的高程只是为了计算本点的高程，读数至厘米即可。由于转点起传递高程的作用，故转点上读数应读至毫米。图 6-16 为一纵断面水准测量，表 6-3 为记录手簿。

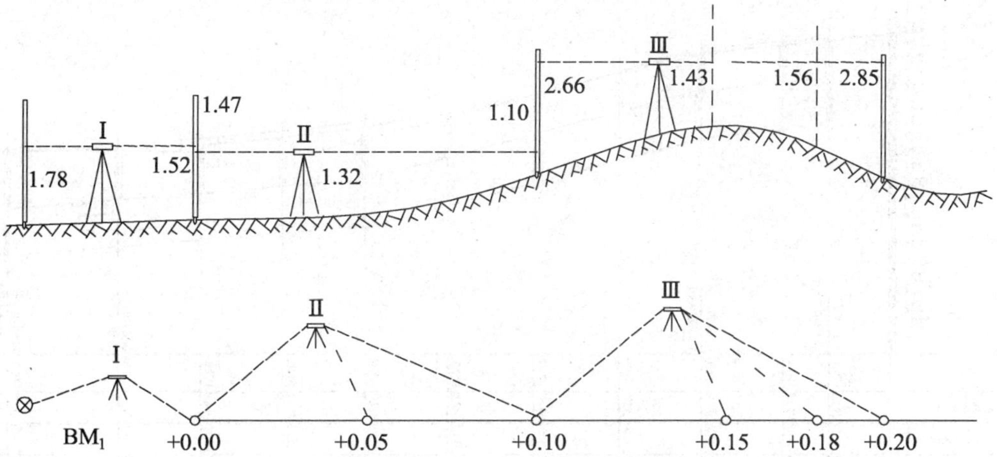

图 6-16　纵断面水准测量

表 6-3　管道纵断面水准测量记录手簿

测站	测　点	水准尺读数/m			视线高程/m	高程/m	备注
		后视	前视	中间点			
Ⅰ	BM1	1.566			430.308	428.742	水准点 BM$_1$=428.742
	0+000		1.523			428.785	
Ⅱ	0+000	1.471			430.256	428.785	
	0+050			1.32		428.936	
	0+100		1.102			429.154	
Ⅲ	0+100	2.663			431.817	429.154	
	0+150			1.43		430.387	
	0+182			1.56		430.257	
	0+200		2.853			428.964	

6.3.2.3　纵断面图的绘制

管道纵断面图一般绘制在毫米方格纸上或者利用南方 CASS 绘图软件及其他软件绘制，横坐标表示管道的里程桩号，纵坐标则表示对应里程的地面高程。横坐标（里程）比例尺一般为 1∶5 000、1∶2 000 和 1∶1 000，纵坐标（高程）比例尺有 1∶50、1∶100、1∶200 等。纵断面图一般分为上下两部分，上半部分绘制对应里程桩的原地面高程和管道设计高程，下半部分则填写管道设计的相关数据，如管道直径、管底高程等。

在方格纸上（目前主要采用 CAD 绘制）绘制管道纵断面图（图 6-17）步骤如下：

（1）在方格纸上绘制水平线，水平线以下各栏标注实测、设计和计算的数据，水平线上绘制管道的原地面高程和设计高程。

（2）填写数据，标注加桩和整桩的位置，注明各桩之间的距离，在地面高程栏内注记各桩的地面高程。

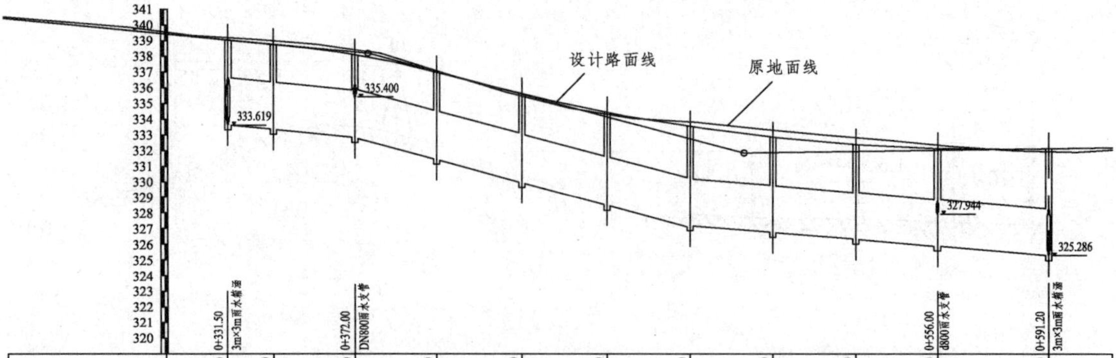

桩号	JK0+331.50	+346.00	+372.00	+398.00	+425.00	+452.00	+478.00	+504.00	+530.00	+556.00	JK0+591.20
原地面标高/m	339.199	339.005	338.406	337.072	335.448	334.306	333.832	333.312	332.830	332.364	331.945
设计地面标高/m	339.039	338.758	338.100	336.999	335.599	334.412	333.498	332.811	332.348	332.111	332.126
管内底标高/m	333.616	333.326	332.806	331.402	329.944	328.486	327.188	326.751	326.314	325.877	325.286
管道埋设深度/m	5.423	5.432	5.294	5.597	5.655	5.926	6.310	6.059	6.033	6.234	6.840
沟槽基底标高/m	333.116	332.826	332.306	330.902	329.444	327.986	326.688	326.251	325.814	325.377	324.786
沟槽开挖深度/m	6.083	6.179	6.100	6.170	6.004	6.320	7.144	7.061	7.016	6.987	7.160

管径 \ 坡度	Y4-10 — Y4-8	Y4-8 — Y4-4	Y4-4 — Y4-1	Y4-1 — Y1-23
坡度	−0.0200	−0.0540	−0.0168	−0.0168
管径	$B\times H$=3 000×3 000	$B\times H$=3 000×3 000	$B\times H$=3 000×3 000	$B\times H$=3 000×3 000

窨井编号	Y4-10	Y4-9	Y4-8	Y4-7	Y4-6	Y4-5	Y4-4	Y4-3	Y4-2	Y4-1	Y1-23
窨井间距		14.500	26.000	26.000	27.000	27.000	26.000	26.000	26.000	26.000	35.200

图 6-17　纵断面图

（3）在水平线上部，按高程比例尺，根据整桩和加桩的地面高程，在对应的位置上确定各点的位置，用直线连接，绘制地面纵断面图。

（4）根据设计要求，标注设计坡度线，坡度线之上注记坡度值，以千分数表示，线下注记该段坡度的水平距离。

（5）计算管底设计高程。管底高程是根据管道起点的管底高程、设计坡度以及各桩之间的距离，逐点推算出来的。

（6）根据管道设计高程，绘制管道设计线，即管道纵断面。

（7）计算管道的埋深。地面高程减去管底高程即是管道的埋深。

（8）在图上注记有关资料，如新、旧管道的连接和交叉处，以及和其他地下管道的交叉处，均需在图上绘出。

6.3.3　管道横断面图测绘

在中线各整桩和加桩处，垂直于中线的方向，测出两侧地形变化点至管道中线的距离和高差，依此绘制的断面图，称为横断面图。横断面反映的是垂直于管道中线方向的地面起伏情况，它是计算土石方和施工时确定开挖边界等的依据。

距离和高差的测量方法可用标杆皮尺法、水准仪皮尺法、经纬仪视距法等，详见第 5 章相关内容。

横断面图一般绘制在毫米方格纸上或者利用南方绘图 CASS 绘制。为了方便计算面积，横断面图的距离和高差采用相同的比例尺，通常为 1∶100 或 1∶200。绘图时，先在适当的位置标出中桩，注明桩号。然后，由中桩开始，按规定的比例分左、右两侧按测定的距离和高程，逐一展绘出各地形变化点，用直线把相邻点连接起来，即可绘出管道的横断面图。

依据纵断面的管底埋深、纵坡设计以及横断面上的中线两侧地形起伏，可以计算出管道施工时的土石方量。

横断面的宽度，取决于管道的直径和埋深，一般每侧为 20 m。

6.3.4 管道施工测量

6.3.4.1 明挖管道的施工测量

1. 准备工作

（1）校核中线。

施工测量前，应察看现场，必要时要用仪器实地检查原有中桩。已丢失或不稳定的，应进行恢复。

（2）测设施工控制桩。

施工控制桩分为中线控制桩和位置控制桩。中线控制桩是在中线的延长线上设置的木桩，位置控制桩是在中线垂直方向上所设置的木桩。

（3）加密水准点。

根据原有水准点，于沿线附近每隔约 150 m 左右增加一个临时水准点。临时水准点应在施工范围外，便于保存、便于测量。

（4）槽口放线。

根据管径的大小、埋置的深度以及土质情况等，计算出开槽宽度，并在地面上定出槽边线位置，撒上白灰线，作为开槽的依据。

$$B=b+2mh$$

其中：b 为槽底宽度；h 为中线的开挖深度；$1:m$ 为管槽的边坡坡度。

2. 施工测量

管道施工中测量的主要任务就是依据工程的进度，测设出控制中心线位置及开挖深度的标志。

（1）埋设坡度板并测设中线钉。

坡度板是一种常用的，在管道施工中既可控制中心线又可控制高程的标志。坡度板应每隔 10 ~ 15 m 跨槽埋设一个，遇到检修井等构筑物时应加埋。

（2）坡度钉的测设。

为控制沟槽开挖的深度，要测量出坡度板板顶的高程。板顶高程与相应的管底设计高程之差，就是从板顶向下挖土的深度。在坡度板上中线一侧钉一高程板（也称坡度立板），在高程板上测设一无头小钉（称坡度钉），使各坡度钉的连线平行于管道设计坡度线，并距管底设计高程为一整分米，这称为下反数。施工过程中，应随时检查槽底是否挖到设计高程，如挖深超过设计高程，绝不允许回填土，只能加高垫层。

6.3.4.2 顶管施工测量

顶管技术是一项用于市政施工的非开挖掘进式管道铺设施工技术。其优点在于不影响周围环境或者影响较小，施工场地小，噪声小，而且能够深入地下作业，这是开挖埋管无法比拟的优点；但是顶管技术也有缺点，如施工时间较长、工程造价高等。

顶管施工，在管道的一端和一定的长度内，先挖好工作坑，在坑内安置好导轨（铁轨或方木），将管材放在导轨上，然后用顶镐将管材沿所要求的方向顶进土中，并挖出管内的泥土，如图 6-18 所示为顶管竖井工作图。顶管施工比开槽施工要复杂，精度要求也高，测量的主要任务是控制好管道中线方向、高程和坡度。

图 6-18 顶管竖井工作图

1. 顶管测量的准备工作

（1）顶管中线桩的设置。

利用经纬仪将中线桩分别测设在工作坑的前后，让前后两个中线桩互相通视，然后在坑外的这两个中线桩上安置经纬仪，将中线方向投测至坑壁两侧，分别打入大木桩，作为顶管中线桩。

（2）设置坑内临时水准点。

为了控制管道按设计高程和坡度顶进，需将地面高程引入坑内，一般在坑内设置两个临时水准点，以便校核。

（3）安装导轨。

顶管时，坑内要安装导轨，以控制顶进方向和高程，导轨常用铁轨。导轨一般安装在方木或混凝土垫层上，垫层面的高程及纵坡应符合管道的设计值。根据导轨宽度安装导轨，根据顶管中线桩及临时水准点检查中心线和高程，无误后，将导轨固定。

2. 顶进过程中的测量工作

（1）中线测量。

在工作坑内壁顶管中线桩之间拉紧一条细线，细线上挂两垂球，贴靠两垂球线再拉紧一水平细线，即标明了顶管的中线方向。

在管内前端横置一根小水平木尺，中央用小钉表示中心位置零，顶管时以水准器将尺放平，尺的中心点即位于管子的中心线上。通过拉入管内的细线与小水平尺的小钉比较，如细线通过水平木尺的零点，说明顶管顶进方向正确；如偏离，则在木尺上可读出偏离方向与数值，一般偏差允许值为±1.5 cm，如超限须进行校正。中线测量以管子每顶进 0.5 ~ 1.0 m 进行一次。

（2）高程测量。

在工作坑内安置水准仪，以临时水准点为后视，在管子内立一小水准尺作为前视，即可求得管内某待测点高程。待测点高程与管底的设计高程相较差应小于±1 cm。规定管子每顶进 0.5 m，即需进行一次中线和高程的检查。当距离较长时，需分段施工，每 100 m 设置一个基坑，采用对向顶管的方法，在贯通时管子错口不得超过 3 cm。

6.3.5 管道竣工测量

管道工程竣工后，为了准确掌握管道的位置，评定工程施工的质量，也为了城市管道管理部门对管道进行管理、维修，以及为未来改建管道提供可靠的数据，必须及时进行管道竣工测量。

管道竣工测量包括管道竣工带状平面图和管道竣工断面图的测绘。

竣工平面图主要测绘管道的起点、转折点和终点，检查井的位置及附属构筑物的平面位置和高程。例如管道及其附属构筑物等与附近重要、明显地物的平面位置关系，管道转折点及重要构筑物的坐标等。平面图的测绘宽度依需要而定，一般应至道路两侧第一排建筑物外 20 m，比例尺一般选择 1∶500 ~ 1∶2 000。

管道竣工纵断面图反映管道及其附属物的高程和坡度，一般在管道回填土之前进行，用水准仪测定检查井口和管顶的高程，管底高程由管顶高程和管径、管壁厚度计算求得，检修井之间的距离可用钢尺丈量或利用全站仪测得。

随着 GIS 技术和相关软件技术以及计算机的高速发展，城市地下管道信息可视化是未来城市地下管道管理的发展目标。它利用 GIS 平台和 VR（虚拟现实）技术，对管道之间交叉、内部结构、周边建筑空间位置信息，可以有效实现管道真实的现场效果，将会对管道测量工作提出更高的要求，也可能改变管道的传统测量方法和竣工测量要求。

6.4 地铁工程测量

地铁，通常指地下铁路，狭义上专指以在地底运行为主的城市铁路系统或捷运系统。世界上首条地下铁路系统是在 1863 年开通的伦敦大都会铁路，是为了解决当时伦敦的交通堵塞问题而建的，当时电力尚未普及，所以即使是地下铁路也只能用蒸汽机车。现存最早的钻挖式地下铁路则在 1890 年开通，亦位于伦敦，连接市中心与南部地区。最初铁路的建造者计划使用类似缆车的推动方法，但最后用了电力机车，使其成为第一条电动地下铁路。中国第一条地铁线路始建于 1965 年 7 月 1 日，1969 年 10 月 1 日建成通车，使北京成为中国第一个拥有地铁的城市。北京修建地铁，最初完全是为了备战。我国地铁交通主要经历了三个发展阶段。

起步阶段（1965—1997 年）：城市化率处于较低水平，国家经济实力有限，地铁建设基本限于核心城市北京和上海，除此之外仅天津建成地铁 1 号线。截至 1997 年 7 月，全国共建成运营线路 4 条。

发展阶段（1997—2004 年）：城市化进程加快，主要城市规模增长，经济实力增强；城市地面交通问题逐步显现，环境污染日益严重。地铁作为缓解城市交通压力、降低运输能耗、减少环境污染的国际通行手段，已具备内在需求和外部经济实力保障，发展步伐开始加快。截至 2004 年底，拥有地铁的城市增加到 7 个，北京、上海在这一时期继续进行新线和老线延伸建设工作。

提速阶段（2005 年至今）：城市化率显著提高，经济实力进一步提升，地铁成为经济发展较快的大城市公共交通建设的重要内容，地铁运营网络初具规模，运量和网络密度仍远低于世界主要大城市。截至 2019 年底，我国已有北京、上海、广州、深圳等 43 个城市拥有地铁交通线路 201（不含有轨电车、香港轻铁）条，运营总里程 6 257 km。我国地铁运营里程正处于快速增长期，按照发达国家的建设经验，这一阶段将伴随整个城市化进程持续存在。

6.4.1 地面控制测量

6.4.1.1 地面平面控制测量

地铁工程平面控制网由两个等级组成，一等为卫星定位控制网（即 GPS 首级控制网），二等为精密导线网组成，并分级布设，均由地铁设计单位进行布设。平面控制网的坐标系统应与所在城市现有坐标系统一致。投影面高程应与城市现有坐标系统投影面高程一致，若地铁工程线路轨道的平均高程与城市投影面高程的高差影响每千米大于 5 mm 时，应采用其线路轨道平均高程作为投影面高程。

向隧道内传递坐标和方位时应在每个井（洞）口或车站附近至少布设三个平面控制点作为联系测量的依据。对已建成的卫星定位控制网和精密导线网应定期进行复测。第一次复测应在开工前进行，之后应每年或两年复测 1 次，且应根据控制点稳定情况适当调整复测频次，复测精度不应低于初测精度。

1. 卫星定位控制网

卫星定位控制网测量前应根据城市轨道交通线路规划设计，收集、分析线路沿线现有城市控制网的标石、精度等有关资料，并按静态相对定位原理布网。卫星定位控制网的主要技术指标应符合表 6-4 的规定。

表 6-4 卫星定位控制网的主要技术指标

平均边长/km	最弱点的点位中误差/mm	相邻点的相对点位中误差/mm	最弱边的相对中误差	与现有城市控制点的坐标较差/mm	不同线路控制网重合点坐标较差/mm
2	±12	±10	1/100 000	≤50	≤25

卫星定位控制网的布设应遵守以下原则：

（1）卫星定位控制网内应重合 3 ~ 5 个现有城市一、二等控制点，控制点应均匀分布。在不同线路交叉有联络线处或同一线路前后期工程衔接处应布设 2 个以上的重合点，重合点坐标较差应满足表 6-4 的相关要求。

（2）卫星定位控制网应沿线路两侧布设，控制点宜布设在隧道出入口、竖井或车站附近，车辆段附近应布设 3 ~ 5 个控制点，相邻控制点应满足通视要求。

（3）卫星定位控制网非同步独立观测时必须构成闭合环或附合路线，每个闭合环或附合路线中的边数不应大于 6 条。

卫星定位控制点均应埋设永久标石，建筑顶上的标石可现场浇注。标石按规范样式和规格埋设。埋石结束后应绘制点之记，点位标石应牢固清楚，并应办理测量标志委托保管书。

2. 精密导线网

精密导线网起算于 GPS 首级控制网，精密导线网测量的主要技术要求应符合表 6-5 的规定。

表 6-5　精密导线网测量的主要技术要求

平均边长/m	闭合环或附合导线长度/km	每边测距中误差/mm	测角中误差/(″)	水平角测回数		边长测回数	方位角闭合差/(″)	全长相对闭合差	相邻点的相对点位中误差/mm
				Ⅰ级全站仪	Ⅱ级全站仪	Ⅰ、Ⅱ级全站仪			
350	3 ~ 4	±4	±2.5	4	6	往返测距各 2 测回	$\pm5\sqrt{n}$	1/35 000	±8

其中：n 为导线的角度个数，一般不超 12；附合导线路线超长时宜布设结点导线网，结点间角度个数不超过 8 个。

地铁工程平面控制网的二等网，其测量技术要求与国家和城市现行规范中的四等导线基本一致，主要是缩短了导线总长度与导线边长，提高了点位精度。精密导线网沿着地铁线路方向布设，并应布设成附合导线、闭合导线或结点导线网的形式。精密导线网计算应采用严密平差方法，精度要满足表 6-5 的要求。相邻导线点间以及导线点与其相连的 GPS 卫星定位点之间的垂直角不应大于 30°，视线离障碍物的距离不应小于 1.5 m，避免旁遮光的影响。

平面控制网的坐标系统应与所在城市现有坐标系统一致。投影面高程应与城市现有坐标系统投影面高程一致，若地铁工程线路轨道的平均高程与城市投影面高程的高差影响每千米大于 5 mm 时，应采用其线路轨道平均高程作为投影面高程。

精密导线网测量结束后应提交下列资料：

① 技术设计书；

② 外业观测记录与内业计算成果；

③ 导线网示意图；

④ 导线点点之记；

⑤ 导线点坐标及其精度评定成果表；

⑥ 技术总结。

3. 加密导线网

施工单位根据 GPS 首级控制网和精密导线点进行加密，加密等级不低于精密导线网等级，达到满足地铁施工测量的需要，进行施工测量放样。

6.4.1.2 地面高程控制测量

高程控制网为水准网，应分两个等级布设，一等水准网是与城市二等水准精度一致的水准网，二等水准网是加密的水准网。水准网应沿线路附近布设成附合线路、闭合线路或结点网。二等水准点间距平均 800 m，联测城市一、二等水准点的总数不应少于 3 个，要求均匀分布，水准网测量的主要技术要求见表 6-6，其中：L 为往返测段、附合或环线的路线长（以 km 计）；采用数字水准仪测量的技术要求与同等级的光学水准仪测量技术要求相同。

表 6-6 水准网测量的主要技术要求

水准测量等级	每千米高差中数中误差/mm		附合水准路线平均长度/km	水准仪等级	水准尺	观测次数		往返较差、符合或环线闭合差/mm
	偶然中误差 M	全中误差 M				与已知点联测	附合或环线	
一等	±1	± 2	35 ~ 45	DS_1	因瓦尺或条码尺	往返测各 1 次	往返测各 1 次	±4
二等	±2	± 4	2 ~ 4	DS_1	因瓦尺或条码尺	往返测各 1 次	往返测各 1 次	±8

水准点应选在施工影响的变形区域以外稳固，便于寻找、保存和引测的地方，每隔 3 km 埋设 1 个深桩或基岩水准点，车站、竖井及车辆段附近水准点布设数量不应少于 2 个。

当水准路线跨越江、河、湖塘且视线长度小于 100 m 时，可采用一般水准测量方法进行观测；视线长度大于 100 m 时，应进行跨河水准测量。跨河水准测量可采用光学测微法、倾斜螺旋法、经纬仪倾角法和光电测距三角高程法等，其技术要求应符合现行国家标准《国家一、二等水准测量规范》GB/T 12897 的相关规定。

作业前应对所使用的水准测量仪器和标尺进行常规检查与校正。水准仪 i 角检查在作业第一周内应每天进行 1 次，稳定后可半月进行 1 次。一等水准测量仪器 i 角应小于或等于 15″，二等水准测量仪器 i 角应小于或等于 20″。

对已建成的水准网应定期进行复测，第一次复测应在开工前进行，之后应每年复测 1 次，且应根据点位稳定情况适当调整复测频次。复测精度不应低于原测精度，高程较差不应大于 $\sqrt{2}$ 倍高程中误差，当水准点标石被破坏时，应重新埋设，复测时统一观测。

一等及二等水准网测量的观测方法为：

往测　奇数站上后—前—前—后

　　　偶数站上前—后—后—前

返测　奇数站上前—后—后—前

　　　偶数站上后—前—前—后

使用数字水准仪应将有关参数、限差预先输入并选择自动观测模式，水准路线应避开强电磁场的干扰。一等水准每一测段的往测和返测，宜分别在上午、下午进行，也可在夜间观测。由往测转向返测时两根水准尺必须互换位置，并应重新整置仪器。

水准网测量结束后应提交下列资料：

① 技术设计书；

② 水准网示意图；

③ 外业观测手簿及仪器检验资料；

④ 点之记及水准点委托保管文件；

⑤ 高程成果表和精度评定等资料；

⑥ 技术总结。

6.4.2 竖井联系测量

竖井联系测量包括：地面近井导线测量和高程联系测量，通过竖井、斜井、平峒、钻孔的定向测量和传递高程测量。

竖井联系测量

地面近井点可直接利用卫星定位点和精密导线点测设，需进行导线点加密时地面近井点与精密导线点应构成附合导线或闭合导线。近井导线总长一般不超过 350 m，导线边数不超过 5 条。

隧道贯通前的联系测量工作不应少于 3 次，在隧道掘进到 100 m、300 m 以及距贯通面 100 ~ 200 m 时分别进行一次。当地下起始边方位角较差小于 12″时可取各次测量成果的平均值作为后续测量的起算数据指导隧道贯通。

定向测量的地下定向边不应少于 2 条，传递高程的地下近井高程点不应少于 2 个，作业前应对地下定向边和高程点的几何关系进行检核。

贯通面一侧的隧道长度大于 1 500 m 时，增加联系测量次数或采用高精度联系测量方法等提高定向测量精度。

6.4.2.1 地面近井导线测量方法

1. 联系三角形测量

联系三角形测量适用于井口比较小、竖井又比较深的情况。

每次定向应独立进行三次并取三次平均值作为最终定向成果。在同一竖井内可悬挂两根钢丝组成联系三角形，有条件时应悬挂三根钢丝组成双联系三角形。

联系三角形测量边长测量采用光电测距或经检定的钢尺丈量每次应独立测量三测回，每测回读三次数，各测回较差应小于 1 mm。地上与地下丈量的钢丝间距较差应小于 2 mm。钢尺丈量时应施加钢尺鉴定时的拉力、倾斜、温度、尺长改正。

角度观测应采用不低于Ⅱ级全站仪，用方向观测法观测 6 测回，测角中误差应在 2.5″之内。

联系三角形定向推算的地下起始边方位角的较差应小于 12″，方位角平均值中误差应在 8″之内，联系三角形测量有一井定向和两井定向。

（1）一井定向。

① 一井定向的原理。

在同一竖井内悬挂两根钢丝线，在井上和井下各选择一连接点，同时与两根钢丝进行联系，分别组成三角形，如图 6-19 所示，该图上部为立面图，下面为平面图。图中 AA'、BB'为钢丝线，CC'为上下连接点，DD'为井上、下控制点。

A 和 A'、B 和 B'坐标 XY 相同，AB 和 $A'B'$坐标方位角相等，如图 6-19，$\triangle CAB$ 和$\triangle C'A'B'$ 共用 AB 边，井上和井下两个三角形通过一个共边组成连接三角形，根据相关条件，可以求出井下导线起始点的坐标和起始边的坐标方位角。

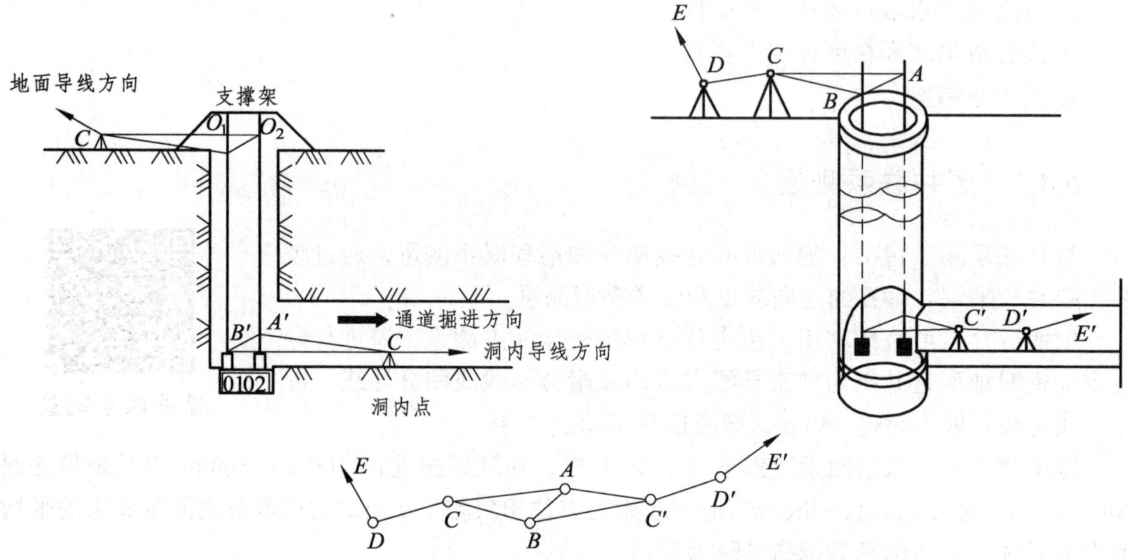

图 6-19　一井定向原理

② 一井定向的外业工作。

a. 在竖井悬挂两根钢丝，钢丝间的距离 c 应尽可能长，宜选用直径为 0.3 mm 钢丝，下端悬挂 10 kg 重锤，重锤应浸没在阻尼液中，在两根钢丝上下适当位置分别贴上反射片，如图 6-20。特别需要注意的是：两根钢丝的方向需与隧道方向一致。

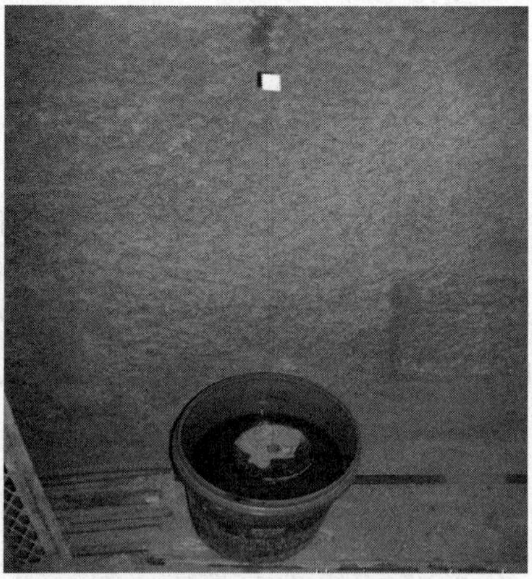

图 6-20　带反光镜的钢丝

b. 测量近井导线点坐标，近井导线最短边长不应小于 50 m，近井点与精密导线点应构成附合导线或闭合导线。

c. 假设全站仪于井口某一导线点上，如图 6-21，该导线点与两根钢丝应形成直伸形三角形，联系三角形锐角宜小于 1°，近井导线点至悬挂钢丝的最短距离与两根钢丝间距离 c 的比值宜小于 1.5。

图 6-21　全站仪架设于地上导线点

d. 用全站仪分别测量两根钢丝的反射片，观测量主要是全站仪至两个反射片的平距和水平角，由于距离较短，不需要做相关改正。

e. 在井下使用同样方法，架设全站仪于某一导线点上，如图 6-22，与两根导线形成直伸形三角形，几何关系要求同井上的联系三角形。在井下宜观测两个前视棱镜，以作检核。

图 6-22　全站仪架设于井内导线点

f. 测量时，竖井旁机械设备应停止运行，并记录气压、温度、湿度等值。

g. 数据处理：推算地下定向边的方位角和导线点的坐标，计算井上井下两根钢丝间距离，距离较差应小于 2 mm。

③一井定向的内业工作。

内业计算之前，对外业测量数据进行检查，经检查合格后，才可以计算。内业计算有连

接三角形中 α 和 β 角的计算以及井下导线起始点的坐标计算。

a. 计算 α 和 β 角，根据正弦定理计算：

$$\sin\alpha=\frac{a}{c}\sin\gamma$$

$$\sin\beta=\frac{b}{c}\sin\gamma$$

b. 定向边坐标方位角的计算。

根据地面起始边坐标方位角以及实测连接角、实测锐角、计算角值推算地下起始导线的坐标方位角。

c. 地下导线起始点的坐标计算。

由地面控制点起，按导线传递选择一条推算路线，包括地面连接点、垂线点、井下连接点以及井下导线起始点，计算井下导线起始点的坐标，其计算方法同导线计算，就是支导线计算。

（2）两井定向。

两井定向是在两施工竖井（或钻孔）中分别悬挂一根钢丝，与一井定向相比，由于两钢丝间的距离大大增加了，因而减少了投点误差引起的方向误差，有利于提高地下导线的精度，这是两井定向的主要优点；其次是两井定向外业测量简单，占用竖井的时间较短。

两井定向时，利用地面上布设的近井点或地面控制点采用导线测量或其他测量方法测定两钢丝的平面坐标值。在地下隧道中，将已布设的地下导线与竖井中的钢丝联测，即可将地面坐标系中的坐标与方向传递到地下去，经计算求得地下导线各点的坐标与导线边的方位角。

在地面上采用导线测量测定两根钢丝的坐标，在地下使地下导线的两端点分别与两根钢丝联测，这样就组成一个附合图形，如图 6-23。在这个图形中，两根钢丝处缺少两个连接角，这样的地下导线是无起始方向角的，故称它为无定向导线，按无定向附合导线计算步骤和方法计算出各点的坐标及方位角即可。

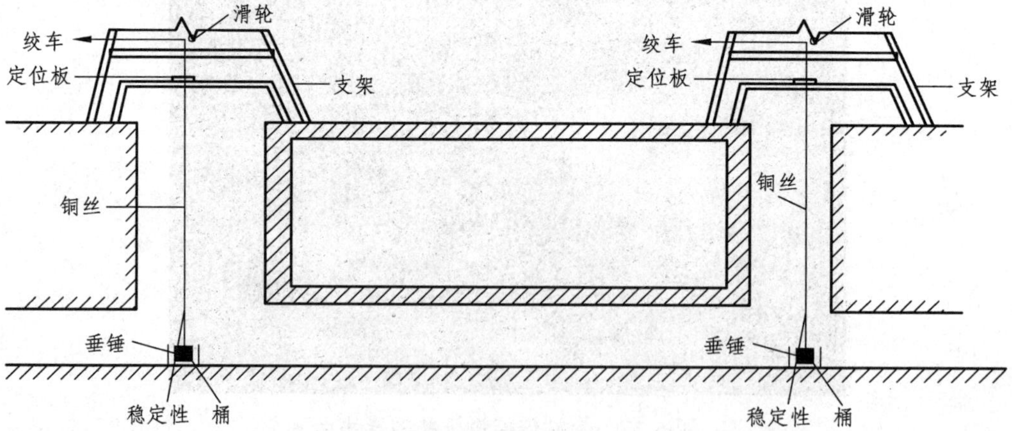

图 6-23　两井定向原理

2. 陀螺经纬仪、铅垂仪（钢丝）组合定向测量

地下定向边的陀螺方位角测量每次应测三测回，测回间陀螺方位角较差应小于 20″。隧道贯通前同一定向边陀螺方位角测量应独立进行三次，三次定向陀螺方位角较差应小于 12″，三次定向陀螺方位角平均值中误差应为 8″。

隧道内定向边边长应大于 60 m，视线距隧道边墙的距离应大于 0.5 m。陀螺经纬仪、铅垂仪（钢丝）组合每次定向应在 3 d 内完成。陀螺方位角测量可采用逆转点法、中天法等。陀螺经纬仪、铅垂仪组合定向见图 6-24 所示。

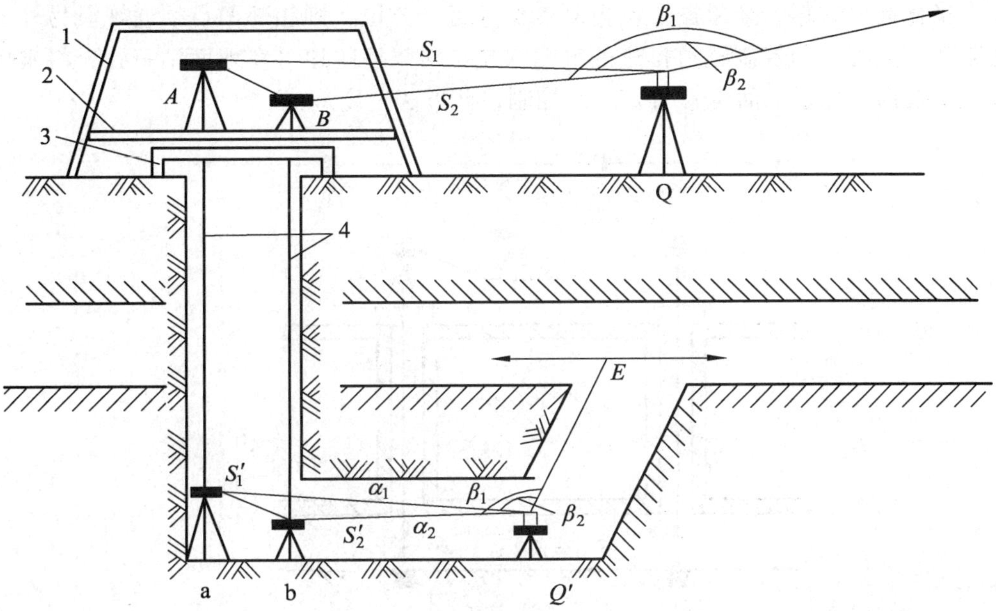

1—井架；2—仪器台；3—井台；4—视线；

Q—地面上近井点；Q'—地下近井点；A、B—铅垂仪位置；a、b—井底测量点位；β_1、β_2—地面观测角度；

β_1'、β_2'—地下观测角度；S_1、S_2—地面测量距离；S_1'、S_2'—地下测量距离；

α_1、α_2—陀螺方位角；$Q'E$—地下方位角起算边。

图 6-24　陀螺经纬仪、铅垂仪组合定向

3. 导线直接传递测量

如图 6-25，导线直接传递测量独立测量两次，地下定向边方位角互差应小于 12″，平均值中误差应为 8″，导线边长必须对向观测。导线直接传递法是导线测量方法将坐标和方位直接传递到地下或隧道内的联系测量方法，较适合于井口大、深度浅等条件的明挖车站或明挖隧道，也适合于出入隧道的斜井。此方法工作量小、精度高且简单易行，在具备条件时应用较多。

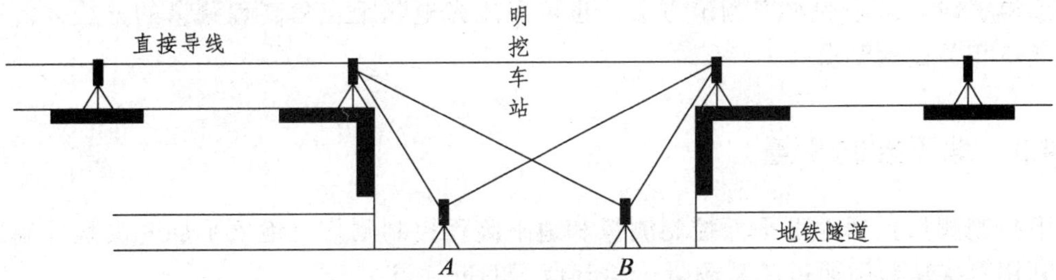

图 6-25　导线直接传递坐标测量

4. 投点定向测量

如图 6-26，在现有施工竖井搭设的平台或地面钻孔上架设铅垂仪、钢丝等向井下投点，进行定向测量。投点定向测量所使用的投点仪精度不应低于 1/30 000。投测的两点应相互通视，

其间距应大于 60 m。架设铅垂仪进行投点定向测量时，应独立进行两次，每次应在基座旋转120°的三个位置，对铅垂仪的平面坐标各测一测回，架设钢丝时应独立测量三次。

该方法利用车站两端的下料口、出土井等，采用垂准仪或垂线直接将坐标传递到隧道内，作为地下坐标起算数据，如果需要所投测点作为起算方位，则相邻两点须通视。另外，当隧道贯通距离较长时，为控制隧道掘进的方向误差，对浅埋隧道可在地面钻一孔，将坐标直接传入地下隧道内，加强平面位置与方向的控制，此方法精度最优。

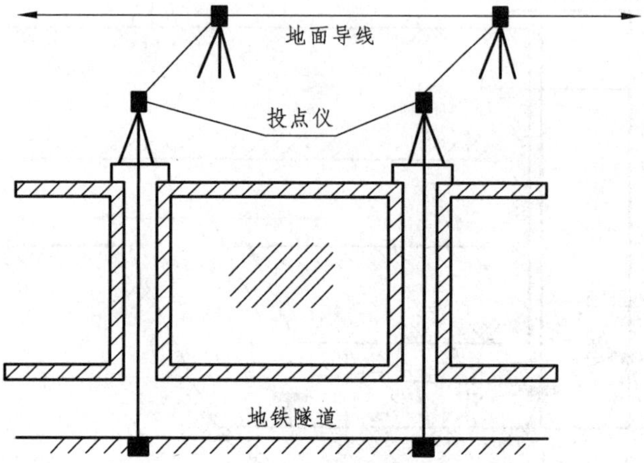

图 6-26　投点定向测量

6.4.2.2　高程联系测量

高程联系测量应包括地面近井水准测量、高程传递测量以及地下近井水准测量。地面近井水准路线附合在地面二等水准点上，传递高程测量方法有：① 悬挂钢尺法；② 光电测距三角高程法；③ 水准测量法。

利用悬挂钢尺的方法进行高程传递测量时，地上和地下安置的两台水准仪应同时读数并应在钢尺上悬挂与钢尺鉴定时相同质量的重锤。传递高程时每次应独立观测三测回，测回间应变动仪器高，三测回测得地上、地下水准点间的高差较差应小于 3 mm。高差应进行温度、尺长改正，当井深超过 50 m 时应进行钢尺自重张力改正。明挖施工或暗挖施工通过斜井进行高程传递测量时，可采用水准测量方法，也可采用光电测距三角高程测量的方法，要满足二等水准测量相关技术要求。

6.4.3　地下控制测量

地下控制测量包括地下平面控制测量和地下高程控制测量，地下平面和高程控制测量起算点应利用直接从地面通过联系测量传递到地下的近井点。

6.4.3.1　地下平面控制测量

地下工程平面控制测量的主要任务是测定各洞口控制点的平面位置，以便根据洞口控制点将设计方向导向地下，指引隧道开挖，并能按规定的精度进行贯通。从隧道掘进起始点开始，直线隧道每掘进 200 m 或曲线隧道每掘进 100 m 时应布设地下平面控制点，并进行地下平面控制测量。隧道内控制点间平均边长宜为 150 m，曲线隧道控制点间距不应小于 60 m。控制点点位应避开强光源、热源、淋水等地方，控制点间视线距隧道壁应大于 0.5 m。

平面控制测量主要采用导线测量等方法，导线测量应使用不低于Ⅱ级的全站仪施测。左右角各观测两测回，左右角平均值之和与 360°较差应小于 4″；边长往返观测各两测回，往返平均值较差应小于 4 mm；测角中误差应为±2.5″，测距中误差应为±3 mm。

每次延伸控制导线前，应对已有的控制导线点进行检测，并从稳定的控制点进行延伸测量。

6.4.3.2 地下高程控制测量

高程控制测量应采用二等水准测量方法，并应起算于地下近井水准点。高程控制点可利用地下导线点，单独埋设时宜每 200 m 埋设一个。地下高程控制测量的方法和精度，应符合二等水准测量要求。

水准测量应在隧道贯通前进行三次，并应与传递高程测量同步进行。重复测量的高程点间的高程较差应小于 5 mm，满足要求时，应取逐次平均值作为控制点的最终成果指导隧道掘进。

相邻竖井间或相邻车站间隧道贯通后，地下高程控制点应构成附合水准路线。

水准测量应选择连接洞口最平坦和最短的线路，以期达到设站少、观测快、精度高的要求。每一洞口埋设的水准点应不少于两个，且以安置一次水准仪即可联测为宜。两端洞口之间的距离大于 1 km 时，应在中间增设临时水准点。

洞内水准线路也是支水准线路，除应往返观测外，还须经常进行复测。

6.4.4 结构断面测量

分区、分段施工的线路土建结构工程完成后应对隧道、车站和高架桥的结构横断面和底板纵断面等进行测量。结构横断面测量可采用支距法、全站仪解析法、断面仪法、摄影测量等方法。

结构横断面及底板纵断面测量应以贯通平差后的施工平面和高程控制点及调整后的线路中线点为依据，按设计或工程需要进行。直线段每 6 m、曲线段每 5 m 测量一个横断面，底板高程点结构横断面变化处和施工偏差较大段应加测断面。

结构横断面测量点的位置，应为建筑限界控制点或设计指定位置的断面点。横断面里程中误差应为±50 mm，断面点与线路中线法距离的测量中误差应为±10 mm，断面点高程的测量中误差应为±20 mm。底板纵断面高程点可使用不低于 DS_3 级的水准仪测量，里程中误差应为±50 mm，高程测量中误差应为±10 mm。

6.4.5 盾构法

盾构法是隧道施工采用的一项综合性施工技术，它是将隧道的定向掘进、运输、衬砌、安装等各工种组合成一体的施工方法。其工作深度可以很深，不受地面建筑和交通的影响，机械化和自动化程度很高，是一种先进的土层隧道施工方法，广泛用于城市地下铁道、越江隧道等工程的施工中。

盾构的标准外形是圆筒形，也有矩形、半圆形等与隧道断面相近的特殊形状。切口环是盾构掘进的前沿部分，利用沿盾构圆环四周均匀布置的推进千斤顶，顶住已拼装完成的衬砌管片（钢筋混凝土预制），使盾构向前推进，如图 6-27 为盾构机。

图 6-27　盾构机（正面）

盾构施工测量主要是控制盾构的位置和推进方向。利用洞内导线点测定盾构的位置（当前空间位置和轴线方向），用激光经纬仪或激光定向仪指示推进方向，用千斤顶编组施以不同的推力，进行纠偏，即调整盾构的位置和推进方向，如图 6-28 为安装完管片后的地铁内景。

图 6-28　地铁内景

6.4.6 隧道竣工测量

隧道工程竣工后，为了检查工程是否符合设计要求，并为设备安装和运营管理提供基础信息，需要进行竣工测量，绘制竣工图。由于隧道工程是在地下，因此隧道竣工测量具有独特之处。

验收时检测隧道中心线，在隧道直线段每隔 50 m、曲线段每隔 20 m 检测一点。地下永久性水准点至少设置两个，长隧道中每千米设置一个。

隧道竣工时，还要进行纵断面测量和横断面测量。纵断面应沿中线方向测定底板和拱顶高程，每隔 10 ~ 20 m 测一点，绘出竣工纵断面图，在图上套绘设计坡度线进行比较。直线隧道每隔 10 m、曲线隧道每隔 5 m 测一个横断面，横断面测量可以用直角坐标法或极坐标法。

6.5 盾构施工测量

6.5.1 盾构机

盾构机是一种隧道掘进的专用工程机械，现代盾构掘进机集光、机、电、液、传感、信息技术于一体，具有开挖切削土体、输送土渣、拼装隧道衬砌、测量导向纠偏等功能，涉及地质、土木、机械、力学、液压、电气、控制、测量等多门学科技术，而且要按照不同的地质进行“量体裁衣”式的设计制造，可靠性要求极高，广泛用于地铁、铁路、公路、市政、水电等隧道工程。

盾构机根据其适用的土质及工作方式的不同主要分为压缩空气式、泥水式、土压平衡式地铁盾构机等不同类型。

泥水式盾构机是通过加压泥水或泥浆（通常为膨润土悬浮液）来稳定开挖面的，其刀盘后面有一个密封隔板，与开挖面之间形成泥水室，里面充满了泥浆。开挖土料与泥浆混合由泥浆泵输送到洞外分离厂，经分离后泥浆重复使用。

土压平衡式盾构机是把土料（必要时添加泡沫等对土壤进行改良）作为稳定开挖面的介质，刀盘后隔板与开挖面之间形成泥土室，刀盘旋转开挖使泥土料增加，再由螺旋输料器旋转将土料运出。泥土室内土压可由刀盘旋转开挖速度和螺旋输出料器出土量（旋转速度）进行调节。

盾构机问世至今已有近 180 年的历史，其始于英国，发展于日本、德国。近 30 年来，通过对土压平衡式、泥水式盾构机中的关键技术，如盾构机的有效密封、确保开挖面的稳定、控制地表隆起及塌陷在规定范围之内、刀具的使用寿命以及在密封条件下的刀具更换，对一些恶劣地质如高水压条件的处理技术等方面的探索和研究解决，使盾构机有了很快的发展。

据不完全统计，目前国外盾构机的主要制造厂有 18 家，集中在日本和欧美，如日本的三菱重工、川崎重工、小松制作所、日立造船、石川岛播磨重工，德国的海瑞克公司、维尔特公司，美国的罗宾斯公司，加拿大的罗法特公司等。国内有成都南车隧道装备有限公司、中交天和机械设备制造有限公司、中国铁建重工集团有限公司、中铁隧道装备制造有限公司、上海隧道工程有限公司、北方重工集团有限公司等。各个厂家可以根据不同的地质条件和不同的工程对象，以及使用单位的不同要求，设计、生产出不同直径、不同类型以及有特殊要求的盾构机，以满足用户的需要，其工艺和设备先进。

盾构是城市地铁施工中一种重要的施工技术，是在地面下暗挖隧洞的一种施工方法。它使用地铁盾构机在地下掘进，在防止软基开挖面崩塌或保持开挖面稳定的同时，在机内安全地进行隧洞的开挖和衬砌作业。其施工过程需先在隧洞某段的一端开挖竖井或基坑，将地铁盾构机吊入安装（图 6-29），地铁盾构机从竖井或基坑的墙壁开孔处开始掘进并沿设计洞线推进直至到达洞线中的另一竖井或隧洞的端点。

图 6-29　盾构安装

6.5.2　盾构机自动导向系统的工作原理

由系统控制自动全站仪实时测定盾构机棱镜的三维地面坐标，同时发射激光自动照准激光标靶，并自动记录激光水平方位角，标靶内部光栅捕获激光的入射角，间接得到盾构机纵轴水平方位角，利用安装在标靶中相互垂直两立面内的两把测角仪测得盾构机倾角和旋转角。利用以上参数及刀头、盾尾、棱镜中心三者的几何关系，通过空间坐标变换解算刀头、盾尾中心坐标，结合设计隧道中线参数计算盾构机与隧道中线的相对偏差，依据各偏差值拟合改正曲线，由 PLC（可编程逻辑控制器）根据修正曲线控制机械装置，调整各油缸杆在不同时刻的伸长量，如此反复，指导盾构机掘进。国外的盾构机自动导向系统主要有德国的 VMT 系统、英国的 ZED 激光系统、德国的 PPS 棱镜系统、日本的东机美 TIMS 等，国内有上海市政二公司开发的雄鹰导向系统、上海-隧道股份系统和上海力信的 RMS-D 系统等。

6.5.3　盾构机自动导向系统的组成与功能（以德国 VMT 系统为例）

德国 VMT 公司的 SLS-T 系统主要由以下四部分组成：

徕卡 TCA-1103（图 6-30）具有自动照准目标的全站仪，主要用于测量（水平和垂直的）角度和距离、发射激光束。

ALTU（活动激光目标单元）亦称为标板或激光靶板（图 6-31）。这是一台智能型传感器，ALTU 接受全站仪发出的激光束，测定水平方向和垂直方向的入射点。坡度和旋转也由该系统内的倾斜仪测量，激光靶偏航角由 ALTU 上激光器的入射角确认。ALTU 固定在盾构机的机身内，在安装时其位置就确定了，它相对于盾构机轴线的关系和参数就可以知道。

计算机及隧道掘进软件，SLS-T 软件是自动导向系统的核心，它从全站仪和 ALTU 等通信设备接收数据，盾构机的位置在该软件中计算，并以数字和图形的形式显示在计算机的屏幕上。操作系统采用 Windows XP，确保用户操作简便。

黄盒子（图 6-32）主要给全站仪供电，保证计算机和全站仪之间的通信和数据传输。

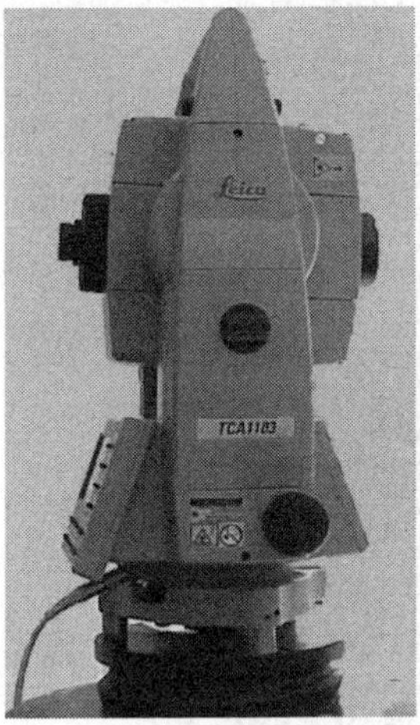

图 6-30　TCA 全站仪

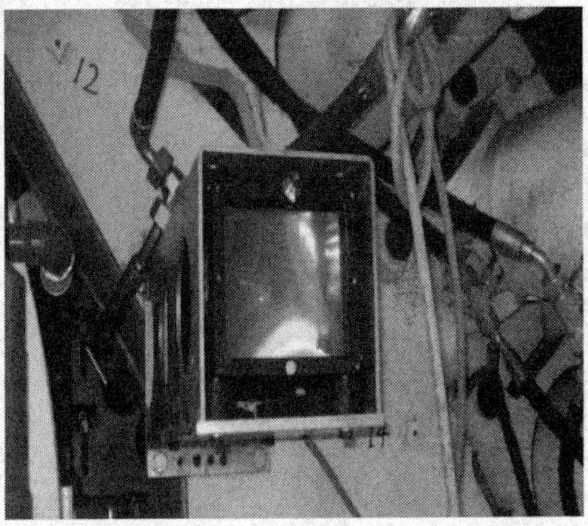

图 6-31　激光靶

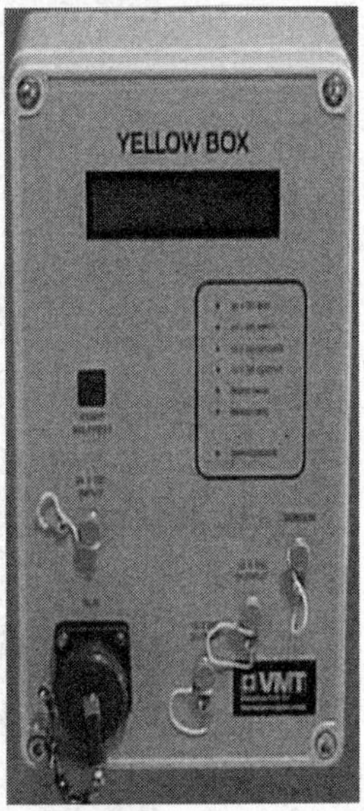

图 6-32　黄盒子

自动导向的基本功能：测量盾构相对隧道设计轴线的垂直偏差；测量盾构相对隧道设计轴线的水平偏差；测量盾构的姿态仰俯角；测量盾构的姿态-滚动角；测量数据的记录、查询；测量隧道设计轴线 DTA 的记录、显示。

自动导向的增强功能：形象化显示盾构位置、姿态；掘进里程精确测算；掘进环数管理；隧道竣工和掘进期间的数据记录；报表功能；地下-地上的异点监测；与盾构控制系统的数据通信和共享。

自动导向的扩展功能：管片拼装管理记录；已拼装的管片 K 块位置记录；计算显示盾构机的趋势；纠偏功能（计算盾构机切向返回 DTA）；预先的管环类型选择；盾尾间隙测量及其对管片、掘进的影响；自动/辅助移站功能；管片模具和管片质量监测。

盾构机的即时姿势角由安装在本体上的陀螺仪和重力加速度计直接计测出来，即盾构机的即时方位角、回转角、俯仰角。

一个环掘进的结束，通常是由陀螺仪自动进行判断的。判断条件：在计测出当前至少有 1 根千斤顶行程超过了管片宽度的 80%后，从管片宽度最伸出的部位开始收缩 30%时即为掘进结束。

6.5.4 盾构机自动导向定位的基本原理

地铁隧道贯通测量中的地下控制导线是一条支导线，它指示着盾构的推进方向，导线点随着盾构机的推进延伸。导线点通常建立在管片的侧面仪器台上和右上侧内外架设的吊篮上，仪器采用强制归心（图 6-33）。

图 6-33　全站仪强制归心

为了提高地下导线点的精度，应尽量减少支导线点，拉长两导线点的距离（但又不能无限制地拉长），并尽可能布设近乎直伸的导线。一般两导线点的间距宜控制在 150 m 左右。

盾构机自动导向系统的姿态定位主要是依据地下控制导线点来精确确定盾构机掘进的方向和位置。

在掘进中盾构机的自动导向系统是如何定位的呢？它主要是根据地下控制导线上一个点的坐标（即 X、Y、Z）来确定的，这个点就是带有激光器的全站仪的位置。全站仪将依照作为后视方向的另一个地下导线的控制点来定向，这样就确定了北方向，即方位角。再利用全站仪自动测出的测站与 ALTU 上小棱镜之间的距离和方位角，就可以知道 ELS 棱镜的平面坐标（即 X、Y），利用三角高程测出 ALTU 棱镜的高程值（即 Z）。激光束射向 ALTU，ALTU 就可以测定激光相对于 ALTU 平面的偏角。在 ALTU 入射点之间测得的折射角及入射角用于测定盾构机相对于隧道设计轴线（DTA）的偏角。坡度和旋转直接用安装在 ALTU 内的倾斜仪测量。这个数据大约每秒钟两次传输至控制用的计算机，通过全站仪测出的与 ALTU 之间的距离可以提供沿着 DTA 掘进的盾构机的里程长度。所有测得的数据由通信电缆或者无线传输至计算机，通过软件组合起来用于计算盾构机轴线上前后两个参考点的精确的空间位置，并与隧道设计轴线（DTA）比较，得出的偏差值显示在屏幕上。这就是盾构机的姿态，在推进时只要控制好姿态，盾构机就能精确地沿着隧道设计轴线掘进，保证隧道能顺利准确地贯通。

6.5.5 盾构机姿态位置的检测和计算

在隧道推进的过程中，由于空气温度差别的效应，必须独立于 SLS-T 系统定期对盾构机的姿态和位置进行检查。间隔时间取决于隧道的具体情况，在有严重的光折射效应的隧道中，每次检查的间隔时间应该比较短。

这些点在盾构机构建之前就已经定好位了，它们相对于盾构机的轴线有一定的参数关系。

在进行测量时，只要将特制的适配螺栓旋到 M8 螺母内，再装上棱镜即可。现在这些参考点的测量可以达到毫米级的精度。已知的坐标和测得的坐标经过三维转换，与设计坐标比较，就可以计算出盾构机的姿态和位置参数等。

用棱镜法来计算盾构机的姿态和位置，用洞内地下导线控制点，只要测出 17 个参考点中的任意 3 个点（最好取左、中、右三个点）的实际三维坐标（图 6-34），就可以计算盾构机的姿态。对于以盾构机轴线为坐标系的局部坐标来说，无论盾构机如何旋转和倾斜，这些参考点与盾构机的盾首中心和盾尾中心的空间距离是不会变的，它们始终保持一定的值，这些值我们可以从它的局部坐标计算出来。

图 6-34　测设三个目标系统

假设我们已经测出左、中、右（8、11、16 号）三个参考点的实际三维坐标，分别为（X_1，Y_1，Z_1）、（X_2，Y_2，Z_2）、（X_3，Y_3，Z_3），并设未知量为前点中心的实际三维坐标（$X_{前}$，$Y_{前}$，$Z_{前}$）和后点中心的实际三维坐标（$X_{后}$，$Y_{后}$，$Z_{后}$）。在以盾构机轴线构成的局部坐标系中，前点中心为坐标原点，坐标为（0，0，0），后点中心坐标为（−4.078，0，0）。从表 6-7 中也可以看出各参考点在局部坐标系中的坐标值。我们测出某一里程盾构机上三个参数点（8、11、16）的实际三维坐标分别见表 6-7。

表 6-7　盾构机姿态人工测量固定点坐标列表

点号	8	11	16
X/m	28 969.8	28 968.1	28 966.9
Y/m	32 837.5	32 835.6	32 834.1
Z/m	0.015 7	0.749 9	−1.388 6

从以上数据可以得知，在与对应里程上前点中心和后点中心设计的三维坐标比较后，就可以得出盾构机轴线与设计轴线的左右偏差值和上下偏差值，以及盾构机的坡度，这就是盾

构机的姿态。

通过测量垂线在水平和垂直方向上的偏离值来求解盾构机前后点的姿态，盾构机的坡度=$\frac{Z_{前}-Z_{后}}{L}\times 100\%$（$L$ 为盾体前后参考点连线长度）。根据测量平差理论可知，实际测量时，需要观测至少 4 个点位以上，观测的参考点越多，多余观测就越多，因此计算的精度就越高。比较 VMT 导向系统测得的盾构姿态值和人工检测的盾构姿态值，其精度基本上能达到±10 mm 之内。

6.5.6 盾构掘进测量

盾构掘进测量主要包含盾构机姿态的测量、洞内施工导线测量、隧道中线测量、水准控制测量、盾构机自动导向系统定位测量、管片偏差测量、洞内控制导线测量，从而全面控制掘进施工精度，当发现掘进偏差时，及时纠正掘进偏差。

盾构姿态测量内容应包括横向偏差、竖向偏差、俯仰角、方位角、滚转角和切口里程。

管片拼装后，应进行盾尾间隙测量。壁后注浆完成后，宜进行衬砌环测量，包括衬砌环中心坐标、底部高程、水平直径、竖直直径和前端面里程，测量中误差为±3 mm。

6.5.7 盾构贯通测量

为了有效地保障隧道顺利贯通，应对其进行控制测量，并严格按照要求施工。在盾构机到站前 60 m 开始进行控制测量，并进行加密掘进测量工作、复核控制导线，直至贯通。地下施工控制导线测量：在洞内进行双导线布设，以盾构管片拱腰为导线点，运用强制对中托架减少测量仪器的对中误差量，从而有效提高测角精度。

盾构贯通测量具体内容包括盾构的纵横向和高程贯通误差。贯通测量时，应在贯通面设置贯通相遇点。纵横向贯通误差可利用盾构贯通面两侧平面控制点测定贯通相遇点的坐标闭合差确定，也可利用盾构贯通面两侧中线在贯通相遇点的间距测定；盾构的纵横向贯通误差应投影到线路及其法线方向上。高程贯通误差应利用盾构贯通面两侧高程控制点测量。

平均边长标准为直线段 150 m，曲线段不小于 60 m，按四等导线技术实施六测回角度观测。在盾构的掘进过程中，为了控制导线测角误差的累积，以减少其对横向贯通精度的影响，对于长隧道常在地下导线上用陀螺经纬仪测定陀螺方位角。根据坑道中地下控制点的坐标和高程指导掘进的方法，视施工的情况而定。对于导坑延伸的中间点，可用串线法直接目视；对于放样衬砌所用的中间点，必须用全站仪测设；当使用联合掘进机或盾构（隧道施工机具）进行开挖时，则可采用激光导向设备。

6.5.8 竣工测量

盾构贯通后应以始发和接收工作井内的控制点为起算点，对隧道内的导线点和水准点分别重新组成附合路线或附合网，测量结果作为盾构竣工测量以及后续施工测量的依据。竣工测量应包括隧道轴线平面偏差、高程偏差、衬砌环椭圆度和隧道纵横断面测量等。竣工测量可采用全站仪解析法、断面仪法、近景摄影测量法或三维激光扫描法。地铁隧道应在直线段每 10 环、曲线段每 5 环测量 1 个横断面，横断面上的测点位置、数量应按设计要求确定；横断面测量中误差应为±10 mm，竣工测量结果按要求归档。

6.5.9 施工监测

施工监测范围应包括周边环境、隧道结构和岩土体，施工监测方案和应急预案应根据设计要求，并结合施工环境、工程地质和水文地质条件、掘进速度等制定。施工监测方案应根据监测对象变形量和变形速率等进行调整，对突发的变形异常情况应及时启动应急预案。地面和隧道内监测点宜在同一断面布设；盾构通过后，处于同一断面内的监测数据应同步采集，并应收集同期盾构掘进参数，施工监测仪器和设备应满足测量精度、抗干扰性和可靠性等要求，施工监测项目见表 6-8。

表 6-8 施工监测项目

类 别	监测项目
必测项目	施工区域地表隆沉、沿线建（构）筑物和地下管线变形
	隧道结构变形
选测项目	岩土体深层水平位移和分层竖向位移
	衬砌环内力
	地层与管片的接触应力

竖向位移监测可采用水准测量方法，水准基点应埋设在变形影响范围外，且不得少于 3 个。水平位移监测可采用边角测量或 GNSS（全球导航卫星系统）等方法，并应建立水平位移监测控制网。水平位移监测控制点宜采用具有强制对中装置的观测墩和照准装置。监测点应埋设在能反映变形、便于观测、易于保存的位置。

习题

1. 为什么进行控制网的复测？加密测量的目的是什么？
2. 桥梁施工控制测量有哪些？桩基的测设方法有哪些？如何检核？
3. 管道施工测量的主要内容有哪些？
4. 管道主点的测设方法有哪些？
5. 一井定向的原理是什么？
6. 如何提高竖井联系测量精度？
7. 如何进行两井定向？
8. 盾构机的测量原理是什么？
9. 国内盾构机有几种控制系统？
10. 桥梁墩身采用何种测量方法？
11. 地铁工程测量的内容是什么？
12. 竖井联系测量是否可以采用支导线？如何测设？

第 7 章　工业与民用建筑施工测量

7.1　建筑工程施工测量控制网概述

施工测量控制网是为建立各类工程施工定位和施工放样等工程需要而布设的控制网。施工测量控制网不仅是工程施工定位、放样的依据，也是工程沉降观测的依据，还是工程竣工测量的依据。

通常在工程勘察设计阶段，为了测绘地形图而建立测图控制网，在精度和密度方面主要考虑测图的需要；同时在勘测阶段，各种建筑物的平面位置没有确定，在施工前现场需要平整场地，往往会使部分控制点受到破坏，所以测图控制网在密度和精度上难以满足施工测设的要求。为了保证建筑物的测设精度，在工程施工之前需要在原有测图控制网的基础上，为建筑物、构筑物的测设重新建立统一的施工测量控制网。施工测量控制网分为平面控制网和高程控制网。

施工测量控制网的建立，要遵循“从整体到局部，先控制后碎部”的原则，即先建立高精度控制网，后建立低精度控制网。在工程施工现场，根据建筑总平面图和施工总平面图，首先建立统一的平面和高程控制网，先测设出建筑物的主轴线，再根据主轴线测设建筑物的细部位置，并进行建筑坐标与测量坐标的换算。在建筑物施工放样之前，规模较大的建筑工程项目都要先建立专用的施工控制网。

施工测量控制网与测图控制网相比，其特点如下：

（1）控制范围小，控制点密度大。在勘测设计阶段，测图控制点是为了测绘建设区域大比例尺地形图，为建筑设计提供基础资料，控制点布设范围大，密度小；在施工阶段，各种建筑物分布错综复杂，控制网点应根据设计总平面图和施工总平面图布设，并满足建筑物施工测设的需要，所以控制点布设必须满足控制范围小、密度大的要求。

（2）分级布网。在施工阶段，建筑物轴线之间的几何关系比建筑物细部轴线关系精度要求高。在建筑施工场地布设施工测量控制网时，可以采用两级布网的测设方案。

（3）精度要求和点位布设要求高。施工测量控制网的精度应满足建筑限差和高程验收的标准，所以施工阶段的测设精度要远远高于地形图的测绘精度。同时控制网点位，应选在通视良好、土质坚实、便于施测、利于长期保存的地点，应埋设相应的标石，必要时还应增加强制对中装置。标石的埋设深度，应根据当地冻土线和场地实际标高确定。

（4）使用频繁，受施工干扰大。在施工阶段，建筑物地上和地下每层需要测设轴线和标高，故控制点使用频繁；同时建筑工程为多工种配合作业，多单位交叉配合施工，施工机械作业频繁，现场建筑材料多，场地狭窄，控制点易受施工现场各种活动的干扰。

7.2 建筑工程平面施工控制测量

建筑施工场地的平面控制网，可以根据建筑物的规模、建筑面积、结构、高度、基础埋深，布设一级或二级控制网。其主要技术要求应符合表 7-1 的规定。

表 7-1 建筑物施工平面控制网的主要技术要求

等级	边长相对中误差	测角中误差
一级	≤1/30 000	$7''/\sqrt{n}$
二级	≤1/15 000	$15''/\sqrt{n}$

注：n 为建筑物结构的跨数。

建筑物施工平面控制网还应符合下列有关规定：

（1）控制网加密的指示桩，宜选在建筑物行列线或主要设备中心线方向上。

（2）主要的控制网点和主要设备中心线端点，应埋设固定标桩。

（3）控制网轴线起始点的定位误差，不应大于 2 cm；两建筑物（厂房）间有联动关系时，不应大于 1 cm，定位点不得少于 3 个。

（4）水平角观测的测回数，应根据表 7-2 选定。

表 7-2 水平角观测的测回数

测角中误差		2.5″	3.5″	4.0″	5″	10″
仪器精度等级	1″级仪器	4	3	2	—	—
	2″级仪器	6	5	4	3	1

（5）边长测量宜采用电磁波测距的方法，作业的主要技术要求见相应规范。

（6）建筑物的围护结构封闭前，应根据施工需要将建筑物外部控制点转移至内部。内部的控制点，宜设置在浇筑完成的预埋件上或预埋的测量标板上。引测的投点误差，一级不应超过 2 mm，二级不应超过 3 mm。

建筑物施工平面控制网的布设形式，可根据场区的地形条件和建（构）筑物的布置情况，布设成建筑基线、建筑方格网、导线及导线网、三角网或 GPS 网等形式。平面控制网的等级，应根据工程规模和工程需要分级布设，且控制网的精度应符合下列规定：

（1）对于建筑场地大于 1 km^2 的工程项目或重要工业区，应建立一级或一级以上精度等级的平面控制网。

（2）对于场地面积小于 1 km^2 的工程项目或一般性建筑区，可建立二级精度的平面控制网。

（3）场区平面控制网相对于勘察阶段控制点的定位精度，不应大于 5 cm。

7.2.1 建筑基线

建筑基线是指建筑场地的施工控制基准线，即在建筑场地布置一条或者几条轴线，作为施工控制基准线。它适用于建筑设计总平面图布置比较简单、面积不大和场地相对平整的场地。建筑基线的布设形式，应根据建筑物的分布、施工场地地形等因素来确定，常用布设形式有“一”字形、“L”字形、“T”字形和“十”字形等，如图 7-1 所示。

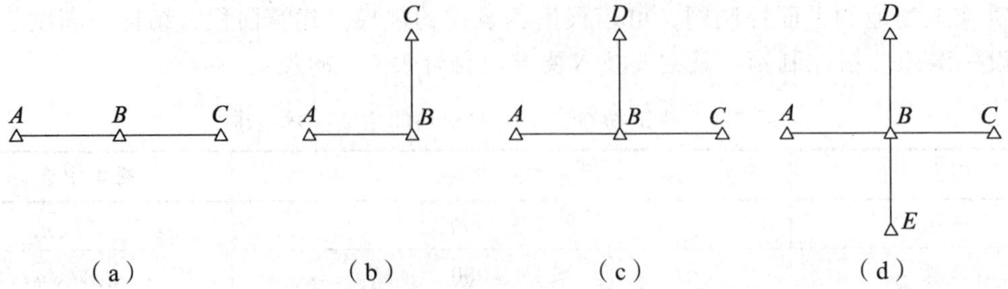

图 7-1　建筑基线

1. 建筑基线的布设要求

建筑基线的布设应尽可能靠近拟建的主要建筑物，并与其主要轴线平行，以便使用比较简单的直角坐标法进行建筑物的定位。为了进行相互检核，建筑基线上的基线点应不少于三个，基线点位应选在通视良好且不易被破坏的地方。为能长期保存，还要埋设永久性的混凝土桩，一般情况下建筑基线也应尽可能与施工场地的建筑红线相联系。

2. 建筑基线的测设依据

根据建筑施工场地的已知条件，建筑基线的测设依据一般有：

（1）根据建筑红线（或既有建筑物）测设。

在城市建设中，由城市规划所属测绘部门测定的建筑用地边界线，称为建筑红线。若拟建的建筑物主要轴线与建筑红线平行，则根据建筑红线平行推移法测定建筑基线，再利用建筑基线控制建筑物主要轴线，故建筑红线可以作为建筑基线测设的依据。

如图 7-2 所示，*PG*、*PH* 为建筑红线，*A*、*B*、*C* 为建筑基线点，利用建筑红线测设建筑基线的步骤如下：

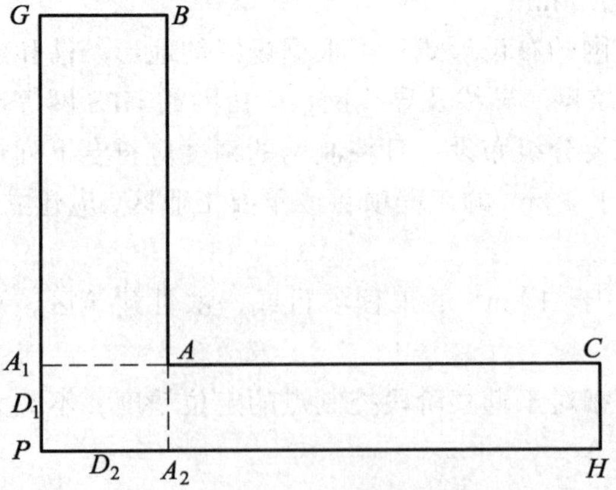

图 7-2　根据建筑红线测设建筑基线

首先，从 *P* 点沿 *PG* 方向量取 D_1 定出 A_1 点，沿 *PH* 方向量取 D_2 定出 A_2 点。然后，过 *G* 点作 *GP* 的垂线，沿垂线量取 D_2 定出 *B* 点，作出标志；过 *H* 点作 *HP* 的垂线，沿垂线量取 D_1

定出 C 点，作出标志；连线直线 A_2B 和 A_1C 相交于 A 点，作出标志。则 A、B、C 即为建筑基线点。安置经纬仪（或全站仪）于 A 点，精确观测 $\angle BAC$，若 $\angle BAC$ 与 90°之差超过容许值，应检查推平行线时的测设数据，并对点位作相应调整。如果建筑红线完全符合作为建筑基线的条件时，直接将建筑红线作为建筑基线使用。

（2）根据建筑控制点测设。

对于新建筑区，在建筑场地上没有建筑红线作为依据时，可根据设计单位提供的建筑控制点测设建筑基线，若建筑基线点的设计坐标和附近已有建筑控制点的坐标为同一坐标系，根据坐标反算，计算出放样数据，利用极坐标法测设建筑基线。若建筑基线点的设计坐标和附近已有建筑控制点的坐标不为同一坐标系，需要将基线点的设计坐标转化为测量坐标，转换计算方法见本书第 4 章相关内容。如图 7-3 所示，G001 和 G002 为附近的已有建筑控制点，A、B、C 为选定的建筑基线点，首先根据已知控制点和待测设基线点的坐标关系反算出测设数据 β_1、D_1、β_2、D_2、β_3、D_3，然后利用全站仪按极坐标法（也可用其他方法）测设 A、B、C 点。由于存在测量误差，测设的基线点往往不在同一直线上，如图 7-4 中的 A'、B'、C'点，应在 B'点安置全站仪，精确地测出 $\angle A'B'C'$，若此角值与 180° 之差超过限差±10″，则应对点位进行调整。调整时，应将 A'、B'、C'点沿与基线垂直的方向各移动相等的调整值 d。d 按下面公式计算：

$$d = \frac{ab}{a+b}(90° - \frac{\beta}{2})\frac{1}{\rho}$$

式中：d ——各点的调整值（m）；

a、b——AB、BC 的长度（m）；

ρ ——常数，其值为 206 265″；

β —— $\angle A'B'C'$ 角值（″）。

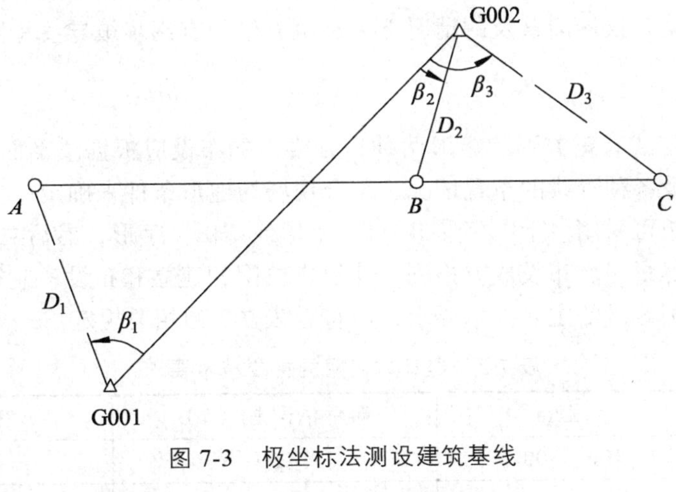

图 7-3　极坐标法测设建筑基线

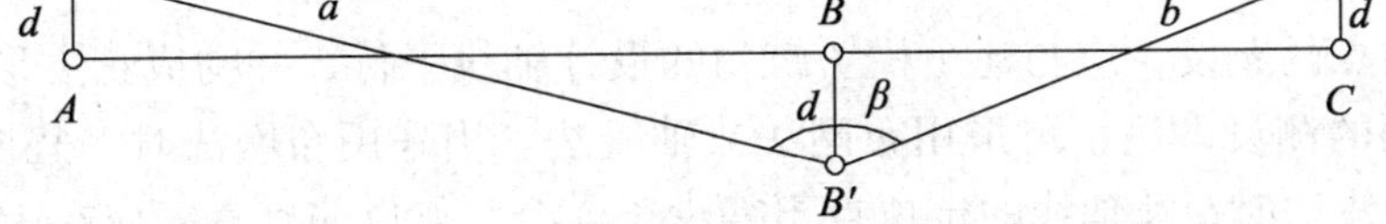

图 7-4　建筑基线点的调整

角度调整合格后，调整 A、B、C 之间的距离，先用全站仪检查直线 AB 与 BC 的距离，若丈量长度与设计长度之差的相对误差大于 1∶20 000，则以 B 点为准，按设计长度调整 A、C 两点。以上调整应反复进行，直到误差在允许范围之内为止。

对于图 7-1 中的（b）、（c）、（d）等形式的建筑基线，在确定出一条基线边后，可在 B 点安置经纬仪，按直角坐标法精确测设出另一条垂直的基线。

7.2.2 建筑方格网

建筑场地上由正方形或矩形格网组成的施工平面控制网，称为建筑方格网，如图 7-5 所示。

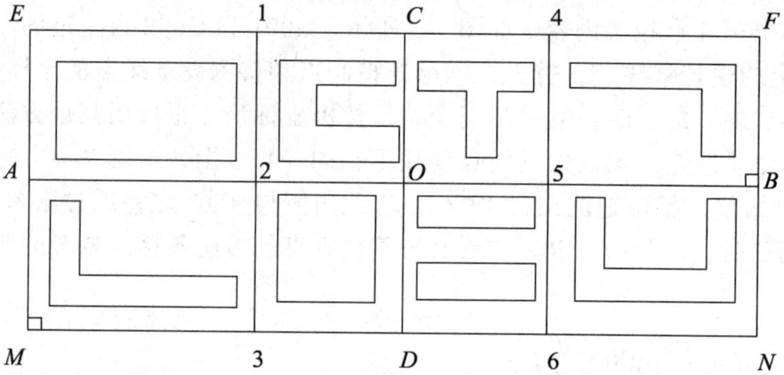

图 7-5 建筑方格网

建筑方格网适用于地势平坦，按矩形布置的建筑群或大型建筑场地。由于建筑方格网的轴线与拟建建筑物主要轴线平行或垂直，因此，一般情况下采用直角坐标法进行建筑物的定位，测设也较为方便，且精度较高。测设时先确定方格网的主轴线，再布设方格网细部轴线。由于建筑方格网必须按总平面图的设计来布置，测设工作量将成倍增加，其点位缺乏灵活性，易被破坏，所以在全站仪逐渐普及的情况下，建筑方格网有逐步被导线（网）所取代的趋势。

1. 建筑方格网的布设

建筑方格网的形式有正方形和矩形两种，方格网的布设应根据总平面图上各种已建和待建的建筑物、道路及各种管线的布置情况，结合现场的地形条件来确定。当场地面积较大时，常分两级布设，首级可采用“十”字形、“口”字形或“田”字形，然后再加密方格网；若场地面积不大，则应尽量一次布设成方格网。建筑方格网的建立和布设，应符合下列规定：

（1）建筑方格网测量的主要技术要求，应符合表 7-3 的相关规定。

表 7-3 建筑方格网的主要技术要求

等级	边长/m	测角中误差/（″）	边长相对中误差
一级	100～300	5	≤1/30 000
二级	100～300	8	≤1/20 000

（2）方格网点的布设，应与建（构）筑物的设计轴线平行，并构成正方形或矩形格网。

（3）方格网的测设方法，可采用布网法或轴线法。当采用布网法时，宜增测方格网的对角线；当采用轴线法时，长轴线的定位点不得少于 3 个，点位偏离直线应在 180°±5″以内，短轴线应根据长轴线定向，其直角偏差应在 90°±5″以内，水平角观测的测角中误差不应大于 2.5″。

（4）方格网点应埋设顶面为标志板的标石，标石如图 7-6 所示。

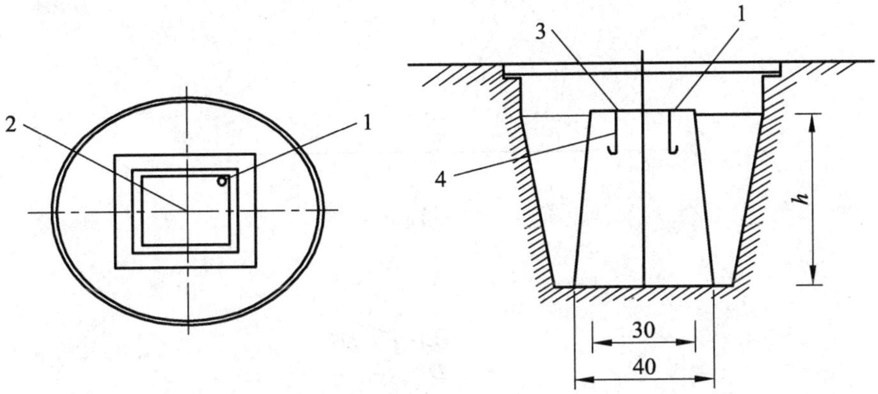

1—ϕ20 mm 铜质半圆球高程标志；2—ϕ1～ϕ2 mm 铜芯平面标志；
3—200 mm×200 mm×5 mm 标志钢板；4—钢筋爪；
h—埋设深度，根据地冻线和场地平整的设计高程确定

图 7-6　建筑方格网点标志规格、形式及埋设图

（5）方格网的水平角观测可采用方向观测法，其主要技术要求应符合表 7-4 的规定。

表 7-4　水平角观测的主要技术要求

等级	仪器精度等级	测角中误差/（″）	测回数	半测回归零差/（″）	一测回内 2C 互差/（″）	各测回方向较差/（″）
一级	1″级仪器	5	2	≤6	≤9	≤6
	2″级仪器	5	3	≤8	≤13	≤9
二级	2″级仪器	8	2	≤12	≤18	≤12
	6″级仪器	8	4	≤18	—	≤24

（6）方格网的边长宜采用电磁波测距仪往返观测各一个测回，并应进行气象和仪器加、乘常数改正。

（7）观测数据经平差处理后，应将测量坐标与设计坐标进行比较，确定归化数据，并在标石标志板上将点位归化至设计位置。

（8）点位归化后，必须进行角度和边长的复测检查。角度偏差值，一级方格网不应大于 90°±8″，二级方格网不应大于 90°±12″；距离偏差值，一级方格网不应大于 *D*/25 000，二级方格网不应大于 *D*/15 000（*D* 为方格网的边长）。

2. 建筑方格网的测设

先确定方格网的主轴线，再布设方格网。

（1）主轴线测设。

建筑方格网是根据施工场地已知控制点采用极坐标法进行测设的，测设方法同建筑基线。如图 7-7 所示，*AOB*、*COD* 为建筑方格网的主轴线，*A*、*B*、*C*、*D*、*O* 是主轴线上的主位点，称主点。主点的测量坐标一般由设计单位给出，也可在总平面图上用图解法求得一点的施工坐标后，再根据主轴线的长度推算其他主点的测量坐标。

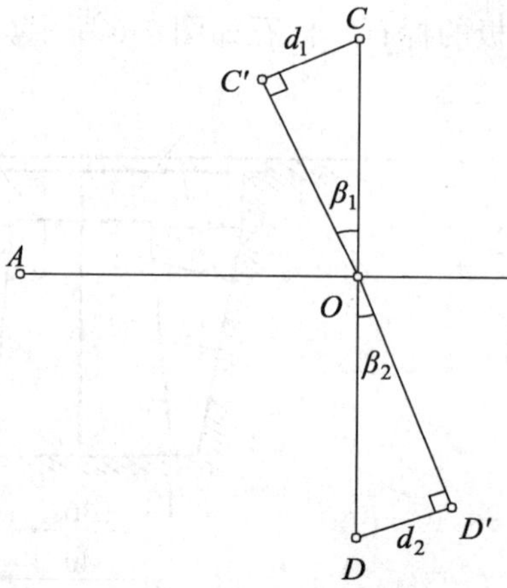

图 7-7　主点的调整

测设方法如图 7-7 所示，先测设主轴线 *AOB*，其方法与建筑基线测设相同，要求测定∠*AOB* 的测角中误差不应超过 2.5″，直线的限差应在 180°±5″以内；再测设与主轴线 *AOB* 相垂直的另一主轴线 *COD*，将经纬仪或全站仪安置于 *O* 点，瞄准 *A* 点，依次旋转 90°和 270°测设出 *C*′和 *D*′点，精确测出∠*AOC*′和∠*AOD*′。

分别算出 $\beta_1=90°-\angle AOC'$, $\beta_2=90°-\angle AOD'$，并按下式计算出调整值 d_1 和 d_2，即

$$d = L\frac{\beta}{\rho}$$

式中：*L* ——*OC*′或 *OD*′的距离。

由 *C*′点沿垂直于 *OC*′方向量取 d_1 长度得 *C* 点，由 *D*′点沿垂直于 *OD*′方向量取 d_2 长度得 *D* 点。点位改正后，应检查两主轴线交角和主点间的水平距离，其值应在规定限差范围之内，否则需要作二次调整。

（2）方格网点测设。

如图 7-5 所示，在主轴线测设合格后，在主点 *A* 安置全站仪，照准 *B* 点，根据方格网设计数据，依次定出 2、5 点；再分别于主点 *A*、*B*、*C*、*D* 处架设全站仪，依据设计数据依次测出 *E*、*F*、*M*、*N*、1、4、3、6 等方格网点。在方格网点测设完成后，于各方格网点上架设经纬仪或全站仪，测量其角值是否满足在 90°±5″以内的要求，并测量各相邻点的距离，与设计值相比，检查误差是否满足规范要求。

7.3　建筑高程控制测量

建筑施工场地的高程控制测量应与国家高程系统相联测，以便建立统一的高程系统。一般情况下，设计单位会提供相应的高程控制点，再由施工单位向施工现场内引测高程控制网。高程控制网可以布设成闭合环线、附合路线或结点网。大中型施工项目的场区高程测量精度，不应低于三等水准的要求。

场区水准点，可单独布设在场地相对稳定的区域，也可设置在平面控制点的标石上。水准点间距宜小于 1 km，距离建（构）筑物不宜小于 25 m，距离回填土边线不宜小于 15 m。在施工过程中，当少数高程控制点标石不能保存时，应将其高程引测至稳固的建（构）筑物上，

引测的精度，不应低于原高程点的精度等级。

高程控制网可分为首级网和加密网两级布设，相应的水准点称为基本水准点和施工水准点。

7.4 多层民用建筑施工测量

民用建筑是指住宅、办公楼、食堂、商场、俱乐部、医院和学校等建筑物。而《民用建筑设计统一标准》（GB 50352—2019）规定，民用建筑按地上建筑高度或层数进行分类应符合下列规定：建筑高度不大于 27.0 m 的住宅建筑、建筑高度不大于 24.0 m 的公共建筑及建筑高度大于 24.0 m 的单层公共建筑为低层或多层民用建筑；建筑高度大于 27.0 m 的住宅建筑和建筑高度大于 24.0 m 的非单层公共建筑，且高度不大于 100.0 m 的，为高层民用建筑；建筑高度大于 100.0 m 为超高层建筑。

民用建筑施工测量的任务是按照设计图纸的要求，把建筑物的平面位置和高程测设到地面上，并配合施工的进度要求，以确保工程质量。无论是矩形建筑物，还是异型建筑物，即使施工测量的方法和精度不同，其施工测量的内容也基本相同，主要包括建筑物的定位、细部轴线放样、基础施工测量和墙体施工测量。

7.4.1 施工测量的准备工作

施工测量的准备工作

7.4.1.1 测量仪器、工具的检定

在施工测量之前，按照施工测量相应规范的要求，对所用测量仪器和工具，检查其是否在检定周期（一般为一年）以内。超过检定周期的，必须到具有检定资质的有关单位重新进行检定与校正；未超过检定周期的，在使用前应进行自检，自检合格方可使用。

7.4.1.2 熟悉设计图纸

设计图纸是施工测量的主要依据，在测设前应熟悉设计图纸及其有关文字说明，了解施工的建筑物与相邻地物间的相互关系，以及建筑物的内部尺寸关系，充分理解设计意图和施工要求，结合图纸会审结果仔细核对总平面与施工图的几何尺寸、平面位置、标高等是否一致。与测量工作有关的设计图纸主要有：

1. 建筑总平面图

建筑总平面图是主要表示整个建筑场地的总体布局，具体表达新建房屋的位置、朝向以及周围环境（原有建筑、交通道路、绿化、地形）基本情况的图样。总平面图是新建房屋定位、施工放线、土方施工及有关专业管线布置和施工总平面布置的依据，如图 7-8 所示。

2. 建筑平面图

建筑平面图是假想在房屋的窗台以上作水平剖切后，移去上面部分作剩余部分的正投影而得到的水平剖面图。它表示建筑的平面形式、大小尺寸、房间布置、建筑入口、门厅及楼梯布置的情况，标明墙、柱的位置、厚度和所用材料以及门窗的类型、位置等情况。其主要

图纸有首层平面图、二层或标准层平面图、顶层平面图、屋顶平面图等，是测设建筑物细部轴线的依据，如图 7-9 为建筑总平面图中办公楼的首层平面图。

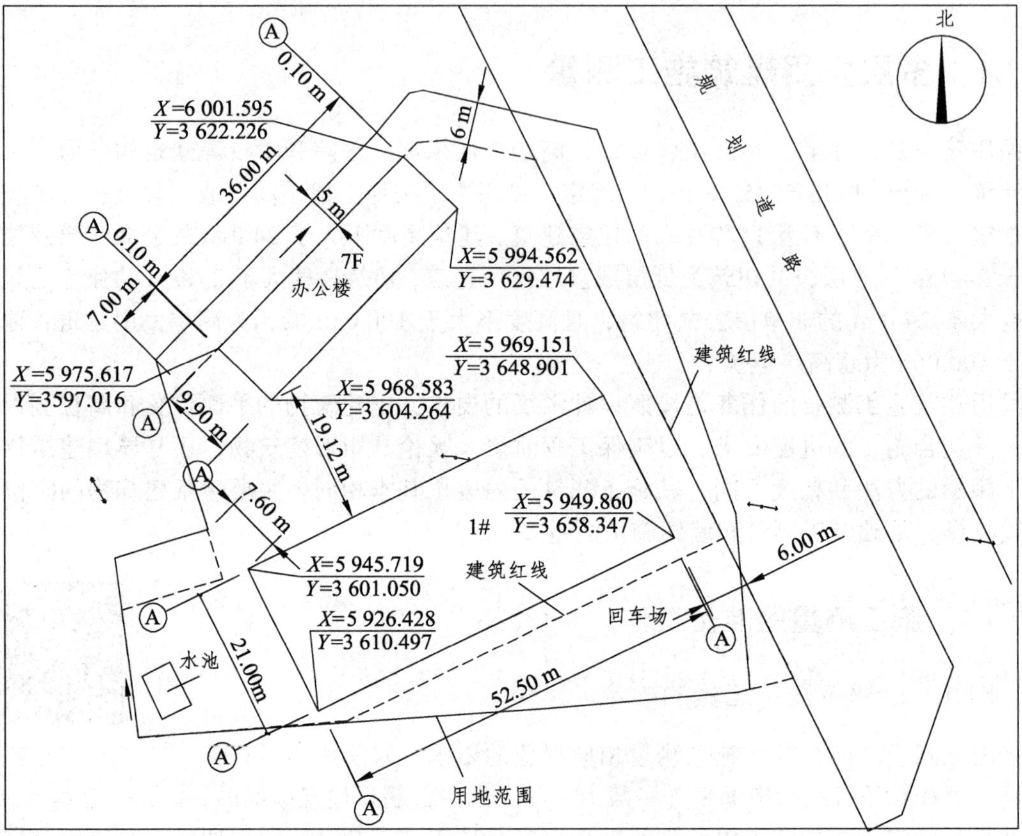

图 7-8　建筑总平面图（坐标单位：m）

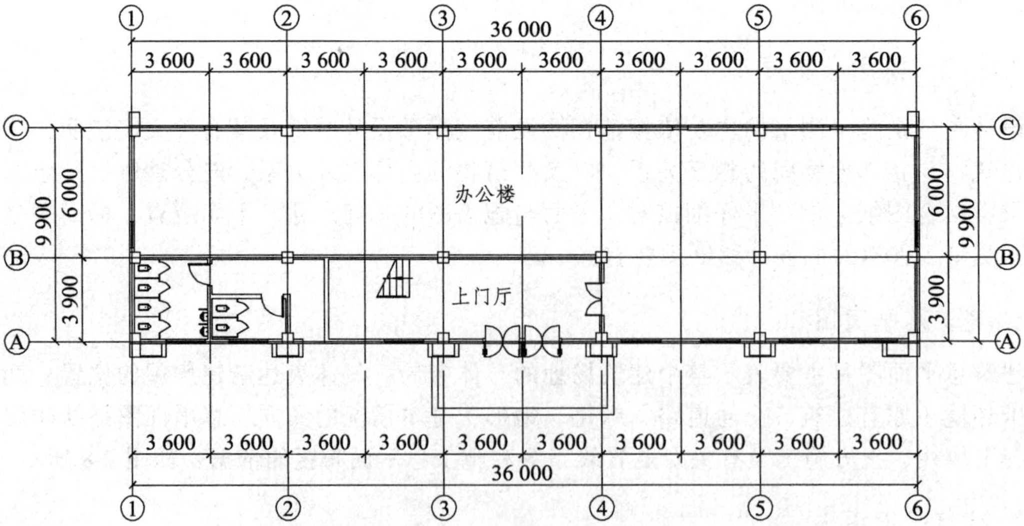

图 7-9　首层建筑平面图（单位：mm）

3. 基础平面图和基础详图

基础平面图是假想用一个水平面沿房屋的地面与基础之间把整幢房屋剖开后，移开上层的房屋和泥土所作出的基础水平投影。基础平面图可以获取基础平面的形状及总长、总宽等尺寸，定位轴线及编号，基础梁、柱、墙的平面布置，不同断面的剖切位置及编号，及必要的文字说明，是基础平面位置测设的依据，如图 7-10 所示。

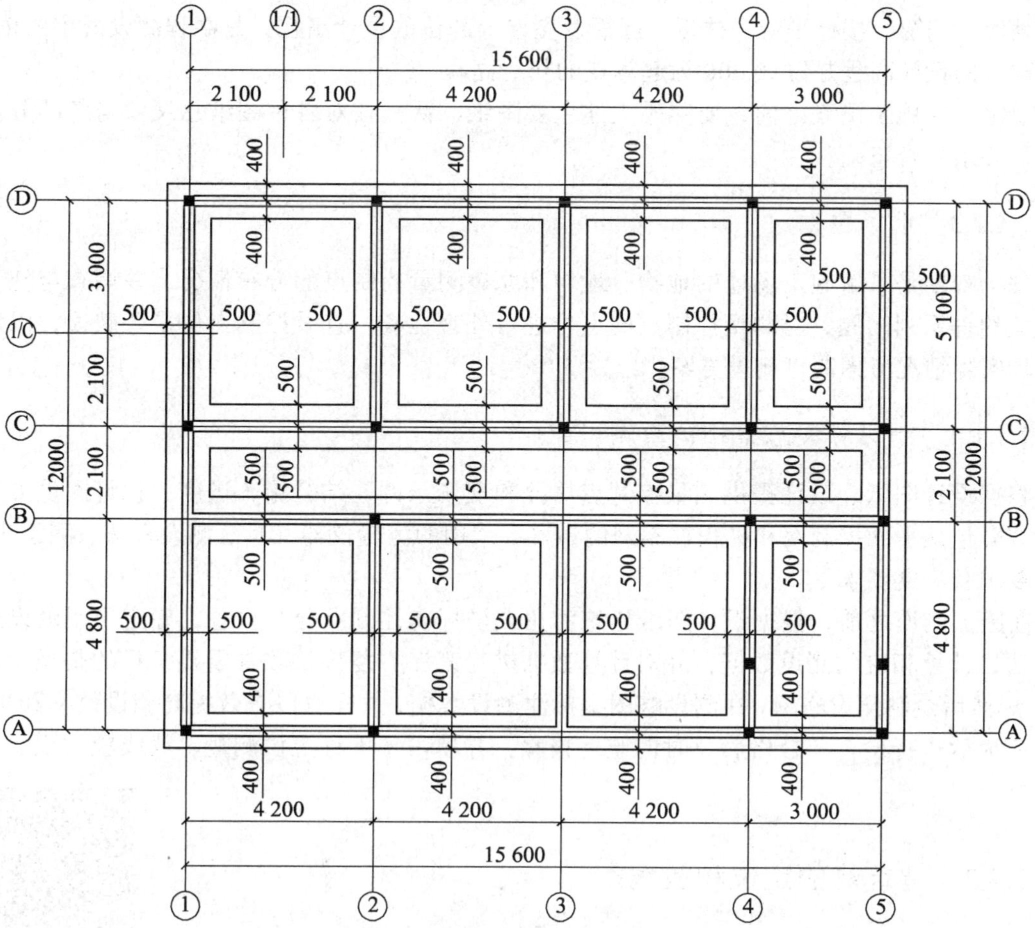

图 7-10　基础平面图（单位：mm）

基础详图主要表明基础各组成部分的具体形状、大小、材料及基础埋深等，通常用断面图表示，并与基础平面图相对应，是基础高程放样的依据，如图 7-11 所示。

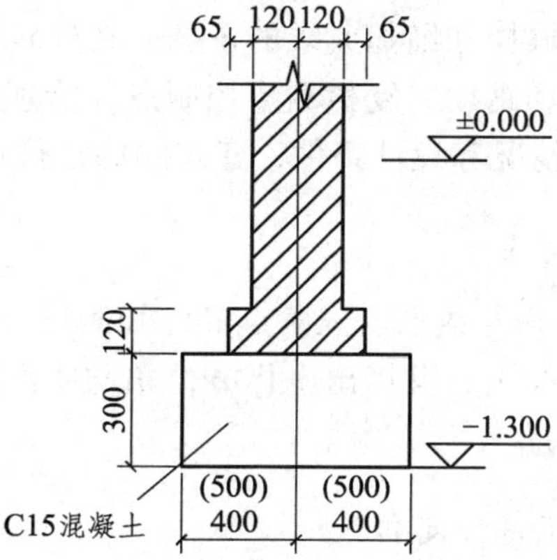

图 7-11　基础详图（标高单位：m；宽度单位：mm）

4. 立面图和剖面图

表示房屋外部形状和内容的图纸称为建筑立面图，为建筑外垂直面正投影可视部分；表示建筑物垂直方向房屋各部分组成关系的图纸称为建筑剖面图。立面图和剖面图中，标明了室内地坪、门窗、楼梯平台、楼板、屋面及屋架等部位的设计高程，是高程测设的主要依据，这些部位的设计高程是以±0.000 为起算点的相对高程。

总之，在施工测设之前，要熟悉上述主要图纸，认真核对各种图纸总尺寸与各部分尺寸之间的关系是否正确。

7.4.1.3 现场踏勘

现场踏勘是了解施工场地的地物、地貌和原有测量控制点的分布情况，并调查与施工测量有关的一系列问题，对测量控制点的点位进行外观检查，查看控制点位是否破损，以便根据现场实际情况考虑制订测设方案。

7.4.1.4 制订测设方案和计算测设数据

根据设计图纸、设计提供测量控制点情况和现场条件，结合施工进度，拟订测设方案。测设方案包括平面控制网和高程控制网的布置，采用的测量仪器工具、测设方法、测设步骤、精度要求及进度要求等。

在施工测设之前，根据设计图纸建筑物角点坐标和控制点分布位置，确定采用测设点位的方法，计算相应的测设数据，并对计算数据进行第三方复核（非常重要，目的是减少计算错误）；然后绘制测设略图，在测设略图上标注测设数据，这样可以有效提高测设效率和精度。测设完成后进行检查，合格后及时向监理报验，并填写《工程定位测量、放线验收记录单》等表格。

7.4.2 建筑物的定位和放线

建筑物的定位和放线

7.4.2.1 建筑物的定位

建筑物四周外廓主要轴线的交点决定了建筑物在地面上的位置，称为轴线交点或角点。建筑物的定位是根据设计文件，将建筑物外墙的轴线交点测设到实地并进行标定，作为建筑物基础放样和细部放线的依据。在建筑物定位前，需要进行的准备工作有：熟悉设计图纸，进行现场踏勘，复核测量控制点，清理施工现场，拟订放样方案及绘制放样略图。而根据施工现场情况和设计条件，建筑物的定位可采用以下几种方法：

1. 根据已知测量控制点定位

当建筑区域附近有 GPS 点、导线点、三角点等已知测量控制点时，可根据控制点和建筑物各角点的设计坐标（测量坐标），反算出坐标方位角与距离用极坐标法或角度交会法测设建筑物的平面位置。

2. 根据建筑方格网和建筑基线定位

如建筑场区内布设有建筑方格网（或建筑基线），由于设计建筑物轴线与方格网边线平行或垂直，可根据附近方格网点和建筑物角点的坐标采用直角坐标法测设建筑物的位置。

3. 根据规划道路红线定位

规划道路的红线是城市规划部门所测设的城市道路规划用地与单位用地的界址线，靠近城市道路的新建建筑物设计位置应以城市规划道路的红线为依据。如图 7-12 所示，*A*、*B*、*C*、*D* 为城市规划道路红线点，测设方法为：

（1）根据拟建建筑物四个角点坐标和图 7-13 中数据推算 *M*、*N*、*P*、*Q* 四点坐标。

（2）在 *C* 点架设仪器，沿 *CD* 方向依次测设点 *P* 和 *Q*。

（3）在 *P*、*Q* 两点分别架设仪器，转动 90°，依次测设 J_1、J_4、J_2、J_3，最后进行检查调整。

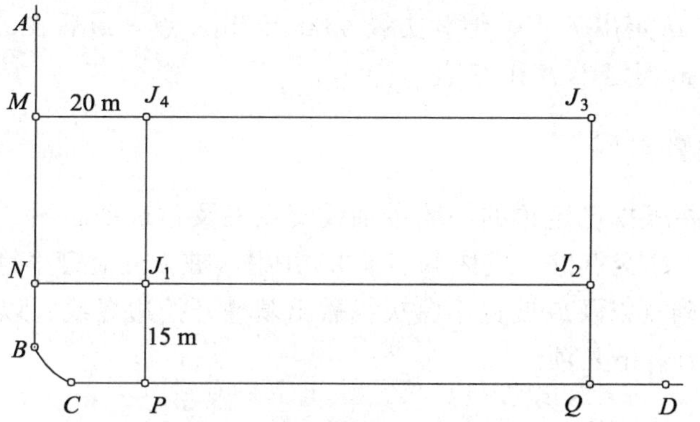

图 7-12　根据规划道路红线定位

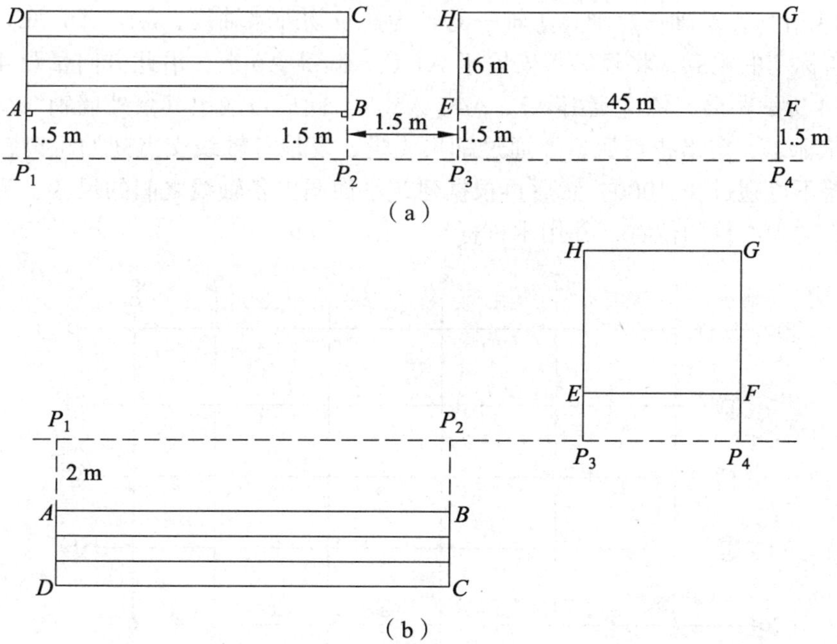

图 7-13　根据与原有建筑物的关系定位

4. 根据与原有建筑物的关系定位

当新建场地附近没有国家测量控制点、建筑基线、建筑方格网和建筑红线等已知条件，也没有提供新建筑物的角点坐标，设计文件只给出新建建筑物与附近原有建筑物的相互关系时，则根据原有建筑物外墙延长确定建筑基线，再根据基线确定待建建筑物各定位轴线的投影位置。如图 7-13 所示的两种情况，图中绘有横线的是原有建筑物，没有横线的是拟建建筑物。

如图 7-13（a）所示，拟建的建筑物轴线 *EF* 在原有建筑物轴线 *AB* 的延长线上，可用延长直线法定位。为了能够准确地测设 *EF*，应先作 *AB* 的平行线 P_1P_2，即沿原有建筑物 *DA* 与 *CB* 墙面向外量出 1.5 m，在地面上定出 P_1 和 P_2 两点作为建筑基线。再安置经纬仪于 P_1 点，照准 P_2 点，然后沿 P_1P_2 方向，从 P_2 点用钢尺依次量距 15 m 和 60 m 测出 P_3、P_4 两点，再安置经纬仪分别于 P_3 和 P_4 点，转 90º 角，依次定出 *E*、*H* 和 *F*、*G* 点。

如图 7-13（b）所示，先作 *AB* 的平行线 P_1P_2，平行线线距 2 m，然后安置经纬仪于 P_1 点，作 P_1P_2 的延长线，并按设计距离，用钢尺量距定出 P_3 点，再将经纬仪安置于 P_3 点，照准 P_1，转动 90º 角，丈量 4.5 m 定出 *E* 点，继续丈量 45 m 定出 *H* 点，最后在 *E*、*H* 两点安置经纬仪测设 90º 角，量距 15 m 而定出 *F* 和 *G* 点。

7.4.2.2 建筑物的放线

建筑物的放线是指根据已定位的外墙主轴线交点桩及建筑平面图，详细测设出建筑物内墙各轴线的交点位置，即交点桩（或称中心桩），并用木桩（桩上钉小钉）标定出来；然后根据各中心桩轴线和基础宽以及放坡宽用白灰线撒出基槽开挖边界线，以便进行开挖施工。建筑物的放线工作主要有以下几项。

1. 测设细部轴线交点桩

如图 7-14 所示，A 轴—E 轴、①轴—⑥轴为建筑物外墙轴线，A1、A6、E1、E6 为通过建筑物定位所标定的主点，将经纬仪安置于 A1 点，瞄准 A6 点，沿此方向量距 4 m 定出 *A*2，再根据图 7-14 所示距离，依次定出 A3、A4、A5 点。同样可测出其余外墙轴线交点，各点可用木桩作点位标志，定出各点后，要通过钢尺丈量、复核各轴线交点间的距离，与设计长度比较，其误差不得超过 1/2 000。然后再根据建筑平面图上各轴线之间的尺寸，测设建筑物其他各轴线相交的中心桩的位置，并用木桩标定。

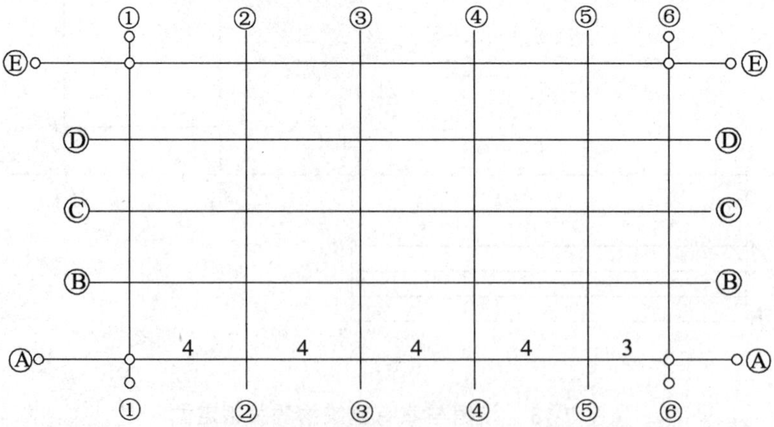

图 7-14 测设轴线交点（单位：m）

2. 轴线引测

基槽开挖后，角桩和中心桩将被挖掉，为了便于在施工中恢复各轴线位置，应把各轴线延长到槽外安全地点，并做好木桩标志，其方法有设置龙门板和轴线控制桩两种。

（1）设置龙门板法。

如图 7-15，在建筑物四角和内纵、横墙两端距基槽开挖边线以外约 1 ~ 2 m（根据土质和基槽深度确定）以外，牢固埋设大木桩，称为龙门桩，钉在龙门桩上的木板叫龙门板。龙门桩要钉得牢固、竖直，桩的外侧面应与基槽平行。设置龙门板的方法如下：

① 根据建筑物场地水准点，用水准仪将±0.000 标高线（地坪标高）测设在每个龙门桩的外侧上，并作出横线标志。若现场条件不许可时，也可测设比 ±0.000 标高高或低一定数值的标高线，但同一建筑物最好只选用一个标高。如地形起伏大，须选用两个标高时，一定要标注清楚，以免使用时发生错误。

② 根据龙门桩上测设的高程线钉设龙门板，龙门板顶面的标高应和龙门桩上的横线对齐，这样所有的龙门板顶面标高在一个水平面上，即标高为±0.000 标高线，或者比±0.000 标高高或低一定数值的标高线。龙门板标高的测定误差为±5 mm 以内。

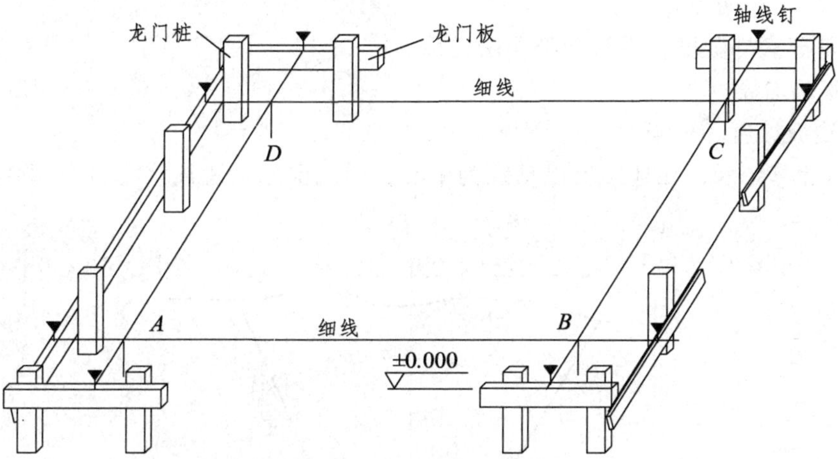

图 7-15　龙门板和龙门桩

③ 根据轴线桩，用经纬仪将墙、柱的轴线投测到龙门板顶面上，并钉小钉作为轴线标志，称为轴线钉，投点误差为±5 mm 以内。对于较小的建筑物，直接采用拉细线的方法延长轴线，钉上轴线钉。

④ 用钢尺沿龙门板顶面检查轴线钉的间距，其相对误差不应超过 1/2 000。

由于龙门板需要较多木料，且占地面积大，在施工过程中不易保护，所以不适用于机械化开挖的场地，目前很少采用该方法。

（2）设置轴线控制桩法。

在建筑物施工时，沿房屋四周在建筑物轴线方向上设置的桩叫轴线控制桩（简称控制桩，也叫引桩），它是在测设建筑物角桩和中心桩时，把各轴线延长到基槽开挖边线以外不受施工干扰并便于引测和保存桩位的地方，桩顶面钉小钉标明轴线位置，如图 7-16。如附近有固定性建筑物，应把轴线延伸到建筑物上，以便校对。轴线控制桩离基槽外边线的距离可根据施工场地的条件来定，一般条件下，轴线控制桩离基槽外边线的距离可取 2 ~ 4 m 并使其位于易于保存的地方，且用木桩作点位标志，桩上钉小钉，并用水泥砂浆或混凝土加固。

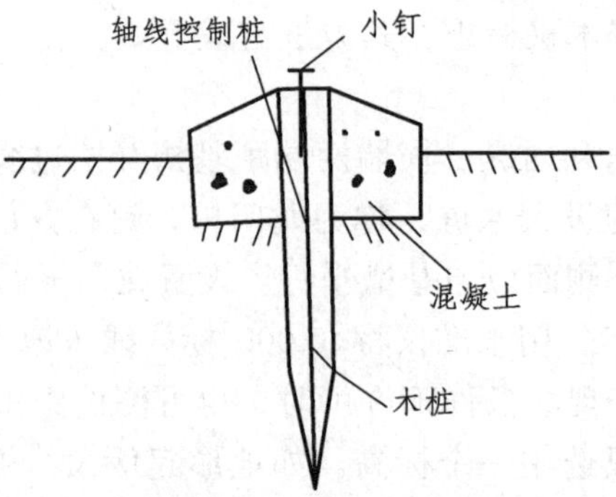

图 7-16　轴线控制桩

3. 撒出开挖边线

如图 7-17 所示，基础开挖边线宽度为 $2D$，则：

$$D=B+mh$$

式中：B——基础底部宽度，由基础剖面图查取；

　　h——基础深度；

　　m——边坡坡度。

根据上式计算结果，在地面上以轴线为中心，向两侧各量距离 D，拉线并撒上白灰，即为开挖边线。

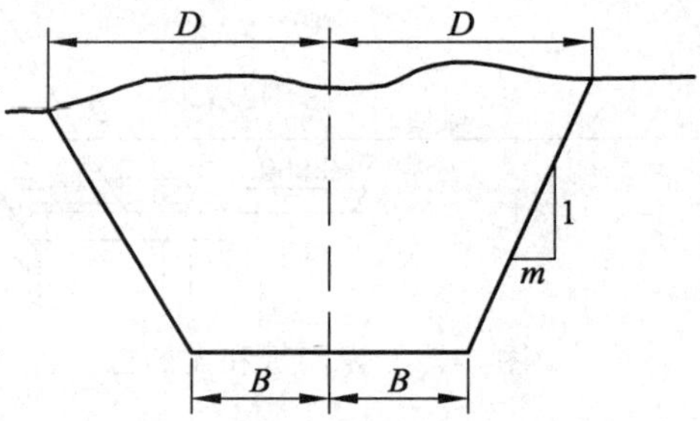

图 7-17　基础开挖断面图

7.4.3　建筑物基础施工测量

建筑物±0.000 以下部分称为建筑物的基础，多层民用建筑的基础设计主要采用条形基础和桩基础。

建筑物基础施工测量

7.4.3.1　基坑抄平

基坑开挖之前，必须编制基坑开挖施工方案，并经审批后方可施工。若开挖有地下水位的基坑槽、管沟时，应根据当地工程地质资料，采取措施降低地下水位，一般要降至开挖面以下 0.5 m，然后才能开挖。基坑开挖有放坡开挖和不放坡开挖两种方式。为了控制基槽开挖深度，当基槽开挖接近槽底时，在基槽壁上自拐角开始，每隔 3 m 左右测设一根水平桩，水平桩的顶面比槽底设计高程高 0.3 ~ 0.5 m，作为挖槽深度、修平槽底和浇筑基础垫层的依据。基坑抄平时，应控制好开挖深度，一般不宜超挖；若超挖，严禁直接回填，需经设计单位同意采用合格的建筑材料回填并夯实。

水平桩可以是木桩（板桩），也可以是竹桩，目前主要采用竹桩（节省木材）。测设时，用水准仪根据施工现场±0.000 标高线或龙门板顶面高程来测设。如图 7-18 所示，槽底设计高程为−2.150 m，欲测设比槽底设计高程高 0.500 m 的水平桩，首先在地面适当地方安置水准仪，立水准尺于±0.000 标志或龙门板顶面上，读取后视读数为 1.286 m，则水平桩的应读前视读数为 1.286 m+2.15 m−0.500 m =2.936 m。然后沿槽壁立水准尺并上下移动，直至水准仪水平视线读数为 2.936 m 时，沿尺子底面在槽壁打一小竹桩，即为需测设的水平桩。水平桩测设的标高容许误差不大于±10 mm。

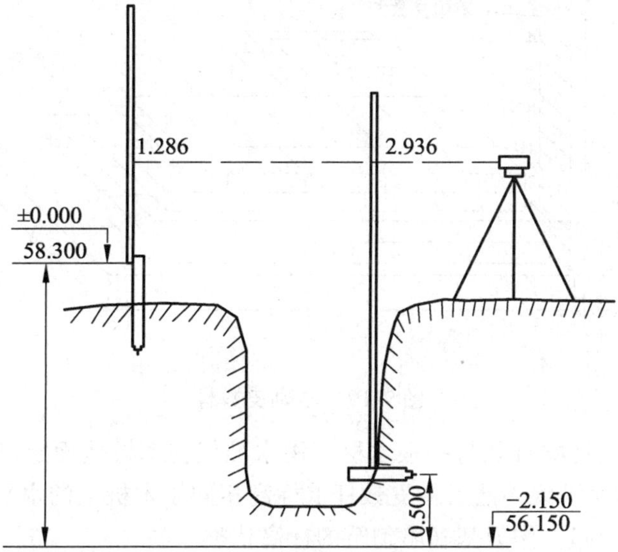

图 7-18　基坑抄平

7.4.3.2　基础施工放线

1. 基坑中线、宽度的测设

基坑开挖到设计标高后，首先经当地政府建设监督部门、建设、设计、勘察、监理、施工等单位联合验槽合格，然后根据轴线控制桩或者龙门板将轴线投测至基坑底，打入小木桩作为标志，检查坑底断面尺寸是否符合设计要求。实际上，在基坑开挖过程中也要经常检查基坑轴线、开挖宽度是否满足设计要求。

2. 垫层标高的测设

垫层顶面标高的测设以槽壁水平桩为依据在槽壁弹线，或者在槽底打入小木桩（木桩顶标高即为垫层顶面标高）进行控制。如果垫层需支架模板，可以直接在模板上弹出标高控制线。

3. 垫层上投测基础中心线

在基础垫层完成后，根据龙门板上的轴线钉或轴线控制桩，用经纬仪或用拉绳挂垂球的方法，把轴线投测到垫层面上，并用墨线弹出墙中心线和基础边线，作为砌筑基础的依据。整个墙体形状及大小均以此线为准，它是确定建筑物位置的关键环节，必须严格校核。

4. 基础墙标高的控制

基础墙中心线投在垫层上，用水准仪检测各墙角垫层面标高后，即可开始基础墙（±0.000以下的墙）的砌筑。基础墙的高度一般是用基础皮数杆来控制的，基础皮数杆用一根木杆制成，在木杆上标明±0.000 m 和防潮层及预留洞口的标高位置，按照设计尺寸将每皮砖和灰缝的厚度，分皮从上往下一一画出，每 5 皮砖注上皮数。基础皮数杆的层数从±0.000 m 向下注记，如图 7-19 所示。

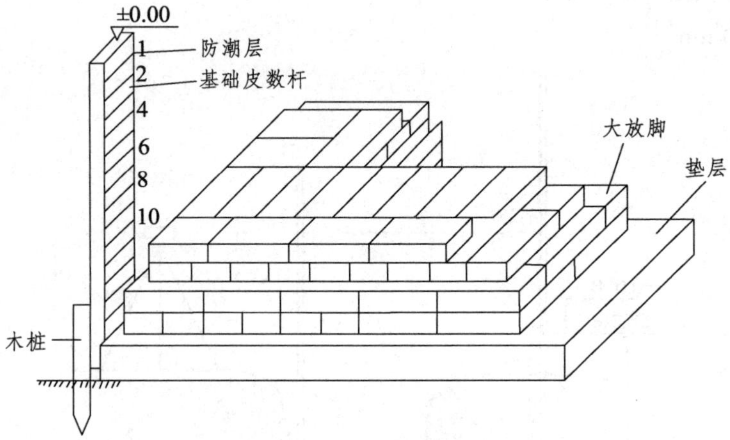

图 7-19 基础皮数杆

立皮数杆时，可先在立杆处打一根木桩，用水准仪在木桩侧面定出一条高于垫层标高某一数值（如 0.1 m）的水平线，然后将皮数杆上标高相同于木桩上的水平线对齐，并用大铁钉把皮数杆与木桩钉在一起，作为基础墙砌筑的标高依据。

基础施工结束后，应检查基础面的标高是否符合设计要求，用水准仪测出基础面上若干点的高程，并与设计高程相比较，允许误差为±10 mm。若是钢筋混凝土基础，用水准仪在模板上标注基础顶设计标高的位置。

7.4.4 建筑物墙体施工测量

建筑物墙体施工测量

建筑物墙体施工测量工作包括墙体轴线投测和墙体标高控制。

7.4.4.1 墙体轴线投测

1. 首层墙体轴线投测

基础墙体（含防潮层）施工完成后，复检龙门板或轴线控制桩，防止其在基础施工期间发生破坏或移动，复核无误后，根据轴线控制桩或龙门板上的轴线和墙边线标志，用经纬仪或用拉细线挂垂球的方法将首层轴线投测到基础面或防潮层上，然后用墨线弹出墙体中线和边线。用经纬仪检查外墙轴线交角是否等于 90°，符合规范要求后，把墙轴线延伸到基础墙的侧面上弹线并用红油漆作出明显标志，作为向二层以上投测轴线的依据，同时把门、窗和其他洞口的边线也在外墙基础面上画出标志，如图 7-20 所示。

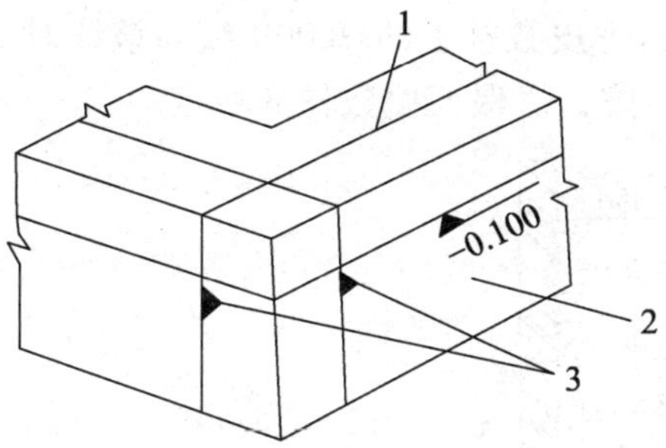

1—墙中线；2—外墙基础；3—轴线标志。

图 7-20　轴线标志

2. 二层以上墙体的投测

首层楼面建好后，往上继续砌筑墙体时，要保证墙体轴线与基础轴线在同一铅垂面上，则需要将基础轴线投测到楼面上，并在楼面上重新弹出墙体的轴线。经检查合格后，根据轴线弹出墙体边线，进行墙体施工。墙体轴线投测的方法有吊垂球法和经纬仪投测法。

（1）吊垂球法。

将较重的垂球悬吊在楼板或柱顶边缘，慢慢移动，当垂球尖对准基础墙面上的轴线标志时，线在楼板或柱顶边缘的位置即为楼层轴线端点位置，在此画一条短线作为标志，便在楼面上得到轴线的一个端点。同法投测另一端点，两端点的连线即为墙体轴线。

建筑物的主轴线一般都要投测到楼面上来，弹出墨线后，用钢尺检查轴线间的距离，其相对误差不得大于 1/3 000。符合要求之后，再以这些主轴线为依据，用钢尺内分法测设其他细部轴线。在困难的情况下至少要测设两条垂直相交的主轴线，检查交角合格后，用经纬仪和钢尺测设其他主轴线，再根据主轴线测设细部轴线。

吊垂球法简便易行，不受施工场地限制，一般能保证施工质量，但受风的影响较大，因此应在风小的时候作业。投测时应等待垂球稳定下来后再在楼面上定点。每层楼面的轴线需要直接从底层投测上来，以保证建筑物的总竖直度。只要注意这些问题，用吊垂球法进行多层楼房的轴线投测，精度是有保证的。

（2）经纬仪投测法。

在轴线控制桩上安置经纬仪，严格整平后，瞄准基础墙面上的轴线标志，用盘左、盘右分中投点法，将轴线投测到楼层边缘或柱顶上，将控制轴线投测到楼板上之后，用钢尺检核其间距，相对误差不得大于 1/3 000。检查合格后，才能在楼板分间弹线，继续施工。

7.4.4.2　墙体标高的控制

1. 首层墙体控制

如图 7-21 所示，墙体砌筑时，其标高用墙身“皮数杆”控制，在皮数杆上根据设计尺寸，按砖和灰缝厚度画线，并标明门、窗、过梁、楼板等的标高位置，杆上标高注记从±0.000（与房屋的室内地坪标高相吻合）向上增加。

墙身皮数杆一般立在建筑物的拐角和内墙处，每隔 10 ~ 15 m 设置一根，固定在木桩或基础墙上。为了便于施工，采用里脚手架时，皮数杆立在墙的外边；采用外脚手架时，皮数杆应立在墙里边。立皮数杆时，先用水准仪在立杆处的木桩或基础墙上测设出±0.000 标高线，测量误差在±3 mm 以内，然后把皮数杆上的±0.000 线与该线对齐，用吊垂校正并用钉钉牢，必要时可在皮数杆上加两根斜撑，以保证皮数杆的稳定。

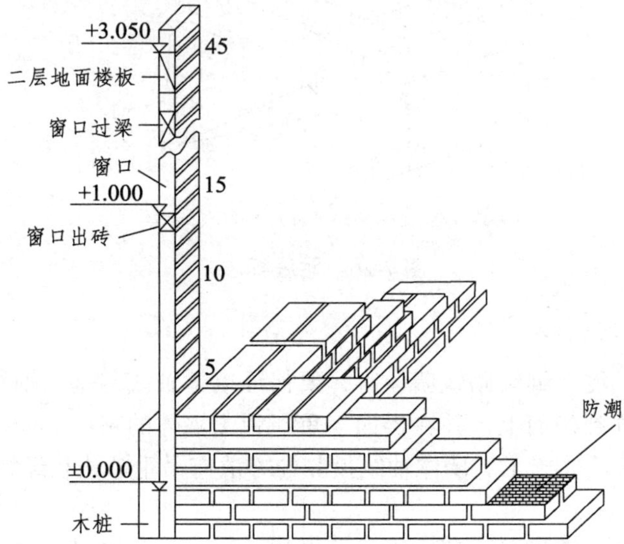

图 7-21　墙身皮数杆

墙体砌筑到一定高度（如 1.0 m）后，应在内、外墙面上测设出+0.50 m 标高的水平墨线，称为“+50 线”。外墙的+50 线作为向上传递各楼层标高的依据，内墙的+50 线作为室内地面施工及室内装修的标高依据。

2. 二层以上墙体标高控制（传递）

（1）皮数杆法。

首层楼房墙体砌完并建好楼面后，把皮数杆移到二层继续使用。为了使皮数杆立在同一水平面上，用水准仪测定楼面四角的标高，取平均值作为二楼的地面标高，并在立杆处绘出标高线。立杆时将皮数杆的±0.000 线与该线对齐，然后以皮数杆为标高依据进行墙体砌筑，三层以上楼层用同样方法逐层往上传递高程。

（2）正悬钢尺法。

在标高精度要求较高时，可用钢尺从底层的“+50”标高线起往上直接丈量，把标高传递到第二层，然后根据传递上来的高程测设第二层的地面标高线，以此为依据立皮数杆。在墙体砌到一定高度后，用水准仪测设该层的“+50”标高线，再往上一层的标高以此为准用钢尺传递，依此类推，逐层传递标高。

（3）倒悬钢尺法。

用悬挂钢尺代替水准尺，利用水准仪读数，从下向上传递高程。

当墙砌到窗台时，要在外墙面上根据房屋的轴线量出窗台的位置，以便砌墙时预留窗洞的位置。一般在设计图上的窗口尺寸比实际窗的尺寸大 2 cm，因此，只要按设计图上的窗洞尺寸砌墙即可。墙的竖直用托线板（图 7-22）进行校正，把托线板的侧面紧靠墙面，

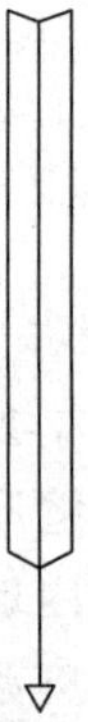

图 7-22　托线板

看托线板上的垂球线是否与板的墨线重合，如果有偏差，可以校正砖的位置。

高层建筑施工测量

7.5 高层建筑施工测量

高层建筑，是指超过一定高度和层数的多层建筑，各个国家标准不一，我国规定超过 10 层的住宅建筑和超过 27 m 高的其他民用建筑为高层建筑。近年来，高层建筑在全国各大、中城市中悄然屹立，蓬勃发展。由于高层建筑的主体建筑高、层数多、建筑面积大、结构形式复杂多样、竖井和设备多，因此，在工程施工过程中对建筑物各轴线的水平位置、轴线尺寸、垂直度和标高要求都十分严格。为确保施工测量满足规范精度要求，施工前要认真研究和制订测量方案，选用符合精度要求的测量仪器，拟定出各种误差控制范围和检核措施，并密切配合工程进度，以便及时、快速、准确地进行测量放线，为下一步施工提供平面和标高依据。

高层建筑施工测量的工作内容较多，这里主要介绍建筑物定位测量、基础施工测量、轴线投测和高程传递以及变形观测等方面的测量工作。

7.5.1 高层建筑定位测量

7.5.1.1 建立施工控制方格网

高层建筑的定位测量是确定建筑物的平面位置，主要依据设计提供的测量控制点（一般是城市测量控制网点），首先复核设计提供的平面和高程控制点，复核合格后，根据设计平面控制点和现场实际情况采用极坐标法（主要的测设方法，有时也采用直角坐标法）测设建立专用的施工控制方格网，再根据方格网进行定位测量。施工控制方格网一般在总平面布置图上进行设计，是平行于建筑物主要轴线方向的矩形控制网，要求设在基坑开挖边界以外一定距离（例如 5 m）。

7.5.1.2 测设主轴线控制桩

根据建筑物四廓主要轴线与施工控制方格网的间距，测设主轴线控制桩。测设时要以施工方格网两端控制点为准。目前多数单位采用全站仪测设轴线控制桩。轴线控制桩测设完成后，施工时可快速、准确地在现场确定建筑物的四个主要角点。建筑物的中轴线等重要轴线也要根据施工控制方格网进行测设，与四廓的轴线一起称为施工控制网中的控制线。一般要求控制线的间距为 30 ~ 50 m。施工方格网控制线的测距精度不低于 1/10 000，测角精度不低于 ±10″。

7.5.2 高层建筑基础施工测量

7.5.2.1 测设基坑开挖边线

由于高层建筑一般设有 1 ~ 2 层地下室，所以需要进行基坑开挖。开挖前，首先根据建筑物的轴线控制桩测出建筑物的外墙边线，然后根据基坑开挖方案确定的边坡放坡宽度，再考虑基础施工所需工作面的宽度，在施工现场放出基坑的开挖边线并撒上灰线。

7.5.2.2 基坑开挖过程中的测量工作

高层建筑的基坑深度一般超过 5 m，需要放坡并进行边坡支护加固。在开挖过程中，一方面需要定期用经纬仪（全站仪）检查边坡的位置，防止出现坑底边线内收或外放；一方面需要定期用水准仪测量开挖深度，防止超挖。

7.5.2.3 基础放线及标高控制

1. 基础放线

高层建筑基础通常有以下三种类型：一是先施工垫层，然后做箱形基础或筏板基础，则要求在垫层上测出基础的各边界线、梁轴线、墙宽线等；二是在基坑底部设计桩基础，则需在坑底测设桩的中心点，桩基完工后，测设桩承台和承重梁的中心线；三是先做桩基础，然后在桩顶上做箱基或筏基，组成复合基础，这时的测量工作是前两种情况的结合。

基坑开挖完成后，不管基础设计采用何种形式，都需要在基坑中测设基础的各种轴线。测设时，首先根据基坑上主轴线控制桩，利用经纬仪（或全站仪）向坑内投测，要求盘左、盘右各投测一次，然后取中数，而后定出四大角和其他主轴线，再利用经纬仪（或全站仪）检核轴线间距离和角度。检核合格后，根据主轴线放出其他细部轴线，再根据基础详图等设计文件，测出施工中需要的各结构部位（如梁、柱、墙、电梯井）的中心线和边线。

有时为了通视和量距方便，可能需要测设基础轴线的外移平行线，这时要在现场做好标注，并在内业控制文件上显著标明，防止出错。此外，一些基础桩、梁、柱、墙的中线不一定与建筑轴线重合，而是偏移某个尺寸，因此要认真熟悉图纸，计算检核无误后方可施测。在垫层上放线时，可以将轴线和边线直接用墨线弹在垫层上。

2. 基础标高控制

基坑开挖完成后，用水准仪根据地面上的±0.000 水平线将高程引测到坑底，并在基坑护坡的钢板或混凝土桩上做好标高为负的整米数的标高线。在基坑内要引测 4 个以上标高线。若基坑侧壁近乎垂直时，可用悬吊钢尺代替水准尺进行测量。

7.5.3 高层建筑地上部分的轴线投测

高层建筑的轴线投测就是将建筑物的基础轴线准确地向高层引测。随着建筑结构的升高，要将首层轴线逐层向上投测。投测的轴线是各层放线和结构垂直度施工控制的依据，轴线竖向投测的精度指标和各施工层上放线精度指标详见表 7-5。

表 7-5 建筑物施工放样和轴线投测的允许偏差

项目	内容		允许偏差/mm
轴线竖向投测	每层		3
	总高 H/m	$H \leqslant 30$	5
		$30 < H \leqslant 60$	10
		$60 < H \leqslant 90$	15

续表

项目	内容		允许偏差/mm
轴线竖向投测	总高 H/m	$90<H\leqslant 120$	20
		$120<H\leqslant 150$	25
		$150<H$	30
各施工层上放线	外廓主轴线长度 L/m	$L\leqslant 30$	±5
		$30<L\leqslant 60$	±10
		$60<L\leqslant 90$	±15
		$90<L$	±20

7.5.3.1 全站仪投测法（也称外控法）

高层建筑物的基础工程完工后，用全站仪将建筑物的主轴线（或称中心轴线）精确地投测到建筑物底部侧面，并设标志，以供下一步施工与向上投测之用，并以主轴线为基准，把建筑物角点投测到基础顶面，并对所有主轴线进行复核。

随着建筑物的升高，要逐层将轴线向上投测传递，如图 7-23 所示。向上投测传递轴线时，将全站仪安置在远离建筑物的轴线控制桩 1 和 A 上，分别以盘左、盘右两个盘位照准建筑物底部侧面所设的轴线标志 1 轴和 A 轴，向上投测到每层楼面上，取正、倒镜两投测点的中点，即得投测在该层上的轴线交点即为该层 1 轴和 A 轴的交点。

随着建筑物楼层增加，全站仪向上投测的仰角增大，则投点误差也随之增大，投点精度降低，且观测操作不方便。因此，必须将主轴线控制桩引测到远处的稳固地点或附近大楼的屋面上，如图 7-24 所示。所选轴线控制桩位置距建筑物宜在（0.8 ~ 1.5）H（m）外（H 为建筑物总高），以减小仰角。

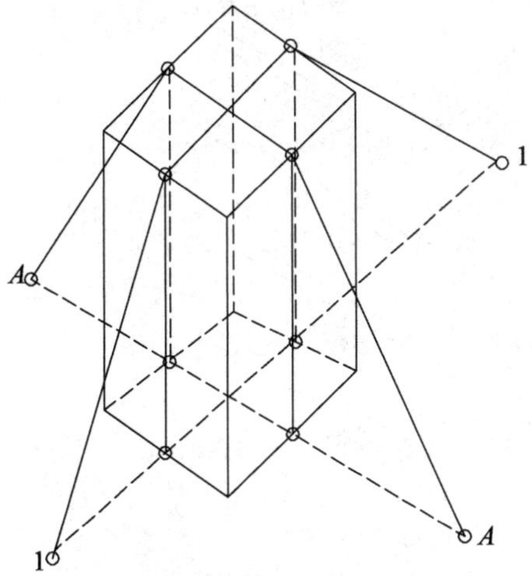

图 7-23　低层时全站仪投测轴线

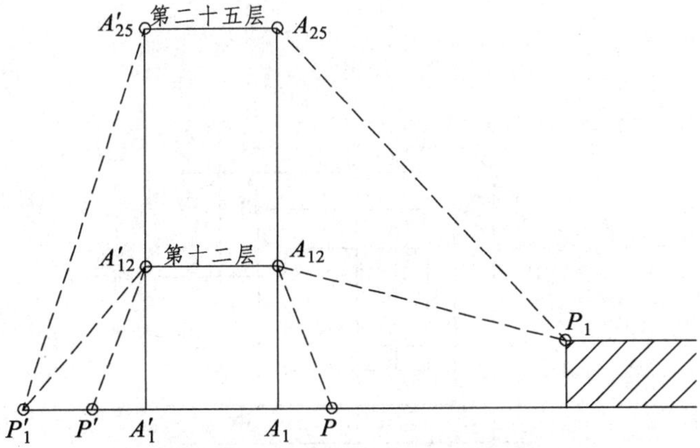

图 7-24　高层时全站仪投测轴线

所有主轴线投测上来后，应进行角度和距离的检验，合格后再以此为依据测设其他轴线。为了保证投测质量，使用的全站仪必须进行严格检验校正，尤其是照准部水准管轴应精密垂直于仪器竖轴。为避免日照、风力等不良影响，宜在阴天、早晨、无风时进行投测。本方法适合现场比较开阔、结构围护少及施工干扰少的施工场地。

7.5.3.2　内控法

内控法是在建筑物内±0.000 首层平面设置轴线控制点，在各层楼板相应位置上预留直径150 mm 的传递孔，在轴线控制点上直接采用吊线坠或激光铅垂仪等设备，通过预留孔将其点位垂直投测到任一楼层。

内控法轴线控制点的设置，在零层基础墙体施工完成后，选择适当位置设置与主轴线平行的辅助轴线。辅助轴线布设精度不低于主轴线要求，辅助轴线距主轴线以 500 ~ 1 000 mm 为宜，如图 7-25 所示。在零层顶板砼施工前，在辅助轴线交点处埋设钢板（200 mm ×200 mm ×10 mm）标志，钢板通过锚固筋与零层顶板（即首层地面）钢筋焊牢。零层顶板砼完工后，根据辅助轴线控制点（桩）测设轴线控制点，如图 7-25 中的 1、2、3、4 号点。检核合格后用钢针刻画成十字线，作为竖向轴线投测的基准点。一般每一流水段至少布设 2 ~ 3 个内控基准点，在竖向投测前，还应对钢板基准点控制网进行校测，检核精度不宜低于建筑物平面控制网的精度。将首层地面上的所有基准点都投测到同一楼层（例如 20 层）后，先检核投测至 20 层的辅助轴线是否满足要求（主要是检核角度和距离）。检核合格后再根据辅助轴线测设该层主轴线，并检核主轴线的距离和角度。检核合格后，再根据主轴线用钢尺测设其余细部轴线。

1. 吊线坠法

如图 7-26 所示，吊线坠法是利用钢丝悬挂重垂球的方法，进行轴线竖向投测。这种方法一般适用于建筑高度不超过 100 m 的高层建筑施工中，垂球的质量约为 10 ~ 20 kg，钢丝的直径约为 0.5 ~ 0.8 mm。投测方法如下：在预留孔上面安置十字架，在十字架中心挂上垂球，对准首层预埋标志，当垂球线静止时，固定十字架，并在预留孔四周作出标记，作为以后恢复轴线及放样的依据。此时，十字架中心即为轴线控制点在该层楼面上的投测点。

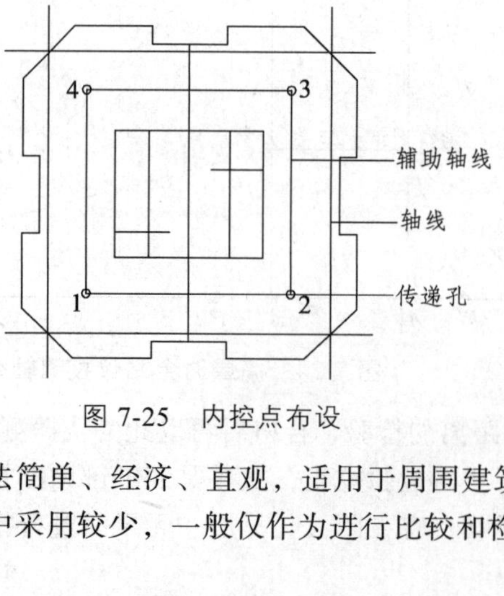

图 7-25　内控点布设

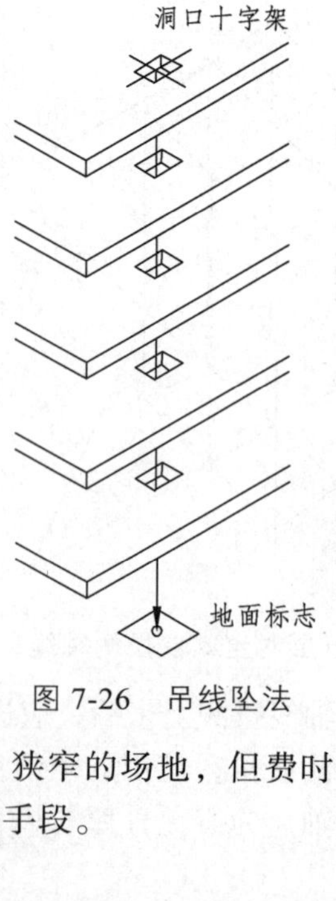

图 7-26　吊线坠法

吊线坠法简单、经济、直观，适用于周围建筑物密集、狭窄的场地，但费时费力，目前在高层建筑中采用较少，一般仅作为进行比较和检验的辅助手段。

2. 全站仪天顶测量法

全站仪天顶测量法是在经纬仪上加上 90°弯管目镜附件（即弯竹棱镜，如图 7-27）后，再进行轴线垂直测量。

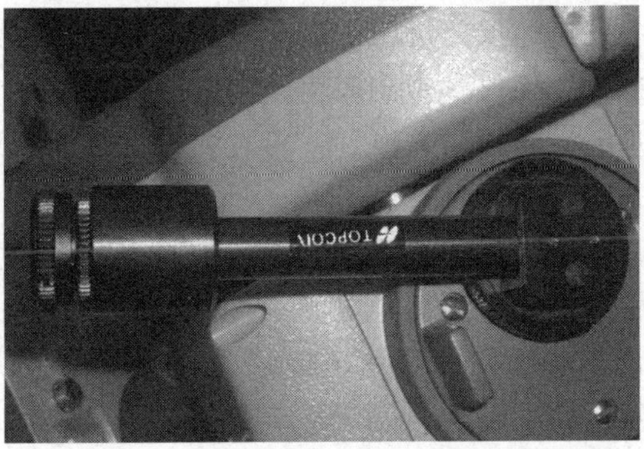

图 7-27　弯目镜

用全站仪进行天顶法测量，关键是仪器的视准轴与竖轴在同一方向线上。为了提高投测精度，需要按照下面的施测程序和操作方法进行：

（1）当基础施工完成后，应随即设定标志，作为轴线控制点。

（2）每次施测前，认真校验全站仪，检验和校正见规范要求。施测时，严格对中整平，然后装上弯管目镜，在天顶的测设层位置上，设置目标分划板。

（3）将望远镜指向天顶，使视准轴与竖轴在同一方向线上。固定后，通过调整望远镜的焦距和调动微动手轮，使目标分划板成像清晰，并使望远镜十字丝与分划板上的纵横丝重合。这时，望远镜十字丝交点对准分划板纵、横丝的交点，则该交点即是所要投测的轴线投测点。

（4）将仪器照准部分别旋转 0°、90°、180°和 270°，检查十字丝交点与目标分划板上纵、横丝交点是否重合，如差异较小，在透明板上投测四个点，然后取十字交叉点作为轴线投测点，同理，盘右再投测一次，取两次的中点作为最终投测点。

（5）在天顶楼层上测定各点后，复测各投测点之间的距离和角度，据此测设楼面其他细部轴线和尺寸。

（6）投测过程中注意仪器和人员的安全，采取保护措施。

3. 全站仪俯视测量法

全站仪俯视法的原理和方法与经纬仪天顶测量法相反，是将经过适当改制的全站仪，放置在需要引测楼层的楼面上，先将望远镜的视准线垂直俯视首层地坪上的轴线控制点，然后确定楼面上的引测点。由于仪器的中轴是空心的，所以可以观测正下方的目标。

全站仪俯视测量法的优点是操作比较简单，易于掌握，测速快，工效高，适用于场地狭小，周围建筑物密集的高层建筑。该法由于每次都直接观察地面轴线控制点，所以不会产生积累误差。其缺点是要对现有全站仪须作适当改制，而且不方便在夜间进行投测，若必须投测时，要在轴线控制点旁边安装照明设备，提高目标清晰度后，才能投测。

在俯视测量法中，瑞士威特厂生产的 NL 型自动天底准直仪精度较高。它和 ZL 自动天顶准直仪一样，安置仪器并定平圆水准盒后，可自动给出天底方向。此类仪器精度高，但价格亦贵，适用于精密工程的施工测量。

4. 激光经纬仪法

目前，国内苏一光生产的激光经纬仪是在经纬仪的望远镜筒上，安装氦-氖（He-Ne）气体激光器，用一组导光系统把经纬仪望远镜的光学系统联系起来，组成激光发射光学系统，再配上激光电源，便成为激光经纬仪。观测时为使望远镜观察目标方便，激光束进入发射系统前设有遮光转换开关，遮去发射的激光束，便可在目镜处观察目标，而不必关闭电源口。如图 7-28 为苏一光 J_2-JDE 激光光学经纬仪。

激光经纬仪的操作同普通经纬仪，只是用激光代替肉眼观测，投测方法为：在首层控制点上架设激光经纬仪，严格对中整平后启动电源，可向天顶发射一条垂直的激光束，投射到上层预留孔的接受靶上，通过调节望远镜调焦螺旋，使投测在接收靶上的激光束光斑最小。将仪器依次旋转 0、90°、180°和 270°，形成四个投影点，将四点连成十字，其中交点即为圆心，再移动接收靶使其中心与圆心重合，并将接收靶固定，则靶心为投测的轴线点。激光经纬仪的优点是依靠发射激光束来扫描定点，且能在夜间或黑暗场地进行测量工作，不受风振、日照等自然环境影响。

5. 激光垂准仪法

激光垂准仪是在光学垂准系统的基础上添加了半导体激光器，可以分别给出上下同轴的两条激光铅垂线，并与望远镜视准轴同心、同轴、同焦。激光垂准仪用于轴线投测时，操作方法和原理基本与激光经纬仪相同，主要区别是激光垂准仪用激光管尾部射出的光束对中，而激光经纬仪根据光学对中器对中。国内的激光垂准仪主要类型有：博飞 DJZ2 和 DZJ3-L1，苏一光 DZJ2、DZJ200 和 JC100。如图 7-29 所示为苏州第一光学仪器厂生产的 DZJ200 激光垂准仪，主要由氦氖激光器、竖轴、水准管、基座等部分组成。

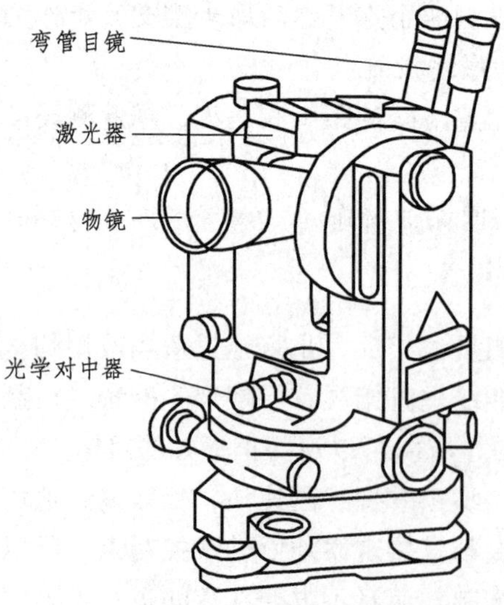

图 7-28　J_2-JDE 激光经纬仪

图 7-29　DZJ200 激光垂准仪

6. 激光铅垂仪法

激光铅垂仪是一种专用的铅直定位仪器，比较广泛地应用于烟囱、高塔架和高层建筑的铅直定位投测。它操作简便，精度高并能自动控制竖直偏差，主要由氦氖激光器、竖轴、发射望远镜、管水准器和基座等部件组成，激光器通过两组固定螺钉固装在套筒内。仪器的竖轴是一个空心轴，两端有螺扣，激光器套筒安装在下端（或上端），发射望远镜装在上端（或下端），即构成向下（或向上）发射的激光铅直仪。仪器上设置有两个互成 90°的管水准器，分划值一般为 20（″）/mm，仪器配有专用激光电源，使用时利用激光器底端（全反射棱镜端）所发射的激光束进行对中，通过调节基座整平螺旋，使管水准器气泡严格居中，从而使发射的激光束铅垂，具体操作同激光经纬仪。

7.5.4 高层建筑的高程传递

在高层建筑物施工中，需要从首层地面向上传递标高，以便控制上层楼板、门窗、室内装修等工程的标高满足设计要求。施工中的标高偏差见表 7-6。标高传递的方法有悬吊钢尺法、钢尺直接丈量法、利用皮数杆传递高程等。

表 7-6 建筑物标高传递的允许偏差

项目	内容		允许偏差/mm
标高竖向投测	每层		±3
	总高 H/m	$H\leqslant 30$	±5
		$30<H\leqslant 60$	±10
		$60<H\leqslant 90$	±15
		$90<H\leqslant 120$	±20
		$120<H\leqslant 150$	±25
		$150<H$	±30

7.5.4.1 悬吊钢尺法

该法是在外墙或楼梯间悬吊一根钢尺，分别在地面和楼面上安置水准仪，将标高传递到楼面上。用于高层建筑传递标高的钢尺应经过检定合格，量取高差时尺身应铅直和用规定的拉力，并应进行温度改正、尺长和拉力改正。传递点的数目，应根据建筑物的大小和高度确定，一般情况下宜从三处以上分别向上传递。该方法目前在高层建筑高程传递中应用广泛。

7.5.4.2 用钢尺直接丈量

首层施工完后，在结构的外墙面、电梯井或楼梯间测设“+50 标高线”，在该水平线上方便向上挂尺的地方，沿建筑物的四周均匀布置 3 ~ 5 个点，作出明显标记，作为向上传递高程的基准点。这几个点必须上下通视，结构面无突出为宜。以这几个基准点向上垂直拉尺到施工面上以确定各楼层施工标高，在施工面上首先利用水准仪进行校核，其误差应不超过±3 mm，当相对标高差小于 3 mm 时，取其平均值作为该层标高的后视读数，并抄测该层水平“+50 标高线”。若建筑高度超过整尺段（30 m 或 50 m），可每隔一个尺段的高度精确测设新的起始标高线，作为继续向上传递高程的依据。钢尺要检定合格，并应进行温度改正、尺长和拉力改正。

7.5.4.3 利用皮数杆传递高程

在皮数杆上自±0.000 标高线起，将门窗、过梁、楼板等构件的标高注明，一层楼砌好后，则从一层皮数杆起一层一层往上接。

7.5.5 建筑物变形观测

7.5.5.1 变形观测的基础知识

高层建筑物、重要厂房和大型设备及其地基由于建筑物本身荷重、地质条件变化、大气温度变化、地基的塑性变形、地下水位等外界因素引起的基础和建筑物的各种变形，称之为建筑物的变形。建筑物的变形有建筑物的沉降、倾斜、裂缝和平移，在建筑物的设计及施工中，应全面地考虑这些因素，控制建筑物及其基础的变形值不超出允许值。为保证建筑物在施工、使用和运行中的安全，以及为建筑物的设计、施工、管理及科学研究提供可靠的资料，在建筑物施工和运行期间，需要对建筑物的稳定性进行观测，这项工作称为建筑物的变形观测。

建筑物变形观测的主要内容有建筑物沉降观测、建筑物倾斜观测、建筑物裂缝观测和位移观测等。建筑物变形观测的工作内容是周期性地对设置在建筑物上的观测点进行重复观测，求得观测点位置的变化量。

建筑物变形观测能否达到预定目的受很多因素的影响，最主要的因素是变形监测网的网点布设、变形观测的精度与频率。变形监测网的网点分为基准点、工作基点和变形观测点，其布设应符合下列要求：

（1）基准点，应选在变形影响区域之外稳固可靠的位置。每个工程至少应有 3 个基准点。大型的工程项目，其水平位移基准点应采用带有强制归心装置的观测墩，垂直位移基准点宜采用双金属标或钢管标。

（2）工作基点，应选在比较稳定且方便使用的位置。设立在大型工程施工区域内的水平位移监测工作基点宜采用带有强制归心装置的观测墩，垂直位移监测工作基点可采用钢管标。对通视条件较好的小型工程，可不设立工作基点，在基准点上直接测定变形观测点。

（3）变形观测点，应设立在能反映监测体变形特征的位置或监测断面上。监测断面一般分为关键断面、重要断面和一般断面。有特殊需要时，还应埋设一定数量的应力、应变传感器。

建筑物变形观测的精度，根据变形观测的目的及变形值的大小而异，没有一个明确的规定。如果观测的目的是监视建筑物的安全，则精度要求稍低，只要满足预警需要即可。在 1971 年的国际测量工作者联合会（FIG）上，建议观测的中误差应小于允许变形值的 1/10 ~ 1/20。例如：某高层建筑物的沉降设计允许 150 mm，以其允许变形值 1/20 作为观测中误差，则观测精度为 m =±7.5 mm。如果是为了研究建筑物变形的过程和规律，则精度应尽可能高些，因为精度的高低会影响观测成果的可靠性，通常，对建筑物的变形观测要反映至 1 ~ 2 mm 的变形量。

观测频率的确定，随荷载的变化及变形速率而异，观测过程中，可根据变形量的变化情况做适当的调整。例如，高层建筑在施工过程中的变形观测，通常楼层加高 1 ~ 2 层即应观测一次。

变形监测作业前，应收集相关水文地质、岩土工程资料和设计图纸，并根据岩土工程地质条件、工程类型、工程规模、基础埋深、建筑结构和施工方法等因素，进行变形监测方案设计。方案包括监测的目的、精度等级、监测方法、监测基准网的精度估算和布设、观测周期、项目预警值、使用的仪器设备等内容。

7.5.5.2　建筑场地沉降观测

建筑场地沉降观测分为相邻地基沉降观测与场地地面沉降观测，是根据建筑设计、施工的实际需要特别是软土地区密集房屋之间的建筑施工需要来确定的。毗邻的高层与低层建筑或新建与已建的建筑，由于荷载的差异，引起相邻地基土的应力重新分布，从而产生差异沉降，致使毗邻建筑物遭到不同程度的危害。差异沉降愈大，建筑刚度愈差，危害愈烈，轻则房屋粉刷层坠落、门窗变形，重则地坪与墙面开裂、地下管道断裂，甚至房屋倒塌。因此建筑场地沉降观测的首要任务是监视已有建筑安全，开展相邻地基沉降观测，以提供有效数据，确切反映建筑物及其场地的实际变形程度或变形趋势，并以此作为确定作业方法和监测外围建筑物的安全依据。

在相邻地基变形范围之外的地面，由于降雨、地下水等自然因素与堆卸、采掘等人为因素的影响，也会产生一定沉降，并且有时相邻地基沉降与场地地面沉降还会交错重叠。

对相邻地基沉降观测点的布设，可在以建筑基础深度 1.5 ~ 2.0 倍的距离为半径的范围内，以外墙附近向外由密到疏进行布置。对相邻地基和建筑场地的沉降观测，一般采用四等监测精度。

7.5.5.3　建筑物沉降观测

建筑物的沉降观测是用水准测量的方法，周期性地观测建筑物上的沉降观测点和水准基点的高差变化值。建筑物在施工和运营期间，对埋设在基础和建筑物上的观测点，定期用精密水准测量的方法测定它们的高程，比较观测点不同周期的高程即可求得其沉降值。

1. 水准基点的布设

水准基点是沉降观测的基准，它的埋设必须保证稳定和长久保存，因此水准基点的布设应满足以下要求：

（1）水准基点必须设置在沉降影响范围以外，冰冻地区水准基点应埋设在冰冻线以下 0.5 m。

（2）为了保证水准基点高程的正确性，水准基点最少应布设 3 个，以便相互检核。

（3）水准基点和观测点之间的距离应适中，相距太远会影响观测精度，一般应在 80 m 范围内。水准点帽头宜用铜或不锈钢制成，如用普通钢代替，应注意防锈。水准基点埋设须在基坑开挖前 15 d 完成。

（4）水准基点可用二等水准与城市水准点联测，也可采用假定高程。

（5）水准基点可按实际要求，采用深埋式和浅埋式两种，但每一观测区域内，至少应设置一个深埋式水准点。

2. 沉降观测点的布设

进行沉降观测的建筑物或构筑物，应埋设沉降观测点。沉降观测点的布设应满足以下要求：

（1）观测点具体设置一般由设计单位根据地基的工程地质资料及建筑结构的特点确定，对设计未作规定而按有关规定需作沉降观测的建筑或构筑物，其沉降观测点布置位置则由施工企业技术部门负责确定，报建设（或监理）单位审核。沉降观测点一般应布设在能全面反映建筑物和构筑物基础沉降情况的部位，如建筑物四角、沉降缝两侧、荷载有变化的部位、大型设备基础、柱子基础和地质条件变化处，一般可沿墙的长度每隔 10 ~ 15 m 或每隔 2 ~ 3 根柱在柱基上设置，并应设置在建筑物上。当建筑物的宽度大于 15 m 时，内墙也应在适当位置设置。框架式结构的建筑物，应在每一个桩基或部分桩基上安设观测点，具有浮筏基础或箱式基础的高层建筑，观测点应沿纵、横轴和基础（或接近基础的结构部分）周边设置；新建与原有建筑物的连接处两边，都应设置观测点；烟囱、水塔、油罐及其他类似的构筑物的观测点，应沿周边对称设置且每一构筑物不得少于 5 个点。

（2）观测点标志上部应为突出的半球形或有明显的突出之处，并应及时埋设，且与柱身或墙保持一定距离，以保证能在标志上部垂直立尺。

（3）观测点的埋设要求稳固，通常采用角钢、圆钢或铆钉作为观测点的标志，并分别埋设在砖墙上、钢筋混凝土柱子上和设备基础上，高度以高于室内地坪（±0.000）0.2 ~ 0.5 m 为宜。沉降观测点的设置形式如图 7-30 所示。

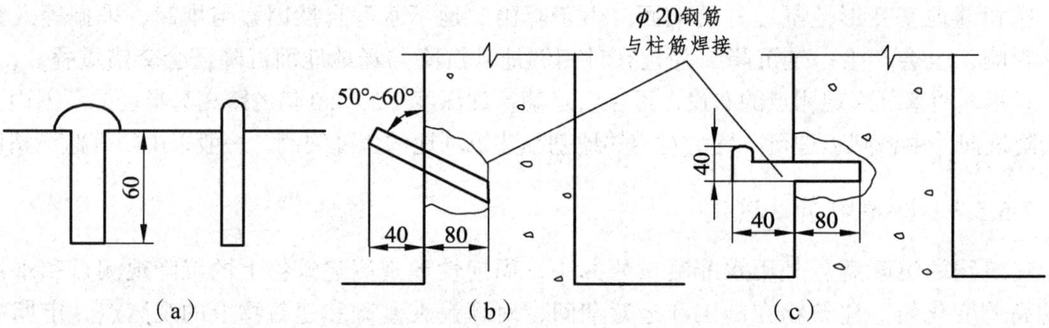

图 7-30　沉降观测点的设置形式（单位：mm）

3. 沉降观测的周期及精度要求

沉降观测的周期应能反映出建筑物的沉降变形规律，特别是首次观测必须按时进行，否则沉降观测得不到原始数据，从而使整个观测得不到完整的观测结果。当埋设的沉降观测点稳固后，在建筑物主体开工前，进行第一次观测。在施工阶段，观测的频率要大些，一般按 3 d、7 d、15 d 确定观测周期，或按层数、荷载的增加确定观测周期。观测周期具体应视施工过程中地基与加荷而定。如暂时停工时，在停工时和重新开工时均应各观测一次，以便检验停工期间建筑物沉降变化情况，为重新开工后沉降观测的方式、次数是否应调整提供判断依据。在竣工后，观测的频率可以少些，根据地基土类型和沉降速度的大小而定，一般有一个月、两个月、三个月、半年与一年等不同周期。沉降是否进入稳定阶段，应由沉降量与时间关系曲线判定，如果最后两个观测周期的平均沉降速率小于 0.02 mm/d，可以认为整体趋于稳定，如果各点的沉降速率均小于 0.02 mm/d，即可终止观测。否则，应继续每 3 个月观测一次，直至建筑物沉降稳定为止。

观测时先后视水准基点，接着依次前视各沉降观测点，最后再次后视该水准基点，两次后视读数之差不应超过±1 mm。另外，沉降观测的水准路线（从一个水准基点到另一个水准基点）应为闭合水准路线。

沉降观测的精度应根据建筑物的性质而定。多层建筑物的沉降观测，可采用 DS_3 水准仪，用普通水准测量的方法进行，其水准路线的闭合差不应超过 $\pm 2.0\sqrt{n}$ mm（n 为测站数）；高层建筑物的沉降观测，则应采用 DS_1 精密水准仪，用二等水准测量的方法进行，其水准路线的

闭合差不应超过 $\pm1.0\sqrt{n}$ mm（n 为测站数）。沉降观测是一项长期、连续的工作，为了保证观测成果的正确性，应尽可能做到四定，即固定观测人员、使用固定的水准仪和水准尺、使用固定的水准基点、按固定的实测路线和测站进行。

4. 沉降观测的成果整理

（1）整理原始记录。

每次观测结束后，应检查记录的数据和计算是否正确，精度是否合格，然后调整高差闭合差，推算出各沉降观测点的高程，并填入“沉降观测表”中（表 7-7）。

（2）计算沉降量。

① 计算各沉降观测点的本次沉降量：沉降观测点的本次沉降量=本次观测所得的高程-上次观测所得的高程；

② 计算累积沉降量：累积沉降量=本次沉降量+上次累积沉降量。

将计算出的沉降观测点本次沉降量、累积沉降量和观测日期、天气、层数情况等记入“沉降观测表”中（表 7-7）。

（3）绘制沉降曲线。

如图 7-31 所示，选择 A、B、C、D 四个点绘制沉降曲线图，沉降曲线分为上下两部分，上半部分为荷载（楼层）与时间关系曲线，下半部分为沉降量与时间关系曲线。

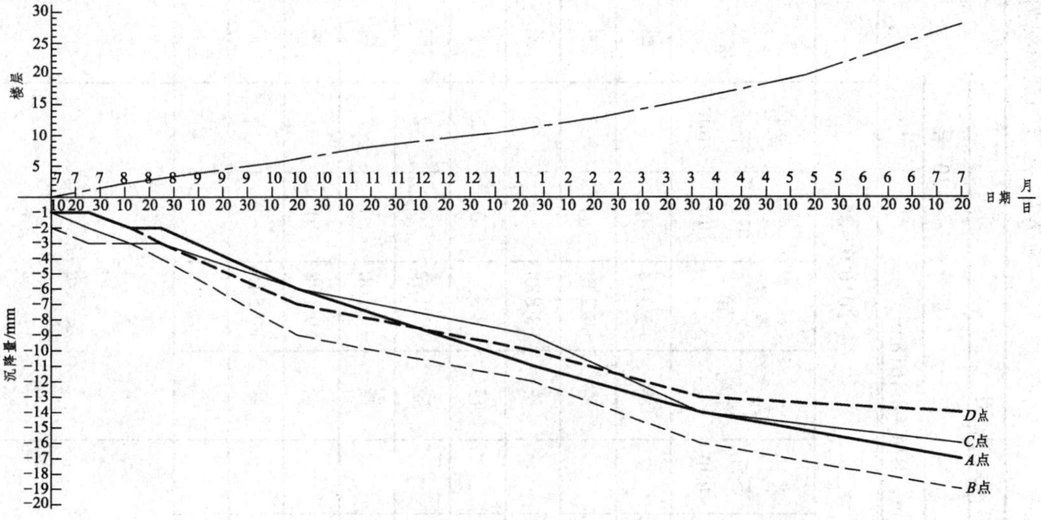

图 7-31　沉降曲线图

① 绘制时间与沉降量关系曲线，以沉降量为纵轴，以时间为横轴，形成直角坐标系，然后以每次累积沉降量为纵坐标，以每次观测日期为横坐标，标出沉降观测点的位置，最后，用曲线将标出的各点连接起来，并在曲线的一端注明沉降观测点号码，这样就绘制出了时间与沉降量关系曲线图。

② 绘制时间与荷载（楼层）关系曲线，以荷载（楼层）为纵轴，以时间为横轴，形成直角坐标系，然后根据每次观测时间和相应的荷载（楼层）标出各点，将各点连接起来，即可绘制出时间与荷载（楼层）关系曲线图。

表 7-7　建筑物沉降观测记录表

工程名称：×××工 程 项 目

结构形式：框 剪　　层数：30 层　　仪器：天宝 DINI03（水准仪）

水准点号数及高程：BM_1=8.5921m，BM_2=8.4618m

测点	2010-6-8	2010-07-10				2010-07-25				2010-08-12				2010-08-25			
	初次高程/m	天气情况	高程/m	本次下沉/mm	累计下沉/mm	天气情况	高程/m	本次下沉/mm	累计下沉/mm	天气情况	高程/m	本次下沉/mm	累计下沉/mm	天气情况	高程/m	本次下沉/mm	累计下沉/mm
A	+9.215	晴	+9.214	−1		晴	+9.214	0	−1	阴	+9.213	−1	−2	阴	+9.213	0	−2
B	+9.236	晴	+9.234	−2		晴	+9.233	−1	−3	阴	+9.233	0	−3	阴	+9.232	−1	−4
C	+8.890	晴	+8.889	−1		晴	+8.888	−1	−2	阴	+8.887	−1	−3	阴	+8.887	0	−3
D	+8.831	晴	+8.830	−1		晴	+8.830	0	−1	阴	+8.829	−1	−2	阴	+8.828	−1	−3
E	+9.191	晴	+9.190	−1		晴	+9.189	−1	−2	阴	+9.189	0	−2	阴	+9.188	−1	−3
F	+9.202	晴	+9.201	−1		晴	+9.200	−1	−2	阴	+9.199	−1	−3	阴	+9.199	0	−3
G	+9.179	晴	+9.178	−1		晴	+9.178	0	−1	阴	+9.177	−1	−2	阴	+9.177	0	−2
H	+9.549	晴	+9.547	−2		晴	+9.546	−1	−3	阴	+9.546	0	−3	阴	+9.545	−1	−4
形象进度	2层梁板浇筑完成	3层梁板浇筑完成				4层梁板浇筑完成				5层梁板浇筑完成				6层梁板浇筑完成			

续表

工程名称：×××工程项目

结构形式：框剪　　层数：30 层　　仪器：天宝 DINI03（水准仪）

水准点号数及高程：BM_1=8.5921m，BM_2=8.4618m

测点	2010-6-8	2010-10-20				2011-01-25				2011-04-02				2011-07-20			
	初次高程/m	天气情况	高程/m	本次下沉/mm	累计下沉/mm	天气情况	高程/m	本次下沉/mm	累计下沉/mm	天气情况	高程/m	本次下沉/mm	累计下沉/mm	天气情况	高程/m	本次下沉/mm	累计下沉/mm
A	+9.215	晴	+9.209	−4	−6	晴	+9.204	5	−11	阴	+9.201	−3	−14	阴	+9.197	−4	−18
B	+9.236	晴	+9.227	−5	−9	晴	+9.224	−3	−12	阴	+9.220	−4	−16	阴	+9.216	−4	−20
C	+8.890	晴	+8.884	−3	−6	晴	+8.881	−3	−9	阴	+8.876	−5	−14	阴	+8.875	−2	−16
D	+8.831	晴	+8.824	−4	−7	晴	+8.821	−3	−10	阴	+8.817	−3	−13	阴	+8.815	−2	−15
E	+9.191	晴	+9.183	−5	−8	晴	+9.180	−3	−11	阴	+9.177	−3	−14	阴	+9.174	−3	−17
F	+9.202	晴	+9.196	−3	−6	晴	+9.192	−4	−10	阴	+9.190	−2	−12	阴	+9.186	−4	−16
G	+9.179	晴	+9.174	−3	−5	晴	+9.173	−4	−9	阴	+9.170	−3	−12	阴	+9.165	−5	−17
H	+9.549	晴	+9.542	−3	−7	晴	+9.538	−4	−11	阴	+9.534	−4	−15	阴	+9.530	−4	−19
形象进度	2 层梁板浇筑完成	10 层梁板浇筑完成				15 层梁板浇筑完成				20 层梁板浇筑完成				28 层梁板浇筑完成			

测量人：　　计算人：　　审核人：　　观测单位：

7.5.5.4　建筑物倾斜观测

很多高耸建（构）筑物，如高层楼房、电视塔、烟囱等，由于基础不均匀的沉降将使建筑物倾斜，随着不均匀沉降的累积，将使建筑物产生裂缝甚至倒塌。因此，必须根据设计要求进行倾斜观测、处理以保证建筑物的安全。建筑物倾斜观测就是利用测量仪器测定建筑物的基础和上部结构的倾斜变化——倾斜的方向、大小、速率等。对于建筑物而言，若设置整体倾斜观测点，则布设在建（构）筑物竖轴线或其平行线的顶部和底部；若设置分层倾斜观测点，则分层布设高低点。倾斜观测点采用固定标志、反射片或建（构）筑物的特征点。倾斜度是用顶部的观测点水平位移值 d 与高度 H 之比表示，即 $i=\dfrac{d}{H}$。倾斜观测可采用经纬仪投点法（图 7-32）、前方交会法、正垂线法、激光准直法、差异沉降法和倾斜仪测记法等。

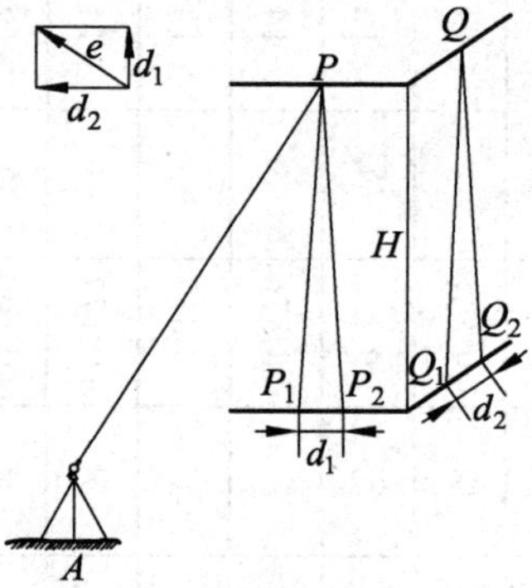

图 7-32　经纬仪投点法

1. 经纬仪投点法

观测时，应在建筑物底部（观测点垂线对应处）位置安置水平读数尺等量测设施，然后在测站安置经纬仪投影，应按正倒镜法测出每对上下观测点标志间的水平位移分量，再按矢量相加法求得水平位移值（倾斜量）和位移方向（倾斜方向），对需要进行倾斜观测的建筑物，需要在几个侧面进行观测。如图 7-32，在距离墙面大于墙高的地方选择一固定点 A 安置经纬仪（若仰角太大看不到房顶，可加装弯管目镜），盘左瞄准墙顶一观测点 P，向下投影得一点 P_1'，盘右重复上述步骤，向下投影得一点 P_1''，平分 $P_1'P_1''$ 得 P_1，在水平读数尺上作标记。过一段时间，再用经纬仪瞄准同一点 P，向下投影得 P_2 点，若建筑物沿侧面方向发生倾斜，P 点已移位，则 P_1 点与 P_2 点不重合，于是量得水平偏移量 d_1，同时，在另一侧面也可测得观测点 Q 偏移量 d_2，以 H 代表建筑物的高度，则建筑物的倾斜度为：

$$i=\frac{\sqrt{d_1^2+d_2^2}}{H}$$

2. 前方交会法

如图 7-33（a），直线 AB 为控制基线，P 为建筑物上观测标志点，AB 离建筑物的距离根据现场实际情况布设，但应不小于建筑物高度的 1.5 倍，并使 PA、PB 方向夹角 γ 在 60° ~ 120° 之间。利用精密测角经纬仪在已知点 A、B 上分别向点 P 观测水平角 α 和 β，从而可以计算 P

点的坐标，见下面公式。在外业观测中，α 和 β 需要观测 2 个测回，为检核需要，有时设置 3 个已知点 A、B、C，如图 7-33（b），分别向点 P 进行角度观测，由两个三角形分别解算 P 点的坐标，按每周期计算观测点 P 坐标值，再以坐标差计算水平位移 d。

$$d=\sqrt{(x_{2P}-x_{1P})^2+(y_{2P}-y_{1P})^2}$$

$$\left.\begin{aligned} x_P&=\frac{x_A\cot\beta+x_B\cot\alpha-y_A+y_B}{\cot\alpha+\cot\beta}\\ y_P&=\frac{y_A\cot\beta+y_B\cot\alpha+x_A-x_B}{\cot\alpha+\cot\beta}\end{aligned}\right\}$$

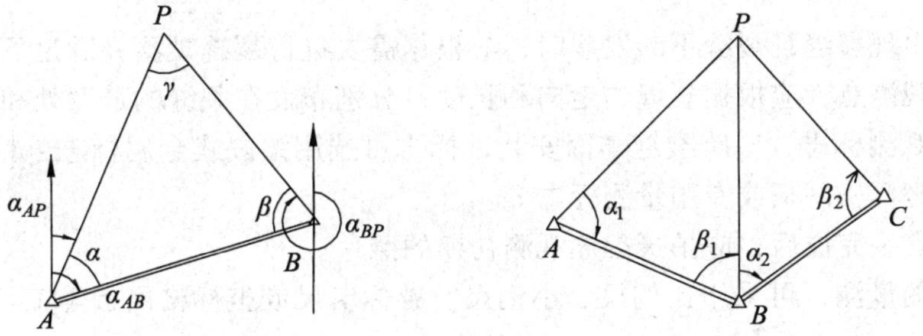

图 7-33　前方交会法

3. 正垂线法

垂线宜选用直径 0.6 ~ 1.2 mm 的不锈钢丝，上端可锚固在通道顶部或需要高度处所设的支点上，稳定重垂的油箱中应装有黏性小、不冰冻的液体。观测时，由底部观测墩上安置的量测设备（如坐标仪、光学垂线仪、电感式垂线仪），按一定周期测出各测点的水平位移量。

4. 激光准直法

激光准直法是在顶部适当位置安置接收靶，在其垂线下的地面或地板上安置激光铅垂仪或激光准直仪，按一定的周期观测，在接收靶上直接读取或量出顶部的水平位移量和位移方向。作业中仪器应严格置平、对中，应旋转 180°观测两次取其中数，对超高层建筑，当仪器设在楼体内部时，应考虑大气湍流影响。

建筑物倾斜观测的周期，可视倾斜速度的大小，每隔 1 ~ 3 个月观测一次。如遇基础附近因大量堆载或卸载，场地降雨长期大量积水而导致倾斜速度加快时，应及时增加观测次数。施工期间的观测周期与沉降观测周期取得一致，倾斜观测应避开强日照和风荷载影响大的时间段。

5. 差异沉降法

在基础上选择观测点，采用三等水准测量方法，以所测各周期的基础沉降差换算求得建筑物整体倾斜度及倾斜方向。以差异沉降推算整体的倾斜值公式为：

$$\Delta D=\frac{\Delta S}{L}H$$

式中：ΔD——倾斜值（m）；

ΔS ——基础两端点的沉降差（m）;

L ——基础两端点的水平距离（m）;

H ——建（构）筑物高度（m）。

6. 倾斜仪测记法

采用的倾斜仪（如水管式倾斜仪、水平摆倾斜仪、气泡倾斜仪或电子倾斜仪）应具有连续读数、自动记录和数字传输等功能。监测建筑物上部层面倾斜时，仪器可安置在建筑物基础面上，以所测楼层或基础面的水平角变化值反映和分析建筑物倾斜的变化程度。

7.5.5.5 建筑物裂缝观测

当建筑物出现裂缝且裂缝不断发展时，应根据需要进行裂缝观测并满足下列要求：

（1）裂缝观测点，应根据裂缝的走向和长度，分别布设在裂缝的最宽处和裂缝的末端。

（2）裂缝观测标志，应跨裂缝牢固安装，标志可选用镶嵌式金属标志、粘贴式金属片标志、钢尺条、坐标格网板或专用量测标志等。

（3）标志安装完成后，应拍摄裂缝观测初期的照片。

（4）裂缝的量测，可采用比例尺、小钢尺、游标卡尺或坐标格网板等工具进行，量测应精确至 0.1 mm。

（5）裂缝的观测周期，应根据裂缝变化速度确定。裂缝初期可每半个月观测一次，基本稳定后宜每月观测一次，当发现裂缝加大时应及时增加观测次数，必要时应持续观测。

7.5.5.6 建筑物水平位移观测

工业与民用建（构）筑物的水平位移测量，应满足下列要求：

（1）水平位移变形观测点，应布设在建（构）筑物的下列部位：

建筑物的主要墙角和柱基上以及建筑沉降缝的顶部和底部；当有建筑裂缝时，还应布设在裂缝的两边；大型构筑物的顶部、中部和下部。

（2）观测标志宜采用反射棱镜、反射片、照准觇牌或变径垂直照准杆。

（3）水平位移观测周期，应根据工程需要和场地的工程地质条件综合确定。

水平位移监测可以采用极坐标法、交会法。用交会法进行水平位移监测时，宜采用三点交会法；角交会法的交会角，应在 60°～120°之间，边交会法的交会角，宜在 30°～150°之间；用极坐标法进行水平位移监测时，宜采用双测站极坐标法，其边长应采用全站仪测定；测站点应采用有强制对中装置的观测墩，变形观测点可埋设安置反光镜或觇牌的强制对中装置或其他固定照准标志。

7.5.5.7 建筑物日照变形观测

当建（构）筑物因日照引起的变形较大或工程需要时，应进行日照变形观测且符合下列要求：

（1）变形观测点，宜设置在监测体受热面不同的高度处。

（2）日照变形的观测时间，宜选在夏季的高温天进行，一般观测项目，可在白天时间段观测，从日出前开始定时观测，至日落后停止。

（3）在每次观测的同时，应测出监测体向阳面与背阳面的温度，并测定即时的风速、风向和日照强度。

（4）观测方法，应根据日照变形的特点、精度要求、变形速率以及建（构）筑物的安全性等指标确定，可采用交会法、极坐标法、激光准直法、正倒垂线法等。

7.6 工业建筑施工测量

7.6.1 工业建筑施工测量概述

工业建筑是指从事各类工业生产及直接为生产服务的房屋，一般称为厂房，分单层和多层。目前，我国较多采用预制钢筋混凝土柱装配式单层厂房。厂房施工中的测量工作主要包括：厂房矩形控制网测设、厂房柱列轴线放样、杯形基础施工测量、厂房构件与设备的安装测量等。厂房施工测量准备工作与多层民用建筑施工测量前的准备工作一样，既要认真熟悉各种图纸和现场，还要做好以下两项工作。

7.6.1.1 制定厂房矩形控制网测设方案及计算测设数据

厂区已有控制点的密度和精度往往不能满足厂房放样的需要，因此对于每幢厂房，还应在厂区控制网的基础上建立满足厂房建筑规模和外形轮廓及厂房特殊精度要求的独立矩形控制网，作为厂房施工测量的控制网。

对于一般中、小型工业厂房，在其基础的开挖线以外约 4 m，测设一个与厂房轴线平行的矩形控制网，即可满足放样的需要。对于大型厂房或设备基础复杂的工业厂房，为了使厂房各部分精度一致，需先测设主轴线，然后根据主轴线测设矩形控制网。

厂房矩形控制网的测设方案，主要依据厂区平面图、厂区控制网和现场地形等资料制定。其主要内容包括确定厂房主轴线、矩形控制网、距离指标桩的点位、布设形式及其测设方法和精度要求等。在确定主轴线点及矩形控制网的位置时，必须保证控制点能长期保存，因此要避开地上和地下管线，并与建筑物基础开挖边线保持 1.5 ~ 4 m 的距离。距离指标桩的间距一般等于柱子间距的整数倍，但不超过所用钢尺的长度，矩形控制网可以根据厂区建筑方格网用直角坐标法根据计算数据进行测设。

7.6.1.2 绘制矩形控制网测设略图

根据设计总平面图和施工平面图，按一定比例绘制施工放样略图，图上标注厂房矩形控制网点相对于建筑方格网点的平面尺寸。

厂房矩形
控制网的测设

7.6.2 工业厂房矩形控制网的测设

工业厂房应测设独立的矩形控制网，作为施工放样的依据。厂房控制网分为三级：第一级机械传动性能较高有连续生产设备的大型厂房和焦炉等；第二级是有桥式吊车的生产厂房；第三级是没有桥式吊车的一般厂房。

7.6.2.1　新建厂房控制网的测设

1. 单一的厂房矩形控制网的测设方法

对于中小型厂房，测设矩形控制网时，一般先测设基线，基线（长边线）的测设是根据厂区建筑方格网测设一条长边，如图 7-34 中的 *AB*，其余三边再根据基线 *AB* 测设。矩形控制网的测设可以利用直角坐标法，也可以采用极坐标等方法。测设矩形控制网的各边长时，应同时测设距离指示桩。

2. 主轴线组成的矩形控制网的测设方法

对于大型工业厂房，先根据厂区控制网定出矩形控制网的主轴线，然后再根据主轴线测设矩形控制网。

主轴线的测设：如图 7-35，首先将长轴 *AOB* 测定于地面，再以长轴 *AOB* 为基线测设短轴 *CD*，并进行方向改正，使纵、横轴严格正交。轴线方向调整合格后，再以 *O* 为起点，进行精密丈量距离，以确定纵横轴线各端点位置。主轴线交角和长度相对误差要求如表 7-8 所示。

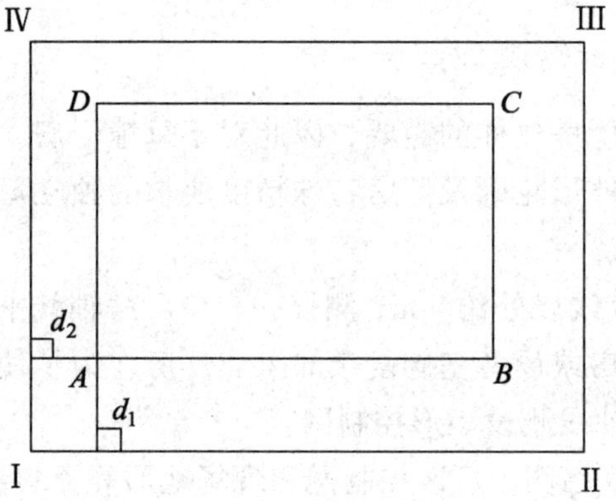

图 7-34　矩形控制网

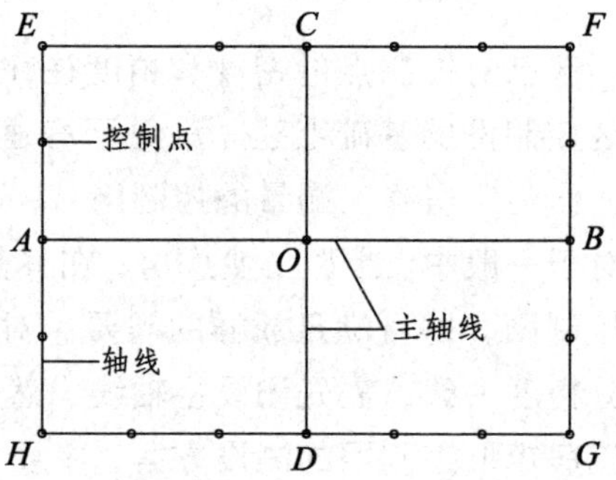

图 7-35　主轴线测设

表 7-8　厂房矩形控制网允许误差

矩形网等级	矩形网类别	厂房类型	主轴线、矩形边长精度	主轴线交角允许差	矩形角允许差
Ⅰ	根据主轴线测设的控制网	大型	1∶50 000、1∶30 000	±3″～±5″	±5″
Ⅱ	单一矩形控制网	中型	1∶20 000		±7″
Ⅲ	单一矩形控制网	小型	1∶10 000		±10″

矩形控制网的测设：如图 7-35，在纵横轴线的端点 *A*、*B*、*C*、*D* 分别安置经纬仪，都以 *O* 为后视点，分别测设直角交会定出 *E*、*F*、*G*、*H* 四个角点，然后再精密丈量 *AH*、*AE*、*BG*…各段距离，其精度要求与主轴线相同。若角度交会与测距精度良好，则所量距离的长度与交会定点的位置能相适应，否则应按照建筑方格网主轴线测设中所述方法予以调整。

为了便于以后进行厂房细部的施工放线，在测定矩形网各边长时，应按施测方案确定的位置与间距测设距离指标桩。距离指标桩的间距一般是等于厂房柱子间距的整倍数，使指标桩位于厂房柱行列线或主要设备中心线方向上，在距离指标桩上直线投点的允许偏差为±5 mm。

3. 主厂房矩形控制网的精度要求

矩形控制网的允许误差见表 7-8。

7.6.2.2 扩建与改建厂房控制网的测设

在旧厂房进行扩建或改建前，最好能找到原有厂房施工时的控制点，作为扩建与改建时进行控制测量的依据；要求原有控制点必须与已有的吊车轨道及主要设备中心线联测，并将实测结果提供给设计部门参考。若原厂房控制点已不存在，可以按下列不同情况，恢复厂房控制网：

（1）厂房内有吊车轨道时，应以原有吊车轨道的中心线为依据。

（2）扩建与改建的厂房内的主要设备与原有设备有联动或衔接关系时，应以原有设备中心线为依据。

（3）厂房内无重要设备及吊车轨道时，可以原有厂房柱子中心线为依据。

7.6.3 工业厂房基础施工测量

厂房基础施工测量

7.6.3.1 工业厂房柱列轴线测设

厂房柱列轴线的测设工作是在厂房控制网的基础上进行的，如图 7-36，*E*、*F*、*G*、*H* 是厂房矩形控制网的四个角点控制点，Ⓐ、Ⓑ、Ⓒ和①、②、…、⑦等轴线均为柱列轴线，其中定位轴线Ⓑ轴和④轴为主轴线。柱列轴线的测设可根据柱间距和跨间距用钢尺沿矩形各边量出各柱列轴线控制点的位置，并打入大木桩。桩顶钉设小钉表示点位，作为测设柱基和施工安装的依据。

7.6.3.2 工业厂房柱基施工测量

1. 柱基平面位置测设

柱基平面位置测设就是根据厂房基础平面图和基础大样图的有关尺寸，把基坑开挖的边线用白灰标示到地面以便开挖。测设时，首先将两台经纬仪安置在两条互相垂直的柱列轴线的轴线控制桩上，沿轴线方向交会测设出每一个柱基中心的位置，打入木桩，桩顶钉小钉表示柱基中心。而后在距柱基开挖口 0.5 ~ 1 m 处，再打入 4 个定位骑马小木桩，并在桩顶钉上小钉，作为柱基挖坑和立模过程中恢复柱基中心之用，如图 7-37 所示。最后按照基础平面图、基础详图和基坑放坡宽度，用特制的角尺放出基坑开挖边界，并撒出白灰线以便开挖。

在进行柱基测设时，应注意柱列轴线不一定都是柱基中心线，而一般立模、吊装等习惯用中心线，此时应将柱列轴线平移，定出柱子中心线。

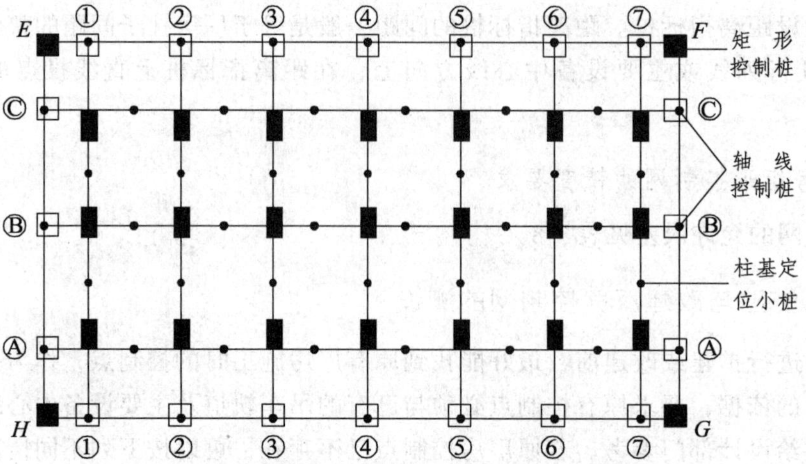

图 7-36　厂房矩形控制网及柱列轴线控制桩

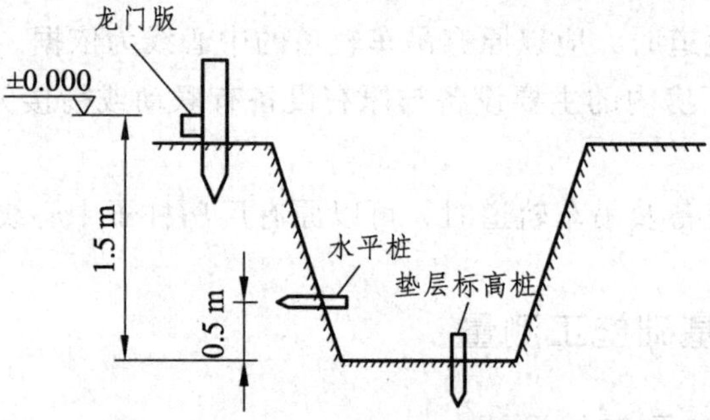

图 7-37　基坑高程测设

2. 柱基高程测设

如图 7-37 所示，基坑开挖时，边挖边测量基坑的开挖深度，严禁超挖。在基坑深度接近设计深度时，在基坑四壁离坑底设计标高 0.5 m 处测设几个小水平桩（可以采用小板桩或者竹桩），作为基坑修坡和检查坑底标高的依据。此外，应在坑底设置小木桩（或竹桩），使桩顶高程恰好等于垫层顶面的设计高程，用以控制基坑内垫层顶面的标高。

基础垫层浇筑完成后，根据柱列轴线控制桩采用经纬仪定线的方法，吊垂球将柱基中心轴线投测到垫层上打点，并利用墨斗弹出墨线，用红漆在垫层上画出标记，作为柱基立模和安放钢筋的依据。立模板时，将模板底部中心对准垫层上柱基中心轴线，并用垂球检查模板是否竖直，然后用水准仪将柱基的设计标高测设到模板的内壁上。拆模后，用经纬仪根据轴线控制桩在杯口上定出柱中心线，再用水准仪在杯口内壁定出标高线，并画上“▼”标志，以此线控制杯底标高。

基础工程各工序中心线及标高测设的允许偏差，应符合表 7-9 的规定。

表 7-9　基础中心线及标高测量允许偏差　　单位：mm

项目	基础定位	垫层面	模板	螺栓
中心线端点测设	±5	±2	±1	±1
中心线投点	±10	±5	±3	±2
标高测设	±10	±5	±3	±3

7.6.4 厂房预制构件安装测量

7.6.4.1 厂房柱子的安装测量

厂房预制构件安装测量

1. 柱子安装的精度要求

（1）柱子中心线应与相应的柱列轴线一致，允许偏差为±5 mm。

（2）牛腿面及柱顶面的高程与设计高程应一致，其误差不应超过±5 mm（柱高<5 m）或±8 mm（柱高>5 m）。

（3）柱子垂直度允许误差：当柱高≤5 m 时为±5 mm；当柱高≤10 m 时为±10 mm；当柱高超过 10 m 时，则为柱高的 1/1 000，并且小于 20 mm。

2. 吊装前的准备工作

（1）投测柱列轴线。

根据柱列轴线控制桩用经纬仪（全站仪）把柱列轴线投测在杯口顶面上（图 7-38），并弹上墨线，用红漆画上“▲”标志，作为吊装柱子时控制轴线方向的依据。若柱列轴线和柱子中心线不重合时，需在杯形基础顶面上测设并弹出柱子中心线。

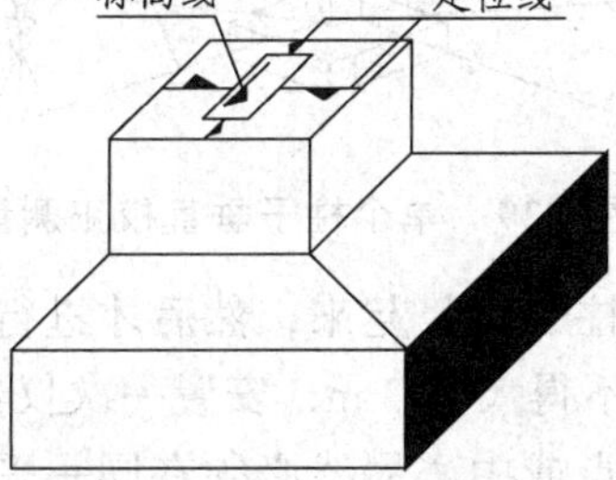

图 7-38 杯口柱列轴线投测

（2）测设杯口高程控制线

在杯口内侧，利用水准仪测设一标高线（例如标高线为−50 cm），并用“▼”表示。从该线起向下量取一个整分米数即为杯底的设计标高，并用以检查杯底标高是否满足要求。

（3）柱身弹线。

在柱子吊装前，要将每根柱子按设计轴线位置进行编号，并至少在柱身的三个侧面上弹出柱子中心线，并在每条线的上端和下端（近杯口处）画上“▲”标志，为校正时照准。

（4）柱身高度和杯底标高检查。

柱身高度是指从柱子底面到牛腿面的长度，它等于牛腿面的设计高程与杯底设计高程之差，即杯底高程加柱身高度即为牛腿面的设计高程。为了保证牛腿面的高程符合设计要求，柱子在安装前必须检查柱身高度和杯底标高。

由于施工的因素，柱子的实际尺寸与设计尺寸有一定的误差，故检查柱身高度时，沿柱身 4 条棱线量出柱身的长度，取最长值为柱身高度，再用水准仪测定杯底高程，杯底高程加柱身高度即为牛腿面的设计标高。为保证牛腿面的标高符合设计要求，杯形基础施工时杯底高程往往降低 3 ~ 5 cm。若所测杯底标高与所量柱身长度之和小于牛腿面的设计标高，可用水泥砂浆修填杯底找平。

3. 柱子安装时的测量工作

柱子安装的要求是保证柱子平面和高程位置符合设计要求，并保证竖直。利用吊车把柱子吊起插入柱基杯口中，使柱子三面中心线对准杯口中心线，用钢（或木）楔子进行固定，偏差值不能超过±5 mm。柱子立稳后，立即用水准仪测设柱身上的±0.000 m 标高线，看其标高是否符合设计要求，允许误差为±3 mm。柱子经过初步固定后，进行垂直校正。柱子垂直校正测量用两架经纬仪安置在纵横轴线上，离柱子的距离约为柱高的 1.5 倍，如图 7-39 所示，先照准柱底中线，再渐渐仰视到柱顶。如中线偏离视线，表示柱子不垂直，则可采用调节拉绳或支撑以及敲打楔子等方法使柱子垂直。经校正后，柱的中线与轴线偏差不得大于 5 mm。

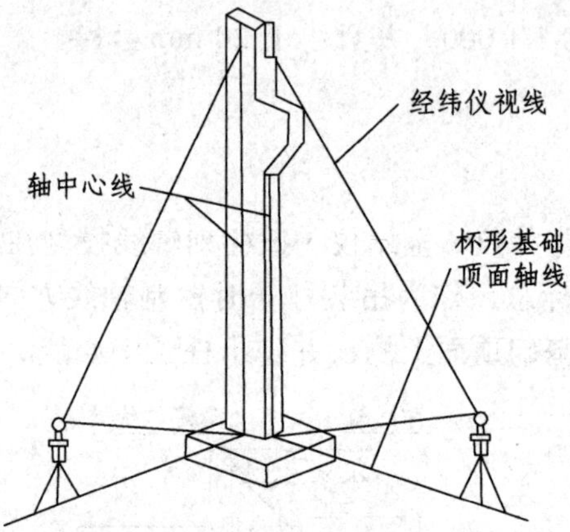

图 7-39　单个柱子垂直校正测量

在实际工作中，常把成排的柱子都竖起来，然后才进行校正。这时可把两台经纬仪分别安置在纵横轴线一侧，偏离中线不得大于 3 m，安置一次仪器可校正几根柱子（图 7-40）。但在这种情况下，柱子上的中心标点或中心墨线必须在同一平面上，否则仪器必须安置在中心线上。

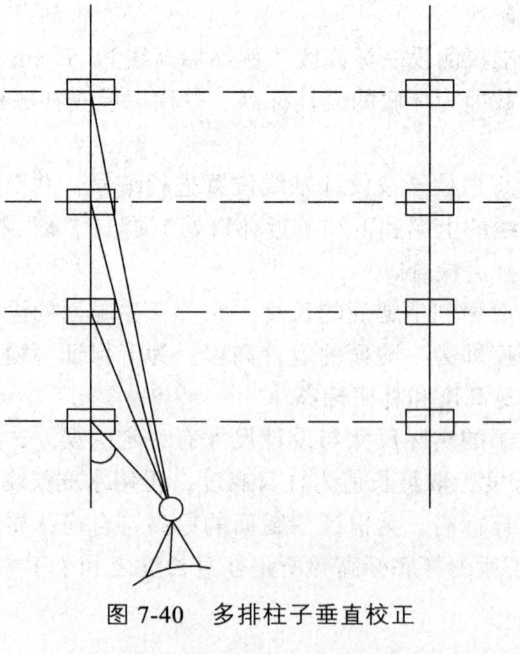

图 7-40　多排柱子垂直校正

4. 柱子垂直校正的注意事项

（1）所用的经纬仪必须进行严格检验和校正，操作时严格整平（照准部的水准管气泡严格居中）和对中。

（2）校正时，除注意柱子垂直外，还应随时检查柱子中心线是否对准杯口柱列轴线标志，以防柱子吊装就位后，产生水平位移。

（3）安装变截面的柱子，经纬仪必须安置在纵横轴线上进行垂直校正。

（4）在日照下校正柱子的垂直度，要考虑温度的影响。垂直校正工作宜在阴天或早、晚时进行。

7.6.4.2 吊车梁安装测量

吊车梁的安装测量，主要是保证吊车梁中线位置和梁的标高满足设计要求。

1. 吊车梁安装前的准备工作

（1）根据柱子上的±0.000 m 标高线，用钢尺沿柱侧面向上量出牛腿面的设计标高线，并作标记，作为整平牛腿面及加垫板的依据。

（2）在吊车梁顶面和两端侧面上用墨线弹出梁的中心线，作为安装定位的依据，如图 7-41 所示。

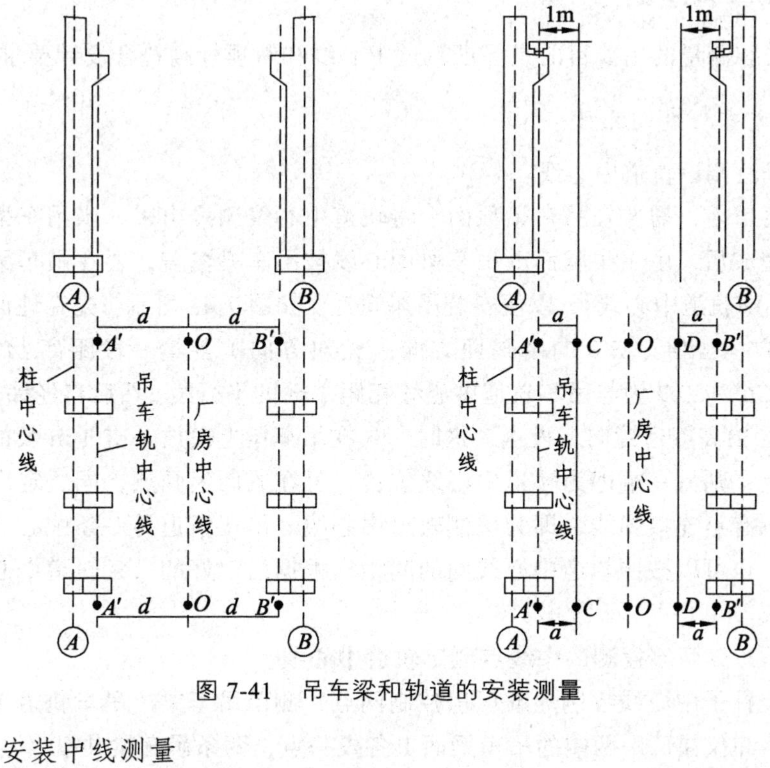

图 7-41 吊车梁和轨道的安装测量

2. 吊车梁安装中线测量

根据厂房控制网或柱列中心轴线端点，在地面上定出吊车梁中心线控制桩，然后用经纬仪将吊车梁中心线投测在每根柱子牛腿面上并弹上墨线，投点误差允许值为±3 mm。安装时尽量使吊车梁中心线与牛腿面上中心线对齐，如图 7-42 所示。

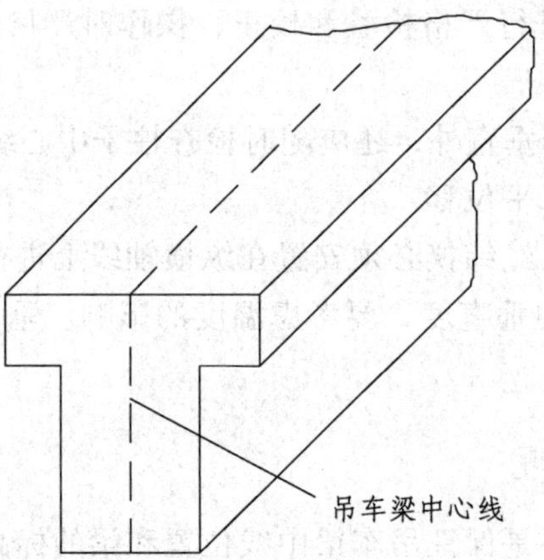

图 7-42　吊车梁的中心线

3. 吊车梁安装高程测量

在柱子上端比梁顶面高 5 ~ 10 cm 处测设一标高点，据此修平梁面。梁面整平以后，将水准仪置于吊车梁上，测设梁面的标高是否符合设计要求，误差应不超过±5 mm。

7.6.4.3　吊车轨道安装测量

吊车轨道安装测量的主要目的是保证轨道中心线和轨顶标高符合设计要求。

1. 吊车轨道中心线的测设

（1）平行线法测设轨道中心线。

安装吊车轨道前，需要在吊车梁顶面上将轨道中心线测设出来，当吊车梁在柱子牛腿上安装连接加固完成后，由于牛腿面上吊车梁中心线被吊车梁覆盖，要在吊车梁面上再次投测吊车梁中心线（即轨道中心线），以便安装吊车轨道。如图 7-41 所示，先在地面上沿平行于吊车轨中心线的方向 $A'A'$、$B'B'$向牛腿面方向（相对方向）各量一段距离 $A'C$ 和 $B'D$，令 $A'C=B'D=1$ m，CC 和 DD 为与吊车轨道中心线相距 1 m 的平行线。然后将经纬仪安置在 C 点，瞄准另一 C 点，抬高望远镜向上投点，这时一人在吊车梁上横放一支 1 m 长的木尺，假使木尺一端在视线上，则另一端即为轨道中心线位置，可在梁面上画点，同法定出轨道中心其他各点，最后将所有点连接弹线，即为该侧轨道中心线。吊车轨道另一条中心线位置，可采用同样方法测设，也可以按照轨道中心线间的间距，根据已定好的一条轨道中心线，用悬空量距的方法定出来。

（2）根据吊车梁两端投测的中线点测定轨道中心线。

根据地面上柱子中心线控制点或厂房控制网点，测出吊车梁（吊车轨道）中心线点。然后利用该点用经纬仪在厂房两端的吊车梁面上各投一点，两条吊车梁共投 4 点。投点允许偏差为±2 mm，再用钢尺（检测合格）丈量两端所投中线点的跨距是否符合设计要求，若超过±5 mm，则以实量长度为准予以调整。将仪器安置于吊车梁一端中线点上，照准另一端点，在梁面上进行中线投点加密，每隔 18 ~ 24 m 加密一点。

2. 吊车轨道安装前的标高测量

吊车轨道中线点测设完成后用墨斗弹出墨线，以便安放轨道垫板。在安装轨道垫板时，应根据柱子上端测设的标高线，利用水准仪测出垫板标高，使其符合设计要求，以便安装轨道。梁面垫板标高的测量允许偏差为±2 mm。

3. 吊车轨道检查测量

吊车轨道在吊车梁上安装完成后，进行检查测量工作，首先检查轨道中心线是否成一直线，其次检查轨道跨距及轨顶标高是否符合设计要求。检查结果填入相应表格，作为竣工资料。

（1）轨道中心线的检查。

将经纬仪架设于吊车梁上投测点，照准预先在墙上或屋架上引测的中心线两端点，用正倒镜法将仪器中心移至轨道中心线上，而后每隔 18 m 投测一点，检查轨道的中心是否在一直线上，允许偏差为±2 mm；否则，应重新调整轨道。

（2）跨距检查。

在两条轨道对称点上，用钢尺精密丈量其跨距尺寸，实测值与设计值相差不得超过 3 ~ 5 mm，否则应予调整。轨道安装中心线经调整后，必须保证轨道安装中心线与吊车梁实际中心线的偏差小于±10 mm。

（3）轨顶标高检查。

吊车轨道安装好后，根据在柱子上端测设的标高线（水准点）检查轨顶标高，在两轨接头处各测一点，中间每隔 6 m 测一点，允许误差为±2 mm。

7.7 竣工总平面图的编绘和竣工测量

竣工总平面图是设计总平面图在施工结束后实际情况的全面反映。工业与民用建筑工程是根据设计的总平面图进行施工的，但在施工过程中，可能由于设计时没有考虑到的原因而使设计的位置发生变更，因此工程的竣工位置不可能与设计位置完全一致，所以设计总平面图不能完全代替竣工总平面图。因此，施工结束后应及时编绘竣工总平面图。编绘竣工总平面图的目的：一是为了全面反映竣工后的现状；二是在工程竣工投产以后的生产经营过程中，为了顺利地进行维修，及时消除地下管线的故障，并考虑到为将来建筑的改建或扩建准备充分的资料；三是竣工总平面图及附属资料，为工程验收和评定工程质量提供依据。为了完成编绘竣工总平面图，需要在开始施工时和施工过程中收集一切有关的资料，加以整理，及时进行编绘。

7.7.1 竣工总平面图的编绘

7.7.1.1 绘制竣工总平面图的依据

（1）设计总平面图、单位工程平面图、纵横断面图和设计变更资料。

（2）定位测量资料、施工检查测量及竣工测量资料。

（3）设计变更图纸、数据、资料（包括设计变更通知单）。

7.7.1.2　竣工总平面图的分类

竣工总平面图包括分类竣工总平面图和综合竣工总平面图。

7.7.1.3　竣工总平面图的图面内容和图例

竣工总图的比例尺，宜选用 1∶500；坐标系统、高程基准、图幅大小、图上注记、线条规格，应与原设计图一致；图例符号，应采用现行国家标准《总图制图标准》GB/T 50103。

7.7.1.4　竣工总图的编绘应收集的资料：

（1）总平面布置图。
（2）施工设计图。
（3）设计变更文件。
（4）施工检测记录。
（5）竣工测量资料。
（6）其他相关资料。

7.7.1.5　竣工总平面图的附件

（1）地下管线竣工纵断面图。
（2）铁路、公路竣工纵断面图。
（3）建筑场地及其附近的测量控制点布置图及坐标与高程一览表。
（4）建筑物或构筑物沉降及变形观测资料。
（5）工程定位、检查及竣工测量的资料。
（6）设计变更文件。
（7）建设场地原始地形图。

7.7.2　竣工测量

建（构）筑物竣工验收时进行的测量工作，称为竣工测量。竣工测量前应收集城市规划行政主管部门审批后的建筑物施工设计图、总平面图和放线成果。在工业与民用建筑施工过程中，在每一个单位工程完成后，必须由有资质的测绘单位进行竣工测量，并提交该工程的竣工测量报告及图件等成果资料，作为编绘竣工总平面图的重要组成部分。

7.7.2.1　竣工测量的内容

（1）工业厂房及一般建筑物：测定各房角坐标、建筑物四至关系、规划竣工核实要素、展绘用地红线、界址点坐标，几何尺寸，室内地坪、室外地坪高程，测量楼高并附注房屋结构层数、面积和竣工时间。

（2）地下管线：测量管线起止点、转折点、分支点、交叉点、变径点及每隔适当距离的直线点等的平面位置、高程以及架空管道的高度等；调查并标注管线的类别、材质、埋深、断面尺寸、电缆孔数、管径、传输物质特征（流向、压力、电压等）、埋设年月等。地下管线工程的竣工测量应在覆土前进行。

（3）架空管线：测定转折点、结点、交叉点和支点的坐标，支架间距、基础面标高等。

（4）交通道路：测定道路起终点、转折点和交叉点的坐标和高程，路面、人行道、绿化带界线的位置和宽度及面积等。

（5）特种构筑物：包括沉淀池、烟囱、煤气罐等及其附属建筑物的外形和四角坐标，圆形构筑物的中心坐标，基础面标高，烟囱高度和沉淀池深度等。

7.7.2.2 竣工测量的要求和范围

（1）竣工测量地形图一般采用 1∶500 比例尺，在建（构）筑物密集且 1∶500 比例尺不能满足要求时，可选用 1∶200 比例尺，一般采用全野外数字成图法（即全站仪测图法）。

（2）竣工测量范围包括工程建设地面建筑物、道路、植被、地下管线及其附属设施、地下防空设施、地下隧道、空中悬空设施等要素，应实地测绘，具体范围是至建设区外第一栋建筑或市政道路或不低于建设区外 30 m。

习题

1. 在高层建筑施工中，如何控制建筑物的垂直度和传递标高？

2. 高层建筑物的轴线投测方法有哪些？

3. 建筑物沉降观测点如何布置？

4. 建筑物倾斜观测的方法有哪些？

5. 建筑总平面图的作用是什么？

6. 为什么进行竣工测量？竣工测量的内容是什么？

7. 某高层建筑一倾斜观测点 A，纵向倾斜 19.5 mm，横向倾斜 15.7 mm，该建筑物的高度为 61.5 m，试求该建筑物的倾斜度。

8. 在某高层建筑首层墙体上选择 A、B 两点作为倾斜观测点，AB 两点周期性观测沉降差为 7 mm，AB 两点水平距离为 51 m，建筑物高度为 63 m，试求该建筑物的倾斜度。

9. 烟囱经检测其顶部中心在两个互相垂直方向上各偏离底部中心 42 mm 及 67 mm，设烟囱的高度为 99.4 m，试求烟囱的总偏心距及其倾斜方向的倾角，并画图说明。

10. 建筑基线常用形式有哪几种？为什么基线点不应少于三个？当三点不在一条直线上时，为什么横向调整量是相同的？

11. 建筑场地平面控制网的形式有哪几种？各自的适用范围是什么？

12. 民用建筑施工测量包括哪些主要测量工作？ 需要准备哪些图纸？从这些图纸可以获取哪些测设数据？

13. 轴线控制桩和龙门板的作用是什么？分析其优缺点？

14. 基槽施工中如何控制开挖深度不超过设计高程？

15. 建筑施工中，基础皮数杆和墙身皮数杆的作用是什么？

16. 柱子垂直度如何测设？应注意的要求是什么？

17. 工业厂房柱列轴线如何测设？它的作用是什么？

第 8 章　客运专线施工测量

8.1　客运专线施工测量概述

客运专线施工测量

在我国，铁路等级分为Ⅰ、Ⅱ、Ⅲ级和客运专线，客运专线是以客运为主的快速铁路，时速 200 km/h 至 350 km/h 的铁路统称为客运专线，其曲线半径一般在 2 200 m 以上。1964 年日本建成世界上第一条速度 210 km/h 的高速客运专线（新干线）后，法、德、西、意、韩、中国等纷纷修建高速客运专线，设计速度从 210 km/h 到 270 km/h、300 km/h、350 km/h。秦沈客运专线是中国（统计数据暂不包括台湾，下同）第一条铁路客运专线，全长 404 km，于 1999 年 8 月 16 日全面开工建设，总投资约 150 亿元人民币，2003 年 10 月 12 日正式开通运营。秦沈客运专线是当时中国国内技术最先进的铁路，全线设计速度达到 200 km/h 或以上。秦沈客运专线也成为中国高速铁路的技术和装备试验基地，为在中国各地修建的高速铁路累积了宝贵的经验。

8.1.1　客运专线施工测量要求

客运专线铁路精密工程测量是相对于传统的铁路工程测量而言，为了保证客运专线铁路非常高的平顺性，轨道测量精度要达到毫米级。其测量方法、测量精度与传统的铁路工程测量完全不同。我们把适合于客运专线铁路工程测量的技术体系称为客运专线铁路精密工程测量。

客运专线铁路工程测量平面控制网第一级为基础平面控制网（CPⅠ），第二级为线路控制网（CPⅡ），第三级为基桩控制网（CPⅢ），各级平面控制网的作用和精度要求为：

（1）CPⅠ主要为勘测、施工、运营维护提供坐标基准，采用 GPS B 级（无砟）/ GPS C 级（有砟）网精度要求施测，为基础平面控制网。

（2）CPⅡ主要为勘测和施工提供控制基准，采用 GPS C 级（无砟）/ GPS D 级（有砟）级网精度要求施测或采用四等导线精度要求施测，为线路控制网。

（3）CPⅢ主要为铺设无砟轨道和运营维护提供控制基准，采用五等导线精度要求施测或后方交会网的方法施测，为基桩控制网。

客运专线无砟轨道铁路首级高程控制网应按二等水准测量精度要求施，铺轨高程控制测量按精密水准测量（每千米高差测量中误差 2 mm）要求施测。

8.1.2　客运专线施工测量工作流程

客运专线需要布设高精度控制网，以便进行控制测量、施工测量、沉降观测及评估、竣工测量。设计阶段由设计院完成精密控制网 CPⅠ、CPⅡ和二等水准网布设工作，施工阶段由施工单位完成复测、施工控制网加密测量、线路中线及纵断面的复测、施工放样测量、线下沉降观测及评估、轨道控制网 CPⅢ测量及评估、无砟轨道施工测量（精调）、客运专线竣工验收测量等工作。

8.2 精密控制网施工复测

精密控制网
施工复测

高精度平面控制网 CPⅠ和 CPⅡ及高程二等水准网由设计单位在初测和定测阶段布设，施工单位上场后必须进行复测，检核设计单位提供的点位坐标和高程是否满足相关规范要求，若符合要求，作为测设和加密测量的依据；若不符合要求，由设计单位和监理单位根据复测结果决定相关点位的取舍。

8.2.1 施工复测的内容

客运专线精密控制网施工复测的内容包括基础平面控制网 CPⅠ、CPⅡ复测，高程（二等水准）控制网 BM 点复测工作。

8.2.2 控制网复测的技术要求

CPⅠ、CPⅡ、导线控制网均采用 GPS 测量方法施测，GPS 测量的精度及主要技术指标如表 8-1 和 8-2 所示。

表 8-1 CPⅠ、CPⅡ网 GPS 测量的精度指标

控制网类型	测量方法	测量等级	基线边方向中误	最弱边相对中误差
CPⅠ	GPS	二等	≤1.3″	1/180 000
CPⅡ	GPS	三等	≤1.7″	1/100 000
导线	GPS	四等	≤2″	1/70 000

表 8-2 CPⅠ、CPⅡ控制网 GPS 测量的主要技术指标

控制网类型	固定误差 a	比例误差 b	基线方位角中误差	约束点间的边长相对中误差	约束平差后最弱边边长相对中误差
CPⅠ	≤5 mm	≤1 mm/km	1.3″	1/250 000	1/180 000
CPⅡ	≤5 mm	≤1 mm/km	1.7″	1/180 000	1/100 000
导线	≤5 mm	≤2 mm/km	2″	1/100 000	1/70 000

加密导线控制网复测采用边联结方式构网，形成由三角形或大地四边形组成的带状网，并与 CPⅡ联测构成附合网。

8.2.3　CPⅠ控制网复测实施

8.2.3.1　CPⅠ控制网复测方法及网形要求

CPⅠ控制网按二等 GPS 网的技术要求采用 GPS 测量方法施测，采用边联结方式构网，形成由三角形或大地四边形组成的带状网（图 8-1）。

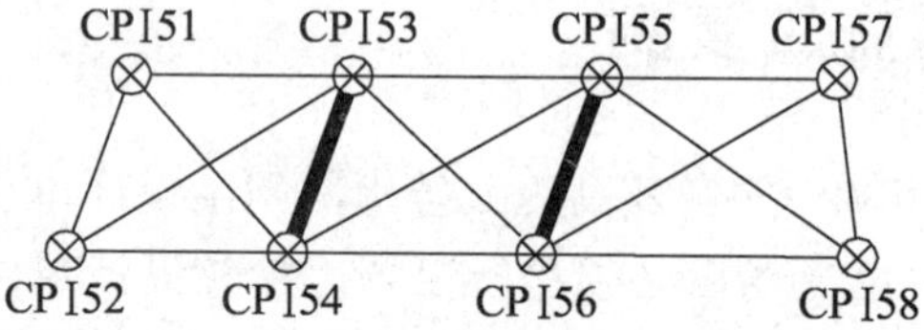

图 8-1　CPⅠ测量网形示意图

8.2.3.2　CPⅠ控制网外业观测及基本技术要求

（1）作业前，光学对点器与基座必须严格检查校准，在作业过程中应经常检查保持正常状态，设站时，对中误差不大于 1 mm。

（2）天线安置应严格对中、整平，正确量取至厂商指定的天线参考点高度，并须获得厂商提供的参考点至天线相位中心的改正常数，以便于在随后的数据处理中精确计算天线高。

（3）天线高在每个时段的测前（必须在开机之前）和测后（必须在关机之后）各量取一次，两次量取天线高应在相同的位置。天线高应从天线的三个不同方向（间隔 120°）量取，或用接收机天线专用量高器量取。每次在三个方向上量取的天线高误差应不大于±2 mm，否则应重新对中、整平。任一方向上在观测前、后两次量取的天线高误差应不大于±2 mm，否则认为在观测过程中天线发生变动，该时段作废。

（4）测站上所有规定的作业项目经认真检查均符合要求，记录资料完整无缺，将点位恢复原状后方可迁站。

（5）在同一时段的观测过程中不得关闭并重新启动仪器，不得改变仪器的参数设置，不得转动天线位置。在有效观测时段内，如中途断电，则该时段必须重测。因观测环境及卫星信号等原因造成数据记录中断累计时间超过 25min 时，该时段应重测。作业过程中严格按照 GPS 测量规范要求填写 GPS 外业观测记录手簿。

（6）观测过程中若遇到强雷雨、风暴天气，应立刻停止当前观测时段的作业。GPS 观测采用双频 GPS 接收机（标称精度≤5 mm+1×$10^{-6}\cdot D$），按照相对定位模式观测，每条边观测两个时段，每个时段观测时间不少于 90min，接收机采样间隔设置为 15 s，卫星高度角为 15°，GDOP≤6。施测严格按照表 8-3 的技术要求进行。

表 8-3　GPS 测量作业的基本技术要求

项　目		二等（CPⅠ）	三等（CPⅡ）	四等（导线）
静态测量	卫星截止高度角/（°）	≥15	≥15	≥15
	同时观测有效卫星数	≥4	≥4	≥4
	有效时段长度/min	≥90	≥60	≥45
	观测时段数	≥2	1～2	1～2

续表

项目		二等（CPⅠ）	三等（CPⅡ）	四等（导线）
静态测量	数据采样间隔/s	15	15	15
	接收机类型	双频	双频	双频
	PDOP 或 GDOP 值	≤6	≤8	≤10

8.2.3.3　CPⅠ控制网数据处理

GPS 数据处理包括基线向量解算和网平差两个部分，基线向量解算采用随机附带的 GPS 解算软件，网平差计算采用 GPS 数据处理系统进行处理。

基线处理时，应严格遵守下列要求：

（1）基线解算时，卫星星历统一采用广播星历，卫星高度角一般采用 15°。

（2）同一时段观测值的数据剔除率小于 10%，否则应重测。

（3）任一时段的同步观测时间，CPⅠ复测网小于 90 min 则该时段作废；任一时段的有效卫星数少于 4 颗，则该时段作废。

（4）基线向量满足验收标准后，按最小闭合环原则对全网的基线向量进行闭合环搜索，并对闭合环的闭合差进行计算检验。独立观测边闭合环各坐标分量闭合差应符合下式规定：

$$\begin{cases} W_X \leqslant 3\sqrt{n}\cdot\sigma \\ W_Y \leqslant 3\sqrt{n}\cdot\sigma \\ W_Z \leqslant 3\sqrt{n}\cdot\sigma \\ W_S = \sqrt{W_X^2 + W_Y^2 + W_Z^2} \leqslant 3\sqrt{3n}\cdot\sigma \end{cases}$$

式中：n——闭合环边数；

$\sigma = \sqrt{a^2 + (b \times D)^2}$——标准差，即基线长度中误差（mm），$a$ 为固定误差（mm），b 为比例误差（mm/km）。

（5）同一基线不同时段重复观测基线较差应满足：$d_S \leqslant 2\sqrt{2}\sigma$。$\sigma$ 为标准差。如果观测数据不能满足要求时，应对成果进行全面分析，必要时进行补测或重测。

GPS 网平差是在基线质量检验合格的前提下进行的，先进行三维向量网无约束平差，各项指标合格后再进行约束平差。

1. 三维向量网无约束平差

基线解算各项质量指标均满足要求后，以全网有效观测时间较长、观测条件较好、接近全网中部的控制点的 WGS-84 坐标作为起算数据，进行全网的无约束平差。

无约束平差中，基线分量的改正数绝对值应符合下式：

$$\begin{cases} V_{\Delta X} \leqslant 3\sigma \\ V_{\Delta Y} \leqslant 3\sigma \\ V_{\Delta Z} \leqslant 3\sigma \end{cases}$$

否则，认为该基线或者其附近的基线存在粗差，应予剔除。

平差合格后，提供无约束平差 WGS-84 坐标系中的空间直角坐标、基线向量及其改正数和精度信息。

2. CPⅠ控制网约束平差

在三维无约束平差确定的有效观测基础上，进行约束平差。以设计提供的CPⅠ控制点的空间坐标作为约束条件，进行CPⅠ复测网约束平差。约束平差合格后，提供相应坐标系的空间直角坐标、基线向量及其改正数和精度。

约束平差后，基线向量各分量改正数与无约束平差同一基线改正数较差的绝对值应符合下式要求：

$$\begin{cases} \mathrm{d}V_{\Delta X} \leqslant 2\sigma \\ \mathrm{d}V_{\Delta Y} \leqslant 2\sigma \\ \mathrm{d}V_{\Delta Z} \leqslant 2\sigma \end{cases}$$

根据设计提供的坐标系投影带和投影面划分，依据不同投影面和中央子午线分两段解算，将平差得到的CPⅠ控制网的空间直角坐标分别投影到相应的平面坐标投影带中，计算出CPⅠ控制点的工程独立坐标值，得出CPⅠ控制点的复测坐标成果。CPⅠ控制网平差最弱边相对中误差和最弱方位角中误差满足《高速铁路工程测量规范》（TB 10601—2009）中CPⅠ控制网基线边方位中误差≤1.3″、最弱边中误差≤1/180 000的精度要求。

8.2.4 CPⅡ控制网复测实施

8.2.4.1 CPⅡ控制网复测方法及网形要求

CPⅡ控制网复测采用边联结方式构网，按三等GPS网的技术要求采用GPS测量方法施测，形成由三角形或大地四边形组成的带状网，并与CPⅠ联测构成附合网。

8.2.4.2 CPⅡ控制网外业观测及基本技术要求

CPⅡ控制网外业观测及基本技术要求同CPⅠ控制网。

8.2.4.3 CPⅡ控制网数据处理

GPS数据处理包括基线向量解算和网平差两个部分。基线向量解算采用随机附带的GPS解算软件，网平差计算采用GPS数据处理系统进行处理。

检查是否符合规范和技术设计要求。每天对当天的观测数据进行粗处理和基线解算，并及时对闭合环、重复基线等进行计算检核。

基线处理时，遵守要求同上，CPⅡ控制网平差最弱边相对中误差和最弱方位角中误差应满足《高速铁路工程测量规范》中CPⅡ控制网基线边方位中误差≤1.7″、最弱边中误差≤1/100 000的精度要求。

8.2.5 二等水准网复测实施

8.2.5.1 外业观测要求

高程控制网复测的仪器全部采用数字水准仪施测，水准观测的精度要求如表8-4所示，主要技术要求见表8-5。

二等水准网复测

表 8-4　二等水准测量精度要求

水准测量等级	每千米水准测量偶然中误差 M_Δ	每千米水准测量全中误差 M_W	限差				
			检测已测段高差之差	往返测不符值		附合路线或环线闭合差	左右路线高差不符值
				平原	山区		
二等	≤1.0	≤2.0	$6\sqrt{Ri}$	$4\sqrt{K}$	$0.8\sqrt{n}$	$4\sqrt{L}$	—

表 8-5　二等水准测量主要技术要求

等级	仪器类型	标准视线长度/m		前后视距差/m		任一测站上前后视距累积差/m		视线高度		数字水准仪重复测量次数
		光学	数字	光学	数字	光学	数字	光学（下丝）	数字	
二等	DSZ1 DS1	≤50	≥3 且 ≤50	≤1.0	≤1.5	≤3.0	≤6.0	≥0.3	≥0.55 且≤2.8	≥2

8.2.5.2　观测方式

（1）水准测量全部采用单路线往返观测，往返观测使用同一类型的仪器和转点尺承沿同一道路进行。

（2）水准路线跨越江河、深沟等时，参照现行《铁路工程测量规范》以及《国家一、二等水准测量规范》中有关“跨河水准测量”的规定执行。

8.2.5.3　观测的时间和气象条件

水准观测应在标尺分划线成像清晰而稳定时进行，下列情况下不应进行观测：

（1）日出后与日落前 30 min 内。

（2）太阳中天前后各约 2 h 内。

（3）标尺分划线的影像跳动剧烈时。

（4）气温突变时。

（5）风力过大而使标尺与仪器不能稳定时。

8.2.5.4　测站设置

（1）根据路线土质情况选用尺桩（质量不轻于 1.5 kg、长度不短于 0.2 m）或尺台（质量不轻于 5 kg）作转点尺承，并辅以专门的尺撑，以保证标尺稳定、铅直。

（2）测站视线长度、前后视距差、视线高度等的精度按表 8-4 规定执行。

8.2.5.5　测站观测顺序和方法

（1）每一测站的观测顺序如下：奇数站为“后—前—前—后”，偶数站为“前—后—后—前”。

（2）一个测站操作程序如下（以奇数站为例）：

① 整平仪器；

② 望远镜对准后视标尺，用垂直丝照准条码中央，精确调焦至条码影像清晰，测量并记录；

③ 旋转望远镜照准前视标尺条码中央，精确调焦至条码影像清晰，测量并记录；

④ 重新照准前视标尺，测量并记录；

⑤ 旋转望远镜照准后视标尺条码中央，精确调焦至条码影像清晰，测量并记录。

⑥ 显示测站成果，测站检核合格后迁站。

8.2.5.6 观测中应注意的事项

（1）观测前，将仪器置于露天阴影下 30 min，并在使用前进行预热，预热不少于 20 次单次测量。

（2）每一测段的往测与返测，其测站数均应为偶数。由往测转向返测时，两支标尺应互换位置，并应重新整置仪器。

（3）在连续各测站上安置水准仪的三脚架时，应使其中的两脚与水准路线的方向基本平行，而第三脚则依次轮换置于路线方向的左侧与右侧。

（4）除路线转弯处外，每一测站上仪器与前后视标尺的三个位置应接近一条直线。

（5）水准测量作业期间，每天开测前进行 i 角测定，保证 i 角绝对值在作业过程中均不超过 15″。此外，应定期检校标尺上的气泡。

（6）避免视线被遮挡，遮挡不应超过标尺在望远镜中截长的 20%；仪器只能在厂家规定的温度范围内工作；确信震动源造成的震动消失后，才能启动测量键。

8.2.6 施工控制网加密测量

施工控制网加密测量

由于设计单位在初测和详测阶段所布设的 CPⅠ、CPⅡ点和水准点数量和密度不能满足线下工程施工放样的需要，需要对 CPⅠ、CPⅡ点和水准点进行加密测量，这个过程我们称之为施工控制网加密。客运专线 CPⅠ网的点间距一般为 1 200 ~ 1 800 m，CPⅡ网的点间距一般为 600 ~ 800 m，二等水准网的点间距一般为 2 km 左右，若在 CPⅠ、CPⅡ点上直接进行施工放样，一是使用不便，二是有的点距离中线太远，影响放样精度。为保证线下工程施工放样的精度，方便现场作业，提高测量放样效率，需要对原精测网进行加密测量。

施工控制网加密分为平面控制网加密和高程控制网加密。平面控制网加密是在原精测网 CPⅠ、CPⅡ点的基础上进行加密控制点，一般采用 GPS 测量方法；高程控制网加密一般采用附合水准路线，从设计院提供的一个二等水准基点，附合到另一个二等水准基点上。

平面坐标系统采用 2000 国家大地坐标系椭球高斯投影工程独立坐标系统，投影变形值满足《高速铁路工程测量规范》（TB 10601—2009）不大于 10 mm/km 的要求，高程系统常采用 1985 国家高程基准。

8.2.6.1 加密点的选点和埋石

1. 平面控制点的选点原则

（1）平面控制点应在铁路设计中线两侧 50 ~ 200 m 范围内，按 300 ~ 500 m 间隔布设一个点，且相互通视。困难地段至少有一个通视点，且点间距不得小于 300 m。

（2）点位必须选择在四周开阔的区域，在地面高度角 15°内不应有成片的障碍物。

（3）外业选点时依据点位设计，选在地质条件稳固、地基坚实、利于 GPS 观测、不易被施工等因素破坏、能长期保存的区域。

（4）点位应选择在交通方便，且利于安全作业的地方。

2. 水准点的选点原则

（1）水准点的布设一般要求不大于 500 m 一个，并位于离开线路中线 50 ~ 300 m 范围内。

（2）地基坚实稳定，不能受施工影响，利于标石的长期保存与观测。

（3）平面控制点在满足二等水准对点位的要求时，可共用。

3. 加密点编号

平面施工控制网加密点点号由“JM”加标段号，再加 3 位流水号组成，如“JM4×××”；高程施工控制网加密点点号由“JMB”加标段号，再加 3 位流水号组成，如“JMB4×××”，连续编号。当二等水准基点与平面控制点共桩时，桩号采用平面控制点编号，桩号唯一。

4. 加密点标石规格

加密平面控制点和水准点标石埋设规格应符合图 8-2 的要求。

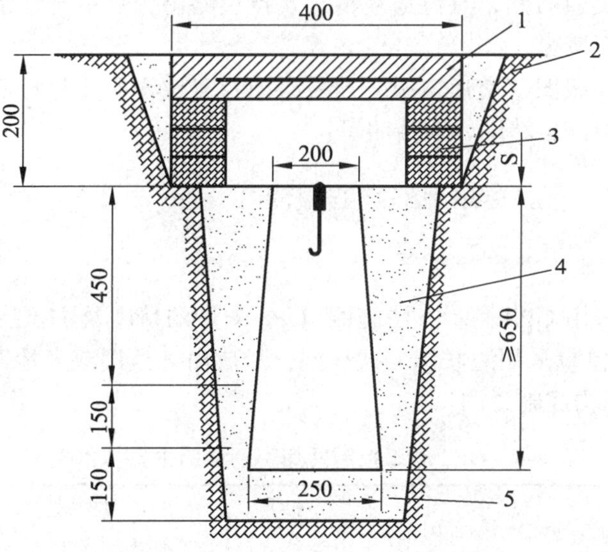

1—盖板；2—地面；3—保护井；4—素土；5—混凝土。

图 8-2　平面控制点标石埋设图（单位：mm）

加密点应按要求做护井和护盖，在桩面上压盖或喷涂加密点点号及“××客专”字样，字体、字号视桩面大小确定，并用油漆描红。加密点桩面整饰规格如图 8-3 所示。

5. 标石中心标志

加密点采用不锈钢质球面中心标识，在标志的正中位置刻制长 10 mm、深大于 0.5 mm、粗小于 0.5 mm 的“十”字丝作为 GPS 观测的对中点。标石中心标志如图 8-4 所示。

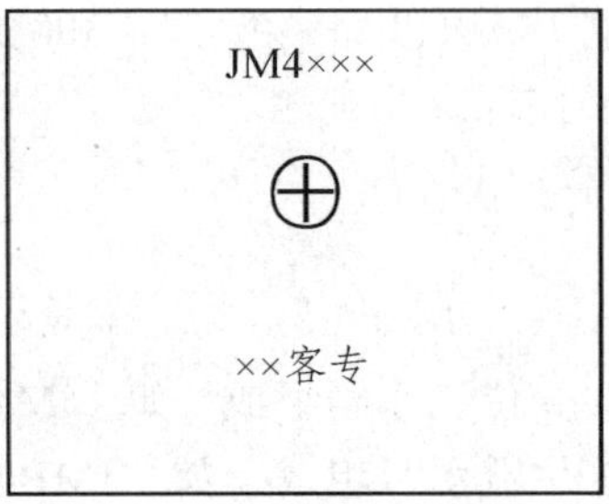

图 8-3　桩面示意图

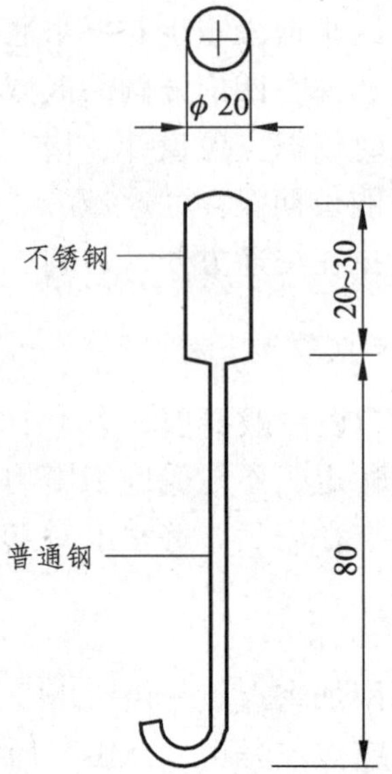

图 8-4　标石中心标志图（单位：mm）

6. 点之记

加密点埋设结束后，应在现场绘制点之记。点之记应包含以下内容：点号，概略经纬度，所在地，交通情况、交通略图，点位通视情况及点位略图，点位至三个参照地物的距离，标石断面图，选点、埋石情况。

点之记中的交通路线图、交通情况、点位略图及点位说明要尽可能多地增加找点信息，以便查找点位，并力求语言精练、简洁明了。

8.2.6.2　施工控制网加密采用的方法和精度

1. 平面控制网加密的方法和精度

平面控制网加密采用 GPS 测量方法施测，GPS 测量的精度及主要技术指标如表 8-6 所示。GPS 施工控制网加密测量采用边联结方式构网，形成由三角形或大地四边形组成的带状网，并与 CPⅠ、CPⅡ联测构成附合网。

表 8-6　GPS 施工控制网加密测量的主要技术指标

等级	固定误差 a	比例误差 b	基线方位角中误差	约束点间的边长相对中误差	约束平差后最弱边边长相对中误差
四等	≤5 mm	≤1 mm/km	2.0″	1/100 000	1/70 000

2. 高程控制网加密的方法和精度

高程控制网加密采用水准测量方法施测，测量等级为二等，采用附合水准路线，起闭于线路 CPⅠ或 CPⅡ水准基点。水准测量的精度指标如表 8-4 所示。

8.3　轨道控制网（CPⅢ）测量

8.3.1　CPⅢ控制网测量内容及作业流程

线下工程竣工测量完成后，应及时和建设单位、监理单位、线下施工单位进行路基交接，线下单位要交付 CPⅠ、CPⅡ点的位置和坐标，高程点的位置和高程（现场复测），并办理交验报告。线下工程验收合格后，及时埋设 CPⅢ控制桩，CPⅢ不仅是加密基桩的基准点，也是无砟轨道铺设的控制点。CPⅢ导线测量应在 CPⅡ网的基础上采用导线测量的方法施测。

CPⅢ控制网测量内容包括了精测网全面复测、线下工程沉降和变形评估、线下工程平面和高程线位复测、CPⅡ及二等水准加密测量。

8.3.2　CPⅡ控制网复测及加密测量

CPⅡ控制网
复测及加密测量

CPⅡ网加密的主要目的是方便 CPⅢ网的观测，以及弥补被损毁的和无法利用的 CPⅡ点。CPⅡ网加密点按 600 m 左右的间距沿线路布设，各区段 CPⅢ头尾搭接处 6 对 CPⅢ的中间应布设一个 CPⅡ加密点。

8.3.2.1　加密点布设技术要求

1. 加密点布设

路基段 CPⅡ加密点按左右交替布设在限界内便于 CPⅢ控制网联测的地方，一般可埋设在两个接触网杆之间稳固可靠且不影响行车安全的地方，设置对空通视良好的柱状墩（离基础地面 1.0 m 以上，基础浇筑混凝土圆柱）。

桥梁段 CPⅡ加密点应布设在桥梁固定支座端防撞墙顶上，且不与 CPⅢ点共桩。

隧道段 CPⅡ加密点应成对布设在隧道电缆槽顶面上，点对间距为 300 ~ 600 m。

2. 强制对中标志

加密 CPⅡ控制点应采用强制对中标志。根据现场实践，强制对中标由预埋件、转接头和测量仪器连接盘组成，见图 8-5。

预埋件　　转接头　　测量仪器连接盘

图 8-5　强制对中标

预埋件为埋入现场的部分，为不锈钢或铜质材料加工而成。转接头的底端装进预埋件后，顶端可以直接安装 GPS 天线，也可以安装通用的测量仪器或棱镜基座。通过基座，可以安装各式棱镜以及测量仪器，对中精度优于 0.1 mm。

测量仪器连接盘底端螺丝可以直接安装到预埋件上，顶端螺丝用于连接测量仪器基座。通过仪器连接盘，可以直接安装测量仪器、GPS 天线，或棱镜。

在埋设好的预埋件上，可以直接通过转接头安装 GPS 天线（图 8-6），安装测量仪器和棱镜基座（图 8-7）。通过棱镜基座可以安放各种类型的棱镜如图 8-8。

图 8-6　直接安装 GPS 天线

图 8-7　安装好的仪器连接盘

图 8-8　通过仪器连接盘安装的测量仪器

8.3.2.2　CPⅡ测量及数据处理

1. 加密测量要求

加密测量采用的方法、使用的仪器和精度应符合相应等级的规定，采用进口双频 GPS 加密，不能使用单频 GPS。仪器应经过检定，并在有效检定期内。

CPⅡ加密要求同精测网原网要求，观测、数据处理均与原测 CPⅡ相同。加密网形设计原则上一个标段内 CPⅡ加密网应统一观测、统一平差，与相邻标段的 CPⅡ加密网应衔接 2 个点，联测标段内全部 CPⅠ点和 CPⅠ中间的部分 CPⅡ点，特殊情况 CPⅡ加密网不应短于 8 km。

联测的 CPⅠ点不少于 3 个，CPⅡ加密点间的基线长度在 600 m 左右为宜，观测要求见表 8-7：

表 8-7　CPⅡ加密 GPS 观测技术要求

项　　目		三等（CPⅡ）
静态测量	卫星截止高度角/（°）	≥15
	同时观测有效卫星数	≥4
	有效时段长度/min	≥60
	观测时段数	1～2
	数据采样间隔/s	15
	接收机类型	双频
	PDOP 或 GDOP 值	≤8

长度大于 800 m 的隧道洞内 CPⅡ测量由设计院按规范要求施测，施工单位按要求复测以后方可使用。洞外后视点方向应尽量沿线路方向布设，按 CPⅠ控制网等级测设，测设 CPⅢ控制网时原则上应联测洞外后视点。

2. 数据处理

在整体平差前对网中的 CPⅠ和 CPⅡ的稳定性进行分析。

（1）基线质量检验（表 8-8）。

表 8-8　基线质量检验限差

检验项目	限差要求			
	X 坐标分量闭合差	Y 坐标分量闭合差	Z 坐标分量闭合差	环线全长闭合差
独立环	$W_X \leqslant 3\sqrt{n}\cdot\sigma$	$W_Y \leqslant 3\sqrt{n}\cdot\sigma$	$W_Z \leqslant 3\sqrt{n}\cdot\sigma$	$W \leqslant 3\sqrt{n}\cdot\sigma$
重复观测基线较差	$d_S \leqslant 2\sqrt{2}\sigma$			

$$\sigma=\sqrt{a^2+(b\cdot d)^2} \qquad a=5\ \text{mm},\ b=1\ \text{mm/km}$$

（2）在基线的质量检验符合要求后，以三维基线向量及其相应的方差——协方差阵作为观测信息，以一个点的 WGS-84 的三维坐标为起算数据，进行无约束平差。

无约束平差基线向量改正数的绝对值应满足下式要求：

$$\begin{cases} v_{\Delta x} \leqslant 3\sigma \\ v_{\Delta y} \leqslant 3\sigma \\ v_{\Delta z} \leqslant 3\sigma \end{cases}$$

（3）GPS 网无约束平差合格后，应采用网中联测稳定性好的 CPⅠ和 CPⅡ点坐标进行约束平差，同时应与相邻的 CPⅡ加密控制网衔接。约束平差后基线向量的改正数与同名基线无约束平差相应改正数的较差应满足下式要求：

$$\begin{cases} dv_{\Delta x} \leqslant 2\sigma \\ dv_{\Delta y} \leqslant 2\sigma \\ dv_{\Delta z} \leqslant 2\sigma \end{cases}$$

平差后加密点 CPⅡ的点位精度应小于 10 mm，基线方位角中误差≤1.7″，最弱边相对中误差限差为 1/100 000。

8.3.2.3　CPⅡ加密网

1. GPS 加密 CPⅡ网

考虑到既有 CPⅠ和 CPⅡ的情况，应优先采用 GPS 进行 CPⅡ的加密工作。

（1）选点埋石。

CPⅡ加密点应采用强制对中标，在桥梁部分 CPⅡ加密点需上桥，可与 CPⅢ点共用（采用 CPⅢ预埋件），也可单独埋设，并且沿线路前进方向左右交替埋设于桥梁的固定端；路基段应在路肩处埋设加密桩，加密桩应高出轨面 50 cm（保证 GPS 观测条件），埋深需比邻近剖面管深 50 cm，横截面要求 30 cm×30 cm，需埋设在两个接触网杆之间，沿线路前进方向左右交替埋设。

（2）观测。

CPⅡ加密要求同精测网原网要求，观测、数据处理均与原测 CPⅡ相同。观测前要对网形进行设计，保证 CPⅡ加密点间的基线长度在 600 m 左右，并且要尽可能多地联测原精测网中的 CPⅠ或 CPⅡ点，以保证梁上与梁下的平面坐标系统统一。

（3）数据处理。

在对 CPⅡ加密点进行整体平差前应先对网中的原 CPⅠ和 CPⅡ点的稳定性进行分析，对不满足精度要求的原 CPⅠ和 CPⅡ进行剔除，满足要求的全部作为起算点，处理流程同 8.2.3.3 所述。

2. 导线加密 CPⅡ网

采用导线测量方式加密 CPⅡ网时，应按同精度扩展方式加密 CPⅠ通视点对，导线附合长度不大于 5 km，所采用仪器为测角精度不低于 1″、测距精度不低于 1 mm+2 mm/km 系列全站仪施测，仪器应在鉴定有效期内。

加密 CPⅡ导线点的埋设要求同上，点间距以 500 m 为宜。

采用导线点测量时应满足下列要求：

（1）导线应起闭于 CPⅠ控制点，导线附合长度在 2 km 以上时，应采用导线网方式布网，导线的边数以 4 ~ 6 条边为宜，具体要求见表 8-9。

（2）导线测量水平角采用方向观测法，满足表 8-10 的要求。

表 8-9　CPⅡ导线测量要求

控制网	附合长度/km	边长/m	测距中差/mm	测角中误差/(″)	相邻点的相对中误差/mm	导线全长相对闭合差限差	方位角闭合差限差/(″)	导线等级
CPⅡ	≤5	500	5	1.8	8	1/55 000	$\pm 3.6\sqrt{n}$	三等

表 8-10　三等导线测量要求

等级	仪器等级	测回数	半测回归零差/(″)	一测回内 2C 互差/(″)	同一方向值各测回互差/(″)
三等	0.5″级仪器	4	4	8	4
	1″级仪器	6	6	9	6

当观测方向的垂直角超过±3°的范围时，该方向 2*C* 互差可按相邻测回同方向进行比较，其值应满足表中一测回内 2*C* 互差的限值。

（3）导线测量水平角采用方向观测法，满足表 8-11 的要求。

表 8-11　测距要求

等级	使用测距仪精度等级	每边测回数		一个测回读数较差限值/mm	测回间较差限值/mm	往返观测平距较差限值
		往测	返测			
三等	Ⅰ	2	2	2	3	$2m_d$
	Ⅱ	4	4	5	7	

（4）测距边的斜距应进行气象和仪器的常数改正，气压、气温读数取位应符合表 8-12 的规定，在测站和发射镜站分别记录。

表 8-12　气压、气温读数取位要求

测量等级	干湿温度表/°C	气压表/hPa
三等	0.2	0.5

（5）导线成果计算应使方位角闭合差及导线全长相对闭合差满足要求，采用严密平差方法计算。

8.3.2.4　CPⅡ加密点编号

CPⅡ加密点按照线路里程增加方向进行编号，编号规则为：××××（标示为里程公里数）+CPⅡ（标示为 CPⅡ加密点）+×（该里程段流水号，从小里程往大里程方向顺序编号）。如 0103CPⅡ36 点桩号，“0103”代表线路里程数，“CPⅡ”代表 CPⅡ控制点，“36”代表 36 号点。

CPⅡ加密点埋设完成后，应按要求绘制点之记。点之记包括点号、概略经纬度、所在地、交通情况、交通略图、点位略图、通视情况、选点及埋石情况。

8.3.3 二等水准水准基点加密测量

二等水准水准基点加密测量

8.3.3.1 水准基点加密要求

为了满足 CPⅢ控制网高程测量的要求，沿线二等水准基点满足以下要求：

（1）路基段在路基上每 2 km 应有一个二等水准基点。

（2）桥梁地段二等水准基点加密到桥上固定端，点间距不超过 2 km。

（3）隧道每 2 km 应有 1 个二等水准基点。

不满足以上条件的区段在既有二等水准基点的基础上进行同精度二等水准加密测量。

8.3.3.2 二等水准加密点的埋设要求

二等水准加密点按照线路里程增加方向进行编号，编号规则为：××××（标示为里程公里数）+BM（标示为二等水准加密点）+×（该里程段流水号，从小里程往大里程方向顺序编号），如 0103BM36 点桩号，“0103”代表线路里程数，“BM”代表二等水准点，“36”代表 36 号点。

二等水准加密点埋设完成后，应按要求绘制点之记，包括点号、概略经纬度、所在地、交通情况、交通略图、点位略图、选点及埋石情况。

8.3.3.3 二等水准测量及数据处理

二等水准加密测量采用不低于 DS_1 的水准仪，并经过检定，且在检定有效期内。二等水准加密点分区段测量时，应联测上一区段两个加密点的一段高差进行接边测量。

对于沉降区水准线路，必须联测到两个以上水准基岩点或深埋水准点上，以检验联测水准点是否发生显著沉降；对于非沉降区水准路线，必须联测两个以上水准点或深埋水准点。

水准测量按二等水准测量的技术要求执行，并实行分级控制。作业前及作业过程检查 i 角均应不小于 15″；水准尺须采用辅助支撑进行安置，测点转移应安置尺垫，尺垫选择坚实的地方并踩实以防尺垫的下沉。

水准测量的仪器及水准尺类型应按测量等级的要求选择，宜优先采用相应等级的数字水准仪及其自动记录功能采集数据，观测数据采用仪器内置储存记录，并转换成电子手簿。

二等水准加密测量技术要求应满足表 8-13 的要求。

表 8-13　二等水准加密测量技术要求

等级	附合路线长度/km	水准仪最低型号	水准尺	观测次数
二等	≤400	DSZ_1/DS_1	因瓦	往返

8.3.4 CPⅢ控制点的埋设与编号

CPⅢ控制点的埋设与编号

8.3.4.1 对 CPⅢ控制点元器件的要求

CPⅢ控制网的测量标志必须具有：强制对中、能够长期保存、不变形、体积小、结构简单、安装方便、价格适中、重复安置精度满足同一套测量标志在同一点重复安装的空间位置偏差，详见表 8-14。

表 8-14　CPⅢ 标志棱镜组件安装精度要求

CPⅢ标志	重复性安装误差/mm	互换性安装误差/mm
X	0.3	0.3
Y	0.3	0.3
H	0.2	0.2

CPⅢ控制网建网、轨道施工粗调、精调、轨道线形竣工测量、运营期间的轨道维护均必须使用相同型号 CPⅢ控制网测量标志，CPⅢ标志元器件几何尺寸的加工误差应不大于 0.05 mm，单轴 CPⅢ标志组件由预埋件、棱镜测量杆、棱镜连接杆三部分组成。

8.3.4.2　CPⅢ控制点的布设

CPⅢ控制点应设置在稳固、可靠、不易破坏和便于测量的地方，CPⅢ控制网布设的技术要求如表 8-15 所示。不同地段埋设要求为：

表 8-15　CPⅢ控制网布网要求

控制网等级	测量方法	纵向网点间距	备注
CPⅢ	自由测站边角交会	50 ~ 70 m 一对	横向点间距 10 ~ 20m

（1）一般路基地段宜布置在接触网杆基座上，埋设立式基座。

（2）桥梁上一般布置在桥梁固定支柱端上方防撞墙顶端，埋设立式基座，如图 8-9 所示，直接在防撞墙顶面成对开凿铅垂方向的安装孔（孔径 30 mm、孔深 60 mm），然后使用云石胶埋设立式基座，相邻两对 CPⅢ点在里程上相距约 60 m。基座埋设完成后，基座外露部分不高于基桩顶面 2 mm。

图 8-9　桥梁部分 CPⅢ控制点

特殊桥跨的 CPⅢ点埋设要求为：

① 80 m 以内的连续梁跨中可以不埋设 CPⅢ点。

② 80 ~ 120 m 的连续梁跨中应埋设一对 CPⅢ点，120 ~ 180 m 的连续梁跨中应埋设两对 CPⅢ点，以此类推。

③ 跨中埋设有 CPⅢ点对时，应在同一片连续梁上的固定端埋设 CPⅢ点，此 CPⅢ点的埋设套筒应与防撞墙的顶面齐平。防撞墙的顶面应水平，通过特制连接装置以方便安装全站仪。连续梁跨中埋设两对及以上 CPⅢ点时，左右线的 CPⅢ点应分别在同一观测视线上。

（3）隧道里一般布置在电缆槽上方 30～50 cm 的隧道边墙上（埋设横插基座）或外侧排水沟顶端（埋设立式基座），如图 8-10：

图 8-10 隧道内 CPⅢ控制点

（4）车站内贯通线埋设在站台廊檐上（埋设横插基座）。

8.3.4.3 CPⅢ控制点的编号

CPⅢ控制点编号应清晰、明显地标在 CPⅢ控制点基桩上、桥梁防撞墙内侧或隧道边墙上，同一隧道点号标志高度应统一。点号标志字号采用统一规格字模、字高为 6cm 的正楷字体刻绘，并用白色油漆抹底，黑色油漆喷写编号。点号铭牌白色抹底规格为 40cm×30cm，黑色油漆应注明 CPⅢ编号、工程线名简称、施测单位名简称。

CPⅢ点号按照公里数递增进行编号，其编号反映里程数，所有处于里程增大方向左侧的标记点编号为奇数，处于里程增大方向右侧的标记点编号为偶数，长短链地段应注意编号不能重复，如表 8-16 所示。

表 8-16 CPⅢ点编号

点编号	含义	数字代码	在里程内点的位置
036301	表示线路里程 DK36 范围内线路前进方向左侧的 CPⅢ第 1 号点，“3”代表 CPⅢ	036301	（轨道左侧）奇数 1、3、5、7、9、11 等
136302	表示线路里程 DK136 范围内线路前进方向左侧的 CPⅢ第 2 号点，“3”代表 CPⅢ	136302	（轨道右侧）偶数 2、4、6、8、10、12 等

CPⅢ标志日常管理和养护：

（1）搬运、运输过程中应用纸包裹棱镜（水准）测量杆，防止相互碰撞、磨损。

（2）安装完成后，每次测量完应及时将塞子盖上。

（3）每三个月检查一次套筒和塞子是否损坏，用小毛刷刷除套筒内灰尘 ，竖立的套管如果灰尘积太厚，则用水冲洗。

8.3.5　CPⅢ网形设计

CPⅢ网形设计

8.3.5.1　CPⅢ网平面测量

全站仪角度测量精度≤±1″；距离测量精确度≤±1 mm+2 mm/km。全站仪应带目标自动搜索及照准（ATR）功能，如 Leica（徕卡）系列 TCA1201、TCA1800、TCA2003 和 TRIMBLE （天宝）S6 等，每台仪器宜配 12 个棱镜。

CPⅢ平面控制网其观测环境要达到以下要求：气象稳定、避免阳光直射、避免雨雾天气、避免其他工序的施工干扰，以保证 CPⅢ建网的观测精度。

CPⅢ控制网采用自由设站交会网的方法测量，从每一个测站，将以 2×6 个 CPⅢ点为目标，每次测量应保证每个测量 3 次，其布网形式见图 8-11 所示。

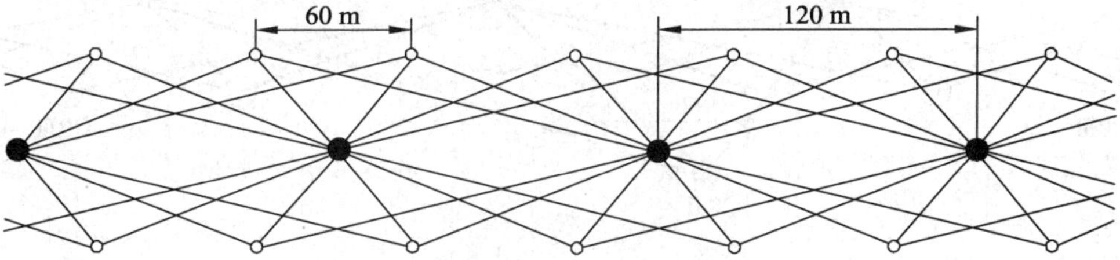

○ CPⅢ控制点　● 自由测站点

图 8-11　CPⅢ布网形式

CPⅢ控制点对间距离为 60 m 左右，且不大于 80 m，CPⅢ施测时自由设站点距 CPⅢ控制点距离一般应小于 120 m，最大不超过 180 m，距高等级已知点最大不超过 300 m。

因遇施工干扰或观测条件稍差时，CPⅢ平面控制网可采用图 8-12 所示的构网形式，平面观测测站间距应为 60 m 左右，每个 CPⅢ控制点应有 4 个方向交会。

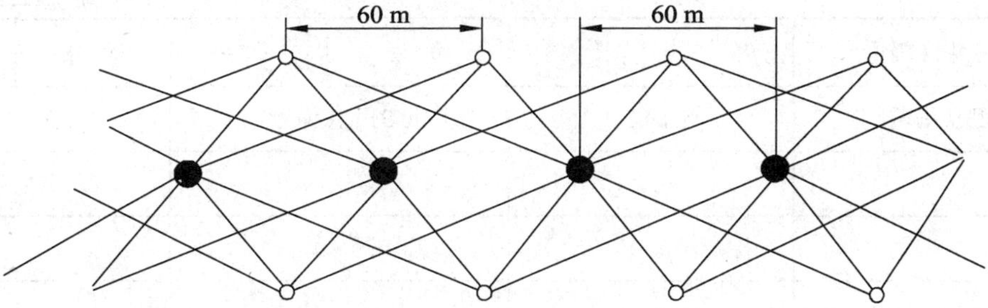

图 8-12　特殊条件下 CPⅢ布网形式

每次测量开始前在全站仪初始行中输入起始点信息并填写自由测站记录表，每一站测量至少 3 组完整的测回，水平角测量的精度按表 8-17 进行。观测最后结果按照等权进行测站平差，自由测站记录见表 8-18。

表 8-17 方向测量法水平角测量精度

仪器等级	测回数	半测回归零差	一测回内 2*C* 值互差	同一方向值各测回互差
$DJ_{0.5}$	3	6″	9″	6″
DJ_1	3	9″	9″	6″

测角注意事项：

（1）观测边长必须进行温度、气压改正，温度量测精度为 0.2 °C，气压量测量精度为 0.5 hPa。

（2）距离的观测应与水平角同步进行，并由全站仪自动进行观测。

（3）平面测量可以根据测量需要分段测量，其测量范围为 500 ~ 700 m 应与 CPⅠ或 CPⅡ控制点联测。与上一级 CPⅠ、CPⅡ控制点联测时，通过 2 个或 3 个线路上的自由测站进行联测，见图 8-13。

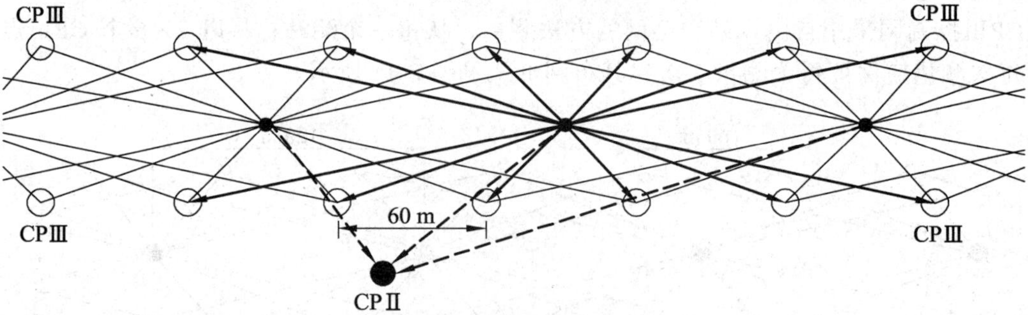

图 8-13 CPⅢ和 CPⅡ联测图

（4）为了使相邻重合观测的 6 对 CPⅢ点约（300 m）进行平差，每个测段一般为 4 ~ 8 km，最短不宜小于 3km。

（5）每一测站 CPⅢ平差测段首尾必须封闭，且保证每个 CPⅢ点被相邻自由设站点观测 3 次。

表 8-18 自由测站测量记录表

__________段　　　　第___页共___页

测量单位：　　　　天气：______

自由测站点编号		温 度		气 压	
CPⅢ点编号	备注	CPⅢ点编号		备 注	

续表

测量点标记示意图

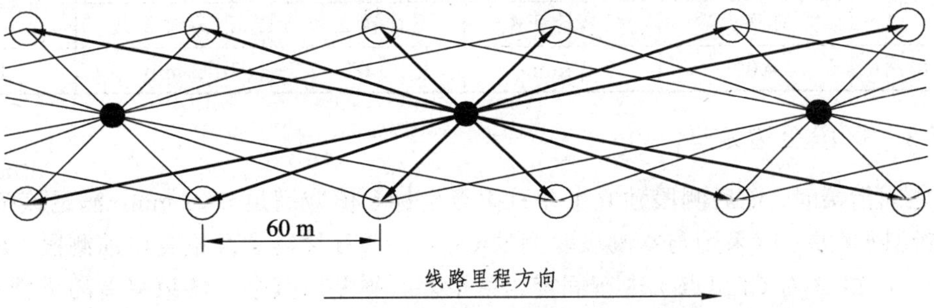

说明：将自由测站点和CPⅢ点的编号标记于上述示意图中。每一测站均应填写一张表格。

司镜：　　　　　　记录：　　　　　　　　　　　　年　　月　　日

8.3.5.2　CPⅢ数据处理

在自由设站CPⅢ测量中，应采用能使全站仪自动照准、观测、记录的数据采集专用软件（数据格式应加密）。外业数据存储之前，必须对观测数据的质量进行检核。

外业观测数据包括如下内容：仪器高、棱镜高，观测者、记录者、复核者签名，观测日期、天气等气象要素记录。

检核方法可以采用手工或程序检核。观测数据经检核不满足要求时，及时进行重测，经检核无误并满足要求时，进行数据存储，提交给数据计算、平差处理。

在现场测量时必须记录各测站的实际情况，它是测量中的重要数据，在进行外业测量时，应用自由测站表填写。

CPⅢ平面控制网平差应采用“铁路工程精密控制测量数据处理系统”CPⅢ专用平差软件，并进行CPⅢ网平差精度检核。CPⅢ控制网测量要求见表8-19和表8-20，其中，距离测量一测回是全站仪的盘左、盘右测量一次的过程。

表 8-19　CPⅢ平面网的主要技术指标

控制网名称	测量方法	方向观测中误差	距离观测中误差	相邻点的相对点位中误差	同精度复测坐标较差
CPⅢ平面网	自由测站边角交会	±1.8″	±1.0 mm	±1 mm	±3 mm

表 8-20　CPⅢ平面网距离观测技术要求

控制网名称	测回	半测回距离较差	测回间距离较差
CPⅢ平面网	3	±1 mm	±1 mm

CPⅢ平面观测相邻测站间与任意一对CPⅢ控制点组成的闭合环的闭合差≤1/4 000；CPⅢ平面控制网无约束平差精度，方向改正数为±3.0″，距离改正数中误差为±1mm。CPⅢ平面控制网约束平差后的精度，满足表8-21的规定。

表 8-21 CPⅢ平面控制网约束平差后的主要技术要求

控制网名称	与 CPⅠ、CPⅡ联测		与 CPⅠ、CPⅡ联测		距离中误差
	方向改正数	距离改正数	方向改正数	距离改正数	
CPⅢ平面网	4.0″	3 mm	3.0″	2 mm	1 mm

8.3.5.3 区段接边处理

测段之间衔接时，前后测段独立平差重叠点坐标差值应满足≤±3 mm。满足该条件后，后一测段 CPⅢ网平差，应采用与本测段联测的 CPⅠ、CPⅡ控制点及重叠段前测段 CPⅢ点坐标成果（不少于 2 ~ 3 对 CPⅢ点）进行固定约束平差。平差后其余未约束平差的重叠 CPⅢ点前后区段的坐标较差≤±1 mm，则采用上一区段成果；未满足≤±1 mm 条件的 CPⅢ点应对其稳定性进行分析，确认点位变化后，坐标采用本次测量成果，并注明“坐标更新”。

坐标换带处 CPⅢ平面网计算时，应分别采用相邻两个投影带的 CPⅠ、CPⅡ坐标进行约束平差，并分别提交相邻投影带两套 CPⅢ平面网的坐标成果。两套坐标成果都应该满足 CPⅢ相应精度要求，提供两套坐标的 CPⅢ测段长度不应小于 800 m。分带投影测段之间衔接时，前后测段独立平差重叠点，通过坐标转换成相同坐标系的坐标差值应满足≤±3 mm，满足该条件后，后一测段 CPⅢ网平差，应采用本测段联测的 CPⅠ、CPⅡ控制点及前测段所有 CPⅢ点转换坐标成果进行固定约束平差。

最后平面定位精度要求满足表 8-22。

表 8-22 CPⅢ平面控制网测量控制点的定位精度

控制点	测量方法	可重复性测量精度	相对点位精度
CPⅢ	自由设置站边角会测量	3 mm	1 mm

8.3.5.4 CPⅢ网高程测量

CPⅢ高程控制点与平面控制点共桩，在进行棱镜中心高程水准测量时，只需直接将水准测量轴插入套管内即可测量，减去水准轴球半径差值即可方便地获得球型棱镜中心所代表的测量点的精确高程。CPⅢ控制点高程测量起闭于二等水准基点。CPⅢ高程控制水准测量应按《高速铁路工程测量规范》有关精密水准测量要求施测。

1. 测量方法

每一测段应至少与 3 个二等水准点进行联测，形成检核。联测时，往测时以轨道一侧的 CPⅢ水准点为主线贯通水准测量，另一侧的 CPⅢ水准点在进行贯通水准测量摆站时就近观测。返测时以另一侧的 CPⅢ水准点为主线贯通水准测量，对侧的水准点在摆站时就近联测。往测水准路线示意见图 8-14（a），返测水准路线示意见图 8-14（b）。

2. CPⅢ高程控制点精度要求

CPⅢ控制点水准测量应按精密水准测量的要求施测，CPⅢ控制点高程测量工作应在 CPⅢ平面测量完成后进行，并起闭于二等水准基点，且一个测段不应少于三个水准点。

精密水准测量采用满足精度要求的电子水准仪（电子水准仪每千米水准测量高差中误差为±0.3 mm），配套因瓦尺。使用仪器设备应在鉴定期内，有效期最多为一年，每年必须对测量仪器精确度进行一次校准。每天使用该仪器之前，根据自带的软件对仪器进行检验和校准，相关要求见表 8-23 ~ 表 8-25。

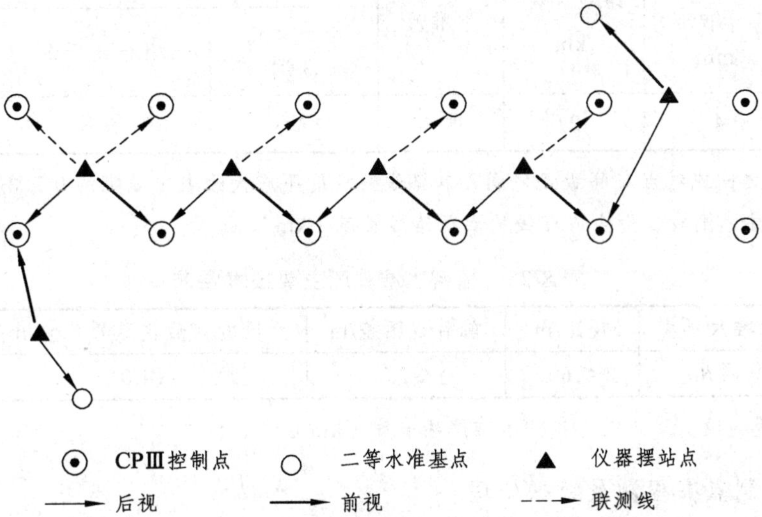

（a）往测

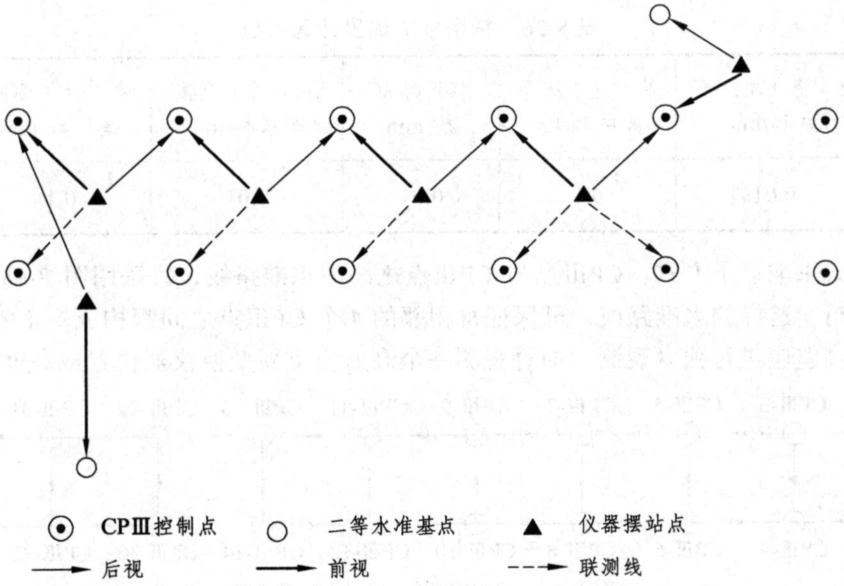

（b）返测

图 8-14　CPⅢ高程测量示意图

表 8-23　精密水准测量精度要求　　单位：mm

水准测量等级	每千米水准测量偶然中误差 M_{Δ}	每千米水准测量全中误差 M_W	限差			
			检测已测段高差之差	往返测不符值	附合路线或环线闭合差	左右路线高差不符值
精密水准	≤2.0	≤4.0	$12\sqrt{L}$	$8\sqrt{L}$	$8\sqrt{L}$	$4\sqrt{L}$

注：表中 L 为往返测段、附合或环线的水准路线长度（km）。

表 8-24 精密水准测量的主要技术标准

等级	每千米高差全中误差/mm	路线长度/km	水准尺	观测次数		往返较差或闭合差/mm
				与已知点联测	附合或环线	
精密水准	4	2	因瓦	往返	往返	$8\sqrt{L}$

注：① 结点之间或结点与高级点之间，其路线的长度不应大于表中规定的 0.7 倍。

② L 为往返测段、附合或环线的水准路线长度（km）。

表 8-25 精密水准观测主要技术要求

等级	水准尺类型	视距/m	前后视距差/m	测段的前后视距累积差/m	视线高度/m
精密水准	因瓦	≤60	≤2.0	≤4.0	下丝读数≥0.3

注：L 为往返测段、附合或环线的水准路线长度（km）。

3. CPⅢ控制点高程测量数据处理

CPⅢ控制点高程测量应严密平差，平差时计算取位按表 8-26 的规定执行。

表 8-26 精密水准测量计算取位

等级	往（返）测距离总和/km	往（返）测距离中数/km	各测站高差/mm	往（返）测高差总和/mm	往（返）测高差中数/mm	高程/mm
精密水准	0.01	0.1	0.01	0.01	0.1	0.1

测量方式采取以下方式：CPⅢ点与 CPⅢ点之间的水准路线，宜采用图 8-15 所示的水准路线形式进行。这样的水准路线，可保证每相邻的 4 个 CPⅢ点之间都构成一个闭合环，每个水准环 4 个高差应进行独立观测，即每观测一个高差应重新变换仪器位置或高度。

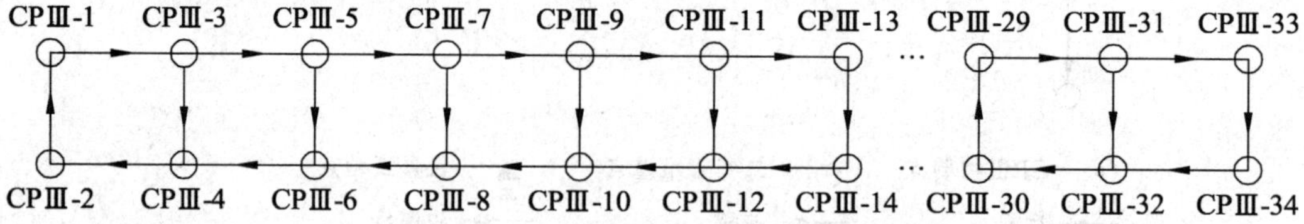

图 8-15 CPⅢ精密水准观测示意图

4. 区段接边处理

区段之间衔接时，前后区段独立平差重叠点高程差值应≤±3 mm，满足该条件后，后一段CPⅢ网平差，应采用本区段联测的线路水准基点及重叠前一区段 1 ~ 2 对 CPⅢ高程成果进行约束平差计算。若平差后其余未约束平差的重叠 CPⅢ点前后区段的坐标较差≤±1 mm，则采用上一区段成果；未满足≤±1 mm 条件的 CPⅢ点应对其稳定性进行分析，确认点位变化后，坐标采用本次测量成果，并注明“高程更新”。

8.3.6 CPⅢ网数据处理

在自由设站CPⅢ测量中，测量时必须使用与全站仪配套并能自动记录及计算的专用数据处理软件。对于测量数据的整理和保存，必须保证数据信息能够从测量一直到评估验收和存档都完整一致，手工校验的修正参数必须记录在案。

CPⅢ网的平面数据处理可采用专业软件进行处理，处理结果不能满足所要求的精度指标时，应进行返工测量。

8.3.7 CPⅢ网的评估

施测单位在开始测量 CPⅢ前应编写《CPⅢ测量技术方案》。该方案通过建设单位组织审核通过后，施工单位才可以开始进行测量。在外业测量完成并且通过监理单位审核后，应把整理好的电子文档提交给评估单位，评估单位确认测量合格后，施工单位再出纸质成果报告，报告提交给相关单位归档。其中各方建设主体的责任为：

建设单位协调评估、施测及监理单位的各项工作，决定特殊地段CPⅢ测量的方法复测周期，监督施工单位的CPⅢ测量进度。

施测单位编制施测技术方案并报建设单位批准后实施，在埋标前应对CPⅢ标志逐个进行检查，保证所埋的每个测量标志尺寸都满足技术方案的要求；在CPⅢ测量前应对精密网进行检核以及加密，保证起算点数据的精准；测量过程中定期对所用仪器进行检校，保证测量数据的精准；内外业操作要严格按照技术方案的要求进行，保证所提评估单位的原始数据真实、可靠、及时，在测量过程中遇到问题应及时与建设、评估、监理单位联系。施测单位提交的原始数据，必须经过监理单位的确认，保证其原始数据的真实可靠。电子资料与监理确认文件一起提交评估单位。电子资料提交按评估单位的要求整理。

监理单位在施测单位的外业测量及内业处理时需旁站，保证施测单位内外业严格按照技术方案进行，保证施工单位给评估单位的数据真实可靠。

评估单位独立核算施工单位的CPⅢ数据，对存在问题的段落指导施工单位进行补测，对合格段落的数据编写评估报告。评估单位确认数据合格后，施工单位打印纸质报告，报告的形式按评估单位的要求进行编写，并交相关单位审核归档。

评估单位确认施工数据合格后，应及时编写评估报告，给出评估结论和意见，并交相关单位审核归档。

8.3.8 CPⅢ网的复测与维护

8.3.8.1 CPⅢ网的复测

为了保证无砟轨道施工的精度，在施工过程中应根据无砟轨道板、轨道精调等施工阶段及施工组织计划安排对CPⅢ网进行复测。复测的技术要求和作业方法均按照初次测量时的标准进行。

复测前应对加密 CPⅡ及二等水准点进行检查，对破坏的 CPⅡ点及二等水准加密点进行补埋及测量，对破坏和损毁的CPⅢ点应原位补埋。

CPⅢ控制网测设频次为 3 次，第一次为底座板施工前，CPⅢ控制网初测独立观测完成平差计算合格后，方可进行底座板施工（CPⅢ建网）。

第二次为轨道精调之前复测一次，复测成果评估合格后方可进行精调。

第三次为工程静态验收之前复测一次。

1. CPⅢ平面网复测

CPⅢ平面网复测采用的网形和精度指标均应与原测相同，CPⅢ点复测与原测成果的坐标较差应≤±3 mm，且相邻点的复测与原测坐标增量较差应≤±2 mm。较差超限时应结合线下工程机构和沉降评估结论进行分析判断超限原因，确认复测成果无误后，应对超限的 CPⅢ点采用同精度内插方式更新成果。坐标增量较差按下式计算：

$$\Delta X_{ij}=(X_j-X_i)_{复}-(X_j-X_i)_{原}$$
$$\Delta Y_{ij}=(Y_j-Y_i)_{复}-(Y_j-Y_i)_{原}$$

采用“同精度内插方式”更新超限点坐标成果时，应以超限点附近至少 6 个稳定的 CPⅢ点为起算数据进行约束平差，计算超限点的平面坐标。

2. CPⅢ高程网复测

CPⅢ高程网复测网形和精度指标均应与原测相同，CPⅢ点复测与原测成果的高程较差应≤±3 mm，且相邻点的复测高差与原测高差较差应≤±2 mm。较差超限时应结合线下工程结构和沉降评估结论进行分析判断超限原因，确认复测成果无误后，应对超限的 CPⅢ点采用同精度内插方式更新成果。

采用“同精度内插方式”更新超限点高程成果时，应以超限点附近至少 3 个稳定的 CPⅢ点为起算数据进行约束平差，计算超限点的高程。

复测完成后，应对 CPⅢ网复测精度进行评价、满足要求后，对复测数据和原测数据进行对比分析和评价，对超限的点位认真进行原因分析。确认复测成果无误，为保证 CPⅢ点位的相对精度，对超限的 CPⅢ点应按照同精度内插的方式更新 CPⅢ点的坐标，最终应选用合格的复测成果和更新成果进行后续作业。

8.3.8.2　CPⅢ控制网维护

CPⅢ网布设于桥梁防撞墙和路肩接触网基础上，容易受线下工程稳定性和工程施工的影响，应加强对 CPⅢ点的保护。为确保 CPⅢ点成果的准确可靠，在使用 CPⅢ点进行后续轨道施工测量时，需要与周围其他点进行校核，特别是要与地面上稳定的 CPⅠ、CPⅡ点进行校核，以便及时发现和处理问题。

对丢失和破损较严重的 CPⅢ点应按原测标准在原标志附近重新补设。

当有 CPⅢ点丢失时，应补测此点临近至少 4 对 CPⅢ点，采用同精度内插的方式进行坐标计算。

平差时首先选择两端各一个稳定的 CPⅢ点（桥梁段作为约束点的 CPⅢ点应稳定可靠，且是位于墩台顶部桥梁固定支座端正上方的 CPⅢ点）进行平差计算，平差后其余未约束的 CPⅢ点成果与原测成果较差应≤±3 mm。满足要求后，平面平差应以补设点附近至少 6 个稳定的

CPⅢ点为起算数据进行约束平差，高程平差应以补设点附近至少 3 个稳定的 CPⅢ点为起算数据进行约束平差。

8.4 线下工程结构物变形监测

高速铁路对路基（含过渡段）、桥梁、隧道、涵洞等线下工程结构物的工后沉降要求非常严格，工后沉降不应大于 15 mm，各种结构物过渡段差异沉降不大于 5 mm，沉降引起的沿线路方向的折角不应大于 1‰，且各结构物沉降观测必须通过评估满足要求后才能进行轨道控制网（CPⅢ）测量及无砟轨道的铺设施工。为评估预测线下工程最终沉降量和工后沉降，合理确定无砟轨道铺设时间，确保铺设质量，沉降变形观测数据必须采用先进、成熟、科学的检测手段取得，且必须真实可靠，能全面反映工程实际状况。

沉降变形评估应综合考虑沿线路方向各种结构物间的沉降变形关系，以区段为单位实施。评估方法应根据不同的工程类型、地质情况、工程措施确定，能够真实反映工后沉降状况。

沉降变形观测是沉降评估，进而确定铺设无砟轨道的关键时间节点和关键工序的主要依据，需加强对沉降变形观测的质量控制。

8.4.1 变形监测的职责及要求

高速铁路线下工程沉降变形观测及其评估工作是一项系统工程，需要参建各方各负其责、密切配合，确保观测数据及评估结果的真实、可靠。线下工程沉降变形观测及评估工作分为准备阶段、观测阶段与评估阶段，各方应严格按照工作流程进行工作，各阶段成果报告内容要符合《变形观测实施细则》要求。

1. 施工单位观测

（1）原始观测资料必须随观测进度整理，严格执行签署制度。

（2）必须确保观测质量和观测时效，每个测段的资料测完后，必须在当天进行数据处理分析，如发现测量精度未达到设计要求，应马上组织在次日进行重测。

（3）及时对沉降结果进行分析，当发现测点观测数据异常（如墩台隆起或沉降突然加大等）时，应采取措施对观测结果进行核查，排除人为因素后应及时将情况报告给建设单位和评估单位。

（4）对大面积水域中的水中墩观测等特殊情况单独制订沉降变形观测方案，报建设单位和评估单位审批。

（5）按《变形观测实施细则》要求定期对沉降检测网的工作基点进行复测；随观测进度同步整理资料，按照《变形观测实施细则》要求的文件格式和时间要求按时提供观测文件。

2. 监理单位平行观测

（1）由专业监理人员采用与施工单位观测人员“换手复测”的方式同步进行。

（2）观测数量要求：路基填方段和过渡段、隧道明暗交界处及特殊地质地段、桥梁大跨连续梁及特殊地质地段的 100%。

（3）平行观测地段应集中选择关键地段进行，避免太过分散，要求获取某测段完整的沉降变形观测资料与施工单位同测段的观测资料进行比，由各监理、设计单位根据设计资料共同确定位置。

（4）监理单位“换手复测”要求：采用相同的水准路线，可利用施工单位的测量仪器，但必须独立观测，以校核施工单位观测成果，严禁直接利用施工单位的置镜观测来读取数据。

（5）对原始观测资料和各项记录表格要随观测进度及时整理。

如发现测量数据与施工单位存在较大误差，应及时查找原因，并将情况报告给建设单位和评估单位。

3. 建设单位职责

（1）组织各方解决问题。

（2）对一般技术问题组织设计、施工、监理、评估各方研究解决。

（3）对重大技术问题组织专家组进行专题研究解决。

施工单位完成沉降变形观测报告，按区段完成《线下工程沉降变形观测工作报告》；监理单位同步提供《线下工程沉降变形平行观测报告》与《线下工程沉降变形观测监理工作报告》。区段观测报告完成后向建设单位提交评估申请；当观测数据与设计计算值相差较大时，由评估单位将观测点数据提交设计单位，设计单位核对后根据观测结果调整计算参数。重新进行修正后的沉降计算，设计单位完成《线下工程沉降分析报告》。

8.4.2 变形监测基本要求（以成渝客专为例）

成渝客专线下工程沉降变形观测工作以桥梁、路基等建（构）筑物的垂直位移观测为主，水平位移监测根据路基（含过渡段）、桥涵工点具体要求确定。

结构物的变形监测应建立独立的变形监测网，覆盖范围一般不宜小于 4 km，基准点选择应优先考虑利用 CPⅠ、CPⅡ和水准基点，成渝客专沉降与变形观测的高程系统统一采用 1985 国家高程基准。

结构物的变形监测应充分利用 CPⅠ、CPⅡ和水准基点作为水平和垂直位移监测的工作基点。

用全球卫星定位系统（GPS）测量时，应符合现行全球卫星定位系统铁路工程测量技术的有关规定，沉降变形观测必须采用满足相应测量精度等级的电子水准仪，不得采用光学水准仪。

8.4.2.1 测量等级及精度要求

本线沉降变形观测按沉降变形观测三等精度标准执行，对于技术特别复杂的工点，可根据需要按沉降变形观测二等的规定执行，精度要求见表 8-27。

8.4.2.2 变形监测网技术要求

1. 垂直位移监测网建网方式

线下工程垂直位移监测一般按沉降变形三等的要求（相当于国家二等水准测量）施测。根据沉降变形测量精度要求高的特点，以及标志的作用和要求不同，垂直位移监测网用分级布网等精度观测逐级控制的方法布设，主要技术要求见表 8-28。

表 8-27 测量等级及精度要求

沉降变形测量等级	垂直位移测量		水平位移观测
	沉降变形点的高程中误差/mm	相邻沉降变形点的高差中误差/mm	沉降变形点点位中误差/mm
二等	±0.5	±0.3	±3.0
三等	±1.0	±0.5	±6.0

表 8-28 垂直位移监测网技术要求

等级	相邻基准点高差中误差/mm	每站高差中误差/mm	往返较差、附合或环线闭合差/mm	检测已测高差较差/mm	使用仪器、观测方法及要求
二等	0.5	0.15	$0.3\sqrt{n}$	$0.4\sqrt{n}$	使用 DS_{05} 型仪器，按《高速铁路工程测量规范》一等水准测量的技术要求施测
三等	1.0	0.3	$0.6\sqrt{n}$	$0.8\sqrt{n}$	使用 DS_{05} 或 DS_1 型仪器，按《高速铁路工程测量规范》二等水准测量的技术要求施测

2. 水平位移监测网建网方式

水平位移监测网一般按独立建网考虑，根据沉降变形测量等级及精度要求施测，并与施工平面控制网进行联测，引入施工测量坐标系统，实现水平位移监测网坐标与施工平面控制网坐标的相互转换。

本线水平位移监测按三等规定执行，对于软土地基等设计有特别技术要求的复杂工点，可根据需要按二等的规定执行，见表 8-29。

表 8-29 水平位移监测网技术要求

等级	相邻基准点的点位中误差/mm	平均边长/m	测角中误差/(")	最弱边相对中误差	作业要求
二等	±3.0	<300	±1.0	≤1/120 000	按国家二等平面控制测量要求观测
		<150	±1.8	≤1/70 000	按国家三等平面控制测量要求观测
三等	±6.0	<350	±1.8	≤1/70 000	按国家三等平面控制测量要求观测
		<200	±2.5	≤1/40 000	按国家四等平面控制测量要求观测

3. 沉降变形测量点的布置要求

沉降变形测量点分为基准点、工作基点和沉降变形观测点三类，其布设应符合下列要求：

基准点：建立在沉降变形区以外的稳定地区，基准点使用全线的基岩点、深埋水准点、CPⅠ、CPⅡ和二等水准点，增设时按国家二等水准测量的相关要求执行，基准点标石埋设规格应符合图 8-16 的要求。

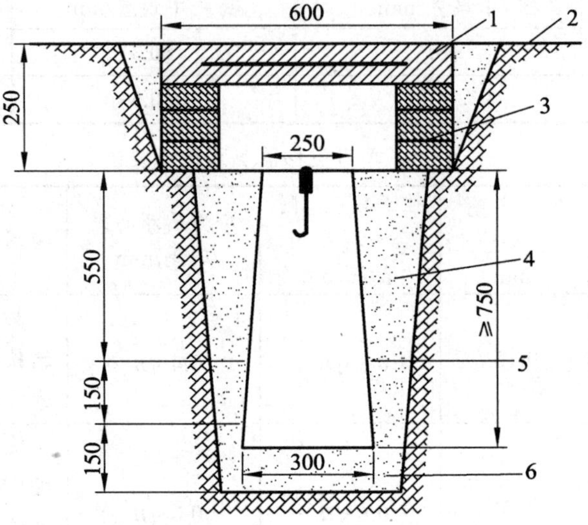

1—盖；2—地面；3—砖；4—素土；5—冻土线；6—贫混凝土。

图 8-16　基准点标石埋设图（单位：mm）

工作基点：这些点埋设在稳定区域，在观测期间稳定不变，测定沉降变形点时作为高程和坐标的传递点。工作基点除使用普通水准点外，按照国家二等水准测量的技术要求进一步加密水准基点或设置工作基点至满足工点垂直位移监测需要。加密后的水准基点（含工作基点）间距 200 m 左右时，可基本保证线下工程垂直位移监测需要。

沉降变形点：直接埋设在要测定的沉降变形体上，点位应设立在能反映沉降变形体沉降变形的特征部位，不但要求设置牢固，便于观测，还要求形式美观，结构合理，且不破坏沉降变形体的外观和使用。沉降变形点按路基、桥涵、隧道等各专业布点要求进行。

监测网基准点和工作基点由于自然条件的变化、人为破坏等，不可避免地有个别点位会发生变化。为了验证监测网基准点和工作基点的稳定性，应对其进行定期和不定期检测。垂直位移监测网的观测分为首次观测和施工过程中的定期与不定期复测，定期复测按每半年进行一次，尽可能结合精测网复测进行，有区域沉降的地区每季度进行一次复测，当发现或怀疑工作基点有失稳情况时，应立即开展相应线路的复测。

每个独立的监测网应设置不少于 3 个稳固可靠的基准点。基准点应选设在沉降变形影响范围以外便于长期保存的稳定位置。

工作基点应选在比较稳定的位置，在区域沉降地区内，应对工作基点的沉降量进行监测。如果在两次复测期间，发现工作基点变形超出两倍中误差，应及时通知建设单位和评估单位，并提交观测资料。经核实后应对工作基点和变形监测点的各期实测高程进行修正。

4. 特殊环境下沉降变形观测

鉴于大面积区域沉降变形观测、分析的复杂性，施工方在评估方指导下应研究制定特别的观测方案及处理方法。

大面积水域情况下的沉降测量，应根据具体地形地质情况、施工组织情况等由施工单位制订观测实施方案，报建设单位和评估单位审查，并调整制定相应的观测方法及技术要求。

8.4.3 路基变形监测

路基变形监测

8.4.3.1 观测断面及观测点的设置原则

路基工程沉降变形观测以路基面沉降变形观测和地基沉降变形观测为主，应根据不同的结构部位、填方高度、地基条件、堆载预压等具体情况来设置沉降变形观测断面，同时应根据施工过程中掌握的地形、地质变化情况调整或增设观测断面。

1. 观测断面设置原则

沿线路方向的间距一般不大于 50 m；对地势平坦且地基条件均匀良好的路堑、填方高度小于 5 m 且地基条件均匀良好的路堤可放宽到 100 m。

对地形、地质条件变化较大地段应加密断面，一般间距不大于 25 m。在变化点附近应设观测断面，以确保能够反映真实差异沉降。

一个沉降变形观测单元（连续路基沉降变形观测区段为一单元）应不少于 2 个观测断面。对地形横向坡度大于 1∶5 或地层横向厚度变化的地段应布设不少于 1 个横向观测断面。观测横断面设计根据不同要求详见图 8-17 ~ 图 8-20。

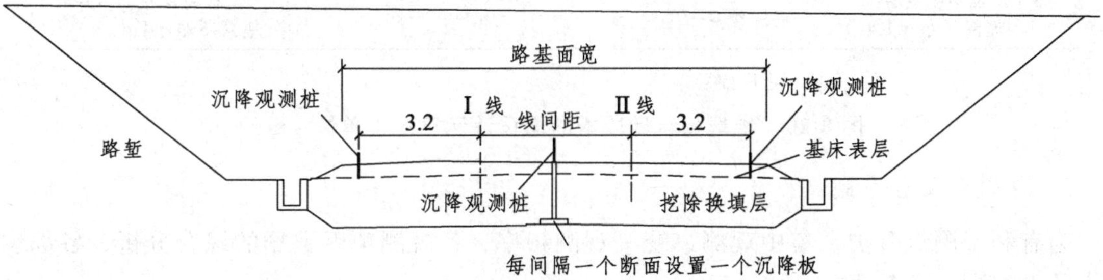

图 8-17 路堑观测横断面设计示意图（单位：m）

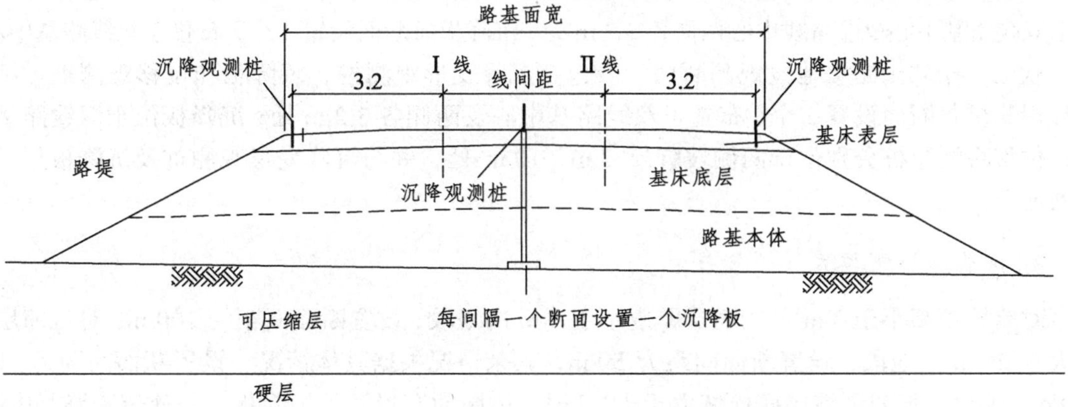

图 8-18 Ⅰ类观测横断面设计示意图（单位：m）

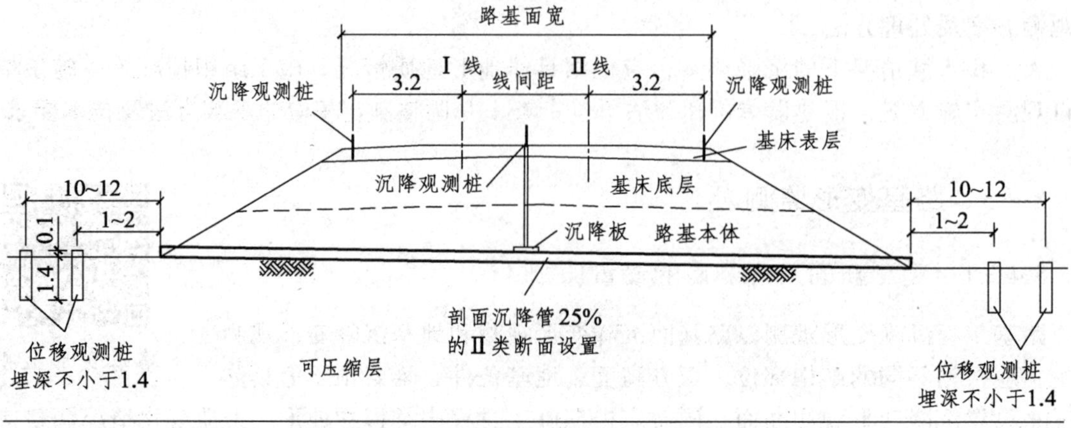

图 8-19　Ⅱ类观测横断面设计示意图（单位：m）

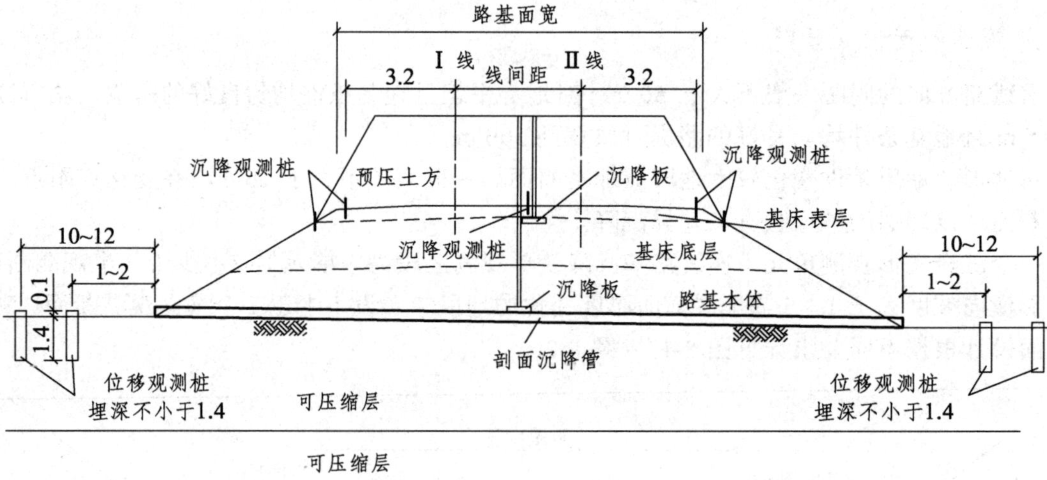

图 8-20　堆载预压地段横断面设计示意图（单位：m）

2. 观测点设置原则

为有利于测点看护、集中观测、统一观测频率、各观测项目数据的综合分析，各部位观测点须设在同一横断面上。

一般路堤地段观测断面包括沉降变形观测桩和沉降板。沉降变形观测桩每断面设置 3 个，布置于双线路基中心及左右线中心两侧各 3.2 m 处；沉降板每断面设置 1 个，布置于双线路基中心。

软土、松软土路堤地段观测断面一般包括沉降变形观测桩、沉降板和位移观测桩。沉降变形观测桩每断面设置 3 个，布置于双线路基中心及两侧各 3.2 m 处；沉降板位于双线路基中心；位移观测边桩分别位于两侧坡脚外 2 m、10 m 处，并与沉降变形观测桩及沉降板位于同一断面上。

3. 沉降板设置要求

对路堤填高小于 3 m 且压缩层厚度小于 5 m 的地段，设置断面间距为 200 m；对压缩层厚度大于 20 m 的地段，设置断面间距为 50 m；其余情况根据具体情况，设置断面间距为 50～100 m；地面横坡或压缩层底横坡大于 1∶5 时，横断面布置两处沉降板，一处位于路基中心，另外一处根据具体地形地质情况布置。

8.4.3.2 观测元件与埋设技术要求

观测元件包括沉降变形观测桩、沉降板、位移边桩和单点沉降计。

（1）沉降变形观测桩选择ϕ20mm 钢筋，顶部磨圆，底部焊接弯钩，待基床表层级配碎石施工完成后，在观测断面通过测量埋置在设计位置，埋置深度不小于 0.3 m，桩周 0.15 m 范围内用 C15 混凝土浇筑固定，见图 8-21。完成埋设后测量桩顶标高作为初始读数。

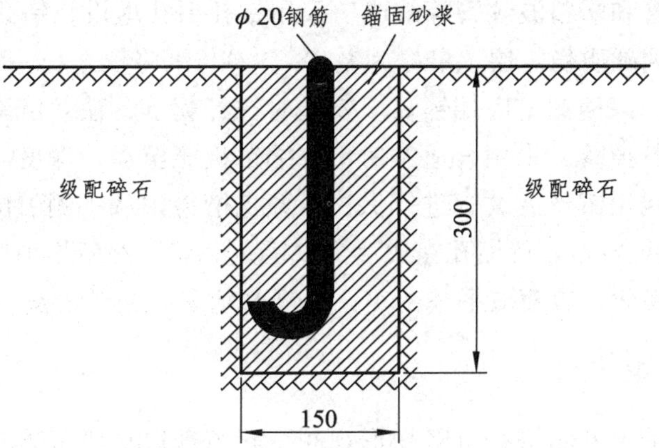

图 8-21 路基沉降变形观测桩埋设布置图（单位：mm）

（2）沉降板严格按设计要求进行埋设，一般情况如下：由底板、金属测杆（ϕ40 镀锌铁管）及保护套管（ϕ75 PVC 管）组成。钢筋混凝土底板尺寸为 50 cm×50 cm、厚 3 cm，或钢底板尺寸为 30 cm×30 cm、厚 0.8 cm，见图 8-22。

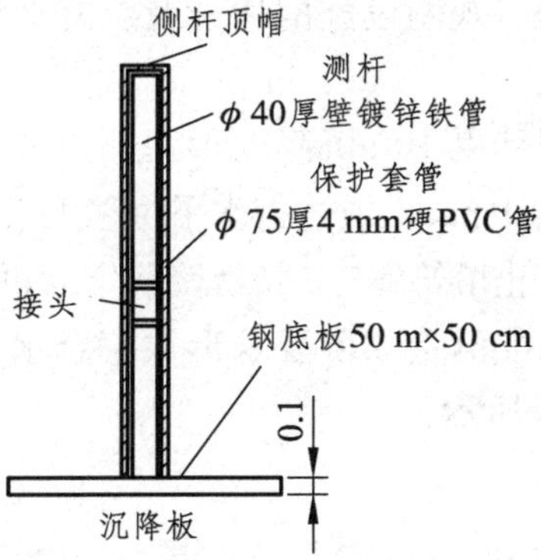

图 8-22 路基沉降板埋设布置图

沉降板埋设位置处可垫 10 cm 砂垫层找平，埋设时确保底板的水平与垂直度，确保测杆与地面垂直。

放好沉降板后，回填一定厚度的垫层，再套上保护套管。保护套管略低于沉降板测杆，上口加盖封住管口，并在其周围填筑相应填料稳定套管，完成沉降板的埋设工作。

以测量埋设就位的沉降板测杆杆顶标高读数作为初始读数，随着路基填筑施工逐渐接高沉降板测杆和保护套管，每次接长高度以 0.5 m 为宜，按接长前后测量杆顶标高变化量确定接高量。金属测杆用内接头连接，保护套管用 PVC 管外接头连接。接长套管时应确保垂直，避免机械施工等因素导致套管倾斜。

（3）位移边桩采用 C15 钢筋混凝土预制，断面采用 15 cm×15 cm 正方形，长度不小于 1.5 m。并在桩顶预埋 ϕ20 mm 钢筋，顶部磨圆并刻画十字线。边桩埋置深度在地表以下不小于 1.0 m，桩顶露出地面不应大于 10 cm。

埋置方法采用洛阳铲或开挖埋设，桩周以 C15 混凝土浇筑固定，确保边桩埋置稳定。完成埋设后采用全站仪测量边桩标高及距基桩的距离作为初始读数。

（4）单点沉降计是一种埋入式电感调频类智能型位移传感器，由电测位移传感器、测杆、锚头、锚板及金属软管和塑料波纹管等组成。采用钻孔引孔埋设，钻孔孔径 ϕ108 或 ϕ127，钻孔垂直，孔深应达到硬质稳定层（最好为基岩），并与沉降仪总长一致。孔口应平整密实。安装前先在孔底灌浆，以便固定底端锚板。安装时锚杆朝下，法兰沉降板朝上，注意要用拉绳保护以防止元件自行掉落，采用合适方法将底端锚板压至设计深度。每个测试断面埋设完成后，位移计引出导线用钢丝波纹管进行保护，并挖槽集中从一侧引出路基，引入坡脚观测箱内。一般埋设完成后 3 ~ 5 d 待缩孔完成后测试零点。观测路堑换填基底沉降或隆起变形的沉降时埋设在换填基底面，表面应平整密实；观测路基本体变形按设计断面图埋设。

8.4.3.3 观测要求

路堤地段从路基填土开始进行沉降变形观测，路堑地段从级配碎石顶面施工完成开始观测。路基填筑完成或施加预压荷载后应有不少于 6 个月的观测和调整期（含验证期不少于 3 个月）。观测数据不足以评估或工后沉降评估不能满足设计要求时，应延长观测时间或采取必要的加速或控制沉降的措施。

沉降变形观测设备的埋设是在施工过程中进行的，施工单位的填筑施工要与设备的埋设做好协调，做到互不干扰、影响。观测设施的埋设及沉降变形观测工作应按要求进行，不能影响路基填筑质量。

路基填筑过程中应及时整理路堤中心沉降变形观测点的沉降与边桩的位移量，当中心地基处沉降变形观测点沉降量大于 10 mm/d 或边桩水平位移大于 5 mm/d、竖向位移大于 10 mm/d 时，应及时通知项目部，并要求停止填筑施工，待沉降稳定后再恢复填土，必要时采用卸载措施。

路基水准路线观测按二等水准测量精度要求形成附合水准路线，沉降变形观测点位布设及水准路线观测示意图如图 8-23 所示：

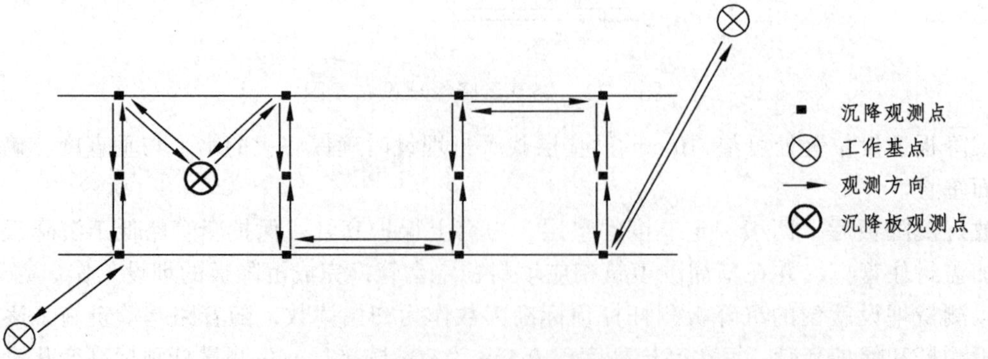

图 8-23　沉降变形观测点位布设及水准路线观测示意图

观测精度要求：路基沉降变形观测水准测量的精度为±1.0 mm，读数取位至 0.01 mm；剖面沉降变形观测的精度应不低于 4 mm/30 m；位移观测测距误差±3 mm；方向观测水平角误差为±2.5″；观测频次要求见表 8-30。

表 8-30　路基沉降变形观测频次

观测阶段	观测频次	
填筑或堆载	一般	1 次/d
	每天填筑量超过 3 层时	1 次/每填筑 3 层
	沉降量突变	2～3 次/d
	两次填筑间隔时间较长	1 次/3 d
堆载预压或路基施工完毕	一般	1 次/周
架桥机（或运梁车）通过	全程	前 2 次通过时的前后各 1 次；其后每天 1 次，连续 2 次；其后每 3 天 1 次，连续 3 次；其后 1 次/周
无砟轨道铺设后	第 1 个月	1 次/2 周
	1 个月以后	1 次/月

进行实际工作时，观测时间的间隔还要看地基的沉降值和沉降速率。当两次连续观测的沉降差值大于 4 mm 时应加密观测频次；当出现沉降突变、地下水变化及降雨等外部环境变化时应增加观测频次。路基施工各节点时间（包括路基堆载预压土前后、卸载预压土前后、运梁车架桥机通过前后、基床表层施工、轨道板底座施工、铺板、轨道板精调以及铺轨时间）应具有沉降变形观测数据，观测应持续到工程验收交由运营管理部门继续进行。

8.4.4　桥涵变形监测

桥涵变形监测

8.4.4.1　观测点的设置

一般要求全线每个桥墩均设置承台观测标和墩身观测标。

1. 承台观测标

设置两个观测标，观测标-1 设置于底层承台左侧小里程角上，观测标-2 设置于底层承台右侧大里程角上，见图 8-24 和图 8-25。一般情况下，承台观测标为临时观测标，当墩身观测标正常使用后，承台观测标随基坑回填将不再使用。特殊情况下，如果因观测原因而不便设置墩身观测标，可以用承台观测标替代墩身观测标。采用的方法有：有小承台的可以将观测标转至小承台，承台掩埋不深的可以直接设置承台观测标保护井，承台掩埋深的可以将承台观测标接管引至地表附近并加保护井。

2. 墩身观测标

观测点数量每墩不少于 2 处，位于墩身两侧。桥墩标一般设置在墩底高出地面或水位 0.5～1.0 m 左右。当墩身较矮立尺困难时，桥墩观测标可用承台观测标替代，或将桥墩观测标位置降低埋设，或设置在对应墩身埋标位置的顶帽上。特殊情况可按照确保观测精度、观测方便、利于测点保护的原则，确定相应的位置和观测技术手段。桥墩上观测标的具体设置位置见图 8-21 和图 8-22。

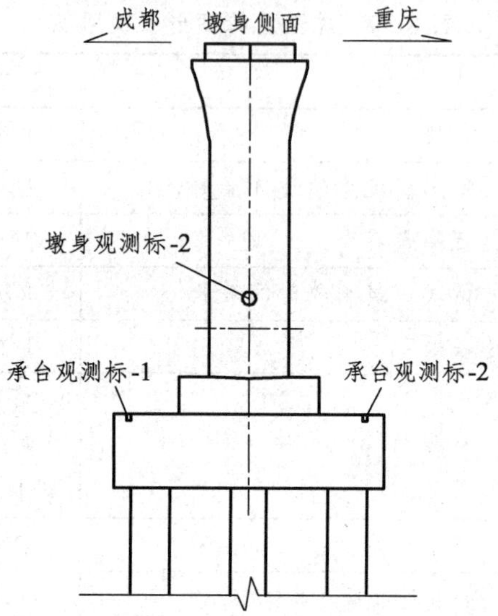

图 8-24　承台与墩身观测标设置（立面）

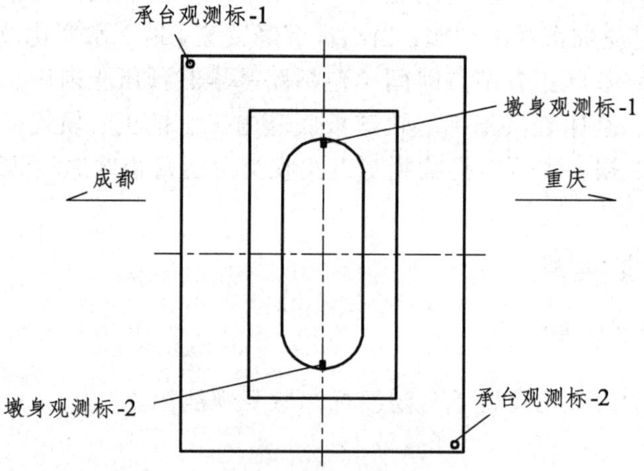

图 8-25　承台与墩身观测标设置（平面）

3. 桥台观测标

桥台观测标原则上应设置在台顶（台帽及背墙顶），测点数量不少于 4 处，分别设在台帽两侧及背墙两侧。

4. 梁体观测标

对原材料变化不大、预制工艺稳定、批量生产的预应力混凝土预制梁，对首先生产的前 3 孔梁和后续每 30 孔选择的 1 孔梁设置观测标；当实测弹性上拱度大于设计值的梁时，前后未观测的梁应补充观测标，逐孔进行观测；其余现浇梁逐孔设置观测标。移动模架施工的梁，对前 6 孔进行重点观测，以验证支架预设拱度的精度，验证达到设计要求后，可每 10 孔选择

1 孔设置观测标；当实测弹性上拱度大于设计值的梁时，前后未观测的梁应补充观测标，逐孔进行观测，对所有连续梁均需进行观测。

观测点布置，简支梁的一孔梁设置观测标 6 个，分别位于两侧支点及跨中，详见图 8-26；连续梁上的观测标，根据不同跨度，分别在支点、中跨跨中及边跨 1/4 跨中附近设置，3 跨以上连续梁中跨布置点相同，详见图 8-27。

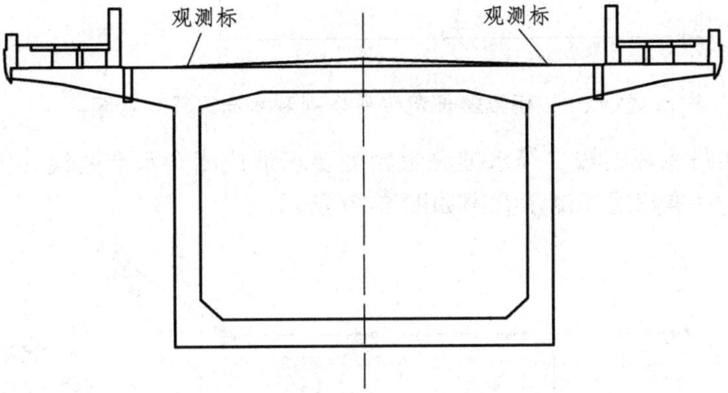

图 8-26　梁部测点横向布置示意图

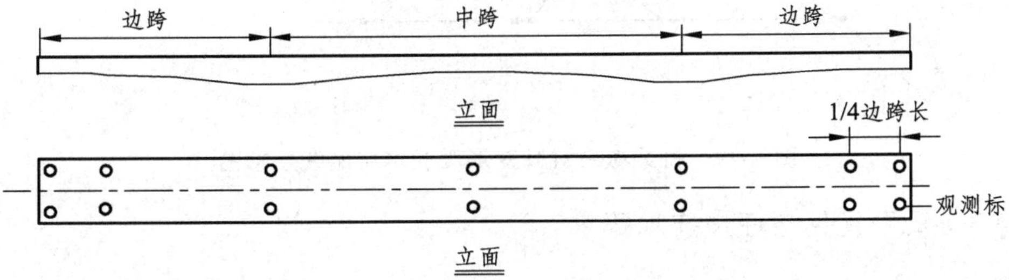

图 8-27　连续梁梁部测点纵向布置示意图

5. 钢结构观测标

钢结构桥梁梁部不存在徐变，为了观测变形，每孔设置 6 个观测标，分别在支点及跨中设置。对大跨度桥梁等特殊结构应由设计单位单独制订变形观测方案，施工单位按照设计方案进行观测。

6. 涵洞观测标

每座涵洞均要进行沉降变形观测，观测标原则上应设在涵洞两侧的边墙上，在涵洞进出口及涵洞中心分别设置，每座涵洞测点数量为 6 个。涵洞填土后观测点可从边墙位置移动到帽石上。涵洞进出口的帽石上各设置两个测点，位于帽石两侧位置。

8.4.4.2　观测路线设置

桥梁梁部水准路线观测按二等水准测量精度要求形成闭合水准路线，沉降变形观测点位布设水准路线观测示意图如图 8-28 所示，其中测点 1、2、3、4 构成第一个闭合环，测点 3、4、5、6 构成第二个闭合环，必须保证各高差观测值之间的独立性。

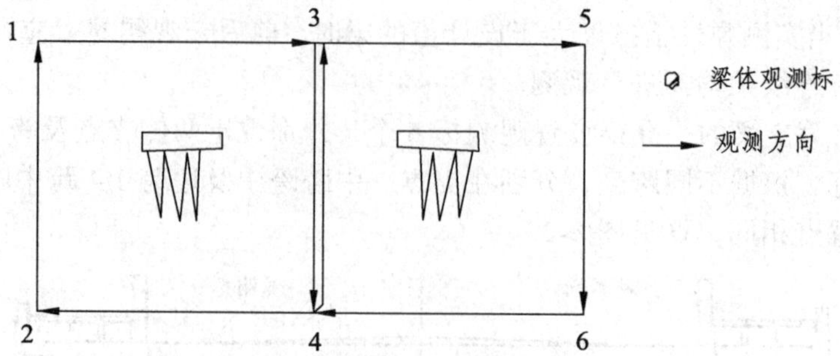

图 8-28　桥梁梁部沉降变形观测水准路线示意图

桥梁墩台水准路线观测按二等水准测量精度要求形成闭合水准路线，沉降变形观测点位布设于墩台两侧。水准路线观测示意图如图 8-29 所示。

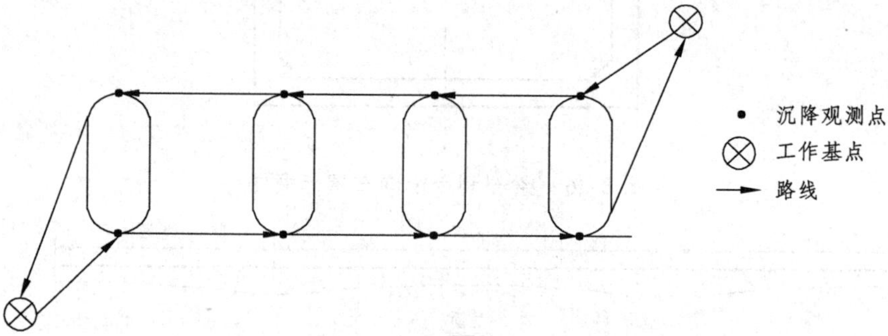

图 8-29　桥梁墩台沉降变形观测水准路线示意图

8.4.4.3　观测元件与埋设技术要求

1. 承台观测标

沉降变形观测桩选择 ϕ20 mm 钢筋，顶部磨圆并刻画十字线，埋置深度不小于 0.1 m，高出埋设表面 3 mm，表面做好防锈处理，完成埋设后测量桩顶标高作为初始读数，桥台观测标、梁体观测标、涵洞观测标设置可参考图 8-30。

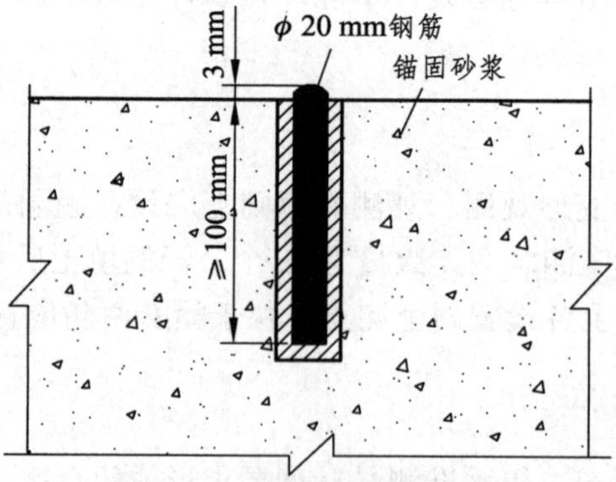

图 8-30　承台观测标设置

2. 墩身观测标

采用 ϕ14 mm 不锈钢螺栓见图 8-31 所示。

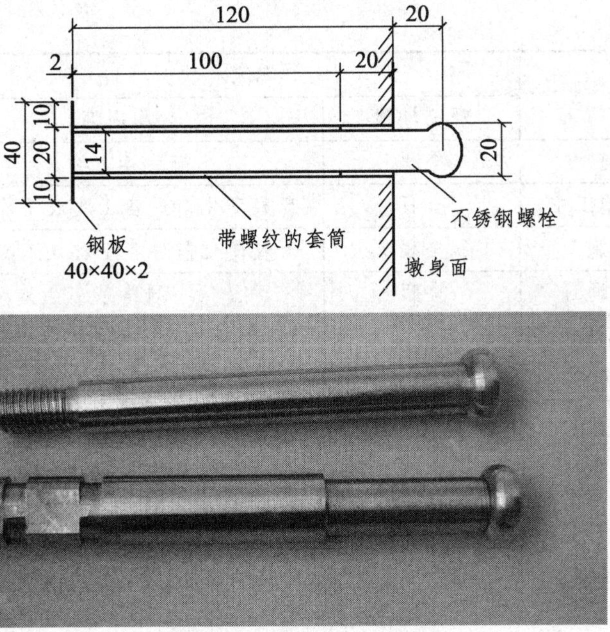

图 8-31　墩身观测标设置（单位：mm）

8.4.4.4　观测技术要求

从承台施工完成后，就要开始进行沉降首次观测。承台观测标为临时观测标，当墩身观测标正常使用后，承台观测标随基坑回填将不再使用。随施工的逐步进行依次进行墩身、桥台、梁体的变形观测。桥涵主体工程完工后沉降变形观测时间不少于 6 个月（含验证期不少于 3 个月），其中岩石地基等良好地质区段桥梁，主体工程完工后观测时间不少于 2 个月。

沉降变形观测设备的埋设是在施工过程中进行的，施工单位的桥梁施工要与设备的埋设做好协调，做到互不干扰、影响。观测设施的埋设及沉降变形观测工作应按要求进行，不能影响桥梁的质量。

桥涵基础沉降和梁体徐变沉降变形的观测精度为±1 mm，读数取位至 0.01 mm。

观测频次要求，墩台基础沉降变形观测一般根据表 8-31 进行；梁体徐变观测根据表 8-32 进行；涵洞沉降变形观测据表 8-31 中要求的时间间隔进行，涵洞顶填土沉降的观测应与路基沉降变形观测同步进行，观测频次见表 8-33。

表 8-31　墩台基础沉降变形观测频次表

观测阶段		观测频次		备注
		观测期限	观测周期	
墩台基础施工完成		—	—	设置观测点，进行首次观测
墩台混凝土施工		全程	荷载变化前后各 1 次，或 1 次/周	承台回填时，临时观测点取消
预制梁桥	架梁前	全程	1 次/周	
	预制梁架设	全程	前后各 1 次	
	附属设施施工	全程	荷载变化前后各 1 次或 1 次/周	

续表

<table>
<tr><td colspan="2" rowspan="2">观测阶段</td><td colspan="2">观测频次</td><td rowspan="2">备注</td></tr>
<tr><td>观测期限</td><td>观测周期</td></tr>
<tr><td rowspan="3">桥位施工桥梁</td><td>制梁前</td><td>全程</td><td>前后各1次</td><td></td></tr>
<tr><td>上部结构施工中</td><td>全程</td><td>荷载变化前后各1次或1次/周</td><td></td></tr>
<tr><td>附属设施施工</td><td>全程</td><td>荷载变化前后各1次或1次/周</td><td></td></tr>
<tr><td colspan="2">架桥机（运梁车）通过</td><td>全程</td><td>同路基</td><td></td></tr>
<tr><td colspan="2">桥梁主体工程完工—无砟轨道铺设前</td><td>≥6个月</td><td>1次/周</td><td>岩石地基的桥梁不宜少于2个月</td></tr>
<tr><td colspan="2">无砟轨道铺设期间</td><td>全程</td><td>1次/天</td><td></td></tr>
<tr><td colspan="2" rowspan="3">无砟轨道铺设完成后</td><td rowspan="3">24个月</td><td>0～3个月：1次/月</td><td rowspan="3">工后沉降长期观测</td></tr>
<tr><td>4～12个月：1次/3个月</td></tr>
<tr><td>13～24个月：1次/6个月</td></tr>
</table>

表 8-32　梁体徐变观测频次

观测阶段	观测频次
预应力终张拉	张拉前、后各1次
预应力张拉完成—无砟轨道铺设前	张拉完成后第1天
	张拉完成后第3天
	张拉完成后第5天
	张拉完成后1～3月，每7 d为一测量周期
桥梁附属设施安装	1次/周，要求安装前、后必须各有1次
无砟轨道铺设期间	1次/d
无砟轨道铺设完成后	第0～3个月，1次/月
	第4～12个月，1次/3个月
	第12～24个月，1次/6个月

表 8-33　涵洞沉降变形观测频次

观测阶段	观测频次		备注
	观测期限	观测周期	
涵洞基础施工完成	—	—	设置观测点
涵洞主体施工完成	全程	荷载变化前后各一次或1次/周	测试点移至边墙两侧
洞顶填土施工	全程	荷载变化前后各一次或1次/周	

续表

观测阶段	观测频次			备注
	观测期限		观测周期	
架桥机（运梁车）通过	全程		前后	至少进行2次通过前后的观测
涵洞完工—无砟轨道铺设前	≥6个月		1次/周	岩石地基的桥梁，一般不宜少于2个月
无砟轨道铺设期间	全程		1次/天	
无砟轨道铺设完成后	24个月	0～3个月	1次/月	工后沉降长期观测
		4～12个月	1次/3个月	
		13～24个月	1次/6个月	

观测墩台沉降时，应同时记录结构荷载状态、环境温度及天气日照情况；架桥机（运梁车）通过时观测要求：1次/天，连续2次；其后1次/3天，连续3次；以后1次/周。

梁体徐变量计算，对于梁体的徐变变形观测，每孔梁支点之间的梁体徐变变形应以两支点的连线为基准线进行观测计算。由于下部结构沉降变形的影响，该基准线的位置会发生变化，梁体观测点至该基准线的垂直距离利用几何方法计算取得，垂直距离差值就是梁体徐变变形量。

隧道基础沉降观测

8.4.5 隧道基础沉降观测

隧道工程沉降变形观测是指隧道内线路基础的沉降变形观测，即隧道的仰拱部分。其他如洞顶地表沉降、拱顶下沉、断面收敛沉降变形等不列入本沉降变形观测的内容。

8.4.5.1 观测断面的设置原则

隧道的进出口进行地基处理的地段，从洞口起每25 m布设一个断面。

隧道内一般地段沉降变形观测断面的布设根据地质围岩级别确定，一般情况下Ⅲ级围岩每400 m、Ⅳ级围岩每300 m、Ⅴ级围岩每200 m布设一个观测断面；明暗交界处、围岩级别、衬砌类型变化段及沉降变形缝位置应至少布设两个断面。

地应力较大、断层或隧底溶蚀破碎带、膨胀土等不良和复杂地质区段，特殊基础类型的隧道段落、隧底由于承载力不足进行过换填、注浆或其他措施处理的复合地基段落适当加密布设。隧道洞口至分界里程范围内应至少布设一个观测断面。

施工降水范围应至少布设一个观测断面。路隧分界点处，路隧两侧分别设置至少一个观测断面。长度大于20 m的明洞，每20 m设置一个观测断面。

8.4.5.2 观测点的设置原则和水准路线

隧道填充或地板施工完成后，每个观测断面设置2个沉降变形观测点，分别设置在隧道中线两侧各6.24 m处；明暗交界、围岩级别、衬砌类型变化处及变形缝处每个观测断面设置4个沉降变形观测点，分别设置在中线两侧各约6 m和变形缝前后各0.5 m处，如图8-32所示。

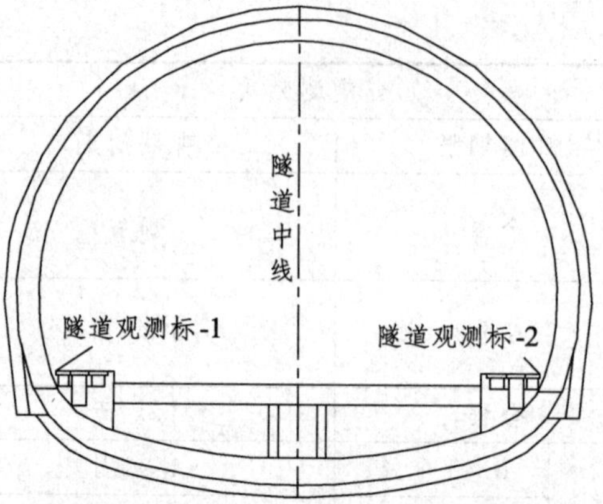

图 8-32　隧道观测标埋设位置示意图

隧道水准路线观测按二等水准测量精度要求形成附合水准路线，沉降变形观测点位布设于观测断面隧道内壁两侧，水准路线观测示意图如图 8-33 所示。

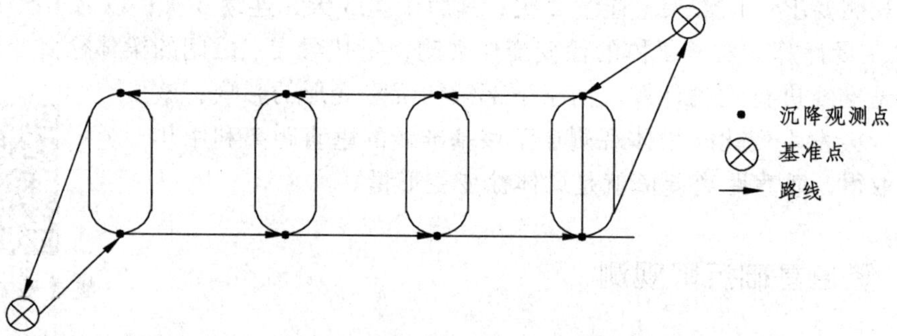

图 8-33　隧道沉降变形观测水准路线图（贯通后）

在隧道贯通前，隧道各端洞口基准点或工作基点布置不应少于两个，利用各端洞口两个工作基点形成附合水准路线进行测量。水准路线观测示意图如图 8-34 所示。

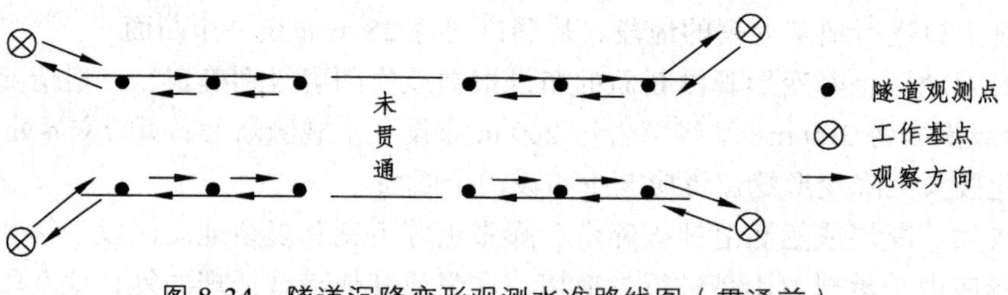

图 8-34　隧道沉降变形观测水准路线图（贯通前）

8.4.5.3　观测技术要求

观测点埋设可以参考承台观测标设置图，隧道沉降变形观测从仰拱施工结束后立即进行，观测时间不得少于 3 个月。当观测数据不足或工后沉降评估不能满足设计要求时，应适当延长观测期。

隧道沉降变形观测水准的测量精度为±1 mm，读数取位至 0.01 mm。

隧道沉降变形观测据表 8-34 中要求的时间间隔进行，每阶段的沉降变形观测在开始时每周观测一次，以后可根据两次观测的沉降量调整沉降变形观测的频度，但两次的观测沉降量不宜大于 1 mm。

表 8-34　隧道沉降变形观测频次

观测阶段	观测频次	
	观测期限	观测周期
仰拱施工完成至无砟轨道铺设前	6 个月	1 次/周
无砟轨道铺设期间	全　程	1 次/d
无砟轨道铺设完成至试运营开始的观测	全　程	1 次/d
试运营期间	24 个月　0～1 个月	1 次/周
	1～3 个月	1 次/2 周
	3～6 个月	1 次/月

8.4.6　过渡段工程沉降变形监测

过渡段工程沉降变形监测

过渡段应考虑线路纵向平顺性和不同结构物差异沉降的观测和评估，桥涵两端的过渡段、路隧过渡段及堑堤过渡段均需进行沉降变形观测。

不同结构物距起点 1 m、10 m、30 m 处分别设置观测断面，每个横向结构物每侧各设置一个观测断面，沿涵洞轴线设路基观测断面，每个观测断面观测点设置参照路堤。

路堤和路堑分界处设置观测断面，观测点设置参照路堤。沉降变形观测点与剖面沉降管埋设参考路堤设置。

横向结构物顶面埋设一根剖面沉降管，具体要求详见图 8-35 和图 8-36。

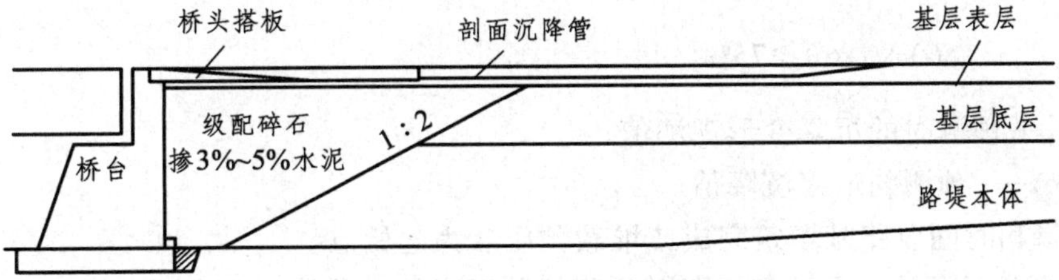

图 8-35　过渡段纵断面示意图

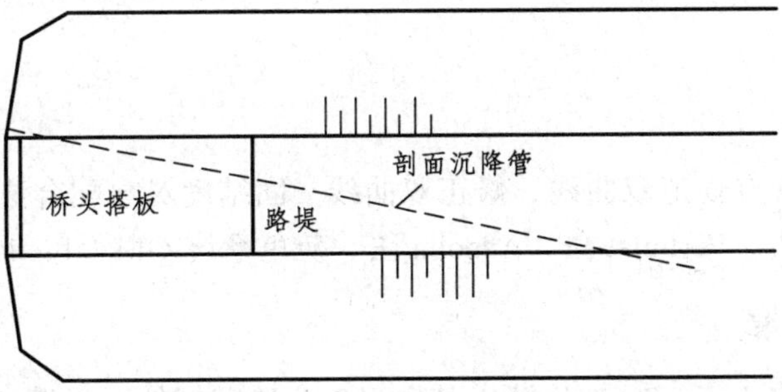

图 8-36　过渡段平面示意图

8.4.7 线下工程沉降评估

线下工程沉降评估

无砟轨道铺设前，应对线下工程沉降作系统评估，确认工后沉降和变形符合设计要求。评估除采用曲线拟合法进行线下工程的单个测点评估外，同时应进行区段线下工程综合评估。

评估时发现异常现象或对原始资料存在疑问，应进行必要的检查。评估沉降无法达到设计标准时，应及时通知建设方、设计方、施工方、监理方，由业主组织各方分析原因，并采取相应措施。采用曲线回归法进行线下工程沉降评估，要求相关系数不得小于 0.92。

目前，国内外采用的沉降预测评估方法较多，而每种预测方法均有其一定的适用范围，需要结合线下工程不同结构物和不同地质条件下的沉降变形观测情况，总结沉降变形特点，选择合适的预测方法。

8.4.7.1 路基工程沉降评估

1. 判定标准

根据路基主体工程完工后不少于 6 个月（含不少于 3 个月验证期）的实际观测数据作多种曲线的回归分析，确定沉降变形的趋势。路基堆载预压段落卸载前必须进行评估，若预压期不足 6 个月且沉降趋于稳定，可结合工程类比和综合分析进行卸载评估。

桥台台尾过渡段路基工后沉降量不应大于 30 mm；无砟轨道路基工后沉降值不应大于 15 mm。沉降预测的可靠性应经过验证，间隔不少于 3 个月的两次预测最终沉降的差值不应大于 8 mm。

路基填筑完成或堆载预压后，最终的沉降预测时间应满足下列条件：

$$S(t)/S(t{=}\infty)\geqslant 75\%$$

式中：$S(t)$——预测时的沉降变形观测值；

$S(t{=}\infty)$——预测的最终沉降值。

注：沉降和时间以路基填筑完成或堆载预压后为起始点。

设计预测总沉降量与通过实测资料预测的总沉降量之差值不宜大于 10 mm。对监理单位平行监测的路基填方区段沉降变形数据进行分析评估，以验证施工单位沉降变形观测数据所得出的分析评估结论。

2. 评估方法

沉降评估方法通常有规范双曲线、修正双曲线、固结度对数配合法（三点法）、指数曲线法、遗传算法双曲线法、Verhulst 法、Asaoka 法、灰色系统 GM（1，1）算法等 8 种方法。

3. 工后沉降的计算

设计工后沉降量按 $S_{工后}=S_1+S_2$ 计算，其中：S_1 为路基铺轨后运营 100 年发生的沉降，采用曲线回归方法获得；S_2 为无砟轨道结构自重荷载发生的沉降，计算用的压缩模量可根据观测资料反算获得。

4. 计算沉降和观测沉降的比较

由于影响沉降计算的因素较多，沉降计算的精度无法达到要求，必须通过对沉降变形观测数据进行系统的综合分析评估，来验证和调整设计参数与措施。

通过沉降变形观测和评估来确定路基的真实压缩模量 E_s，以确定无砟轨道结构自重产生的附加工后沉降。如观测到的沉降量超过设计沉降量计算值的 20%时，经过排除人为错误与设备故障，可尽早检查设计，采取措施确保工后沉降满足设计要求。

8.4.7.2　桥涵工程沉降评估

1. 判定标准

根据桥涵实际荷载情况及观测数据，应作多个阶段的回归分析及预测，综合确定沉降变形的趋势。桥涵主体工程完工后观测时间需要满足桥涵（含架梁）主体工程完工后观测时间不少于 6 个月（含验证期不少于 3 个月）的要求，其中岩石地基等良好地质区段的桥梁，主体工程完工后观测时间不少于 2 个月。

墩台基础的沉降量应按恒载计算，其工后沉降量不应超过下列允许值：

对于有砟桥面桥梁≤30 mm，对于无砟桥面桥梁≤20 mm。

静定结构相邻墩台沉降量之差要求：对于有砟桥面桥梁≤15 mm，对于无砟桥面桥梁≤5 mm。超静定结构相邻墩台沉降量之差除应满足上述规定外，尚应根据沉降差对结构产生的附加应力的影响确定。

框构、旅客地道及涵洞在铺设有砟轨道时其工后沉降量不应大于 50 mm，铺设无砟轨道时其工后沉降量不应大于 15 mm。处于岩石地基等良好地质的桥梁，当墩台沉降值趋于稳定且设计及实测沉降总量不大于 5 mm 时，可判定沉降满足无砟轨道铺设条件。

设计预测的总沉降量与通过实测资料预测的总沉降量之差不宜大于 10 mm。利用两次回归结果预测的最终沉降的差值不应大于 8 mm。两次预测的时间间隔一般不少于 3 个月，对于岩石地基等良好地质的桥涵不应少于 1 个月。桥梁主体结构完工至无砟轨道铺设前，沉降预测的时间应满足以下条件：

$$S(t)/S(t=\infty)\geqslant 75\%$$

式中：$S(t)$——预测时的沉降变形观测值；

$S(t=\infty)$——预测的最终沉降值。

预应力混凝土桥梁上部结构的变形应符合以下规定：终张拉完成时，梁体跨中弹性变形不宜大于设计值的 1.05 倍。扣除各项弹性变形、终张拉 60 d 后，$L\leqslant 50$ m 梁体跨中徐变上拱度实测值不应大于 7 mm；$L>50$ m 梁体跨中徐变变形实测值不应大于 $L/7\,000$ 或 14 mm。不能满足上述要求时，应根据梁体变形的实测结果，确定梁体的实际弹性变形及徐变系数，并按下式估算无砟轨道的最早铺设时间 t：

$$[\Phi(\infty)-\Phi(t)]\cdot\Delta_{弹性}\leqslant\Delta_{允许}$$

式中：$\Phi(\infty)$——根据实测结果确定的混凝土徐变系数终极值；

$\Phi(t)$——根据实测结果确定的铺设无砟轨道时混凝土徐变系数；

$\Delta_{弹性}$——实测梁体终张拉后的弹性变形；

$\Delta_{允许}$——$L\leqslant 50$ m 时为 10 mm，$L>50$ m 时为 $L/5\,000$ 或 20 mm。

2. 评估方法

对于一座桥不仅要进行单个墩台的沉降分析，同时也要对全桥作综合评估，控制相邻桥墩的不均匀沉降。当桥长很大时可根据地质情况和施工进度划分部分区段。

对于单一墩台的观测数据分以下四个阶段进行归纳、分析：架梁之前、架梁后至铺设二期恒载前、铺设二期恒载后至钢轨锁定前、钢轨锁定以后。综合评估时，对于预制梁桥，分桥墩台混凝土施工后、架梁前及架梁后三阶段进行；对于原位施工的桥梁及涵洞，基础沉降应根据实际施工状态及荷载变化情况，划分为基础施工完成至桥墩完成、架梁前后、架梁后至铺设钢轨之前、铺设钢轨至钢轨锁定之前、钢轨锁定之后至正式运营之前、正式运营之后等多个阶段。

桥涵沉降预测采用曲线回归法参照路基执行。

8.4.7.3　隧道工程沉降评估

1. 判定标准

隧道主体工程完工后沉降变形观测时间不少于 3 个月。当地质条件较好、沉降趋于稳定且设计及实测沉降总量不大于 5 mm 时，可判定沉降满足无砟道铺设条件。预测的隧道基础工后沉降值不应大于 15 mm。

2. 评估方法

隧道基础的沉降预测评估方法参照路基执行。

8.4.7.4　区段工程综合评估

按工期安排计划和施工单位管段进行区段划分，评估区段长度的划分应根据不同结构物的分布情况，结合架梁、铺轨等的具体情况综合确定。区段长度一般为 3 ~ 5 km，不宜过短，宜包括路基、桥涵、隧道、过渡段等不同结构物，并注意评估区段之间的衔接问题。

在对路基、桥梁、隧道和过渡段等不同结构物的基础沉降变形预测评估完成后，应绘制区段或全线的沉降预测变形曲线，进行综合评估，确认其满足铺设无砟轨道的要求。

对于结构物沉降值超过设计要求，但沉降均匀且范围较长的地段，应进行专题研究确定评估标准。

8.4.7.5　过渡段工程沉降评估

判定标准：过渡段不同结构物间的预测差异沉降不应大于 5 mm，预测沉降引起沿线路方向的折角不应大于 1/1 000。

过渡段工后沉降的分析评估应沿线路方向考虑各观测断面和各种结构物之间的关系综合进行。

对线路不同下部基础结构物之间以及不同地基条件或不同地基处理方法之间形成的各种过渡段，应重点分析评估其差异沉降。

过渡段工程的沉降预测评估方法参照路基执行。

第 9 章　隧道工程施工测量

隧道是埋置于地层内的工程建筑物，是人类利用地下空间的一种形式，隧道可分为交通隧道（图 9-1）、水工隧道、市政隧道、矿山隧道、军事隧道。

（a）

（b）

图 9-1　隧道内部和出口

隧道的结构包括主体建筑物和附属设备两部分，主体建筑物由洞身和洞门组成，附属设备包括避车洞、消防设施、应急通信和防排水设施，长的隧道还有专门的通风和照明设备。

隧道根据不同的分类标准可有不同的分类：

（1）按照隧道所处的地质条件分为：土质隧道和石质隧道。

（2）按照隧道的长度分为：短隧道（铁路隧道规定 $L \leqslant 500$ m，公路隧道规定 $L \leqslant 500$ m）、中长隧道（铁路隧道规定 $500<L \leqslant 3\,000$ m，公路隧道规定 $500<L \leqslant 1\,000$ m）、长隧道（铁路隧道规定 $3\,000<L \leqslant 10\,000$ m，公路隧道规定 $1\,000<L \leqslant 3\,000$ m）和特长隧道（铁路隧道规定 $L>10\,000$ m，公路隧道规定 $L>3\,000$ m）。

（3）按照国际隧道协会（ITA）定义的隧道的横断面积的大小分为：极小断面隧道（2 ~ 3 m^2）、小断面隧道（3 ~ 10 m^2）、中等断面隧道（10 ~ 50 m^2）、大断面隧道（50 ~ 100 m^2）和特大断面隧道（大于 100 m^2）。

（4）按照隧道所在的位置分为：山岭隧道、水底隧道和城市隧道。

（5）按照隧道埋置的深度分为：浅埋隧道和深埋隧道。

隧道工程测量是在隧道工程的规划、勘测设计、施工建造和运营管理的各个阶段进行的测量。为保证隧道能按规定的精度正确贯通及相关的建筑物与构筑物的位置正确，不同阶段要求如下：

规划阶段，提供隧道选线用的地形图和地质填图所需的测绘资料。

勘测设计阶段，在隧道沿线布设测图控制网，测绘带状地形图，实地进行隧道的洞口点、中线控制桩和中线转折点的测设，绘制隧道线路平面图、纵断面图、洞身工程地质横断面图、正洞口和辅助洞口的纵断面图等工程设计图。

施工建造阶段，根据隧道施工要求的精度和施工顺序进行相应的测量，首先根据隧道线路的形状和主洞口、辅助洞口、转折点的位置进行洞外施工控制网和洞口控制网的布没及施测，再进行中线进洞关系的计算及测量。随隧道向前延伸而阶段性地将洞内基本控制网向前延伸，并不断进行施工控制导线的布测和中线的施工放样，指导并保证不同工作面之间以预定的精度贯通，贯通后进行实际贯通误差的测定和线路中线的调整。施工过程中进行隧道纵横断面测量和相关建筑物的放样，以及进行竣工测量。

在施工建造和运营管理阶段，定期进行地表、隧道洞身各部位及其相关建筑物的沉降观测和位移观测。

隧道测量的主要任务：在勘测设计阶段是提供选址地形图和地质填图所需的测绘资料，以及定测时将隧道线路测设在地面上，即在洞门前后标定线路中线控制桩及洞身顶部地面上的中线桩；在施工阶段是保证隧道相向开挖时，能按规定的精度正确贯通，并使建筑物的位置符合规定，不侵入建筑限界，以确保运营安全。

9.1 隧道洞外控制测量

隧道洞外控制测量

施工前应建立测量复核体系，并进行测量方案设计。应根据隧道规模和贯通误差要求，综合考虑控制等级和图形、测量仪器精度和测量方法，估算误差范围，确保测量结果能够满足工程需要。

勘测用平面和高程控制网桩点，由勘测设计单位应向施工单位逐桩逐点交付资料，确认桩点，遗失的桩点应进行补桩，资料与现场不符的需要更正。

每个洞口和井口平面控制测量点应不少于 3 个，高程控制测量点应不少于 2 个，洞口既包括正洞洞口，也包括斜井、竖井、横洞和平行导洞等辅助坑道的洞口。

洞外控制测量包括平面控制测量和高程控制测量。

9.1.1 洞外平面控制测量

隧道外控制测量应在隧道进洞施工前完成，桩点稳固可靠，外业观测和内业计算，两组独立进行，及时校核、比对最终成果，使控制网成果满足规范和施工要求。洞外平面控制测量的方法主要有：精密导线法和 GNSS 法。

1. 精密导线法

导线法比较灵活、方便，对地形的适应性比较强。在高精度全站仪不断普及，其精度不断提高的情况下，导线法是隧道洞外控制主要方法之一。

精密导线应组成多边形闭合环，它可以是独立的闭合导线，也可以与国家二等或三等点相连。导线水平角的观测，应以总测回数的奇数测回和偶数测回，分别观测导线前进方向的左角和右角，以检查测角错误；将它们换算为左角或右角后再取平均值，可以提高测角精度。

为了增加检核条件和提高测角精度评定的可行性，导线环的个数不宜太少，最少不应少于 4 个；每个环的边数不宜太多，一般以 4 ~ 6 条边为宜，测量前应进行气象改正。

导线测量技术要求见表 9-1 和表 9-2。

表 9-1　导线测量技术规定

测量等级	附（闭）合导线长度/km	边数	每边测距中误差/mm	单位权中误差/（″）	导线全长相对闭合差	方位角闭合差/（″）
三等	≤18	≤9	14	1.8	1/52 000	$\pm 3.6\sqrt{n}$
四等	≤12	≤12	10	2.5	1/35 000	$\pm 5\sqrt{n}$
一级	≤6	≤12	14	5.0	1/17 000	$\pm 10\sqrt{n}$

注：1. 表中 n 为测站数。
2. 以测角中误差为单位权中误差。
3. 导线网节点间长度不得大于表中长度的 0.7 倍。

表 9-2　水平角方向观测技术规定

测量等级	仪器型号	光学测微器两次重合读数之差/（″）	半测回归零差/（″）	一测回中 2 倍照准差较差/（″）	同一方向值各测回间较差/（″）	测回数
二等	DJ_1	≤1	≤6	≤9	≤6	≥12
三等	DJ_1	≤1	≤6	≤9	≤6	≥6
	DJ_2	≤3	≤8	≤13	≤9	≥10
四等	DJ_3	≤1	≤6	≤9	≤6	≥4
	DJ_2	≤3	≤8	≤13	≤9	≥6
一级	DJ_2	—	≤12	≤18	≤12	≥2
	DJ_3	—	≤24	—	≤24	≥4

注：当观测方向的垂直角超过±3°的范围时，该方向一测回中 2 倍照准差较差，可与同一观察时段内相邻测回同方向。

导线的测角中误差按下式计算，并应满足测量设计的精度要求：

$$m_\beta = \pm\sqrt{\frac{[f_\beta / n]^2}{N}} \tag{9-1}$$

式中：f_β——导线环的角度闭合差（″）；

n——一个导线环内角的个数；

N——导线环的个数。

导线环（网）的平差计算，一般采用条件平差或间接平差。边与角按下式定权

$$\left.\begin{aligned} P_\beta &= 1 \\ P_D &= \frac{m_\beta^2}{m_D^2} \end{aligned}\right\} \tag{9-2}$$

式中：m_β——导线测角中误差，按式（9-1）计算，并宜用统计值；

m_D——导线边长中误差，宜用统计值。

当导线精度要求不高时，亦可采用近似平差，利用平差易或科傻软件进行平差。若要求较高时，则需采用精密平差软件平差。

2. GNSS 法

GNSS 是 Global Navigation Satellite System 的缩写，即全球导航卫星系统，包括全球的、区域的和增强的，如美国的 GPS、俄罗斯的 Glonass、欧洲的 Galileo、中国的北斗卫星导航系统（BDS）。

隧道施工控制网可利用 GNSS 相对定位技术，采用静态测量方式进行测量。由于其定位时仅需要在开挖洞口附近测定几个控制点，工作量少，而且可以全天候观测，该法目前已经是主流方法。

每个洞口应沿洞口连线的方向布设 4 个控制点，形成大地四边形，点间之间尽量相互通视，点间的距离以不小于 300 m 为宜，各点的距离相差不宜过大，一般相邻点间边长之比不能超过 1∶3。并且有不少于 2 个点与隧道洞口通视，作为与洞内传递方向的洞外联系边，且该联系边长度不宜小于 300 m。洞外控制点连线以与隧道中心线方向平行或垂直为宜，以减小点位误差对贯通面横向误差的影响。点位的埋设应稳定，便于长期保存。布点时还应注意进洞联系边的俯仰角不应过大，GPS 控制网进洞联系边最大俯仰角不宜大于 5°，导线网、三角形的最大俯仰角不宜大于 15°。卫星定位测量技术要求见表 9-3。

表 9-3　卫星定位测量的主要技术规定

测量等级		二等	三等	四等	一级
卫星高度角/（″）		≥15	≥15	≥15	≥15
时段长度	静态/min	≥240	≥90	≥60	≥45
	快速静态/min	—	≥30	≥20	≥15
平均重复设站数/（次/点）		≥4	≥2	≥1.6	≥1.4
同时观测有效卫星数/个		≥4	≥4	≥4	≥4
数据采样率/s		≤30	≤30	≤30	≤30
GDOP		≤6	≤6	≤6	≤6

注：GDOP（Geometric Dilution of Precision，几何精度因子），卫星几何因素（包括经度、纬度、高程和时间）对卫星定位测量定点精度的影响，反映了在测量时被跟踪卫星几何结构上的强度。

9.1.2　洞外高程控制测量

洞外高程控制测量的任务，是按照设计精度施测两相向开挖洞口附近水准点之间的高差，以便将整个隧道的统一高程系统引入洞内，保证按规定精度在高程方面正确贯通，并使隧道工程在高程方面按要求的精度正确修建。

高程控制的二、三等宜采用水准测量；若有困难的话，前期也可以采用四等水准测量，当施工便道修通后，再布设二、三等水准网；当山势陡峻采用水准测量困难时，可利用高精度全站仪三角高程的方法测定三、四等高程测量。截至目前，全站仪三角高程无法替代二等水准测量。每一个洞口应埋设不少于 2 个水准点，两水准点之间的高差，以安置一次水准仪即可测出为宜。根据隧道长度建立高程控制测量等级，具体要求见表 9-4 ，不同等级水准测量的精度要求见表 9-5。

表 9-4　隧道高程测量等级

隧道长度/m	测量等级	每千米高差中数中误差/mm	
		偶然中误差 M_{Δ}	全中误差 M_r
$L \geqslant 6\,000$	二等	±1	±2
$3\,000 \leqslant L \leqslant 6\,000$	三等	±3	±6
$L<3\,000$	四等	±5	±10

表 9-5　等级水准测量的路线长度和仪器精度

测量部位	测量等级	每千米高差中数的偶然中误差/mm	两开挖洞口间的水准路线长度/km	水准仪等级	水准尺类型
洞外	二	≤1.0	>36	$S_{0.5}$、S_1	线条式因瓦水准尺
	三	≤3.0	13 ~ 36	S_1	线条式因瓦水准尺
				S_3	区格式水准尺
	四	≤5.0	5 ~ 13	S_3	区格式水准尺
洞内	二	≤1.0	>32	S_1	线条式因瓦水准尺
	三	≤3.0	11 ~ 32	S_3	区格式水准尺
	四	≤5.0	5 ~ 11	S_3	区格式水准尺

9.2　隧道洞内控制测量

隧道洞内控制测量

9.2.1　平面控制测量

为了给出隧道正确的掘进方向，并保证准确贯通，应进行洞内控制测量。由于隧道洞内场地狭窄，故洞内平面控制常采用中线或导线两种形式。

1. 中线形式

中线形式：洞内不设导线，用中线控制点为已知点，直接进行施工放样。一般以洞外导线点测设出洞内中线点，测设中线点至少 3 个测回。测设中线点的距离和角度数据由理论坐标值反算，这种方法一般用于较短的隧道。将上述测设的新点，再以高精度测角、量距，算出实际的新点精确点位，再和理论坐标相比较，若有差异，应将新点移到正确的中线位置上。这种方法可以用于曲线隧道 500 m、直线隧道 1 000 m 以下的隧道。

2. 导线形式

导线形式：洞内控制依靠导线进行，施工放样用的正式中线点由导线测设，中线点的精度能满足局部地段施工要求即可。导线控制的方法较中线形式灵活，点位易于选择，测量工作也较简单，而且具有多种检核方法；当组成导线闭合环时，角度经过平差，还可提高点位的横向精度。导线控制方法适用于长隧道。

洞内导线，应布置成多边形导线环，应根据贯通精度的要求布点，宜选择在施工干扰小、稳固可靠、通视良好的地方，导线边长在直线地段不宜小于 200 m，在曲线地段不宜小 70 m。

掘进长度超过 2 倍导线边长时，进行一次洞内洞外延伸测量，导线测量视线与障碍物距离大于 0.2 m。

洞内导线与洞外导线比较，具有以下特点：洞内导线是随着隧道的开挖逐渐向前延伸的，故只能敷设支导线或狭长形导线环，而不可能将全部导线一次测完；导线的形状完全取决于坑道的形状；导线点的埋石顶面应比洞内地面低 20 ~ 30 cm，上面加设护盖、填平地面，以免施工中遭受破坏。目前很多单位将入洞导线点设在两侧侧墙壁上，如图 9-2，可以设置固定可安装拆卸支架。

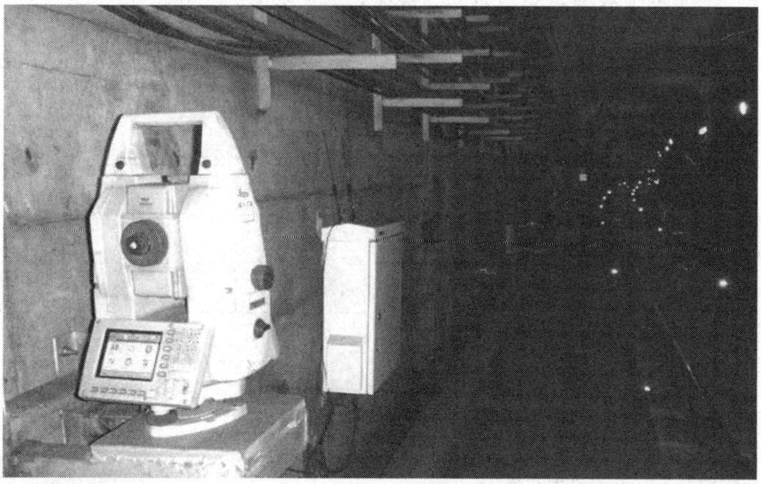

图 9-2　全站仪强制对中

洞内导线一般采用双导线如图 9-3 所示，并行导线每前进一段交叉一次，每一个新点由两条路线传算坐标（如 5 点坐标由 4 和 4′ 两点传算），最后取平均值；亦可以实量 5—5′ 的距离，来检核 5 和 5′ 的坐标值。导线测量完成后采用平差软件进行平差计算核对。

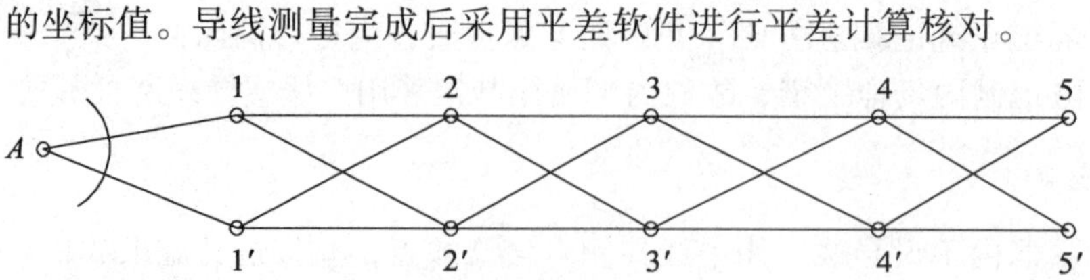

图 9-3　双导线

当有平行导坑时，还可利用横通道将正洞和导坑联系起来，形成导线闭合环。

无论是采用中线形式，还是采用导线形式作洞内控制，在测量时均应注意以下几点：

（1）每次在建立新控制点之前，必须检测前一个控制点的稳定性，只有在确认控制点没有发生变动时，才能用它来发展新控制点。

（2）尽量形成闭合环、两条路线的坐标比较、实量距离与反算距离的比较等检查条件，以免发生错误。

（3）导线应尽量布设为长边或等边，一般直线地段不短于 200 m，曲线地段不宜短于 70 m。

（4）全站仪使用前，应放在洞内适应洞内温度和环境一小段时间，再开始进行测量工作。

（5）以导线形式作为洞内平面控制时，正式中线点由邻近的导线点以极坐标法测设在地面上之后，应在中线点上安置全站仪，以任意两个已知坐标的点为目标采用后方交会法测设中线点（测站点）坐标，以检查中线点放样的正确性，如图 9-4。中线点 K0+540 由导线点 C_1 测设出来之后，将全站仪安置在 K0+540 点上，照准 C_1 和 B_2，反测测出中线点 K0+540 坐标，和设计值进行比较核对。

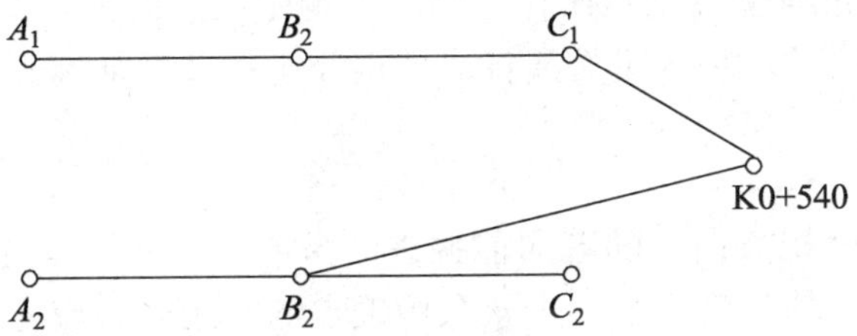

图 9-4　后方交会法测设中点坐标

9.2.2　洞内高程测量

洞内高程测量应采用水准测量或全站仪三角高程测量的方法。洞内高程应由洞外高程控制点向洞内测量传算，结合洞内施工特点，每隔 200 m 至 500 m 设立两个高程点以便检核；为便于施工使用，每隔 100 m 应在拱部边墙上设立一个水准点。

采用水准测量时，应往返观测，视线长度不宜大于 50 m；采用全站仪三角高程测量时，应进行对向观测，注意洞内的除尘、通风排烟和水、气的影响。限差要求与洞外高程测量的要求相同。洞内高程点作为施工高程的依据，必须定期复测。当隧道贯通之后，求出相向两支水准的高程贯通误差，并在未衬砌地段进行调整。所有开挖、衬砌工程应以调整后的高程指导施工。

洞外平面控制网和高程控制网应不定期复测，复测周期宜不大于 6 个月，复测精度应与建网精度相同。沙漠、冻土、软土区、地震多发区和影响区、地面沉降地区、施工期间出现异常地段等特殊地区，复测率应根据变形规律和控制桩情况分析确定，适当缩短复测周期或临时增加复测，可以根据实际情况以及沉降规律和设计要求适当增加复测频率，确保控制网的稳定性和数据的真实性。

9.3　隧道洞内施工测量

隧道洞内施工测量

9.3.1　中线测量

隧道洞内施工，是以中线为依据来进行的。当洞内敷设导线之后，导线点一般不在线路中线上，更不可能恰好在隧道的结构中线上（即隧道轴线上）。而隧道衬砌后两个边墙间隔的中心即为隧道中心，在直线部分则与线路中线重合；曲线部分由于隧道衬砌断面的内外侧加宽不同，所以线路中心线就不是隧道中心线。隧道中线的测设方法有下列两种：

1. 由导线测设中线

用精密导线进行洞内隧道控制测量时，应根据导线点位的实际坐标和中线点的理论坐标，反算出距离和角度，利用极坐标法，根据导线点测设出中线点。一般直线地段 150 ~ 200 m，直线地段采用正倒镜法延伸直线；曲线地段 60 ~ 100 m，应测设一个永久的中线点，放样误差横向偏差不得大于 5 mm。

由导线建立新的中线点之后，还应将全站仪安置在已测设的中线点上，测出中线点之间的夹角，将实测的检查角与理论值相比较；同时实测中线点间的距离，与理论值比较，作为一种检核，确认无误即可挖坑埋入带金属标志的混凝土桩或其他标志。

2. 临时中线

为了知道隧道洞内开挖方向，随着向前掘进的深入，平面测量的控制工作和中线工作也需紧随其后。当掘进的延伸长度不足一个永久中线点的间距时，应先测设临时中线点。

供衬砌用的临时中线点的间距宜与模板长度一致，高等级隧道多采用整体模板台车施工，模板台车长度一般为 6 ~ 12 m，每模都放样供砌筑用的临时中线点。

9.3.2 断面测量

隧道断面测量是一项在隧道施工中和竣工验收阶段必须进行的测量工作，在隧道开挖施工中非常重要，它控制着隧道开挖的平面、高程和断面几何尺寸，关系到隧道的准确贯通。隧道的洞身开挖前，精确、快速地测放出设计开挖轮廓线，可以有效地减少超欠挖量、加快施工进度、节约建设成本。

断面测量内容，是在隧道施工中使用相应仪器对开挖断面、初期支护断面、隧道净空验收进行测量。即在中线点上架设仪器，测设出同一个断面各点高程、同一断面各对应点坐标，根据实测数据利用软件或程序绘出一个实际断面图，参照标准断面比较，就会得到一套完整的隧道断面连接构成的隧道掘进超欠立体图，从而确定哪里超挖（原则上不能超挖，经济上损失大）哪里欠挖，最终保证隧道按设计断面尺寸开挖成型。实际是，断面测量有两次：第一次是衬砌前，确定有没有超欠挖；第二次是衬砌后，确定是否符合设计断面尺寸。

隧道断面测量方法有：

1. 断面仪+后处理软件

将断面仪安置在由全站仪测定的已知点上，进行断面数据采集，在电脑上进行数据处理或 PDA 现场成图。如图 9-5 为断面检测仪。

断面仪的系统优势：

测量当前断面：测量仪器所在位置处的断面，可以当时显示比较超欠挖及面积的测量。

测量多断面及前、后方弯道：测量检测距离半径 0.2 ~ 70 m 范围内的前、后方 10 m 以上的断面或弯道即可显示出立方量。

图 9-5　BJSD-T4 型激光隧道断面检测仪

炮眼指示：根据设计好的炮眼数据对炮眼位置进行自动指示（指示的时间和顺序可控），也可对隧道轮廓进行放样。

围岩收敛：现场围岩收敛的比较及预警，记录围岩的收敛情况，方便检测隧道的变形。

手动测量：具有超平功能及零点至被测点的直线距离、高差、斜距、仪器高、投影角度等多项功能。

在现场检测、记录多组断面数据，经软件处理后可显示图形且计算出超欠挖值。

2. 徕卡全站仪+徕卡机载软件+后处理软件

在特定型号的徕卡全站仪上，加装具备隧道断面测量数据处理能力的软件模块，再配合运行在普通电脑上的后处理软件。

3. 全站仪+PDA（掌上电脑）+后处理软件

由于徕卡机载软件只适用于特定型号的徕卡全站仪。为了打破这种技术垄断和局限，人们纷纷在 PDA（掌上电脑）上开发了相应软件，并做了面向多种型号全站仪的接口。这样的 PDA 与全站仪相接，也可实现部分隧道断面测量数据的现场处理，有的也可现场成图。

4. 全站仪+后处理软件

全站仪只负责采集数据，运行在普通电脑上的软件只负责数据处理，借助全站仪同电脑固有的通信功能，实现工作模式的内、外业一体化和软件的通用化。

9.3.3　高程测量

利用自动安平水准仪进行高程测设即可。洞内测量结果的精度必须符合洞内高程测量设计要求的精度。

9.4 隧道贯通测量

9.4.1 贯通误差概述

隧道贯通测量

隧道施工进度慢，往往成为控制工期的工程。为了加快施工进度，除了进、出口两个开挖面外，还常采用横洞、斜井、竖井、平行导坑等来增加开挖面。因此，不管是直线隧道还是曲线隧道，开挖总是沿线路中线不断向洞内延伸，洞内线路中线位置测设的误差，就逐步随着开挖的延伸而逐渐积累；另外，隧道施工时基本上都是采用边开挖、边衬砌的方法，等到隧道贯通时，未衬砌部分也所剩不多，故可进行中线调整的地段有限。

如何保证隧道在贯通时（包括横向、纵向、高程方向），两相向开挖施工中线的相对错位不超过规定的限值，是隧道施工测量的关键问题。但是，在纵向方面所产生的贯通误差，一般对隧道施工和隧道质量不产生影响，从我国隧道施工调查中得知，一般不超过±320 mm，即使达到这种情况，对施工质量也无影响，因此规定这项限差无实际意义；高程要求的精度，使用一般水准测量方法即可满足；而横向贯通误差（在平面上垂直于线路中线方向）的大小，则直接影响隧道的施工质量，严重者甚至会导致隧道报废。所以一般说贯通误差，主要是指隧道的横向贯通误差。公路隧道技术施工规范贯通误差见表 9-6，铁路或水利、市政执行行业技术标准。

表 9-6 贯通误差的限差

不同贯通长度 L（m）的横向贯通误差限值/mm			高程中误差/mm
L<3 000	3 000≤L≤6 000	L≥6 000	≤70
≤150	≤200	≤300	

注：利用竖井联系测量的贯通误差限值应根据测量设计确定。

9.4.2 贯通误差测量

洞内采用中线法测量的隧道，应从两相向开挖方向向贯通面引中线确定各自的贯通点，两实际贯通点间的横向距离和纵向距离即为横向和纵向贯通误差。

洞内采用导线测量的隧道，应在贯通面中线附近设一临时点，由两端导线分别测量该点坐标，其坐标较差分别投影至线路中线及其垂直方向，即为纵向和横向贯通误差。同时测量该点的水平角，求得方向贯通误差。

由两端高程点分别测量贯通面处临时点的高程，其高程差即为高程贯通误差。

实际贯通误差宜在未衬砌地段（调线地段）调整，调线地段的开挖和衬砌均以调整后的中线和高程进行放样。

9.4.3 贯通误差预计

影响横向贯通误差的因素有：洞外和洞内平面控制测量误差、洞外与洞内之间联系测量误差。

洞外、洞内控制测量，产生在贯通面上的横向中误差，按下列公式计算：

导线测量

$$m = \pm\sqrt{m_{y\beta}^2 + m_{yl}^2} \tag{9-3}$$

式中：$m_{y\beta}$——由于测角误差影响，产生在贯通面上的横向中误差（mm），即

$$m_{y\beta} = \pm\frac{m_\beta}{\rho}\sqrt{\sum R_x^2} \tag{9-4}$$

m_{yl}——由于测边误差影响，产生在贯通面上的横向中误差（mm），即

$$m_{yl} = \pm\frac{m_l}{l}\sqrt{\sum d_y^2} \tag{9-5}$$

其中　m_β——由导线环闭合差求算的测角中误差（″）；

R_x——导线环在隧道相邻两洞口连线的一条导线上各点至贯通面的垂直距离（m）；

$\frac{m_l}{l}$——导线边边长相对中误差；

d_y——导线环在隧道相邻两洞口连线的一条导线上各边在贯通面上的投影。

9.5　隧道监控量测

隧道监控量测

9.5.1　量测目的

岩体表面变形是隧洞开挖后其应力形态变化的直观反映，对于地下工程的稳定能提供较可靠的信息，也比较容易施测，故此进行隧洞施工期现场变形监测时量测相对位移值，即量测内空收敛变形。

施工期现场监测实施的主要目的，在于掌握围岩和支护的动态信息并及时反馈、指导施工作业。

（1）通过围岩地质状况和支护状况描述，对围岩进行合理的分类及对稳定性进行合理的评价。

（2）对隧道拱顶下沉周边收敛位移进行监测，根据量测数据确认围岩的稳定性，判断支护效果，指导施工工序预防坍塌，保证施工安全。

（3）对周边收敛位移进行监测，根据变形的速率及量值判断围岩的稳定程度，选择适当的二衬支护时机，指导现场施工。

（4）地表下沉。对隧道埋深较浅段进行地表沉降监测，判定隧道开挖对地表的影响，与拱顶下沉数据相互印证。

（5）通过测定锚杆长度和注浆饱满度，检测锚杆长度和注浆效果。

（6）选测组合。通过对围岩压力、钢支撑应力、衬砌应力等选测项目的监测判断围岩稳定性及支护效果，反馈设计，指导现场施工。

9.5.2　量测意义

隧道监控量测作为新奥法的三大核心之一，对评价隧道施工方法的可行性、设计参数的

合理性，了解隧道施工实际围岩级别及其变形特性等能够提供准确、及时的依据，对隧道二次衬砌的施作时间具有决定性意义；因此，它是保障隧道建设成功的重要手段。隧道监控量测的主要任务应做到提高安全性，修正设计、指导施工、积累建设经验，并通过对实测数据的现场分析、处理，及时向施工方、监理方、设计方和业主提供分析资料。

9.5.3 量测内容

隧道开工前，应根据设计要求，结合隧道规模、地形地质条件、施工方法、支护类型和参数、工期安排等编制施工全过程监控量测方案。编制内容应包括量测项目、量测仪器选择、测点布置、量测频率、数据处理、信息反馈、组织机构、管理体系等，量测计划应与施工进度计划相适应。

监控量测工作应结合开挖、支护作业的进程，按量测方案布点和监测，根据现场量测情况及时调整补充，量测数据应及时分析、处理和反馈。

现场量测分为必测项目和选测项目，可根据具体情况和施工规范及设计要求确定监测项目。根据《公路隧道施工技术规范》(JTG/T 3660—2020)，复合式衬砌和喷锚式衬砌隧道施工时，必测项目见表 9-7。

表 9-7　隧道现场监控量测必测项目

序号	项目名称	方法及工具	测点布置	精度	测量间隔时间			
					1～15 d	16 d～1 个月	1～3 个月	大于 3 个月
1	洞内、外观测	现场观测、地质罗盘	开挖及初期支护后进行					
2	周边位移	各种类型收敛计、全站仪或其他非接触测量仪器	每 5～100 m 一个断面，每断面 2～3 对测点	0.5 mm（预留变形量不大于 30 mm 时）、1 mm（预留变形量大于 30 mm 时）	1～2 次/d	1 次/2 d	1～2 次/周	1～3 次/月
3	拱顶下沉	水准尺、因瓦尺、全站仪或其他非接触测量仪器	每 5～100 m 一个断面		1～2 次/d	1 次/2 d	1～2 次/周	1～3 次/月
4	地表下沉	水准尺、因瓦尺、全站仪	洞口段、浅埋段（$h \leqslant 2.5b$），布置不少于 2 个断面，每段面不少于 3 个测点	0.5 mm	开挖面距量测断面前后 $<2.5b$ 时，1～2 次/d；开挖面距量测断面前后 $<5b$ 时，1 次/2～3 d；开挖面距量测断面前后 $\geqslant 5b$ 时，1 次/3～7 d			
5	拱脚下沉	水准尺、因瓦尺、全站仪	富水软弱破碎围岩，流沙、软岩大变形、含水黄土、膨胀岩土等不良地质和特殊性岩土段	0.5 mm	仰拱施工前，1～2 次/d			

注：b——隧道开挖宽度；h——隧道埋深。

洞内必测项目，各测点宜在靠近掌子面、不受爆破影响范围内尽快安设，初读数应在每次开挖后 12 h 内、下一循环开挖前取得，最迟不得超过 24 h，选测项目测点埋设时间根据实际需要确定。

在测点处牢固地埋设预埋件，预埋件长度根据需要加工，连接件与预埋件的连接，应使销钉孔方向铅直。

量测频率应根据测点距开挖面的距离及位移速度分别根据规范和设计文件确定，由测点距开挖面的距离决定的监控量测频率和位移速度决定的监控量测频率之中，原则上采用较高的频率值，出现异常情况或不良地质时，应增大监控量测频率。

9.6 隧道竣工测量

隧道竣工以后，应在直线地段每 50 m，曲线地段每 20 m，或者需要加测断面处，以中线桩为准，测设隧道的实际净空。其测设内容包括：拱顶高程、起拱线宽度、轨顶水平宽度、铺底或仰拱高程，如图 9-6。

图 9-6 竣工测量

隧道竣工后，应在贯通误差调整的基础上，依据洞内导线或施工中线进行中线复测，并设立永久中线点。永久中线点直线上每 200 ~ 250 m 设一个，缓和曲线的始终点各设一个，圆曲线地段根据通视条件加设。洞内高程点应在复测的基础上每千米埋设一个，小于 1 000 m 的隧道应至少设置一个，并应在边墙上绘出标志。永久中线点应使用砼包金属芯标志埋设。无论中线点或水准点，均应在隧道边墙上画出标志，以便以后养护维修时使用。

习题

1. 洞外测量的内容有哪些？注意事项是什么？
2. 如何提高入洞测量精度？
3. 导线测量角度不合格如何处理？
4. 隧道监测内容有哪些？
5. 入洞导线布设形式有哪些？
6. 断面测量的方法有哪些？
7. 隧道贯通测量误差是如何确定的？
8. 影响贯通误差的因素有哪些？

参考文献

[1] 中国有色金属工业协会. 工程测量规范：GB 50026—2007[S]. 北京：中国计划出版社，2008.

[2] 住房和城乡建设部. 城市轨道交通工程测量规范：GB 50308—2017[S]. 北京：中国建筑工业出版社，2017.

[3] 交通运输部公路局，中交第一公路勘察设计研究院有限公司. 公路工程技术标准：JTG B01—2014[S]. 北京：人民交通出版社，2015.

[4] 中交第一公路勘察设计研究院. 公路勘测规范：JTG C10—2007[S]. 北京：人民交通出版社，2007.

[5] 住房和城乡建设部. 城市测量规范：CJJ/T 8—2011[S]. 北京：中国建筑工业出版社，2012.

[6] 中铁二院工程集团有限责任公司. 高速铁路工程测量规范：TB 10601—2009[S]. 北京：中国铁道出版社，2009.

[7] 住房和城乡建设部. 民用建筑设计统一标准：GB 50352—2019[S]. 北京：中国建筑工业出版社，2019.

[8] 建筑施工手册（第五版）编委会. 建筑施工手册[M]. 5 版. 北京：中国建筑工业出版社，2012.

[9] 胡伍生，潘庆林，黄腾. 土木工程施工测量手册[M]. 北京：人民交通出版社，2004.

[10] 王云江. 市政工程测量[M]. 北京：中国建筑工业出版社，2016.

[11] 张正禄. 工程测量学[M]. 武汉：武汉大学出版社，2010.

[12] 杜文举. 建筑工程测量[M]. 武汉：华中科技大学出版社，2020.

[13] 张恒. 测量放线工岗位培训教材[M]. 北京：中国劳动社会保障出版社，2012.

[14] 周建郑. 工程测量[M]. 郑州：黄河水利出版社，2013.

[15] 李永树. 工程测量学[M]. 北京:中国铁道出版社，2011.

[16] 杜洪涛，郭敏，魏国芳，等. 基于无人机倾斜摄影技术的大比例尺地形图测绘方法[J]. 城市勘测，2018（6）：63-66；81.

[17] 刘军. 盾构法隧道施工盾构机姿态人工测量[EB/OL].[2020-12-01]https://wenku.baidu.com/view/c5600aeb864769eae009581b6bd97f192379bfca.html.

[18] 陈学平，周春发. 土建工程测量[M]. 北京：中国建筑工业出版社，2008.

[19] 李社生. 工程测量[M]. 郑州：黄河水利出版社，2014.

[20] 李天和，刘宗波. 建筑工程测量[M]. 大连：大连理工大学出版社，2012.

[21] 李青岳，陈永奇. 工程测量学[M]. 北京：人民交通出版社，2010.

[22] 孔祥元，梅是义. 控制测量学[M]. 武汉：武汉大学出版社，2008.
[23] 中交一公局集团有限公司. 公路隧道施工技术规范：JTG/T 3660—2020[S]北京：人民交通出版社，2020.
[24] 住房和城乡建设部. 盾构法隧道施工及验收规范：GB 50446—2017[S]北京：中国建筑工业出版社出版，2017.

校企合作双元开发新形态信息化教材
高等职业教育土建工程“十四五”优质教材

工程测量实训手册

主　编　杜文举　孙晶晶　朱　栋

西南交通大学出版社
·成　都·

图书在版编目（CIP）数据

工程测量：含实训手册. 2，工程测量实训手册 / 杜文举，孙晶晶，朱栋主编. —成都：西南交通大学出版社，2021.7

校企合作双元开发新形态信息化教材　高等职业教育土建工程“十四五”优质教材

ISBN 978-7-5643-8123-3

Ⅰ. ①工…　Ⅱ. ①杜…　②孙…　③朱…　Ⅲ. ①工程测量－高等职业教育－教材　Ⅳ. ①TB22

中国版本图书馆 CIP 数据核字（2021）第 136578 号

目 录

第一篇 工程测量实训（实验）须知

工程测量是建筑工程在设计、施工阶段和竣工使用期间的测量工作，是一门实践性极强的专业基础课。测量实训是本课程在日常教学过程中必不可少的重要环节。只有通过测绘仪器的操作使用、观测、记录、计算、编写实训报告等实训教学，才能提高课堂教学效果，理解理论教学的基本理论，掌握相应仪器操作的基本技能和测量作业的基本方法，最终提升测量的专业技能，达到提升测量课程教学效果的目的。测量实训之前，必须认真阅读本实训指导书和复习教材中的相关内容，弄清基本概念和方法，了解实训目的、要求、方法、步骤和有关注意事项，使实训工作能顺利按计划完成。

1 实训目的

通过实训可以深入了解课堂所学测绘仪器的构造和性能，掌握测绘仪器的具体使用方法和详细操作步骤，掌握测量过程中的观测、记录、计算和检核方法，从而提高学生的动手能力和实践技能，培养学生严谨认真的精神和团结合作的团队能力，培养学生吃苦耐劳的品质，达到工程施工中对施工测量工作的基本要求。

2 实训要求

（1）根据每个班级人数，划分实训小组，每个小组以 4 ~ 5 人为宜，实行组长负责制。组长负责仪器工具的借领、保管和归还，以及负责组织和协调实训各项工作等。为了提高每个学生的组织能力和协调能力，实训小组成员可以轮流担任组长。

（2）实训时按指导教师的要求完成实训作业内容，要保证实训小组内每人轮流操作，独立完成。

（3）实训应在规定时间和地点进行，不得擅自变更地点，不得无故缺席、迟到或早退。

（4）上课时认真观察指导教师的操作演示，按指导教师的要求和实训指导书的要求、步骤进行操作，在实训过程中发现问题及时与指导教师沟通交流，保质保量完成课堂实训任务。

（5）实训中出现仪器故障、工具损坏和丢失等情况时，必须及时向指导教师报告，严禁自行处理。

（6）必须遵守实训指导书所列的“测量仪器工具的借用规则”和“测量记录与计算规则”。

（7）实训完成后，每个实训小组应把观测记录和相关表格，及时提交给实训指导教师检查，经教师检查合格和评定课堂实训成绩后，方可收拾和整理测量仪器和工具，经清点验收后及时归还测量实验室。

3　测量仪器、工具的借用规定

测量仪器一般比较精密、贵重，对测量仪器的正确使用、细心爱护和科学保养，是测量人员必须具备的素质和应该掌握的技能，可以保证测量成果质量，提高工作效率和延长仪器、工具的使用寿命，所以测量仪器、工具的借用必须遵守以下规定：

（1）测量实训课时，学生要提前 10 min 左右到测量实训室，办理仪器、工具借领手续，严禁无故迟到。上课开始 10 min 后，还没有到测量实训室办理，则实训室不再办理借出手续。

（2）根据任课教师提交的实训计划上需要的测量仪器、工具，每次实训课前，学生以实训小组为单位凭相关证件（如身份证或者学生证或校内一卡通）前往测量实训室，借领测量仪器和工具。

（3）借领时，每个小组只能有 1 ~ 2 人进入仪器室，在指定地点清点、检查仪器和工具。

应当场清点、检查实物与清单是否一致，仪器工具及附件是否齐全，背带及提手是否牢固，脚架是否完好等，如有缺损，可向仪器管理老师提出补领或更换。

（4）仪器室初步检查合格后，及时在仪器、工具借用登记表上填写班级、组号及日期，借领人签名后将登记表及有效证件交仪器管理老师保管，方可将仪器、工具带走。

（5）实训开始后，再次检查测绘仪器是否可以正常使用，发现问题，及时向实训指导教师报告，及时送回实训室进行更换，否则由小组成员共同承担赔偿责任。

（6）若需要仪器搬运，应仔细检查仪器箱是否锁好，搬运仪器工具时，要轻拿轻放，避免剧烈震动和碰撞。若是连脚架和仪器一起搬运时，要一手托住仪器，一手托住脚架，还要有一定倾斜度，严格按指导教师的要求进行操作搬运，确保仪器的运输安全。

（7）实训过程中，各组应爱护仪器、工具，各小组间不得任意调换仪器、工具。

（8）借用的测量仪器、工具，下课后必须及时归还，不得转借或者带回宿舍或出校。

（9）实训结束后，清理仪器工具上的泥土，及时清点、整理仪器工具，送还仪器室，待仪器管理老师检查合格后，在登记表上填写归还时间，取回证件。仪器工具若有损坏或遗失，应填写报告单说明情况，并按有关规定给予赔偿。

4　测量仪器使用前检查事项

4.1　领取仪器时检查内容

（1）仪器箱是否锁住、扣住。

（2）背带、提手是否完好、牢固。

（3）仪器和脚架是否配套，脚架是否完好，脚架的连接螺旋是否滑丝。

（4）仪器所要求的配套工具是否正确。

4.2 打开仪器箱时的注意事项

（1）仪器箱应平放在地面上或其他平面上才能开箱，不要托在手上或抱在怀里开箱，以免仪器和箱子一起滑落摔坏。

（2）开箱后未取出仪器前，仔细观察仪器安放的位置与方向，以免用毕装箱时因安放位置不正确而损伤仪器。

4.3 自箱内取出仪器时的注意事项

（1）不论何种仪器，在取出前一定要检查制动螺旋是否放松，以免取出仪器时因强行扭转而损坏制、微动装置，甚至损坏轴系。

（2）自箱内取出仪器时，应一手握住照准部支架，另一手扶住基座部分，将仪器垂直拿出，严禁用一只手抓仪器或倒拿仪器。

（3）仪器自箱内取出后，要随手将仪器箱子盖上、扣好，既可避免沙土、杂草、湿气等进入箱内，还可防止搬动箱子时丢失附件。

（4）接触仪器时，要尽量避免触摸仪器的目镜、物镜，以免镜头沾污，影响成像质量，严禁用手指或手帕等物去擦仪器的目镜、物镜等光学部分。

5 仪器的架设

（1）伸缩式脚架三条腿抽出后（脚架合起高度略低于观测者肩膀），将脚架螺旋拧紧，一不可过度用力而造成螺旋滑丝或不易打开，二不可未拧紧而使脚架上下收缩，两种情况均可造成脚架收缩而摔坏仪器。为了检核螺旋是否拧紧起到固定作用，可以在螺旋拧紧后，用力压一下三脚架架顶，检验三脚架是否收缩，若收缩，则重新拧紧，若滑丝，则更换脚架。

（2）架设三脚架时，三条腿分开的跨度要适中，以美观协调稳固为宜。一不要靠得太近，即架腿与地面角度较陡，易被碰倒；二不要分得太开，架腿与地面角度较小，易滑倒。二者都易造成仪器损毁。

（3）若在斜坡上架设仪器，可使两条腿在坡下（架腿适当放长），一条腿在坡上（架腿适当缩短）。若在光滑地面上架设仪器，要采取安全防滑措施，防止脚架滑动摔坏仪器。若地面为泥土地面，应用力将脚架尖踩入土中，以脚架尖不再下沉为宜，可以防止仪器下沉。

（4）架设仪器时，目测使架顶大致水平，使架顶的圆心大致与地面测站点对中。

（5）从仪器箱取出仪器安放到三脚架顶上时，要一手握住照准部支架，一手将中心连接螺旋旋入基座底板的连接孔内旋紧，切勿忘记拧上中心连接螺旋或拧得不紧而损坏仪器。

（6）仪器箱多为薄木板或塑料制成，不能承重，因此不能踩、坐仪器箱。

（7）仪器严禁架设在交通干道上。仪器架设完成后，无论操作是否，必须有人看护仪器，防止其他人员碰到、剐蹭脚架和仪器。

（8）架设脚架时，根据作业内容和主要观测方向，尽量避免观测者骑在架腿上观测。

6　仪器的使用

（1）仪器操作过程中，不得将腿放到脚架上，也不得将双手或双肘压在仪器或脚架上。

（2）转动仪器时，应先松开制动螺旋，然后平稳转动，使用微动螺旋时，应先旋紧制动螺旋。

（3）操作仪器时，用力要均匀，动作要轻缓，用力过大会造成仪器损伤。制动螺旋不能拧得太紧，微动螺旋和脚螺旋不要旋到两端，最好使用中段螺纹。

（4）若目镜、物镜外表面蒙上水汽，可稍等一会儿或用纸片扇风使水汽散去；若镜头有灰尘或者油渍，可用仪器箱中的软毛刷拂去或用镜头纸轻轻拭去。严禁用手指或其他纸张等物擦拭，避免损坏镜头上的镀膜。观测结束后应及时安上物镜盖，避免物镜沾上灰尘。

（5）完成实训作业后，检查是否放松各制动螺旋，可以轻轻有意识地转动仪器，若仪器不转动，表明制动螺旋没有放松，需要放松制动螺旋。

（6）如发现仪器转动不灵活或很难转动，应立即停止转动，及时向指导教师报告，不得擅自处理。

（7）不要用仪器去直接观测太阳，这样不仅有可能损坏仪器的内部部件，也有可能会造成眼睛受伤。

（8）尽量避开雨天作业。

7　仪器的搬迁

仪器的搬迁

（1）远距离迁站或在行走不便的地区时，必须将仪器装箱后再迁站。

（2）较短距离且平坦地区迁站时，可将仪器连同脚架一同搬迁，其方法是：首先检查连接螺旋是否旋紧，然后松开各制动螺旋使仪器保持初始位置（经纬仪望远镜物镜对向度盘中心，水准仪物镜向后），再收拢三脚架，一手托住仪器的支架或基座于胸前，一手抱住脚架放在肋下，稳步行走。搬迁时不要奔跑，不要斜扛仪器，以防碰摔。

（3）迁站时，小组成员协助清点、携带仪器箱和其他工具，防止丢失。

8　仪器的装箱

（1）仪器使用完成，及时清除仪器上的灰尘和脚架上的泥土，盖上物镜盖。

（2）完成实训作业后，应先松开各制动螺旋，将脚螺旋和微动螺旋旋至中段，再一手握住照准部支架，另一手将中心连接螺旋旋开，双手将仪器取下装箱。

（3）从脚架上取下仪器时，要一手握住照准部支架，一手打开制动螺旋，放在仪器箱后，使仪器就位正确，试盖箱子。若箱子完全合上，则将箱盖合上、扣紧、锁好；否则检查仪器位置是否到位，不可强压箱盖，以免压坏仪器。盖箱子之前，清点箱内附件，检查有无缺失。

9 测量工具的使用

（1）钢尺：应避免打结、防止扭曲，防止行人踩踏和车辆碾压及防止沾水，以免钢尺折断、扭曲和生锈。量距时，应将尺身离地提起，不得在地面上拖曳，以防钢尺尺面刻画磨损；量距时，用力不得过猛，应逐渐用力，使钢尺拉平、绷紧，切勿使钢尺弯曲打结。钢尺用完后，将其擦净并涂油防诱。

（2）皮尺：应均匀用力拉伸，用力宜小，不宜过大，避免皮尺断裂和伸长。如果皮尺浸水受潮，应及时晾干。皮尺收卷时，切忌扭转卷入。

（3）各种标尺和花杆：保持刻划清晰，没有弯曲，注意防水、防潮和防止横向受力。不用时安放稳妥，不得垫坐，不要将标尺和花杆随便往树上或墙上立靠，以防滑倒摔坏或磨损尺面。花杆不得用于抬东西或作标枪投掷。塔尺的使用，还应注意接口处的正确连接，用后及时收尺。

（4）小件工具：如垂球，优先选用形状对称、尖部不摇摆的垂球，不能用垂球砸东西和在地面上乱写、乱画。测钎和尺垫等，使用完即收，防止遗失。

10 测量记录与计算规则

测量记录是外业观测成果的记载和内业数据处理的依据，所以测量数据必须真实可靠。在数据记录和计算过程中，要遵守下列规定：

（1）在实训前准备好本次实训所需表格。

（2）各项记录必须直接记入在规定的表格内，不能用其他纸张记录事后誊写。凡记录表格上规定应填写的项目不得空白，所有记录与计算宜采用绘图铅笔 2H 或 3H 记录和填写。

（3）观测人员读数后，记录人员在记录的同时回报读数，观测人员无异议后，该数据有效，若观测人员有异议，则需要重新记录。数字要端正清晰、齐全、数位对齐，表示精度或占位的“0”均不能省略。如水准尺读数 1.53 m 应记作 1.530 m，角度读数 82°2′9″应记作 82°02′09″。

（4）禁止擦拭、涂改。发现记录数字有错误，在错误处数字上画一斜线，将正确数字写在原数上方。若某个部分有误，可以用斜线画去，原数字不能模糊不清。所有记录的修改和观测成果的淘汰，必须在备注栏注明原因，如测错、记错或超限。

（5）记录的数据写齐规定的字数，详见表 1-1 规定。

表 1-1 记录数据的数位

测量种类	数字的单位	记录位数
水准	米	三位（小数点后）
量距	米	三位（小数点后）
角度的分	分	二位
角度的秒	秒	二位

（6）原始观测数据的尾数部分不准更改，应将该部分观测废去重测，废去重测的范围如

表 1-2 所示。

表 1-2　观测数据中不准更改与重测范围

测量种类	不准更改的部位	应重测的范围
角度测量	分和秒的读数	一测回
距离测量	厘米和毫米的读数	一尺段
水准测量	厘米和毫米的读数	一测站

（7）禁止连续更改，如水准测量的黑、红读数，角度测量中的盘左、盘右读数，距离测量中的往、返读数等，均不能同时更改，否则重测。

（8）数据计算时，应根据所取位数，按“4 舍 6 入，5 前单进双舍”的规则进行凑整。例如，若取至毫米，则 1.368 4 m、1.367 6 m、1.368 5 m、1.367 5 m 都应记为 1.368 m。

（9）每测站观测结束后，必须在现场完成规定的计算和检核，确认无误后方可迁站。

11　课内实验成绩考核

（1）考核的依据为出勤情况、实际操作能力和记录成果质量。

（2）课内实验成绩按比例计入本门课程的期末总成绩。

（3）小组的每个同学要独立完成作业，严禁抄袭，编造数据。

（4）不提交成果报告的小组，本次成绩按 0 分记录。

（5）学生不得无故旷课、缺席、早退和迟到，缺勤超过一定次数的学生，实验成绩为 0。

第二篇　课内实验部分

实验一　方格网法计算土石方量

一、实验目的

（1）熟悉方格网的测设。
（2）掌握土石方的计算方法。

二、实验仪器

水准仪、水准尺、锤子、花杆、钢尺、钉子和其他工具。

三、实验步骤

（1）班级按每 5～6 人分成一个小组，选择组长一人。

（2）在校内选择一个地势起伏场地，打方格，如图 2-1，方格的边长一般取为 5～10 m，对方格进行编号，纵向（南北方向）用 A、B、C、D…进行编号，横向（东西方向）用 1、2、3、4…进行编号，因此，各边线方格点的编号为 A1、A2、A3…。

（3）利用水准仪和已知点水准点测设各个角点的地面高程并记录，填入表 2-1。

（4）计算各方格顶点的高程并计算设计高程，为保证填、挖土（石）方量平衡，设计平面的高程应等于拟建场地内原地形的平均高程。根据所测设方格网各个角点高程，计算拟平整场地高程。先计算每个方格网的平均高程，再计算所有方格网的平均高程即为拟平整场地高程 $H_{平}$。

（5）根据设计高程 $H_{平}$和方格顶点的高程，可以计算出每一方格顶点的挖、填高度：挖、填高度=地面高程-设计高程。各方格顶点的挖、填高度写于相应方格顶点的右上方，正号为挖深，负号为填高。

（6）计算填、挖方量。

按挖方与填方分别求和，可求得总挖方量和总填方量。

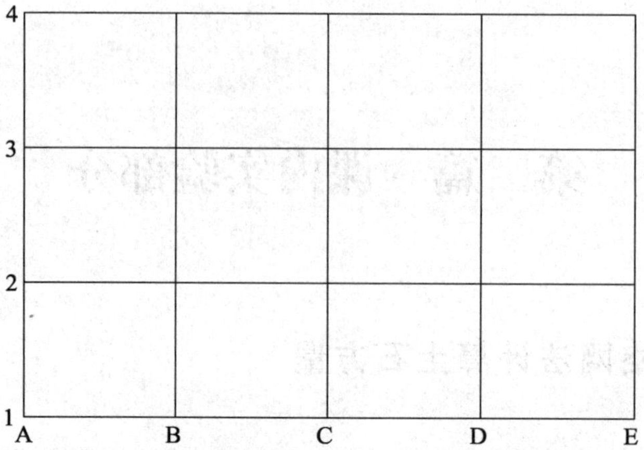

图 2-1　场地方格网

表 2-1　水准测量记录计算表

仪器编号：__________　　　　　　　　　　　　　　　观测日期_____年____月___日

第______组　　　　　　　　观测员____________　　　　　　记录员________

测站	测点	水准尺读数		高差/m		高程
		后视/m	前视/m	+	—	

立尺员：　　　　　　　　　　　　计算：　　　　　　　　　　　　复核：

实验二　已知角度测设、高程测设（直接测设法）

一、实验目的

（1）熟悉已知高程的测设方法。

（2）掌握已知角度的测设方法。

二、实验仪器

水准仪、水准尺 2 根、全站仪、棱镜 2 个（带基座和三脚架）、垂球、锤子、花杆、钢尺、钉子和其他工具。

三、实验步骤

（1）班级按每 5 ~ 6 人分成一个小组，选择组长 1 人。

（2）已知高程测设，选择校内一个地势开阔的场地，确定一个已知点，如 BM_A = 429.356 m，需要在附近某建筑物上测设 H_1 = 430.650 m，H_2= 431.210 m。

（3）将水准仪架设在已知高程点和待测高程点之间，后视已知水准点，读后视读数 *a*，转动水准仪，照准待测建筑物，将水准尺沿建筑物上下移动，直到前视读数为“待测点高程−429.356−*a*”，在尺子底面做标记，即是预测高程位置。完成已知高程测设并做好标记。

（4）已知高程测设完成后，需要进行检查，防止出错。

（5）已知角度测设，选择附近 2 个已知点，假设为 *A*（1 000.012，1 000.568）和 *B*（1 020.954，1 059.553），待测点 *P*（1 031.887，1 042.366）。

（6）利用小程序计算直线 *AB* 的坐标方位角和直线 *AP* 的坐标方位角，用计算器计算 2 个方位角之差，即为已知角度。

（7）将全站仪架设在已知点 *A* 上，照准 *B* 点，水平度盘归零，盘左顺时针转动计算角度，在该方向做标记；盘右重复上述步骤，进行连线分中，即完成已知角度的测设。

实验三　极坐标法、直角坐标法测设点位

一、实验目的

（1）了解直角坐标法测设点位的方法。

（2）掌握极坐标法的测设方法。

极坐标法测设点位

二、实验仪器

全站仪、棱镜 2 个（1 个带基座和三脚架、1 个手持棱镜）、垂球、锤子、钢尺、钉子和涂改液等其他工具。

三、实验步骤

（1）班级按每 5 ~ 6 人分成一个小组，选择组长 1 人。

（2）首先根据现场已知控制点坐标数据和待测点坐标（已知控制点为 A 和 B，待测点为 P_1、P_2、P_3），根据坐标反算，求出测站点至待测点的坐标方位角（如 α_{AP_1}、α_{AP_2}、α_{AP_3}）和距离（D_{AP_1}、D_{AP_2}、D_{AP_3}），计算数据填入表 2-2。

表 2-2　极坐标放样计算表格

测点	X	Y	理论距离	实测距离
测站点 A				
后视点 B				
后视方位角				
待测点	X	Y	坐标方位角	距离
P_1				
P_2				
P_3				

（3）如图 2-2，将全站仪架设在已知控制点 A 上，对中整平，盘左照准另一已知控制点 B，将水平角设置为 α_{AB}（根据坐标反算可得）。

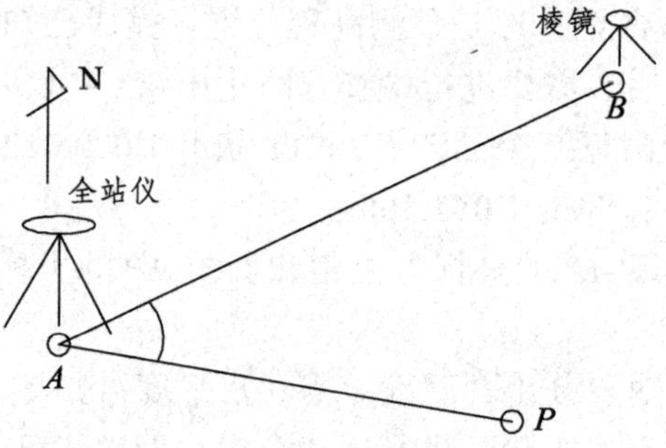

图 2-2　极坐标法测设点位

（4）顺时针转动望远镜，转至 α_{AP_1}、α_{AP_2}、α_{AP_3} 处，在该方向上打点，依次测设距离 D_{AP_1}、D_{AP_2}、D_{AP_3}。

（5）盘右照准已知控制点 B，将水平角设置为 α_{AB}，顺时针转动望远镜，转至 α_{AP_1}、α_{AP_2}、α_{AP_3} 处，在该方向上打点，两次打点取中心，作为该方向的最终点位。

（6）在 α_{AP_1}、α_{AP_2}、α_{AP_3} 等方向分别量距 D_{AP_1}、D_{AP_2}、D_{AP_3}，依次测设出 P_1、P_2、P_3，并钉设木桩表示该点。

（7）采用直角坐标法测设点位。

（8）如图 2-3，现场选择 C（1 000，1 000）、D（1 000，1 050）两个已知点，P_4 点坐标（1 020，1 015）。

（9）在 A 点架设仪器，照准 B 点。测距 20 m，定出点 C，在 C 点架设仪器，照准 A 点，转动角度 90°，测距 15 m，定出 P_4 点，完成 P_4 点测设，即为直角坐标法测设点位。

（10）思考两种测设方法的适用范围和测设效率。

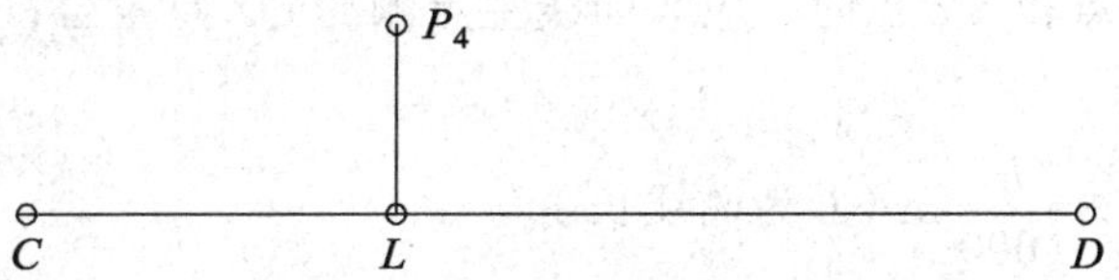

图 2-3　直角坐标法测设点位

实验四　偏角法测设圆曲线

偏角法测设圆曲线

一、实验目的

（1）熟悉圆曲线偏角的计算。

（2）掌握偏角法测设圆曲线的方法。

二、实验仪器

全站仪、棱镜 2 个（1 个带基座和三脚架、1 个手持棱镜）、垂球、锤子、钢尺、钉子和其他工具。

三、实验步骤

（1）班级按每 5 ~ 6 人分成一个小组，选择组长 1 人。

（2）已知圆曲线 α_Y = 12°23′38″，R=1 000 m，JD 里程桩号为 K2+300，先计算曲线要素，再计算测设数据，填入表 2-3。

（3）首先根据现场情况，选择一点作为 ZY，后视直线方向，如图 2-4，在 ZY 点安置仪器，瞄准交点 JD，水平度盘配盘为 0°00′00″，此方向即切线方向。

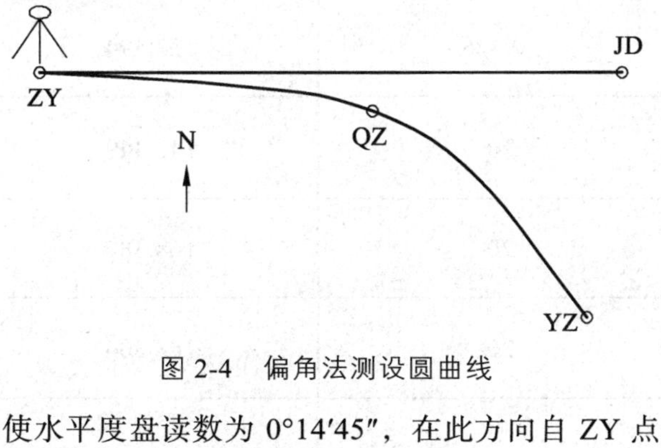

图 2-4　偏角法测设圆曲线

（4）转动照准部，使水平度盘读数为 0°14′45″，在此方向自 ZY 点量距 8.581 m，得桩号为 K1+200。

（5）继续转动照准部，使水平度盘读数为 0°49′08″，自 ZY 点量距 28.581 m（弦长），得桩号 K2+220。

（6）依次类推测出曲线其余各桩号。

当测至曲中点 QZ 点和 YZ 点时，应与曲线主点测的 QZ 点重合；若不重合，闭合差一般不超如下规定：

纵向（切线方向）$\pm\dfrac{L}{1\,000}$ m（L 为曲线长）

横向（法线方向）±10 cm

否则，应查明原因，进行纠正或重测。实际测设中，为了提高测设精度，一般从曲线起点 ZY 点和终点 YZ 点上分别测设曲线的一半，在曲线中点 QZ 处检核。

（7）完成圆曲线放样。

表 2-3　偏角法测设圆曲线计算表

桩号	相邻点曲线长（弧长）/m	弦长（至 ZY 点距离）/m	偏角 δ /（°　′　″）
ZY K2+191.419			0°00′00″
	8.581	8.581	
+200			0°14′45″
	20	28.581	
+220			0°49′08″
	20	48.506	
+240			1°23′23″
	20	68.568	
+260			1°57′53″
	20	88.556	
+280			2°32′16″
	19.574	108.100	
QZ +299.574			3°05′54″
	20.426	128.494	
+320			3°41′01″
	20	148.449	
+340			4°15′24″
	20	168.380	
+360			4°49′46″
	20	188.304	
+380			5°24′09″
	27.733	215.902	
YZ +407.733			6°11′50″

实验五　切线支距法测设圆曲线

一、实验目的

（1）掌握圆曲线主点测设要素的计算。

（2）掌握圆曲线主点里程的计算。

（3）熟悉用切线支距法进行圆曲线的详细测设。

二、实验仪器

全站仪、棱镜 2 个（1 个带基座和三脚架、1 个手持棱镜）、锤子、花杆、钢尺、钉子和其他工具。

三、实验步骤

1. 测设数据的准备

（1）根据给定的曲线转角 α 和圆曲线半径 R 计算曲线测设要素 T、L、E、D。

（2）根据给定的交点里程，计算主点 ZY、YZ、QZ 里程桩号。

（3）按切线支距法计算各桩详细测设坐标 X_i、Y_i，填入表 2-4。

表 2-4　切线支距法测圆曲线计算表格

桩号	X	Y	备注
ZY K2 + 191.419			
+ 200			
+ 220			
+ 240			
+ 260			
+ 280			
QZ + 299.574			

2. 圆曲线各点的详细测设

（1）全站仪架设于 ZY 点处，照准 JD ，在该切线上向 JD 丈量各中桩对应的 X_1、X_2、X_3…X_n 值，得出并保留各相应垂足点，以 N_1、N_2、…N_n 表示。

（2）在各垂足点 N_1、N_2、…N_n 上分别架设全站仪，照准 ZY 点，拨 90°到圆心方向，根据各点相应的 y 值标定曲线上的详细测设点 P_1、P_2…P_n，直至 QZ，完成前半条曲线的详细测设。

（3）以 YZ 点为原点，采用以上同样方法，完成另半条曲线的详细测设。

（4）检查：丈量各测设点之弦长，和相应的弧长相比较，两者之差的绝对值不宜大于相应的弦弧差。

（5）详测曲中点 QZ 位置和主点放样定出的 QZ 位置比较，横向误差不应大于 0.1 m，纵向误差不应超过 $\pm\frac{L}{1000}$（L 为曲线长度）。

3. 坐标计算式

$$X_i=R\sin\varphi_i$$
$$Y_i=R(1-\cos\varphi_i)$$

实验六　二级导线的测设

一、实验目的

（1）熟悉二级导线的布网方法。
（2）掌握二级导线的外业测设。
（3）掌握二级导线的内业计算。

二、实验仪器

全站仪、棱镜 2 个（带基座和三脚架）、锤子、油漆、花杆、钉子和其他工具。

三、实验步骤

（1）选择校区合适的场地，分组测量，每组 5 ~ 6 人。

（2）沿场地周边选点，相邻点位之间通视，如图 2-5，距离在 100 ~ 200 m 之间，点位进行标记并编号，形成闭合导线。

（3）起点编号为 D_1，坐标为（10 000，10 000），起始边 D_1D_2 坐标方位角根据现场实际情况利用手机上指南针软件测定。

（4）将全站仪分别架设在 D_1、D_2、D_3、D_4 等控制点上，测设内角和边长，角度要求测设 1 个测回；距离测设 1 个测回；将观测数据记录到外业记录表 2-5 中。

（5）整理外业观测数据，计算角度和距离。

（6）根据已知数据及观测数据，按二级导线内业计算表计算角度闭合差，进行坐标方位角的推算，最终计算出 D_2、D_3、D_4 等各点的坐标，并计算角度闭合差和导线全长闭合差且符合规范要求，计算过程填入表 2-6。导线全长闭合差为 1/10 000，方位角闭合差 $f_\beta\leqslant\pm16''\sqrt{n}$ 。

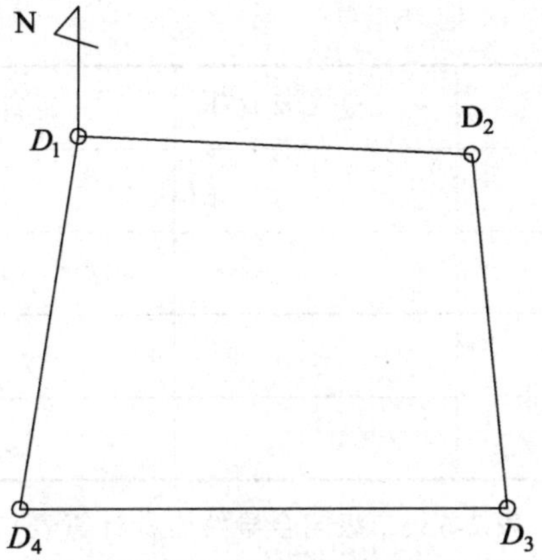

图 2-5　闭合导线示意图

表 2-5　全站仪水平角观测手簿

测站	盘位	目标	水平盘读数 /(°　′　″)	半测回角值 /(°　′　″)	一测回角值 /(°　′　″)	备注

续表

直　线（正向）	距离/m	直　线（反向）	距离/m	平均值/m

表 2-6　二级闭合导线坐标计算表

点号	观测角（内角）/（° ′ ″）	改正数/（″）	改正后角度/（° ′ ″）	坐标方位角/（° ′ ″）	距离/m	坐标增量/m		改正后增量/m		坐标值/m		点号
						$\Delta x'$	$\Delta y'$	Δx	Δy	x	y	
辅助计算	计算 $f_\beta=$　$f_{\beta允}=16\sqrt{4}=\pm 32''$　$f_x=$　$f_y=$　$f=\sqrt{f_x^2+f_y^2}=$ $K=\frac{f}{\sum D}$　$K_{允}=\frac{1}{10000}$											

实验七　偏角法测设缓和曲线（综合曲线）

一、实验目的

（1）掌握缓和曲线测设要素的计算。
（2）掌握缓和曲线主点里程桩号的计算。
（3）掌握偏角法进行带缓和曲线的圆曲线的详细测设。

二、实验仪器

全站仪、棱镜 2 个（1 个带基座和三脚架、1 个手持棱镜）、锤子、花杆、钢尺、钉子和其他工具。

三、实验步骤

1. 计　算

（1）按给定的设计数据计算测设要素：T_H、L_H、E_H、D_H、L_Y、q、p、T_d、β_0、β。
（2）计算主点 ZH、HY、QZ、YH、HZ 的里程桩号。
（3）根据偏角法计算曲线详细测设数据，包括缓和曲线偏角和弦长及圆曲线偏角和弦长，见表 2-7。

2. 偏角法详细测设综合缓和曲线

（1）缓和曲线的测设。

在 ZH 点安置全站仪，完成对中、整平等工作，后视交点 JD 方向，水平度盘置零，根据曲线（左转或右转）顺时针或逆时针拨角，量距（5 m 或 10 m），依次测设缓和曲线各点，直至测设完成 HY 点。

（2）圆曲线测设（以曲线右转为例）。

① 将全站仪迁至 HY 上，对中整平后，需要先定出 HY 点的切线方向，瞄准 ZH 点，水平度盘配置为 $b_0=\beta_0-\delta_0=\beta_0-\dfrac{\beta_0}{3}=\dfrac{2\beta_0}{3}$。

② 旋转照准部至水平度盘读数为 0°00′00″并倒镜，此时视线方向即为 HY 点的切线方向。

③ 根据 HY 点的切线方向，按无缓和曲线的圆曲线一样测设圆曲线部分，根据圆曲线计算数据顺时针拨角（$\delta=\dfrac{\Phi}{2}=\dfrac{l}{2R}\cdot\dfrac{180°}{\pi}$），测距 $C=2R\cdot\sin\delta$，直至 QZ。

④ 曲线另一半从对向测设。

表 2-7　偏角法测设综合曲线数据表

桩号	相邻点曲线长（弧长）/m	弦长（至 ZH 或 HY 点或距离）/m	偏角 δ /（°　′　″）
ZH			0°00′00″

实验八　极坐标法测设缓和曲线（综合曲线）

一、实验目的

（1）掌握综合曲线测设要素的计算。
（2）掌握综合曲线各点坐标的计算。

二、实验仪器

全站仪、棱镜 2 个（带基座和三脚架）、锤子、花杆、钢尺、钉子和其他工具。

三、实验步骤

1. 计　算

（1）按给定的设计数据计算测设要素：T_H、L_H、E_H、D_H、L_Y、q、p、T_d、β_0、β。

（2）根据线路已知数据计算主点 ZH、HY、QZ、YH、HZ 的坐标和各点坐标（缓和曲线 10 m 一点，圆曲线 20 m 一点）。

（3）利用小软件，计算综合曲线主点和细部点的测设数据并填入表 2-8。

2. 极坐标法进行带缓和曲线的曲线详细测设

（1）在已知点 A 处架设全站仪，完成对中、整平等工作，照准后视点 B，根据 AB 的坐标方位角，将水平度盘设置为 α_{AB}，如图 2-6。

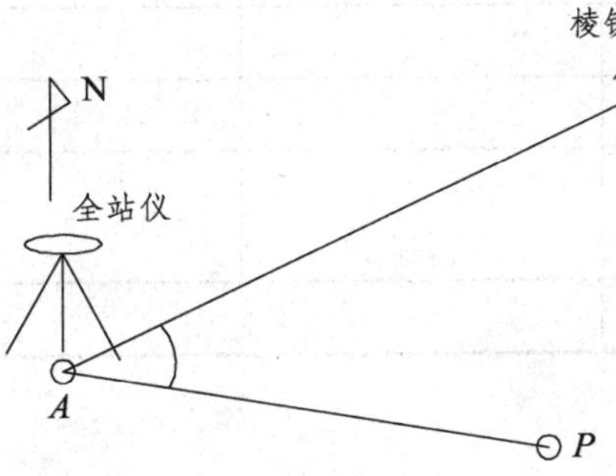

图 2-6　放样示意图

（2）首先测设 ZH，打开水平制动螺旋，根据坐标反算数据，将望远镜水平度盘设置为 α_{A-ZH}，在该方向上根据计算距离 D_{A-ZH} 测设综合曲线 ZH 点，测设过程中要求盘左盘右各测设一次，距离一测回。

（3）测站点不动，依次测设缓和曲线上其他各点和圆曲线上各点。

（4）若测设过程中，遇到有障碍物不通视，可以架设在其他已知点上建立测站，也可加测支导线点，根据坐标反算计算相关数据。

（5）检核：

综合曲线测设完成后，将全站仪搬迁到其他测站，后视任意已知点，依次测设曲线上各点坐标，与设计坐标进行比较。若误差在 20 mm 以内，确认合格；超过 20 mm，重新测量。

表 2-8　极坐标测设综合曲线数据表

测点	X	Y	实测 AB 距离	
测站点 A				
后视点 B				
后视方位角				
待测点	X	Y	坐标方位角	距离
ZH				

实验九　竖曲线测设

一、实验目的

（1）掌握竖曲线主点里程桩号的计算。

（2）掌握竖曲线的详细测设。

二、实验仪器

水准仪、水准尺、花杆、钢尺、钉子和其他工具。

三、实验步骤

1. 计　算

（1）按给定的设计数据计算竖曲线要素：T_H、L_H、E_H。

（2）根据已知数据计算竖曲线的主点 ZH、QZ、HZ 的高程。

（3）计算竖曲线上各点的高程，公式为 $y=\dfrac{1}{2R}x^2$，填入表 2-9。

表 2-9　竖曲线桩号和桩号高程计算表

切线长 T/m			曲线长 L/m		
外矢距 E/m					
起点桩号					
起点高程					
终点桩号					
终点高程					
桩号	桩点至竖曲线起点或终点的平距 x/m	高程改正值 $y=\dfrac{x^2}{2R}$/m	坡道高程 H'/m	曲线高程 H/m	备注
K0＋68.005					竖曲线起点
＋70					
＋80					i_1=1.036%
＋90					
＋100					变坡点
＋110					i_2=−0.386%
＋120					
+131.995					竖曲线终点

2. 测设竖曲线上各点高程

（1）在线路中线附近架设水准仪，后视已知水准点 H_A，读出并记录后视读数；前视 ZH 点，在中线 ZH 点处立尺，读数，计算出 ZH 点地面高程。根据 ZH 设计高程和实测地面高程，计算该处填高或者挖深数据。

（2）依次在中线上其他各里程点立尺读数，测设各点地面高程，再计算各个里程路基填高或挖深数据。

（3）测设完成后，将水准尺立在另一个已知水准点 H_B 上，进行检核。将所有观测数据填入表 2-10。

（4）测量数据必须进行复核，避免出现计算失误；在纵断面图纸上标出竖曲线各点设计高程和地面高程。

例如：如图 2-7，某竖曲线半径 R=4 500 m，相邻坡段的坡度 i_1=+1.036%，i_2=−0.386%，

为凸形竖曲线，变坡点的桩号为 K0+100，高程为 462.850 m。如果曲线上每隔 10 m 设置一桩，试计算竖曲线上各桩点的高程。

表 2-10　水准测量记录表

天气：

地点：　　　　　　　　　　　　　　　　　　　　　　　　　年　　月　　日

测点	后视	仪器高	前视		设计高程 /m	地面高程 /m	填挖高 /mm	附注
			ZD	中间点				
BM_A								
K0+68.005								
+80								
+90								
+100								
+110								
+120								
+131.995								
计算校核								
精度计算								

观测：　　　　　立尺：　　　　　记录：　　　　　　　　计算：　　　　　　复核：

解：计算竖曲线元素，按以下公式求得：

切线长　$T=\frac{1}{2}R\cdot(i_1-i_2)$；曲线长：$L\approx 2T=R\cdot(i_1-i_2)$；外矢距　$E=\frac{T^2}{2R}$；

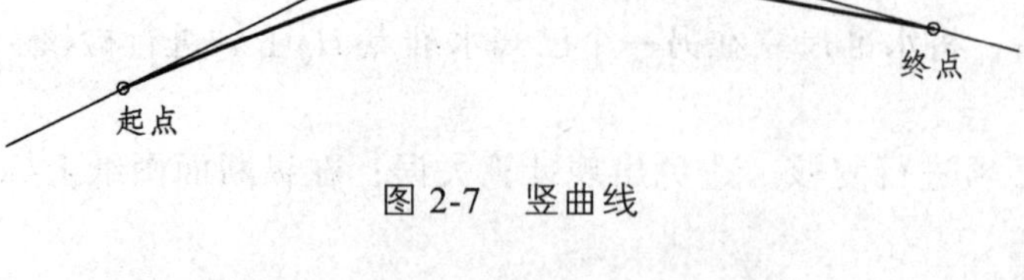

图 2-7　竖曲线

实验十　基平测量

一、实验目的

通过基平测量，使学生了解公路设计阶段高程测量内容。

二、实验仪器

水准仪、2 m 水准尺两把（黑红双面尺）、2 个尺垫和其他工具。

三、实验步骤

（1）首先全班按每 5 ~ 6 人分为 1 个小组，每组分别领取相应仪器。

（2）在校区选择适合区域，模拟野外公路线路进行选点，测设一符合四等水准测量路线，路线里程约为 2 km，该线路两端各有一高级已知点水准点 BM_A 和 BM_B。

（3）沿公里线路每 200 m，选择布设一点作为四等水准点，沿线布设 8 个点，分别编号。

（4）一个测站的工作为：

① 已知点 BM_A 点作为后视点，转点作为前视点，在后视点（BM_A）和前视点（转点）用尺子量，找出中间点架设仪器。

② 照准后视尺，调整焦距：

读取后视黑面上丝读数，记录（1）；

读取后视黑面下丝读数，记录（2）；

读取后视黑面中丝读数，记录（3）；

将后视尺转为红面，读取（4）。

③ 松开制动螺旋，照准前视尺：

读取前视黑面上丝读数，记录（5）；

读取前视黑面下丝读数，记录（6）；

读取前视黑面中丝读数，记录（7）。

将前视尺转为红面，读取（8）。

④ 将观测数据记录到表格 2-11。

（5）依次类推，完成附合水准路线测设，闭合差为 $\leqslant \pm 20\sqrt{\sum L}$ mm，根据外业观测数据进行内业计算，将数据填入表 2-12。

表 2-11　四等水准测量记录表（1）

自：________测至：________　　　　时间：________年________月

天气：______成像：________　　　　观测者：________记录者：________

测站编号	测点编号	后尺 下丝 / 上丝	前尺 下丝 / 上丝	方向及尺号	水准尺中丝读数/m		K+黑－红/mm	高差中数/m	备注
		后视距/m	前视距/m		黑面	红面			
		视距差 d/m	视距累积差 Σd/m						
		（1）	（4）	后	（3）	（8）	（13）		
		（2）	（5）	前	（6）	（7）	（14）	（18）	
		（9）	（10）	后－前	（15）	（16）	（17）		
		（11）	（12）						
1									
2									
3									
4									
5									
6									
检核	$\sum(9)-\sum(10)=$ 总视距$=\sum(9)+\sum(10)=$ $\sum(15)+\sum(16)=$ 总高差 $=\sum(18)$ $\sum[(3)+(8)]-\sum[(6)+(7)]=$								

表 2-11　四等水准测量记录表（2）

自：________测至：________　　　　　　　　时间：__________年__________月

天气：_______成像：________　　　　　　　观测者：________记录者：_______

测站编号	测点编号	后尺 下丝 / 上丝	前尺 下丝 / 上丝	方向及尺号	水准尺中丝读数/m 黑面	水准尺中丝读数/m 红面	K+黑−红/mm	高差中数/m	备注
		后视距/m	前视距/m						
		视距差 d/m	视距累积差 Σd/m						
		（1）	（4）	后	（3）	（8）	（13）		
		（2）	（5）	前	（6）	（7）	（14）	（18）	
		（9）	（10）	后−前	（15）	（16）	（17）		
		（11）	（12）						

检核：

$\sum(9)-\sum(10)=$

总视距 $=\sum(9)+\sum(10)=$

$\sum(15)+\sum(16)=$

总高差 $=\sum(18)$

$\sum[(3)+(8)]-\sum[(6)+(7)]=$

表 2-12 四等水准测量成果计算表

点号	测站 n_i /站	实测高差 h_i /m	高差改正数 v_i /m	改正后高差 $h_{改}$ /m	高程 H /m	备注
						已知点
Σ						

实验十一　线路纵横断面测量（RTK）

线路纵横断面测量

一、实验目的

熟练掌握利用 RTK 进行公路线路纵横断面测量的方法。

二、实验仪器

每组一台流动 RTK 和其他工具，共用一台基准站。

三、实验步骤

（1）首先全班按每 5～6 人分为 1 个小组，每组分别领取相应仪器。

（2）在一空旷处选择一合适位置，架设基准站。

（3）安装流动站 RTK，开机进行连接，将基准站设置成 RTK 状态。

（4）连接完成后，将流动站立在已知控制点上，进行点校核，至少需要校核 2 个已知点，校正参数满足要求。

（5）将流动站 RTK 分别立在线路中桩地面上，记录数据并保存。

（6）将流动站架在路基横断面高程变化处上测设数据并记录。

（7）采集完成外业数据后，回到室内完成数据传输工作，将实测数据保持至电脑中，并建立文件夹，留作下次实验课使用。

（8）思考 RTK 和全站仪采集数据的优缺点。

实验十二　线路纵横断面计算机辅助绘制（CASS）

一、实验目的

熟练利用 CASS 进行线路纵横断面绘制。

二、实验仪器

每组一台电脑，并安装 CASS 系统。

三、实验步骤

（1）打开南方 CASS，将 RTK 外业测量数据导入 CASS 系统中。

（2）绘图处理——展高程点并将中桩点连接起来（工具——画复合线）。注意：只能用一复合线，即不可间断。

（3）绘制纵断面图，[工程应用]菜单→[断面法土方计算]→[道路断面]，在弹出的“断面设计参数”对话框中，指定步骤 1 中生成的里程文件和步骤 2 中编辑好的横断面设计文件，并输入路宽后，单击[确定]按钮。

（4）弹出“绘制纵断面图”对话框，设置道路纵断面图的纵横比例、标尺等断面图参数后，点击[...]按钮，用鼠标在绘图区定位所需生成纵断面图的左下角位置。单击[确定]按钮后，系统自动生成道路纵断面图，再次用鼠标在绘图区定位横断面图生成位置，系统自动生成道路的多个横断面图。

（5）每个人需要练习 2 次以上，达到熟练。

（6）思考土石方填挖方如何操作。

实验十三　桥位放样

桥梁施工放样

一、实验目的

掌握桥梁桩位的放样方法。

二、实验仪器

全站仪、2 个棱镜（带基座和脚架）、钢尺和其他工具。

三、实验步骤

（1）设某桥梁为一直线桥梁，共 2 跨，每跨 15 m，如图 2-8 所示。

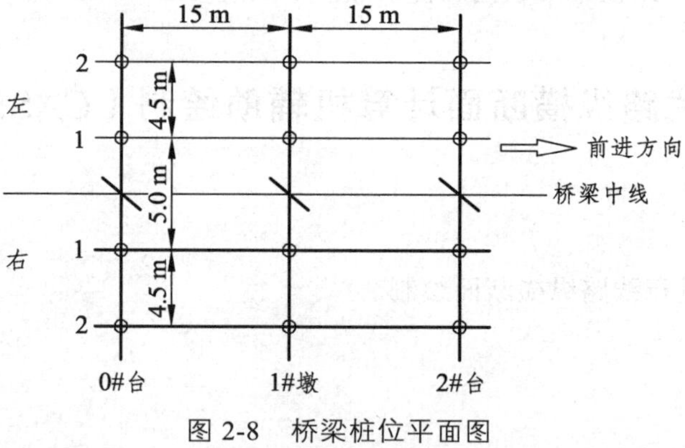

图 2-8　桥梁桩位平面图

（2）计算桥梁各桩位坐标，即 0#台、1#墩、2#台中桩坐标，填入表 2-13。

（3）将全站仪架设在附近已知控制点 D_1 上，利用坐标法放样，将测站坐标、后视点 D_2 坐标及桩位中桩坐标依次输入到全站仪中，依次测设 0#台、1#墩、3#台各个桩位。

（4）将全站仪架设附近已知控制点 D_3 上，后视 D_2，测设 0#台、1#墩、2#台各个桩位坐标，将实测坐标与理论坐标进行对比，计算差值。实测数据填入表 2-14。若差值小于 5 mm，为放样合格；若超过 5 mm，思考原因。

（5）放样完成后，用钢尺依次检查桥梁跨度并记录，并填入表 2-14。

（6）将全站仪架在其他控制点上，检核部分桩位坐标与理论坐标的差异。

表 2-13　桥梁桩位放样表

已知点	X		Y	实测 D_1D_2 距离
测站点 D_1				
后视点 D_2				
后视方位角				
桥梁桩位	X	Y	放样坐标方位角	放样距离
左 0#-1				
左 0#-2				
右 0#-1				
右 0#-2				
左 1#-1				
左 1#-2				
右 1#-1				
右 1#-2				
左 2#-1				
左 2#-2				
右 2#-1				
右 2#-2				

表 2-14　坐标对比和跨度实测对比表

桥梁桩位编号	理论值		实测值	
	X	Y	X	Y
左 0#-1				
左 0#-2				
右 0#-1				
右 0#-2				
左 1#-1				
左 1#-2				
右 1#-1				
右 1#-2				
左 2#-1				

续表

桥梁桩位编号	理论值		实测值	
	X	Y	X	Y
左 2#-2				
右 2#-1				
右 2#-2				

起点	终点	理论距离/m	实测距离/m
左 0#-2	左 1#-2		
右 0#-2	右 1#-2		
左 1#-1	左 2#-1		
右 1#-2	右 2#-2		
左 0#-2	左 0#-1		
左 0#-1	右 0#-1		
左 1#-2	右 1#-2		
左 2#-2	左 2#-1		
左 2#-1	右 2#-2		

实验十四　隧道双导线测设

隧道双导线测设

一、实验目的

熟悉隧道双导线测设的工作流程和计算方法，把洞外的平面坐标传递到隧道内的测量过程。

二、实验仪器

全站仪、3 个棱镜（带基座和三脚架）和其他工具。

三、实验步骤

（1）洞外平面控制网一般采用 GPS 测量，每个洞口应沿洞口连线的方向布设 4 个控制点，形成大地四边形，点间尽量相互通视。点间的距离不小于 300 m 为宜（规范中无明确规定），各点间的距离相差不宜过大，一般相邻点间边长之比不能超过 1∶3。并且有不少于 2 个点与隧道洞口通视，作为与洞内传递方向的洞外联系边，且该联系边长度不宜小于 300 m。洞外控制点连线以与隧道中心线方向平行或垂直为宜，以减小点位误差对贯通面横向误面的影响。点位的埋设应稳定，便于长期保存，布点时还应注意进洞联系边的俯仰角不应过大。

（2）大于 1.5 km 的隧道一般应布设双导线，形成多边形闭合环，每个闭合环一般由 4 ~ 6 条边构成。导线点间距一般在 200 m 左右，不宜过长或过短，相邻导线边长不宜相差太大，相邻边长之比不能超过 1∶3。

（3）本次实验由于条件限制，只有采取模拟双导线测量，首先全班按每 5 ~ 6 人分为 1 个小组，每组分别领取相应仪器。

（4）校内选择一空旷场地，洞外已经点为 G（即洞口投点），洞内第一组 A、A'为已知点（坐标已测）。

（5）将全站仪分别架在洞内第一组 A、A'点上，后视洞口投点，前视洞内第二组 1、1′两个点，测设方向见图 2-9，角度测设 1 个测回，距离测设 1 个测回，将观测数据填入表格 2-15。

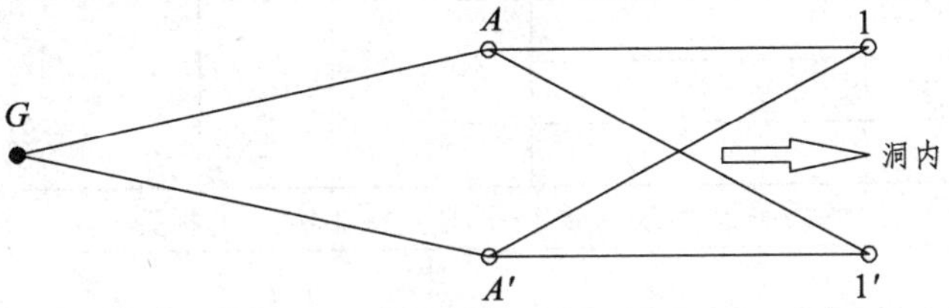

图 2-9　隧道双导线示意图

（6）根据已知数据和观测数据，利用平差易等软件计算洞内第二组 1 和 1′点的坐标，并将计算结果填入表 2-15。

（7）思考若进洞较深，平差结果超限如何处理。

表 2-15　隧道双导线测量记录

<table>
<tr><td colspan="8">已知洞外点 G，已知洞内点 A 和 A′，分别在 A 和 A′设站，后视洞外点 G，如下图所示，前视 1 和 1′。</td></tr>
<tr><td colspan="8">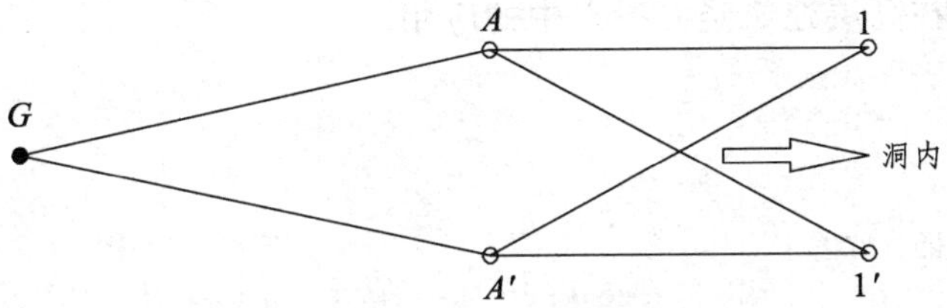
</td></tr>
<tr><td>测站</td><td>测回</td><td>盘位</td><td>目标</td><td>水平盘读数 /（° ′ ″）</td><td>半测回角值 /（° ′ ″）</td><td>一测回角值 /（° ′ ″）</td><td>备注</td></tr>
<tr><td rowspan="4">A</td><td rowspan="4">1</td><td rowspan="2">左</td><td>G</td><td></td><td rowspan="2"></td><td rowspan="4"></td><td rowspan="4">A1′距离=</td></tr>
<tr><td>1′</td><td></td></tr>
<tr><td rowspan="2">右</td><td>G</td><td></td><td rowspan="2"></td></tr>
<tr><td>1′</td><td></td></tr>
<tr><td rowspan="4">A</td><td rowspan="4">1</td><td rowspan="2">左</td><td>G</td><td></td><td rowspan="2"></td><td rowspan="4"></td><td rowspan="4">A1 距离=</td></tr>
<tr><td>1</td><td></td></tr>
<tr><td rowspan="2">右</td><td>G</td><td></td><td rowspan="2"></td></tr>
<tr><td>1</td><td></td></tr>
</table>

续表

测站	测回	盘位	目标	水平盘读数 /(°　′　″)	半测回角值 /(°　′　″)	一测回角值 /(°　′　″)	备注
A′	1	左	G				A′1 距离=
			1				
		右	G				
			1				
A′	1	左	G				A′1′距离=
			1′				
		右	G				
			1′				

根据平差易软件进行平差，得 1 和 1′坐标为：

点号	X	Y
1		
1′		

实验十五　激光铅垂仪投射点位

激光铅垂仪投射点位

一、实验目的

掌握激光铅垂仪在高层建筑竖向投点中的应用。

二、实验仪器

激光铅垂仪和其他工具。

三、实验步骤

（1）结构施工过程中应在要求位置预留孔洞，孔洞竖向通直穿越各层顶板，尺寸为 ϕ150～200 mm。在首层以相邻两墙轴线向内借线 1 000 mm 的控制线交点为铅垂控制点，各层测设均以此点为准。

（2）在首层控制点上架设激光铅垂仪，调至仪器对中整平（图 2-10）后启动电源，使激光铅垂仪发射出可见的红色光束，投射到上层预留孔的接收靶上，查看红色光斑点离靶心最小之点，此点即为第二层上的一个控制点，如图 2-11。

（3）若投递高度（大于 50 m）较大，则使激光铅垂仪分别在 0°、90°、180°、270°定位，在接收板上确定相应的激光斑点位置，交叉连接四点，其交点即为本楼层铅垂控制点。

（4）在各个投测点上架设全站仪，复核各个投点所组成的角度和距离误差。若误差在限差以内，则可利用投点进行细部放线。

图 2-10　激光铅垂仪对中

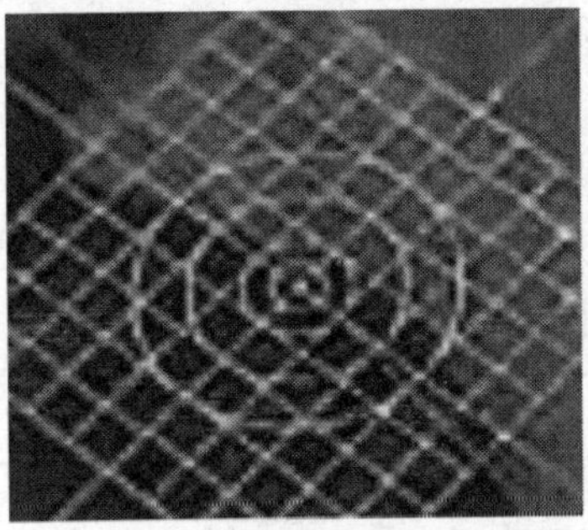

图 2-11　激光铅垂仪投点

实验十六　后方交会自由设站放样

后方交会法测设

一、实验目的

通过模拟现场，进行后方交会自由设站放样。

二、实验仪器

全站仪、2 个棱镜（带基座和三脚架）和其他工具。

三、实验步骤

（1）在校内适当区域选 3 个已知点，其中 2 个作为已知点，根据现场情况，自由设站，不需对中，整平即可。

（2）架设全站仪，整平后，点击 “MENU” 键进入【菜单】选项，在菜单界面下，选择 “2.放样” 并点击，在【打开文件】界面中 “文件名:” 处输入建立的文件名字，并点击右下角 F4 确认。

（3）界面显示【放样】，选择 “5. 后方交会法”（点击键盘 5），进入【后方交会】，如图 2-12，输入测站点编号，点击 F4 确认。

（4）在【后方交会】模式下，显示如图 2-13，输入已知第一点坐标等数据，点击 F4 确认，瞄准第一点，点击测量后确认。

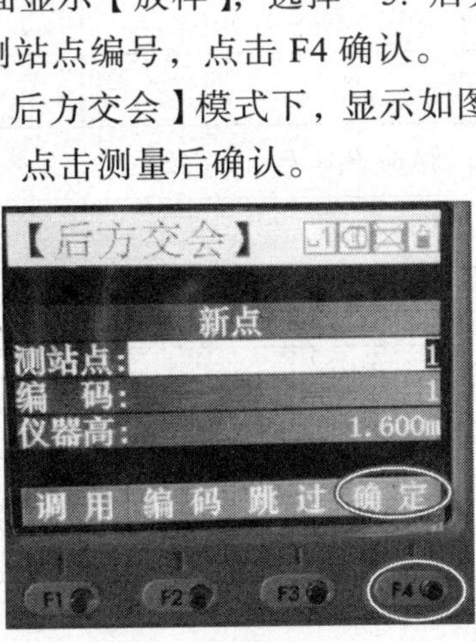

图 2-12　测站点

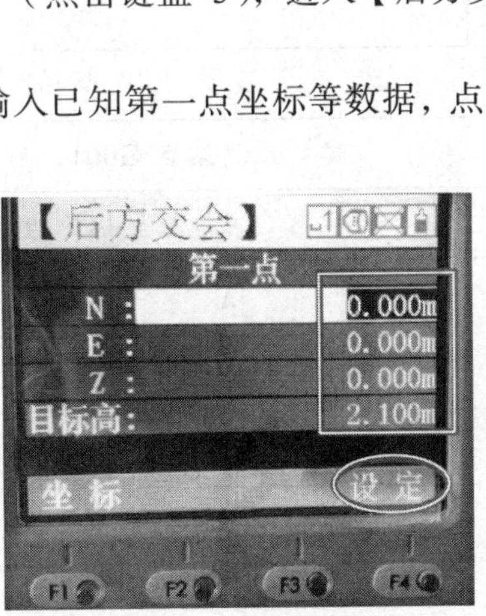

图 2-13　第一点

（5）输入第二个点坐标等数据并确认，照准第二点，进行测距，显示残差在 10 mm 以内，点击 F4 计算，显示测站点坐标，即计算出测站点坐标。根据已知数据和现场情况，在表 2-16 中绘制草图和填写数据。

（6）再利用测站点坐标后视其他已知点进行放样。

注意：不同品牌全站仪，操作不同。

表 2-16　全站仪后方交会法记录

已知点坐标			备注
点号	X	Y	
G001			
G002			
G003			
图形示意图			
待测点坐标（建站点）（实测值）			
点号	X	Y	
P_1			
P_2			
P_3			
复核			
建站，测站点 G001，后视点 G002，测设 P_1、P_2、P_3 坐标			
验证坐标（验证值）			
点号	X	Y	
P_1			
P_2			
P_3			

实训十七　全站仪三角高程测量

一、实训目的

（1）掌握利用全站仪进行竖直角和距离观测的方法。
（2）掌握三角高程测量的选点、对向观测、记录及数据处理的方法。

二、实训仪器

全站仪 1 台、棱镜 2 套（带棱镜基座及三脚架），自备铅笔、计算器和记录本。

三、实训步骤

（1）选点，即根据测区已知水准点和地形特征选定待求高程点，构成一个附合高程导线。附合高程导线路线图如图 2-14 所示，其中，*A* 点、*D* 点是已知高程点，*B* 点、*C* 点是待求高程点。

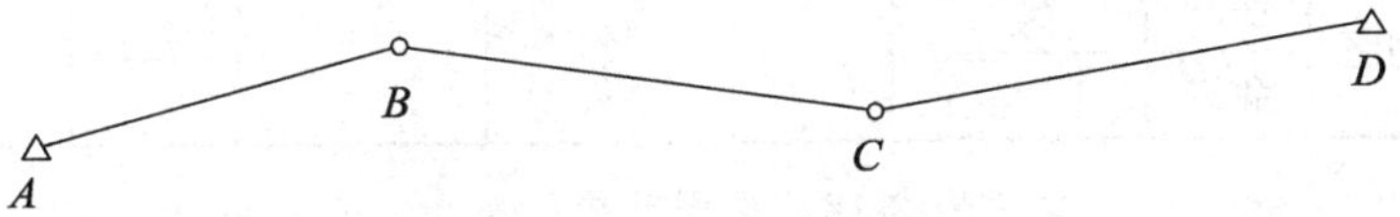

图 2-14　附合高程导线路线图

（2）在起始点 *A* 安置全站仪，对中、整平后，量取仪器高；在 *B* 点架设棱镜并对中、整平，量取觇标高。用测回法测量 *AB* 方向的竖直角，并记录每次测量的斜距，测两个测回。依次计算指标差、各测回的平均竖直角值、平均斜距等，若超限，应重新观测。记录手簿如表 2-17 所示。

（3）迁站，在 *B* 点安置全站仪，在 *A* 点、*C* 点分别架设棱镜，同法测量 *BA* 方向、*BC* 方向的竖直角和斜距，记录、计算并检核。按照上述方法依次测量至 *D* 点。

（4）对外业观测数据进行检查并整理，填写高程成果计算表，如表 2-18 所示。

表 2-17　光电测距三角高程导线观测记录手簿

观测日期：________班组：________仪器：________天气：______成像：___________

观测者：____________________记录者：____________________校核者：_________________

测站 仪器高/m	觇点 觇标高/m	测回	度盘位置	竖直角观测值/（° ′ ″）	指标差/（″）	一测回竖直角/（° ′ ″）	各测回平均竖直角/（° ′ ″）	斜距/m	平均斜距/m	计算平距/m	高差/m
		Ⅰ	盘左								
			盘右								
		Ⅱ	盘左								
			盘右								

续表

测站 仪器高/m	觇点 觇标高/m	测回	度盘位置	竖直角观测值/(° ′ ″)	指标差/(″)	一测回竖直角/(° ′ ″)	各测回平均竖直角/(° ′ ″)	斜距/m	平均斜距/m	计算平距/m	高差/m
		Ⅰ	盘左								
			盘右								
		Ⅱ	盘左								
			盘右								
		Ⅰ	盘左								
			盘右								
		Ⅱ	盘左								
			盘右								
		Ⅰ	盘左								
			盘右								
		Ⅱ	盘左								
			盘右								

表 2-18　高程成果计算表

计算日期：__________班组：__________计算者：__________校核者：__________

测点点号	水平距离/m	高差/m	高差改正数/m	改正后高差/m	高程 H /m	备注
Σ						
辅助计算						

实验十八　管道中线及开挖宽度测设

一、实验目的

（1）掌握管道中线测设。

（2）掌握管道开挖宽度放线。

二、实验仪器

全站仪、2 个棱镜（1 个带基座和三脚架、1 个手持棱镜）、钢尺、石灰和其他工具。

三、实验步骤

（1）根据设计图纸提前计算管道中线坐标，坐标计算需要 2 人进行复核。

（2）根据校区实际布点情况，采用坐标法测设管道中线，可以 10 m 测设一点（野外可以 25 m 一点，因校园道路长度不足，故采取 10 m 模拟）并做标记，放样完成后需要检核放样精度。

（3）根据校园高程控制网实测管道中线地面高程，并记录。

（4）根据管道断面施工图纸计算每一里程断面开挖宽度，地面开挖宽度=管道底宽+深度×放坡系数。

（5）在各个断面上依次根据测设中桩标志，利用钢尺量出断面开挖宽度，并撒白灰做标记。

（6）管道边线白灰线，作为管道开挖依据，如图 2-15。

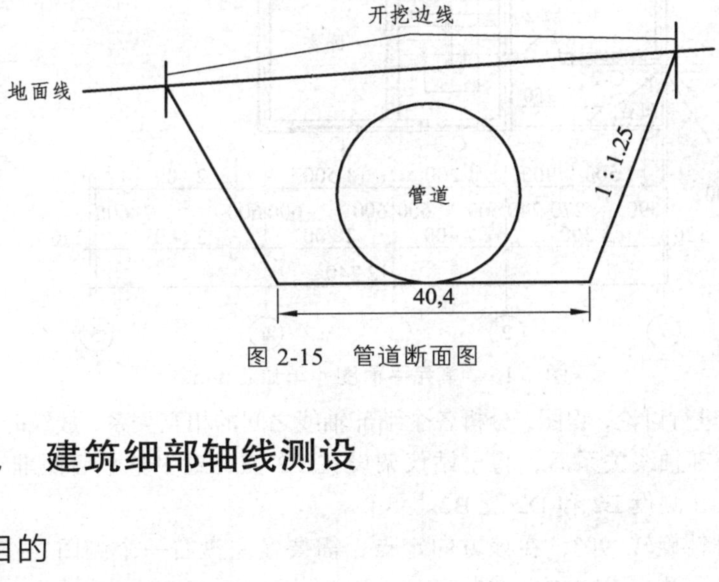

图 2-15　管道断面图

实验十九　建筑细部轴线测设

一、实验目的

首先学会识图，进而掌握建筑物细部轴线测设。

二、实验仪器

全站仪、棱镜、钢尺和其他工具。

三、实验步骤

（1）每一小组由 4 ~ 5 人组成，组长 1 人。

（2）如图 2-16 所示为建筑单元平面图，若已知 F2、A2，测设其他轴线各个交点。

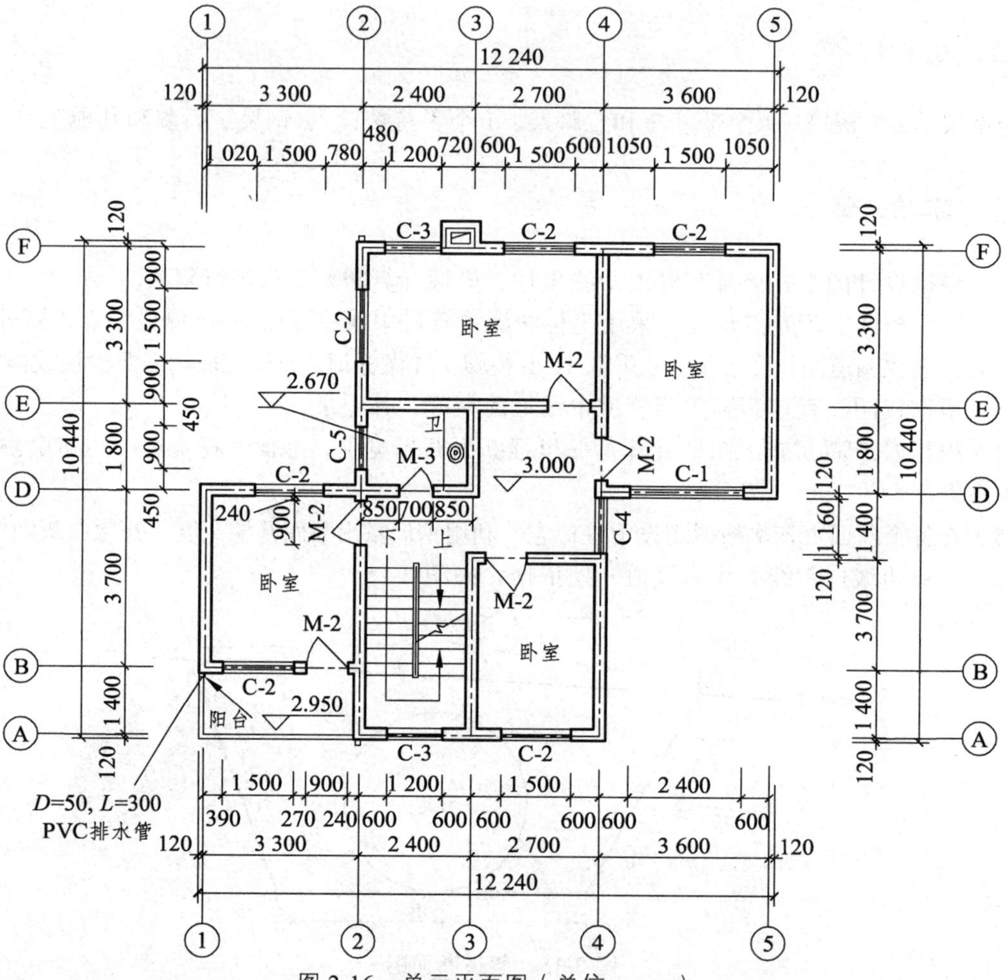

图 2-16　单元平面图（单位：mm）

（3）首先小组进行讨论，识图，分析各个细部轴线之间的相互关系，放线时考虑到墙的宽度。

（4）理顺各细部轴线关系后，将全站仪架设在 F2 点，对中整平后照准 A2，将水平度盘置零，根据图纸尺寸测设 E2 和 D2 及 B2。

（5）然后逆时针旋转 90°，在该方向定点，需要盘左盘右一个测回，在该方向依次量距 2.4 m、5.1 m、8.7 m 测出 F3、F4、F5。

（6）相同类似方法依次测出其他细部轴线交点。

（7）放样完成后，用钢尺进行量距检核。

实验二十　CPⅢ控制测量

CPⅢ网平面测量

一、实验目的

通过模拟现场，进行 CPⅢ控制测量。

二、实验仪器

全站仪、2 个棱镜（带基座和三脚架）和其他工具。

三、实验步骤

（1）每一小组由 4～5 人组成，组长 1 人。

（2）在校内适当区域选 12 个点，如图 2-17，作为 CPⅢ点网。CPⅢ控制网的测量标志（图 2-18）必须具有：强制对中、能够长期保存、不变形、体积小、结构简单、安装方便、价格适中、重复安置精度满足同一套测量标志在同一点重复安装的空间位置偏差。

（3）由于学校条件有限，采用普通棱镜代替 CPⅢ棱镜。平面控制网观测环境要达到以下要求：气象稳定、避免阳光直射、避免雨雾天气、避免其他工序的施工干扰，以保证 CPⅢ建网的观测精度。

（4）CPⅢ控制网采用自由设站交会网的方法测量，从每一个测站，将以 2×6 个 CPⅢ点为目标，每次测量应保证每个测量 3 次。布网形式见图 2-17 所示。

（5）CPⅢ控制点对间距离为 60 m 左右，CPⅢ施测时自由设站点距 CPⅢ控制点距离为一般应小于 120 m 左右，最大不超过 180 m，距高等级已知点最大不超过 300 m。

（6）中间黑色点为自由设站，无须对中，只需整平即可，选择目标 1、2、3、4、5、6 和对面 6 个点（CPⅢ棱镜）及已知点 G001、G002，进行全圆方向观测 3 个测回，记录到表 2-19 并测距。

（7）根据观测数据和已知数据计算各个 CPⅢ棱镜的坐标和高程。

注意事项：每一测站 CPⅢ平差测段首尾必须封闭，且保证每个 CPⅢ点被相邻自由设站点观测 3 次。

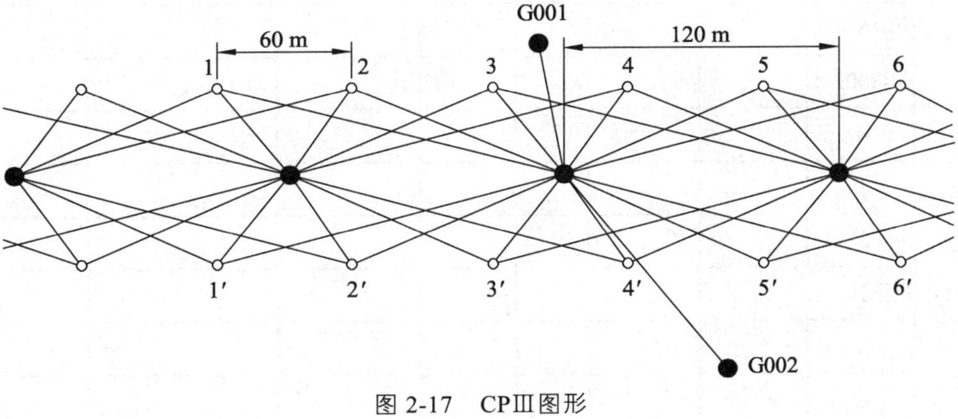

图 2-17　CPⅢ图形

图 2-18 CPⅢ球形棱镜

表 2-19 方向观测法

测站	测回	目标	水平度盘读数		2C	平均读数	一测回归零方向值	各测回归零方向平均值	角值	备注
			盘左	盘右						
			° ′ ″	° ′ ″	″	° ′ ″	° ′ ″	° ′ ″	° ′ ″	
1	2	3	4	5	6	7	8	9	10	11
		1								
		2								
		3								
		G001								
		4								
		5								
		6								
	一测回	6′								
		5′								
		G002								
		4′								
		3′								
		2′								
		1′								
		1								
		Δ								

续表

测站	测回	目标	水平度盘读数		2C	平均读数	一测回归零方向值	各测回归零方向值平均值	角值	备注
			盘左	盘右						
			° ′ ″	° ′ ″	″	° ′ ″	° ′ ″	° ′ ″	° ′ ″	
1	2	3	4	5	6	7	8	9	10	11
	二测回									
		1								
		2								
		3								
		G001								
		4								
		5								
		6								
		6′								
		5′								
		G002								
		4′								
		3′								
		2′								
		1′								
		1								
		Δ								

工程测量综合实训

指导书

实训班级：______________________________

指导老师：______________________________

______________学院

一、实训目的

通过工程测量实训对工程测量所学内容作进一步的理解，加深印象，使所学知识得以巩固和提高，全面掌握全站仪的使用以及利用 RTK 进行点位放样；熟悉公路初测、定测的工作内容，掌握公路中线坐标的推导、计算，以及桥梁坐标的计算和测设，进一步提高坐标计算的能力，提高分析问题和解决问题的能力；培养同学遵守纪律、密切配合、团结协作的高尚情操和对待工作严肃认真、一丝不苟、实事求是、不畏艰辛的优良作风，为今后从事工程技术工作奠定坚实的基础。

二、课程教育目标

1. 基本目标

熟悉水准仪和全站仪、RTK 的使用，掌握控制网测设、线路中线测设及纵横断面测量。

2. 能力目标

培养学生学会道路、桥梁桩位施工放样的基本能力。

3. 德育目标

结合测量实训培养学生吃苦耐劳的精神。

三、实训计划及仪器设备

1. 实训计划

测量集中 3 周实训，主要通过集中实训以求达到测量实训的目的与要求，实训按实训小组进行组织，一般按照 5 ~ 6 人一组，计划安排如表 1：

表 1　测量计划安排

序号	项目与内容	时间/d	任务与要求
1	动员、任务安排、借领仪器工具、仪器检校、踏勘测区、选点、埋石	1.0	做好出测前准备工作
2	二级导线测量	1.5	提前准备好外业记录表格
3	四等水准测量	0.5	提前准备好外业记录表格
4	地形图测绘（简单测绘）	0.5	比例尺 1∶2 000，为了定测图上选线
5	设计线路起终点、起始方向和交点，计算中线逐桩坐标	2.5	根据地形图，图上定线，指导教师现场指导；根据图上数据，计算公路中线逐桩（中桩）坐标，形成路线逐桩（间距 20 m）坐标表

续表

序号	项目与内容	时间/d	任务与要求
6	根据控制点测设公路起点、中桩及终点	2.0	前 2/3 部分中桩利用全站仪采用极坐标法和坐标法测设，后 1/3 利用 RTK 测设
7	其中圆曲线和缓和曲线测设	1.0	利用偏角法检验，要求上交检查数据
8	测设线路纵、横断面测量	1.0	用全站仪和水准仪测设
9	设计全线纵断高程，根据路基设计宽度和高程测设路基边桩	1.5	内业计算和边桩放样
10	设计长度 60 m 的曲线中桥，各小组根据中桥平面图计算桥梁各桩位坐标	1.5	用全站仪测设，并检核
11	计算路基填方总量	1.5	内业计算
12	提交资料，归还仪器	0.5	收集整理资料

2. 仪器设备

全站仪 1 台、棱镜 2 套（导线测量要带基座的，中桩测设用铝合金的就可）、自动安平水准仪 1 台、钢尺 1 把、水准尺 2 根（以上仪器由实验室借）、RTK 函数计算器 1 个、铅笔（H4 或 H2）数支、橡皮、记录本（实训室购买）（以上工具自备）。

场地：校内西区（西区食堂至 10 教）。

四、实训步骤和内容

（一）控制测量

1. 导线测量（按二级导线标准布设）

（1）选点：导线点要选在安全、稳定、视野开阔、便于测图之处，相邻点间要通视，边长不大于 200 m，点位用钉子标志，红油漆圈之，在其侧注明点号，使之构成闭合导线。总边长不小于 1 km（导线点构成闭合导线，视具体情况可适当调整）。

（2）角度测设：测回法测角，测设 2 测回，半测回互差≤±13″，测回互差≤±13″。

（3）导线边长测量与计算：

① 全站仪单向观测 2 测回，每测回读 3 次读数，读数互差要小于 3 mm 米取均值为一测回观测值；第二个测回要重新瞄准反射镜后再读数，以便削弱瞄准误差，测回互差要小于 3 mm。取两测回的均值作为边长单向个观测值。

② 边长对向观测，算出的平距互差要小于 1/14 000，取均值为最后的导线边水平距离。

（4）导线计算要按附表计算，假定一点坐标和一边坐标方位角。检核要求：角度闭合差

$f_\beta \leqslant \pm 16'' \sqrt{n}$，$n$为内角个数；导线全长的相对闭合差要小于 1/10 000。

（5）要求每人至少测一角两边。

2. 水准测量（按四等水准测量施测）

（1）导线点构成闭合水准路线，如假定一点高程为 421.200 m。用自动安平水准仪施测，视线长小于 80 m，前后视距要大致相等。水准路线的高差闭合差要小于$\leqslant \pm 20\sqrt{\sum L}$ mm，L为测段长（km），$\sum L$为水准路线总长。

（2）要求每人至少测一测段，单独完成水准测量成果的表格计算，当各点的高程互差小于 10 mm 时，取均值为小组的最后结果。

（二）数字化测图

按 1∶2 000 施测主要实训区域。

（三）线路中线测设

1. 计算中线各里程桩坐标

根据线路已知数据和曲线已知要素，计算线路中桩各点坐标，要求至少两人计算复核，保证计算数据的准确性。

直线段：计算每隔 20 m 中桩坐标。圆曲线和缓和曲线段：计算每隔 20 m 中桩坐标。例如直线为 K0+000、K0+020、K0+040，圆曲线为 K0+080、K0+100。

2. 测设线路各点中桩

根据已知导线点和各中桩坐标，利用坐标反算计算测设数据，并利用全站仪进行测设，这就是极坐标法测设。之后利用极坐标法将线路各中点测设到现场。

（四）圆曲线或缓和曲线检核方法

根据偏角法计算圆曲线上各点的偏角，依次测设各点并检核与极坐标测设法的误差。

（五）纵、横断面测量

主要利用全站仪进行纵横断面测量，内业用 CASS 绘制纵横断面图。

（六）中桥桩位测设

中桥起始里程为 0#台里程为 K0+042.6，跨度为 20 m，共 4 跨，具体由实训指导老师给出。

五、操作考核

1. 坐标法测设中桩

（1）考试内容。

每位同学在老师指定的测站点和放样目标点之间独立完成测设，使用全站仪，数据自备。

（2）考试规则。

① 每位同学在规定的时间内完成全站仪的安置、对中、整平、照准、输入数据及完成点位测设，需要其他同学配合完成。

② 操作结束后，保持仪器现状，等待老师检查。

③ 观测限时 5 min，从仪器开箱开始计时到观测结束停止计时，超出规定时间将终止考试。

④ 观测过程中应规范操作仪器，严肃考场纪律，注意人身及仪器安全。

⑤ 考试过程中，若发生人为原因的仪器损毁现象，即刻终止考试，成绩记为 0，仪器照价赔偿。

（3）评分标准（表 2）。

表 2　评分标准

评分项	安置	对中	整平	照准	数据操作	不规范操作	测设结果合格	时间
分值	5 分	10 分	10 分	5 分	40 分	5 分	15 分	10 分

2. CASS 绘制纵、横断面

（1）考试内容。

每位同学在老师的监督下独立用电脑完成本组的纵、横断面绘制工作。

（2）考核要求

考核要求：要求每名学生，均能熟练使用 CASS 进行纵、横断面的绘制、出图工作。

考核不合格者，本次实训个人成绩计为 0 分。

六、实训报告内容

（1）实训时间、地点。

（2）实训的目的、要求。

（3）实训内容：实训中所进行的测量工作，采用的测量方法，极坐标测设数据、测量精度是否满足精度要求，要附有导线计算表、水准计算表、曲线计算资料、中线里程桩坐标计算表等，测量中遇到的问题及其解决方法与效果。

（4）测量实训的心得、体会以及对测量实训的建议等。

（5）书写字迹要工整、清晰，图表要整洁。

实训报告每组一份，纵断面图每组一幅，横断面（间距 20 m）图，可以提交电子版。

七、实训纪律

（1）爱护测量仪器，搬运前要注意箱内放好，扣好锁匙；三脚架要架稳，连接螺旋要拧好；注意车来人往，不要碰撞仪器，测量时不许打闹，以防打翻仪器，注意仪器安全。测距仪的测距头严禁对准太阳，若需要面向太阳，要打遮阳伞遮挡阳光，以防损坏仪器。

（2）在测量中要做到人不离仪器（水准仪、全站仪、反射镜、水准尺等），以防被风吹倒或被其他人员撞倒摔坏；尺垫等小测量用具要随时带走，不要丢失。

（3）不许无故旷课，特殊事情要事先向老师请假，事假累计不能超过一天；病假要凭学院医院证明，累计不能超过两天；超过规定者以不及格论。

（4）服从组长的安排，按时外出进行测量，保证足够的测量时间，按时完成测量任务。

（5）观测数据必须直接记录在规定的手簿中，不得用其他纸张记录再行转抄。严禁擦拭、涂改数据，严禁伪造成果。在完成一项测量工作后，要及时计算、整理有关资料并妥善保管好记录手簿和计算成果。

（6）实训中，应加强团结。小组内、各组之间、各班之间都应团结协作，以保证实训任务的顺利完成；发生仪器损坏的小组，所有小组成员实训成绩为不及格；有打架斗殴的学生，实训成绩也为不及格。

（7）白天为测量外业作业时间，晚上需要整理、计算测量资料，为书写实训报告做准备。作息时间与学校上课时间同步，若白天下雨可以做内业，时间可以自我调整，但要保证完成测量任务。同时要注意预防严寒，严禁打架斗殴，注意自身和仪器安全，全站仪迁站，必须将全站仪装箱，即使 2 m 也需要装箱，一经发现不装箱即搬站，成绩降为最低档。

八、测量实训成绩的评定依据

（1）实训过程中的表现及出勤情况。

（2）测量成果的精度，曲线测设和纵横断面图的测绘以及考核成绩等。

（3）实训报告完整性。

（4）成绩标准为五级：优、良、中、及格和不及格。

九、参考规范和资料

（1）《工程测量》教材。

（2）《工程测量规范》（GB 50026—2007）。

（3）《城市测量规范》（CJJ/T 8—2011）。

（4）《国家三、四等水准测量规范》（GB/T 12898—2009）。

（5）《公路勘测规范》（JTG C10—2007）。

综合练习题

一、填空题

1. 里程桩号表示该桩点至路线起点的里程数，如果桩距路线起点的距离为8 023.29 m，则桩号为记为（　　）。

2. 断链有长链和短链之分。前面桩号大于后面桩号，比如K131+920.319=K131+909.056，这种情况称为（　　）；前面桩号小于后面桩号，比如K243+209.186=K243+225.124，则称为（　　）。

3. 横断面测量是在每个中桩点测出垂直于路线中线的地面线，测量高程变化点至中桩的（　　）和（　　），并需要绘制横断面图。

4. 竖井联系测量包括（　　）和（　　）。

5. 客运专线铁路工程测量平面控制网第一级为基础平面控制网（　　），第二级为线路控制网（　　），第三级为基桩控制网（　　）。

6. 纵断面图是以中桩的（　　）为横坐标，以中桩的（　　）为纵坐标绘制的。

7. 中桩分为整桩和加桩两种，加桩分为关系加桩、（　　）、（　　）、（　　）与（　　）。

8. 桥梁施工平面控制网可采用三角形网、（　　）和（　　）等形式。

9. 基桩控制网CPⅢ主要为铺设无砟轨道和运营维护提供控制基准，采用（　　）导线精度要求施测或（　　）的方法施测。

10. 圆曲线的详细测设方法有弦线支距法、弦线偏距法、（　　）、（　　）和（　　）。

11. 缓和曲线的常数包括（　　）、（　　）和（　　）。

12. 高层建筑的轴线投测方法有（　　）和（　　）。

13. 里程桩的桩号表示该桩距离（　　）的里程。

14. 设某竖曲线半径$R = 5\ 000$ m，相邻坡段的坡度$i_1 = -0.836\%$，$i_2 = +0.286\%$，为凹形竖曲线，则切线长为（　　）。

二、不定项选择题

1. 按照工程建设的顺序和相应作业的性质，可将工程测量的内容分为以下哪三个阶段的工作？（　　）

A. 勘测设计阶段的测量工作　　B. 可行性研究阶段的测量工作

C. 工程竣工后运营管理阶段的测量工作　　D. 施工阶段的测量工作

2. 《公路工程技术标准》规定，公路竖曲线采用（　　）。

A. 二次抛物线　　B. 三次抛物线　　C. 回旋曲线　　D. 双曲线

3. 横断面方向的确定，可以采用的方法有（　　）。

A. 方向架法　　B. 经纬仪法

C. 全站仪法　　D. 水准仪法

4. 如表1为某横断面记录表，则左侧最外边点和中桩地面高差为（　　）。

表 1　某横断面记录

左侧	里程桩号	右侧
$-\frac{0.54}{7.6}$ $-\frac{0.94}{8.3}$ $-\frac{0.66}{9.6}$	K1 + 100	$\frac{0.6}{9.3}$ $\frac{0.8}{13.5}$ $\frac{0.45}{5.5}$

A. −0.54 m　　B. −0.94 m

C. −0.66 m　　D. −2.14 m

5. 公路详细测量的工作有（　　）。

A. 导线测量　　B. 定线测量

C. 中线测量　　D. 横断面测量

E. 纵断面测量

6. 水准测量时，在水准点上立水准尺（　　）。

A. 需放尺垫，尺应立在尺垫上

B. 不能放尺垫，尺应立在水准点上

C. 尺垫可放可不放

D. 有风时需放尺垫

7. 基桩控制网主要为铺设无砟轨道和运营维护提供控制基准，可以采用（　　）的要求施测。

A. 前方交会网　　B. 五等导线精度

C. GPS D级网　　D. 后方交会网

8. 已知一综合曲线，JD_6桩号为K2+530，$\alpha_{右}$=30°28′00″，R=700 m，缓和曲线长60 m，切线长等于220.681 m，曲线长等于432.220 m，则，HY桩号为（　　）。

A. K8 + 369.319　　B. K8 + 97.780

C. K8 + 366.319　　D. K8 + 469.319

9. 设某竖曲线半径R=4 500 m，相邻坡段的坡度$i_1 = -1.036\%$，$i_2 = +0.286\%$，为凹形竖曲线，变坡点的桩号为K5 + 770，高程为448.800 m，则切线长为（　　）。

A. 30.056　　B. 29.745

C. 28.752　　D. 29.902

10. 建筑基线的布置形式有（　　）。

A. "一"字形　　B. "T"字形

C. "L"字形　　D. "十"字形

E. "口"字形

11. 龙门板的上边应水平，并与哪条线齐平？（　　）

A. ±0　　B. 内墙轴线　　C. 1米线　　D. 地面

12. 用极坐标法测设地面点平面位置时，需计算的测设数据为（　　）。

A. 二条边长　　B. 二个角度

C. 一个角度及一条边长　　D. 二个方向

13. 在各种工程的施工中，把图纸上设计的建筑物位置在实地上标定出来的工作称为（　　）。

A. 测定　　B. 施工放样　　C. 监测　　D. 变形观测

14. 某导线全长为620 m，纵横坐标增量闭合差分别为f_x=0.12 m，f_y=−0.16 m，则导线全长相对闭合差为（　　）。

A. 1/2 200　　B. 1/3 100　　C. 1/4 500　　D. 1/15 500

15. 盾构施工测量是控制盾构的（　　）和（　　）。

A. 位置　　B. 推进方向　　C. 坐标方位角　　D. 真北方向

16. 一般放样法放样直线的方法有（　　）。

A. 正倒镜分中延线法　　B. 旋转150°延线

C. 正倒镜投点法　　D. 旋转180°延线法

17. 横断面的测量方法有（　　）。

A. 标杆皮尺法　　B. 水准仪法

C. 经纬仪法　　D. 全站仪法

E. RTK法　　F. 水准仪配合皮尺法

18. 在山区高差变化比较大的地区，横断面测量可以采用的方法有（　　）。

A. 水准仪配合皮尺法　　B. 水准仪法

C. 经纬仪法　　D. 全站仪法

E. RTK法

19. 初测阶段的测量工作有（　　）。

A. 导线测量　　B. 水准测量

C. 地形测量　　D. 横断面测量

20. 断链有长链和短链之分，下面属于长链的情况是（　　）。

A. K16+926.463 = K16+903.114　　B. K1+102.127 = K1+110.456

C. K3+612.126= K3+602.103　　D. K6+096.442 = K6+100.009

21. 基础平面控制网（CPⅠ）主要为勘测、施工、运营维护提供坐标基准，有砟轨道采用（　　）网精度要求施测。

A. GPS B级　　B. GPS C级

C. GPS D级　　D. GPS E级

22. 线路控制网（CPⅡ）主要为勘测和施工提供控制基准，无砟轨道采用（　　）级网精度要求施测或采用四等导线精度要求施测。

A. GPS B级　　B. GPS C级

C. GPS D级　　D. GPS E级

23. 高层建筑的高程传递方法有（　　）。

A. 钢尺直接测量　　B. 悬吊钢尺法

C. 常规水准测量　　D. 皮尺直接测量

24. 桥梁按其轴线长度分为特大桥、大型桥、中型桥和小型桥，若某桥长200 m，则为（　　）。

A. 特大桥　　B. 大型桥　　C. 中型桥　　D. 小型桥

25. 综合曲线的主点有直缓点（ZH）和（　　）。

A. 缓直点（HZ）　　B. 圆缓点（YH）　　C. 缓圆点（HY）

D. 曲中点（QZ）　　E. 交点（JD）

三、简答题：

1. 测设的基本工作有哪些？

2. 对勘测单位提供控制网的复测和加密的目的是什么？

3. 高层建筑的轴线投测方法有哪些？

4. 缓和曲线的测设方法有哪些？

5. 地铁工程测量的内容有哪些？

6. 中线测量的任务是什么?

7. 定测的具体工作内容有哪些?

8. 桥梁施工测量的内容有哪些?

9. 断链的基本含义和产生原因是什么?

10. 隧道洞外控制测量内容是什么?

11. 隧道洞内平面控制测量的主要方法有哪些？

12. 隧道断面测量方法有哪些？

13. 盾构机测量原理是什么？

14. 缓和曲线的常数有哪些？

15. 建筑工程熟悉设计图纸，具体指那些图纸？

四、计算题

1. 如图1，已知$B=25$ m，$x=2$m，$H=2.83$ m，路基坡度$1:m=1:1.2$，$h_{上}$=1.56 m，$h_{下}$较小，不予考虑，计算路基上口开挖总宽度（$D_{上}+D_{下}$）。

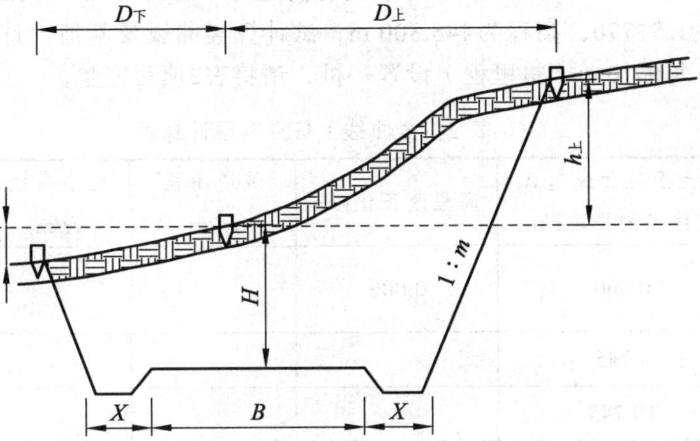

图 1　路基断面示意

2. 如图2，A点为后视已知点，H_A=58.300 m，后视A读数为1.286 m，前视B点高程为56.833 m，B点距基坑底部0.5 m，计算B点前视尺的读数。

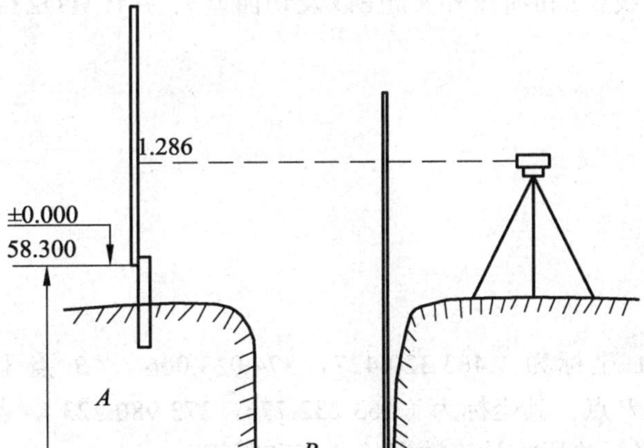

图 2　联系测量示意

3. 设某竖曲线半径R=4 500 m，相邻坡段的坡度i_1 = −1.036%，i_2 = +0.286%，为凹形竖曲线，变坡点的桩号为K5+770，高程为448.800 m，试计算竖曲线要素值，计算起点终点桩号及高程。如果曲线上每隔10 m（整里程）设置一桩，请将表2填写完整。

表 2　竖曲线上桩点高程计算表

桩号	桩点至竖曲线起点或终点的平距x/m	高程改正值y/m	坡道高程 H'/m	曲线高程 H/m	备注
K5 + 740.255	0.000	0.000			竖曲线起点
+ 750	9.745				i_1 = −1.036%
+ 760	19.745				
K1 + 770	29.745				变坡点

4. 已知某圆曲线的半径R = 500 m，转折角$\alpha_{右}$ = 12°28′56″，并且已知ZY点坐标为（3 445 448.242，501 215.973），交点JD坐标为（3 445 485.668，501 209.454），试计算曲线各要素即切线长T、曲线长L和曲线外矢距E以及切曲差q，并计算QZ点的偏角和弦长以及QZ点坐标。

5. 已知导线点 A 坐标为（463 320.427，374 023.006），B 点坐标为（463 401.799，373 816.056），欲测设 P 点，其坐标为（463 232.776，373 980.223），若全站仪架在 A 点，后视 B 点，计算采用极坐标法所需计算数据（角度和距离）。